2021년 **맞춤형화장품** 조제관리사

최신 강의

+

기출해설 특강

+

1:1 맞춤학습서비스

양일훈 교수

한국화장품전문가협회장의
합격 맞춤 전략 강의

이자영 교수

풍부한 실무 능력으로
핵심만 풀어가는 특급 강의

서두르세요! 지금이 합격할 기회입니다!
실기시험 없이 필기시험만으로 취득!

한국화장품전문가협회장이 전하는 합격 맞춤 전략 강의! 종합반!

단기합격을 위해 핵심만 풀었다! 문제풀이 족집게 특강!

합격의 길을 잡아주는 독보적인 강의력과 빠른 합격 노하우

머리말 | PREFACE

식품의약품안전처는 소비자의 다양한 개성과 요구를 반영하기 위해 혼합·소분하는 '맞춤형화장품'을 제도화하였고, 이에 맞춰 맞춤형화장품 조제관리사 첫 자격시험이 2020년 2월 시행되었다. 맞춤형화장품을 판매하기 위해선 맞춤형화장품 판매업으로 식품의약품안전처 관할 지방청에 신고해야 하고, 판매업자는 반드시 혼합·소분을 담당하는 조제관리사를 둬야 합니다. 이에 따라 맞춤형화장품 제도 도입이 새로운 일자리 창출 효과 등 국내 화장품산업에 호재로 작용할 것으로 기대하고 있습니다.

> **맞춤형화장품 조제관리사 자격이 필요한 사람**
> - 맞춤형화장품판매업을 하려는 사람
> - 맞춤형화장품 조제관리사로 취직하려는 사람
> - 화장품 연구원으로 취직하려는 사람
> - 화장품을 소분하여 판매하려는 사람
> - 미용학과, 향장학과, 화장품과학과 및 관련 분야 전문대학교 졸업자

맞춤형화장품 조제관리사 자격증에 관심을 갖고 준비하는 분들은 많지만 시험을 대비한 체계적인 교재가 부족한 실정이어서 시험을 준비하는 데 불편함과 어려움을 겪고 있는 것을 예상합니다. 이에 네일·피부·미용 관련 교재를 출간해오면서 수많은 합격자를 배출한 ㈜시대고시기획에서는 양질의 수험서를 출간해야 한다는 사명감으로 본 교재를 출간하게 되었습니다.

본 교재는 시행처인 식품의약품안전처에서 발표한 출제기준에 맞춰 4개의 과목으로 구성하였고, 시행처에서 제시한 예시문항에 맞게 문제를 출제했습니다. 또한 전문 저자진으로 구성된 SD문제출제연구소에서 해당 과목을 철저히 분석하여 출제율이 높은 문제로만 구성했습니다.

㈜시대고시기획은 독자 여러분의 새로운 도전을 응원하면서, 한 권의 책으로서 합격의 솔루션을 제공하기 위해 최선의 노력을 다하고 있습니다. 독자 여러분의 합격을 진심으로 기원합니다.

편저자 올림

시험안내 | GUIDE

⬤ 시험과목 및 문항유형

과목명	문항유형		과목별 총점	시험방법
화장품법의 이해	• 선다형 7문항	• 단답형 3문항	100점	
화장품 제조 및 품질관리	• 선다형 20문항	• 단답형 5문항	250점	
유통화장품의 안전관리	• 선다형 25문항		250점	필기시험
맞춤형화장품의 이해	• 선다형 28문항	• 단답형 12문항	400점	

※ 문항별 배점은 난이도별로 상이하며, 구체적인 문항배점은 비공개입니다.

⬤ 시험시간

과목명	입실시간	시험시간
• 화장품법의 이해 • 화장품 제조 및 품질관리 • 유통화장품의 안전관리 • 맞춤형화장품의 이해	09:00까지	09:30 ~ 11:30 (120분)

⬤ 시험일정

회 차	접수기간	시험일	합격자 발표일
제3회	21. 1. 27(수) ~ 21. 2. 5(금)	21. 3. 6(토)	21. 3. 26(금)
제4회	21. 7. 28(수) ~ 21. 8. 6(금)	21. 9. 4(토)	21. 10. 1(금)

⬤ 응시자격

남녀노소 누구나 제한 없음 !

⬤ 합격기준

전 과목 총점(1,000점)의 60%(600점) 이상을 득점하고, 각 과목 만점의 40% 이상을 득점한 자

CONTENTS

목 차 | CONTENTS

빨리보는 간단한 키워드 002

1과목 화장품법의 이해

선다형

1장 화장품법 002
2장 개인정보보호법 019
단답형 036

2과목 화장품 제조 및 품질관리

선다형

1장 화장품 원료의 종류와 특성 046
2장 화장품의 기능과 품질 060
3장 화장품 사용제한 원료 071
4장 화장품 관리 078
5장 위해사례 판단 및 보고 091
단답형 096

3과목 유통 화장품 안전관리

선다형

1장 작업장 위생관리 110
2장 작업자 위생관리 118
3장 설비 및 기구 관리 124
4장 내용물 및 원료 관리 133
5장 포장재의 관리 153

4과목 맞춤형 화장품의 이해

선다형

1장 맞춤형화장품 개요 160
2장 피부 및 모발 생리구조 170
3장 관능평가 방법과 절차 178
4장 제품 상담 183
5장 제품 안내 191
6장 혼합 및 소분 198
7장 충진 및 포장 210
8장 재고관리 214
단답형 216

5과목 제1회 기출복원문제 240
부 록 특별시험 기출복원문제 286

맞춤형화장품 조제관리사

빨리보는 간단한 키워드

이것만은 꼭!!

기출문제를 분석하여 시험에 꼭 나오는 핵심만 한눈에 보이도록 정리했습니다. '빨간키'
만 잘라 가지고 다니면서 시험 직전까지 활용하세요. 아자!

1과목 화장품법의 이해

➕ **용어 정의(화장품법 제2조 시행규칙 제2조 및 제2조의2)**

- 화장품 : 인체를 청결·미화하여 매력을 더하고 용모를 밝게 변화시키거나 피부·모발의 건강을 유지 또는 증진하기 위하여 인체에 바르고 문지르거나 뿌리는 등 이와 유사한 방법으로 사용되는 물품으로서 인체에 대한 작용이 경미한 것(의약품에 해당하는 물품은 제외)
- 기능성화장품
  - 피부에 멜라닌색소가 침착하는 것을 방지하여 기미·주근깨 등의 생성을 억제함으로써 피부의 미백에 도움을 주는 기능을 가진 화장품
  - 피부에 침착된 멜라닌색소의 색을 엷게 하여 피부의 미백에 도움을 주는 기능을 가진 화장품
  - 피부에 탄력을 주어 피부의 주름을 완화 또는 개선하는 기능을 가진 화장품
  - 강한 햇볕을 방지하여 피부를 곱게 태워주는 기능을 가진 화장품
  - 자외선을 차단 또는 산란시켜 자외선으로부터 피부를 보호하는 기능을 가진 화장품
  - 모발의 색상을 변화(탈염·탈색을 포함)시키는 기능을 가진 화장품. 다만, 일시적으로 모발의 색상을 변화시키는 제품은 제외
  - 체모를 제거하는 기능을 가진 화장품. 다만, 물리적으로 체모를 제거하는 제품은 제외
  - 탈모 증상의 완화에 도움을 주는 화장품. 다만, 코팅 등 물리적으로 모발을 굵게 보이게 하는 제품은 제외
  - 여드름성 피부를 완화하는 데 도움을 주는 화장품. 다만, 인체세정용 제품류로 한정
  - 피부장벽(피부의 가장 바깥쪽에 존재하는 각질층의 표피를 말한다)의 기능을 회복하여 가려움 등의 개선에 도움을 주는 화장품
  - 튼살로 인한 붉은 선을 엷게 하는 데 도움을 주는 화장품
- 천연화장품 : 동식물 및 그 유래 원료 등을 함유한 화장품으로서 식품의약품안전처장이 정하는 기준에 맞는 화장품
- 유기농화장품 : 유기농 원료, 동식물 및 그 유래 원료 등을 함유한 화장품으로서 식품의약품안전처장이 정하는 기준에 맞는 화장품
- 맞춤형화장품
  - 제조 또는 수입된 화장품의 내용물에 다른 화장품의 내용물이나 식품의약품안전처장이 정하는 원료를 추가하여 혼합한 화장품
  - 제조 또는 수입된 화장품의 내용물을 소분(小分)한 화장품. 다만, 화장 비누(고체 형태의 세안용 비누)의 내용물을 단순 소분한 화장품은 제외
- 안전용기·포장 : 만 5세 미만의 어린이가 개봉하기 어렵게 설계·고안된 용기나 포장
- 사용기한 : 화장품이 제조된 날부터 적절한 보관 상태에서 제품이 고유의 특성을 간직한 채 소비자가 안정적으로 사용할 수 있는 최소한의 기한

- 1차 포장 : 화장품 제조 시 내용물과 직접 접촉하는 포장용기
- 2차 포장 : 1차 포장을 수용하는 1개 또는 그 이상의 포장과 보호재 및 표시의 목적으로 한 포장(첨부문서 등을 포함)
- 표시 : 화장품의 용기·포장에 기재하는 문자·숫자·도형 또는 그림 등
- 광고 : 라디오·텔레비전·신문·잡지·음성·음향·영상·인터넷·인쇄물·간판, 그 밖의 방법에 의하여 화장품에 대한 정보를 나타내거나 알리는 행위
- 화장품제조업 : 화장품의 전부 또는 일부를 제조(2차 포장 또는 표시만의 공정은 제외한다)하는 영업
- 화장품책임판매업 : 취급하는 화장품의 품질 및 안전 등을 관리하면서 이를 유통·판매하거나 수입대행형 거래를 목적으로 알선·수여하는 영업
- 맞춤형화장품판매업 : 맞춤형화장품을 판매하는 영업

➕ 영업의 세부 종류와 범위(화장품법 시행령 제2조)
- 화장품제조업
  - 화장품을 직접 제조하는 영업
  - 화장품 제조를 위탁받아 제조하는 영업
  - 화장품의 포장(1차 포장만 해당)을 하는 영업
- 화장품책임판매업
  - 화장품제조업자(화장품제조업을 등록한 자)가 화장품을 직접 제조하여 유통·판매하는 영업
  - 화장품제조업자에게 위탁하여 제조된 화장품을 유통·판매하는 영업
  - 수입된 화장품을 유통·판매하는 영업
  - 수입대행형 거래(전자상거래만 해당)를 목적으로 화장품을 알선·수여하는 영업
- 맞춤형화장품판매업
  - 제조 또는 수입된 화장품의 내용물에 다른 화장품의 내용물이나 식품의약품안전처장이 정하여 고시하는 원료를 추가하여 혼합한 화장품을 판매하는 영업
  - 제조 또는 수입된 화장품의 내용물을 소분(小分)한 화장품을 판매하는 영업

➕ 화장품제조업 시설기준(화장품법 시행규칙 제6조)
- 제조 작업 시설을 갖춘 작업소
  - 쥐·해충 및 먼지 등을 막을 수 있는 시설
  - 작업대 등 제조에 필요한 시설 및 기구
  - 가루가 날리는 작업실은 가루를 제거하는 시설
- 원료·자재 및 제품을 보관하는 보관소
- 원료·자재 및 제품의 품질검사를 위하여 필요한 시험실
- 품질검사에 필요한 시설 및 기구

➕ **결격사유(화장품법 제3조의3)**

화장품제조업, 화장품책임판매업 등록, 맞춤형화장품판매업의 신고를 할 수 없는 자(단, 1, 3은 화장품제조업만 해당)

1. 정신질환자(단, 전문의가 인정하는 사람은 제외)
2. 피성년후견인 또는 파산선고를 받고 복권되지 아니한 자
3. 마약류의 중독자
4. 금고 이상의 형을 선고받고 그 집행이 끝나지 아니하거나 그 집행을 받지 아니하기로 확정되지 아니한 자
5. 등록이 취소되거나 영업소가 폐쇄된 날부터 1년이 지나지 아니한 자

➕ **맞춤형화장품조제관리사 자격시험(화장품법 제3조의4 및 시행규칙 제8조의4)**

- 맞춤형화장품조제관리사가 되려는 사람은 화장품과 원료 등에 대하여 식품의약품안전처장이 실시하는 자격시험에 합격하여야 한다.
- 식품의약품안전처장은 맞춤형화장품조제관리사가 거짓이나 그 밖의 부정한 방법으로 시험에 합격한 경우에는 자격을 취소하여야 하며, 자격이 취소된 사람은 취소된 날부터 3년간 자격시험에 응시할 수 없다.
- 식품의약품안전처장은 자격시험 업무를 효과적으로 수행하기 위하여 필요한 전문인력과 시설을 갖춘 기관 또는 단체를 시험운영기관으로 지정하여 시험업무를 위탁할 수 있다.
- 식품의약품안전처장은 매년 1회 이상 맞춤형화장품조제관리사 자격시험을 실시해야 한다.
- 식품의약품안전처장은 자격시험을 실시하려는 경우에는 시험일시, 시험장소, 시험과목, 응시방법 등이 포함된 자격시험 시행계획을 시험 실시 90일전까지 식품의약품안전처 인터넷 홈페이지에 공고해야 한다.

➕ **맞춤형화장품판매업자의 준수사항(화장품법 시행령 제12조의2)**

- 맞춤형화장품 판매장 시설·기구를 정기적으로 점검하여 보건위생상 위해가 없도록 관리할 것
- 다음의 혼합·소분 안전관리기준을 준수할 것
  - 혼합·소분 전에 혼합·소분에 사용되는 내용물 또는 원료에 대한 품질성적서를 확인할 것
  - 혼합·소분 전에 손을 소독하거나 세정할 것. 다만, 혼합·소분 시 일회용 장갑을 착용하는 경우에는 그렇지 않다.
  - 혼합·소분 전에 혼합·소분된 제품을 담을 포장용기의 오염 여부를 확인할 것
  - 혼합·소분에 사용되는 장비 또는 기구 등은 사용 전에 그 위생 상태를 점검하고, 사용 후에는 오염이 없도록 세척할 것
  - 그 밖에 가목부터 라목까지의 사항과 유사한 것으로서 혼합·소분의 안전을 위해 식품의약품안전처장이 정하여 고시하는 사항을 준수할 것

- 다음의 사항이 포함된 맞춤형화장품 판매내역서(전자문서로 된 판매내역서를 포함한다)를 작성·보관할 것
  - 제조번호
  - 사용기한 또는 개봉 후 사용기간
  - 판매일자 및 판매량
- 맞춤형화장품 판매 시 다음의 사항을 소비자에게 설명할 것
  - 혼합·소분에 사용된 내용물·원료의 내용 및 특성
  - 맞춤형화장품 사용 시의 주의사항
- 맞춤형화장품 사용과 관련된 부작용 발생사례에 대해서는 지체 없이 식품의약품안전처장에게 보고할 것

➕ 영유아 또는 어린이 사용 화장품의 표시·광고(화장품법 시행규칙 제10조의2)

- 제품별 안전성 자료의 표시·광고의 범위
  - 표시의 경우 : 화장품의 1차 포장 또는 2차 포장에 영유아 또는 어린이가 사용할 수 있는 화장품임을 특정하여 표시하는 경우(화장품의 명칭에 영유아 또는 어린이에 관한 표현이 표시되는 경우를 포함)
  - 광고의 경우 : 화장품 광고의 매체 또는 수단(어린이 사용 화장품의 경우에는 방문광고 또는 실연에 의한 광고 제외)에 영유아 또는 어린이가 사용할 수 있는 화장품임을 특정하여 광고하는 경우

➕ 화장품의 기재·표시사항(화장품법 제10조)

화장품의 1차 포장 또는 2차 포장	1차 포장
• 화장품의 명칭 • 영업자의 상호 및 주소 • 해당 화장품 제조에 사용된 모든 성분(인체에 무해한 소량 함유 성분은 제외) • 내용물의 용량 또는 중량 • 제조번호 • 사용기한 또는 개봉 후 사용기간 • 가 격 • 기능성화장품 : '기능성화장품'이라는 글자 또는 기능성화장품을 나타내는 도안 • 사용할 때의 주의사항 • 그 밖에 총리령으로 정하는 사항	• 화장품의 명칭 • 영업자의 상호 • 제조번호 • 사용기한 또는 개봉 후 사용기간

➕ 화장품 제조에 사용된 성분(화장품법 시행규칙 별표 4)

- 글자의 크기는 5포인트 이상
- 화장품 제조에 사용된 함량이 많은 것부터 기재·표시(다만, 1% 이하로 사용된 성분, 착향제 또는 착색제는 순서에 상관없이 기재·표시)
- 혼합원료는 혼합된 개별 성분의 명칭을 기재·표시
- 색조 화장용·눈 화장용·두발염색용·손발톱용 제품류에서 호수별로 착색제가 다르게 사용된 경우 '± 또는 +/-'의 표시 다음에 사용된 모든 착색제 성분을 함께 기재·표시
- 착향제는 '향료'로 표시(착향제의 구성 성분 중 알레르기 유발성분이 있는 경우에는 해당 성분의 명칭을 기재·표시)
- 산성도(pH) 조절 목적으로 사용 성분은 중화반응에 따른 생성물로 기재·표시할 수 있고, 비누화반응 성분은 비누화반응에 따른 생성물로 기재·표시
- 해당 화장품 제조에 사용된 모든 성분을 기재·표시할 경우 화장품제조업자 또는 화장품책임판매업자의 정당한 이익을 현저히 침해할 우려가 있는 경우에는 '기타 성분'으로 기재·표시

➕ 부당한 표시·광고 행위 등의 금지(화장품법 제13조)

영업자 또는 판매자는 다음의 어느 하나에 해당하는 표시 또는 광고를 하여서는 아니 된다.

- 의약품으로 잘못 인식할 우려가 있는 표시 또는 광고
- 기능성화장품이 아닌 화장품을 기능성화장품으로 잘못 인식할 우려가 있거나 기능성화장품의 안전성·유효성에 관한 심사결과와 다른 내용의 표시 또는 광고
- 천연화장품 또는 유기농화장품이 아닌 화장품을 천연화장품 또는 유기농화장품으로 잘못 인식할 우려가 있는 표시 또는 광고
- 그 밖에 사실과 다르게 소비자를 속이거나 소비자가 잘못 인식하도록 할 우려가 있는 표시 또는 광고

➕ 영업의 금지(화장품법 시행규칙 제15조)

누구든지 다음의 어느 하나에 해당하는 화장품을 판매(수입대행형 거래를 목적으로 하는 알선·수여를 포함)하거나 판매할 목적으로 제조·수입·보관 또는 진열하여서는 아니 된다.

- 심사를 받지 아니하거나 보고서를 제출하지 아니한 기능성화장품
- 전부 또는 일부가 변패된 화장품
- 병원미생물에 오염된 화장품
- 이물이 혼입되었거나 부착된 것
- 화장품에 사용할 수 없는 원료를 사용하였거나 유통화장품 안전관리 기준에 적합하지 아니한 화장품
- 코뿔소 뿔 또는 호랑이 뼈와 그 추출물을 사용한 화장품
- 보건위생상 위해가 발생할 우려가 있는 비위생적인 조건에서 제조되었거나 시설기준에 적합하지 아니한 시설에서 제조된 것

- 용기나 포장이 불량하여 해당 화장품이 보건위생상 위해를 발생할 우려가 있는 것
- 사용기한 또는 개봉 후 사용기간(병행 표기된 제조연월일을 포함한다)을 위조·변조한 화장품

➕ 과징금 미납자에 대한 처분(화장품법 시행령 제12조의2)

- 독촉장 발부 : 납부기한이 지난 후 15일 이내
- 납부기한 : 독촉장을 발부하는 날부터 10일 이내
- 과징금 미납자가 독촉장을 받고도 납부기한까지 과징금을 내지 않을 시 : 과징금부과처분을 취소하고 업무정지처분을 하여야 함
- 업무정지처분을 하려면 처분대상자에게 서면 통지
- 서면에는 처분이 변경된 사유와 업무정지처분의 기간 등 업무정지처분에 필요한 사항 기재

➕ 과태료(화장품법 시행령 별표 2)

위반행위	과태료 금액(단위 : 만원)
기능성화장품의 변경심사를 받지 않은 경우	100
화장품의 생산실적 또는 수입실적 또는 화장품 원료의 목록 등을 보고하지 않은 경우	50
교육 명령을 위반한 경우	50
폐업 등의 신고를 하지 않은 경우	50
화장품의 판매 가격을 표시하지 않은 경우	50
동물실험을 실시한 화장품 또는 동물실험을 실시한 화장품 원료를 사용하여 제조(위탁제조를 포함) 또는 수입한 화장품을 유통·판매한 경우	100
보고와 검사 명령을 위반하여 보고를 하지 않은 경우	100

➕ 용어 정의(개인정보보호법 제2조)

- 개인정보 : 살아 있는 개인에 관한 정보
- 가명처리 : 개인정보의 일부를 삭제하거나 일부 또는 전부를 대체하는 등의 방법으로 추가 정보가 없이는 특정 개인을 알아볼 수 없도록 처리하는 것
- 처리 : 개인정보의 수집, 생성, 연계, 연동, 기록, 저장, 보유, 가공, 편집, 검색, 출력, 정정, 복구, 이용, 제공, 공개, 파기, 그 밖에 이와 유사한 행위
- 정보주체 : 처리되는 정보에 의하여 알아볼 수 있는 사람으로서 그 정보의 주체가 되는 사람
- 개인정보파일 : 개인정보를 쉽게 검색할 수 있도록 일정한 규칙에 따라 체계적으로 배열하거나 구성한 개인정보의 집합물
- 개인정보처리자 : 업무를 목적으로 개인정보파일을 운용하기 위하여 스스로 또는 다른 사람을 통하여 개인정보를 처리하는 공공기관, 법인, 단체 및 개인 등

- 공공기관
  - 국회, 법원, 헌법재판소, 중앙선거관리위원회의 행정사무를 처리하는 기관, 중앙행정기관(대통령 소속 기관과 국무총리 소속 기관을 포함) 및 그 소속 기관, 지방자치단체
  - 그 밖의 국가기관 및 공공단체 중 대통령령으로 정하는 기관
- 영상정보처리기기 : 일정한 공간에 지속적으로 설치되어 사람 또는 사물의 영상 등을 촬영하거나 이를 유·무선망을 통하여 전송하는 장치로서 대통령령으로 정하는 장치
- 과학적 연구 : 기술의 개발과 실증, 기초연구, 응용연구 및 민간 투자 연구 등 과학적 방법을 적용하는 연구

➕ 개인정보 보호 원칙(개인정보보호법 제3조)

- 개인정보처리자는 개인정보의 처리 목적을 명확하게 하여야 하고 그 목적에 필요한 범위에서 최소한의 개인정보만을 적법하고 정당하게 수집
- 개인정보처리자는 개인정보의 처리 목적에 필요한 범위에서 적합하게 개인정보를 처리하여야 하며, 그 목적 외의 용도로 활용하여서는 안 됨
- 개인정보처리자는 개인정보의 처리 목적에 필요한 범위에서 개인정보의 정확성, 완전성 및 최신성이 보장되도록 함
- 개인정보처리자는 개인정보의 처리 방법 및 종류 등에 따라 정보주체의 권리가 침해받을 가능성과 그 위험 정도를 고려하여 개인정보를 안전하게 관리
- 개인정보처리자는 개인정보 처리방침 등 개인정보의 처리에 관한 사항을 공개하여야 하며, 열람청구권 등 정보주체의 권리를 보장
- 개인정보처리자는 정보주체의 사생활 침해를 최소화하는 방법으로 개인정보를 처리
- 개인정보처리자는 개인정보를 익명 또는 가명으로 처리하여도 개인정보 수집목적을 달성할 수 있는 경우 익명처리가 가능한 경우에는 익명에 의하여, 익명처리로 목적을 달성할 수 없는 경우에는 가명에 의하여 처리될 수 있도록 함
- 개인정보처리자는 이 법 및 관계 법령에서 규정하고 있는 책임과 의무를 준수하고 실천함으로써 정보주체의 신뢰를 얻기 위하여 노력

➕ 개인정보의 수집·이용(개인정보보호법 제15조)

- 정보주체의 동의를 받은 경우
- 법률에 특별한 규정이 있거나 법령상 의무를 준수하기 위하여 불가피한 경우
- 공공기관이 법령 등에서 정하는 소관 업무의 수행을 위하여 불가피한 경우
- 정보주체와의 계약의 체결 및 이행을 위하여 불가피하게 필요한 경우
- 정보주체 또는 그 법정대리인이 의사표시를 할 수 없는 상태에 있거나 주소불명 등으로 사전 동의를 받을 수 없는 경우로서 명백히 정보주체 또는 제3자의 급박한 생명, 신체, 재산의 이익을 위하여 필요하다고 인정되는 경우

- 개인정보처리자의 정당한 이익을 달성하기 위하여 필요한 경우로서 명백하게 정보주체의 권리보다 우선하는 경우(개인정보처리자의 정당한 이익과 관련 있고 합리적인 범위를 초과하지 아니하는 경우에 한함)

✚ **개인정보의 목적 외 이용·제공 제한(개인정보보호법 제18조)**
- 정보통신서비스 제공자의 경우로 한정
  - 정보주체로부터 별도의 동의를 받은 경우
  - 다른 법률에 특별한 규정이 있는 경우(정보통신서비스 제공자 한정)
- 공공기관의 경우에 한정
  - 개인정보를 목적 외의 용도로 이용하거나 이를 제3자에게 제공하지 아니하면 다른 법률에서 정하는 소관 업무를 수행할 수 없는 경우로서 보호위원회의 심의·의결을 거친 경우
  - 조약, 그 밖의 국제협정의 이행을 위하여 외국정부 또는 국제기구에 제공하기 위하여 필요한 경우
  - 범죄의 수사와 공소의 제기 및 유지를 위하여 필요한 경우
  - 법원의 재판업무 수행을 위하여 필요한 경우
  - 형 및 감호, 보호처분의 집행을 위하여 필요한 경우
- 정보주체 또는 그 법정대리인이 의사표시를 할 수 없는 상태에 있거나 주소불명 등으로 사전 동의를 받을 수 없는 경우로서 명백히 정보주체 또는 제3자의 급박한 생명, 신체, 재산의 이익을 위하여 필요하다고 인정되는 경우

2과목

화장품 제조 및 품질관리

✚ **퍼머넌트 웨이브 제품 및 헤어스트레이트너 제품 사용 시 주의 사항**
- 두피·얼굴·눈·목·손 등에 약액이 묻지 않도록 유의하고, 얼굴 등에 약액이 묻었을 때는 즉시 물로 씻어낼 것
- 특이체질, 생리 또는 출산 전후이거나 질환이 있는 사람 등은 사용을 피할 것
- 머리카락 손상 등을 피하기 위하여 용법·용량을 지켜야 하며, 가능하면 일부에 시험적으로 사용하여 볼 것
- 섭씨 15도 이하의 어두운 장소에 보존하고, 색이 변하거나 침전된 경우 사용하지 말 것
- 개봉한 제품은 7일 이내에 사용할 것(에어로졸 제품이나 사용 중 공기유입이 차단되는 용기는 표시하지 않음)
- 제2단계 퍼머액 중 그 주성분이 과산화수소인 제품은 검은 머리카락이 갈색으로 변할 수 있으므로 유의하여 사용할 것

⊕ 염모제의 시험적 사용
- 염색 전 2일전(48시간 전)에는 아래의 순서에 따라 매회 반드시 패취테스트(patch test)를 실시
- 패취테스트는 염모제에 부작용이 있는 체질인지 아닌지를 조사하는 테스트
- 과거에 아무 이상 없이 염색한 경우에도 체질 변화에 따라 알레르기 등 부작용이 발생할 수 있으므로 매회 반드시 실시
- 패취테스트 순서
  - 먼저 팔 안쪽 또는 귀 뒤쪽 머리카락이 난 주변 피부를 비눗물로 잘 씻고 탈지면으로 가볍게 닦기
  - 제품 소량을 취해 정해진 용법대로 혼합하여 실험액을 준비
  - 실험액을 앞서 세척한 부위에 동전 크기로 바르고 자연 건조시킨 후 그대로 48시간 방치(시간을 잘 지켜야 함)
  - 테스트 부위의 관찰은 테스트액을 바른 후 30분 그리고 48시간 후 총 2회를 반드시 함
  - 도포 부위에 발진, 발적, 가려움, 수포, 자극 등의 피부 등의 이상이 있는 경우에는 손 등으로 만지지 말고 바로 씻어내고 염모는 하지 말아야 함
  - 테스트 도중, 48시간 이전이라도 위와 같은 피부 이상을 느낀 경우에는 바로 테스트를 중지하고 테스트액을 씻어내고 염모는 하지 말아야 함
  - 48시간 이내에 이상이 발생하지 않는다면 바로 염모

⊕ 인체적용 제품과 위해성 평가
- 인체적용 제품 : 사람이 섭취·투여·접촉·흡입 등을 함으로써 인체에 영향을 줄 수 있는 것으로서 식품위생법 등의 법으로 정한 제품
- 위해성 평가 : 인체적용 제품에 존재하는 위해요소가 인체의 건강을 해치거나 해칠 우려가 있는지 여부와 그 정도를 과학적으로 평가하는 것

⊕ 유해사례(Adverse Event/Adverse Experience ; AE)
화장품의 사용 중 발생한 바람직하지 않고 의도되지 아니한 징후, 증상 또는 질병을 말하며, 당해 화장품과 반드시 인과관계를 가져야 하는 것은 아님

⊕ 실마리 정보(Signal)
유해사례와 화장품 간의 인과관계 가능성이 있다고 보고된 정보로서 그 인과관계가 알려지지 아니하거나 입증자료가 불충분한 것

⊕ 화장품 안전성 정보의 신속보고
- 화장품 제조판매업자는 다음의 화장품 안전성 정보를 알게 된 때는 그 정보를 알게 된 날로부터 15일 이내에 식품의약품안전처장에게 신속히 보고

- 중대한 유해사례 또는 이와 관련하여 식품의약품안전처장이 보고를 지시한 경우
- 판매중지나 회수에 준하는 외국정부의 조치 또는 이와 관련하여 식품의약품안전처장이 보고를 지시한 경우
- 안전성 정보의 신속보고는 식품의약품안전처 홈페이지를 통해 보고하거나 우편·팩스·정보통신망 등의 방법으로 할 수 있음

> **중대한 유해사례(Serious AE)**
> - 사망을 초래하거나 생명을 위협하는 경우
> - 입원 또는 입원기간의 연장이 필요한 경우
> - 지속적 또는 중대한 불구나 기능저하를 초래하는 경우
> - 선천적 기형 또는 이상을 초래하는 경우
> - 기타 의학적으로 중요한 상황

➕ 벤질알코올
- 보존제 성분 중 사용상의 제한이 필요한 원료
- 사용한도는 1.0%
- 두발 염색용 제품류에 용제로 사용할 경우의 사용한도는 10%

➕ 화장품 사용 시 주의 사항 중 공통 사항
- 화장품 사용 시 또는 사용 후 직사광선에 의하여 사용부위가 붉은 반점, 부어오름 또는 가려움증 등의 이상 증상이나 부작용이 있는 경우 전문의 등과 상담할 것
- 상처가 있는 부위 등에는 사용을 자제할 것
- 보관 및 취급 시의 주의사항
  - 어린이의 손이 닿지 않는 곳에 보관할 것
  - 직사광선을 피해서 보관할 것

➕ 염류와 에스텔류
- 염류 : 소듐, 포타슘, 칼슘, 마그네슘, 암모늄, 에탄올아민, 클로라이드, 브로마이드, 설페이트, 아세테이트, 베타인 등
- 에스텔류 : 메칠, 에칠, 프로필, 이소프로필, 부틸, 이소부틸, 페닐

➕ 제한이 있는 첨가제
식품의약품안전처장은 보존제, 색소, 자외선차단제 등과 같이 특별히 사용상의 제한이 필요한 원료에 대하여는 그 사용기준을 지정하여 고시하여야 하며, 사용기준이 지정·고시된 원료 외의 보존제, 색소, 자외선차단제 등은 사용할 수 없음

➕ 착향제의 구성 성분 중 해당 성분의 명칭을 기재·표시해야 하는 알레르기 유발성분

연 번	성분명	연 번	성분명
1	아밀신남알	14	벤질신나메이트
2	벤질알코올	15	파네솔
3	신나밀알코올	16	부틸페닐메틸프로피오날
4	시트랄	17	리날룰
5	유제놀	18	벤질벤조에이트
6	하이드록시시트로넬알	19	시트로넬올
7	아이소유제놀	20	헥실신남알
8	아밀신나밀알코올	21	리모넨
9	벤질살리실레이트	22	메틸 2-옥티노에이트
10	신남알	23	알파-아이소메틸아이오논
11	쿠마린	24	참나무이끼추출물
12	제라니올	25	나무이끼추출물
13	아니스알코올		

※ 다만, 사용 후 씻어내는 제품에는 0.01% 초과, 사용 후 씻어내지 않는 제품에는 0.001% 초과 함유하는 경우에 한함

➕ 알파-하이드록시애시드(α-hydroxyacid, AHA) 함유제품의 사용 시 주의사항(0.5% 이하 AHA 함유 제품 제외)
- 햇빛에 대한 피부의 감수성을 증가시킬 수 있으므로 자외선 차단제를 함께 사용해야 함(씻어내는 제품 및 두발용 제품은 제외)
- 일부에 시험 사용하여 피부 이상을 확인
- 고농도의 AHA 성분이 들어 있어 부작용이 발생할 우려가 있으므로 전문의 등에게 상담(AHA 성분이 10%를 초과하여 함유되어 있거나 산도가 3.5 미만인 제품만 표시)

➕ 위해 평가 방법의 순서
- 위험성 확인 : 위해요소에 노출됨에 따라 발생할 수 있는 독성의 정도와 영향의 종류 등을 파악
- 위험성 결정 : 동물 실험결과 등의 불확실성 등을 보정하여 인체 노출 허용량을 결정
- 노출평가 : 식품 등을 통하여 노출되는 위해 요소의 양 또는 수준을 정량적 또는 정성적으로 산출
- 위해도 결정 : 위해요소 및 이를 함유한 식품 등 섭취에 따른 건강상 영향, 인체노출 허용량 또는 수준 및 식품 등 이외의 환경 등에 의하여 노출되는 위해요소의 양을 고려하여 사람에게 미칠 수 있는 위해의 정도와 발생빈도 등을 정량적, 또는 정성적으로 예측

➕ 고분자화합물
- 보습 등 특수한 기능을 하게 하기 위해 화장품에 쓰이기도 하지만, 대부분은 화장품의 점성을 높이고 피막을 형성하게 하며 사용감을 개선하기 위해 쓰임
- 특히 고분자를 유화 제품에서 적당히 사용하면 유화 안전성을 높일 수 있음

➕ 점증제
화장품의 안전성 및 화장품의 점도를 유지하는 데 사용하며 계면활성제나 보습제로도 일부 사용하기도 함. 점증제는 에멀젼의 안정성을 높이고 점도를 증가시키기 위해 사용되고 카보머가 해당

➕ 회수대상화장품의 위해성 등급
- 위해성이 높은 순서에 따라 가등급, 나등급 및 다등급으로 구분
- 해당 위해성 등급의 분류기준은 다음의 구분에 따름

가등급	화장품법 제8조(화장품 안전기준 등) 제1항 또는 제2항에 따른 화장품에 사용할 수 없는 원료를 사용한 화장품
나등급	• 화장품법 제9조(안전용기·포장 등)에 위반되는 화장품 • 화장품법 제8조 제8항에 따른 유통화장품 안전관리 기준(내용량의 기준에 관한 부분은 제외)에 적합하지 아니한 화장품
다등급	• 화장품법 제15조(영업의 금지)에 위반되는 화장품으로 다음의 어느 하나에 해당하는 화장품 　- 화장품법 제15조 제2호 또는 제3호에 해당하는 화장품 　- 화장품법 제15조 제4호에 해당하는 화장품 중 보건위생상 위해를 발생할 우려가 있는 화장품 　- 화장품법 제8조 제8항에 따른 유통화장품 안전관리 기준(내용량의 기준에 관한 부분은 제외)에 적합하지 아니한 화장품 　- 화장품법 제15조 제9호에 해당하는 화장품 　- 그 밖에 화장품제조업자 또는 화장품책임판매업자 스스로 국민보건에 위해를 끼칠 우려가 있어 회수가 필요하다고 판단한 화장품 　- 법 제16조(판매 등의 금지) 제1항에 위반되는 화장품

3과목 유통 화장품 안전관리

➕ 제조위생관리 기준서
- 작업원의 건강관리 및 건강상태의 파악 조치방법
- 작업원의 수세, 소독방법 등 위생에 관한 사항
- 작업복장의 규격, 세탁방법 및 착용규정
- 작업실 등의 청소(필요한 경우 소독을 포함한다) 방법 및 청소주기
- 청소상태의 평가방법
- 제조시설의 세척 및 평가 방법
  - 책임자 지정
  - 세척 및 소독 계획
  - 세척방법과 세척에 사용되는 약품 및 기구
  - 제조시설의 분해 및 조립 방법
  - 이전 작업 표시 제거방법
  - 청소상태 유지방법
  - 작업 전 청소상태 확인방법
- 곤충, 해충이나 쥐를 막는 방법 및 점검주기
- 그 밖에 필요한 사항

➕ 작업소의 위생
- 곤충, 해충이나 쥐를 막을 수 있는 대책을 마련하고 정기적으로 점검·확인
- 제조, 관리 및 보관 구역 내의 바닥, 벽, 천장 및 창문은 항상 청결하게 유지
- 제조시설이나 설비의 세척에 사용되는 세제 또는 소독제는 효능이 입증된 것을 사용하고 잔류하거나 적용하는 표면에 이상을 초래하지 아니하여야 함
- 제조시설이나 설비는 적절한 방법으로 청소하여야 하며, 필요한 경우 위생관리 프로그램을 운영

➕ 혼합·소분 시 오염방지를 위한 위생관리 규정
- 혼합·소분 전에는 손을 소독 또는 세정하거나 일회용 장갑을 착용
- 혼합·소분에 사용되는 장비 또는 기기 등은 사용 전·후 세척
- 혼합·소분된 제품을 담을 용기의 오염여부를 사전에 확인

➕ 작업장 내 직원의 위생 기준(CGMP - 제6조 직원의 위생)

- 적절한 위생관리 기준 및 절차를 마련하고 제조소 내의 모든 직원은 이를 준수
- 작업소 및 보관소 내의 모든 직원은 화장품의 오염을 방지하기 위해 규정된 작업복을 착용해야 하고 음식물 등을 반입해서는 안 됨
  - 작업복 등은 목적과 오염도에 따라 세탁을 하고 필요에 따라 소독
  - 작업 전에 복장점검을 하고 적절하지 않을 경우는 시정
  - 별도의 지역에 의약품을 포함한 개인적인 물품을 보관, 음식. 음료수 및 흡연구역 등은 제조 및 보관 지역과 분리된 지역에서만 섭취, 흡연
- 피부에 외상이 있거나 질병에 걸린 직원은 건강이 양호해지거나 화장품의 품질에 영향을 주지 않는다는 의사의 소견이 있기 전까지는 화장품과 직접적으로 접촉되지 않도록 격리
- 제조구역별 접근권한이 있는 작업원 및 방문객은 가급적 제조, 관리 및 보관구역 내에 들어가지 않도록 하고, 불가피한 경우 사전에 직원 위생에 대한 교육 및 복장 규정에 따르도록 하고 감독

➕ 칭 량

- 원료는 품질에 영향을 미치지 않는 용기나 설비에 정확하게 칭량
- 원료가 칭량되는 도중 교차오염을 피하기 위한 조치가 있어야 함

➕ 청정도 기준

청정도 등급	대상시설	해당 작업실	청정공기 순환	구조 조건	관리 기준	작업 복장
1	청정도 엄격관리	Clean bench	20회/hr 이상 또는 차압관리	Pre-filter, Med-filter, HEPA-filter, Clean bench/booth, 온도 조절	낙하균 10개/hr 또는 부유균 20개/m^3	작업복, 작업모, 작업화
2	화장품 내용물이 노출되는 작업실	제조실, 성형실, 충전실, 내용물보관소, 원료 칭량실, 미생물시험실	10회/hr 이상 또는 차압관리	Pre-filter, Med-filter, (필요시 HEPA-filter), 분진발생실 주변 양압, 제진 시설	낙하균 30개/hr 또는 부유균 200개/m^3	작업복, 작업모, 작업화
3	화장품 내용물이 노출 안 되는 곳	포장실	차압관리	Pre-filter, 온도조절	갱의, 포장재의 외부 청소 후 반입	작업복, 작업모, 작업화
4	일반 작업실(내용물 완전폐색)	포장재보관소, 완제품보관소, 관리품보관소, 원료보관소, 갱의실, 일반시험실	환기장치	환기(온도조절)	–	–

➕ 설비 기구의 유지, 관리

- 건물, 시설 및 주요 설비는 정기적으로 점검하여 화장품의 제조 및 품질관리에 지장이 없도록 유지·관리·기록
- 결함 발생 및 정비 중인 설비는 적절한 방법으로 표시하고, 고장 등 사용이 불가할 경우 표시하여 분리
- 세척한 설비는 다음 사용 시까지 오염되지 아니하도록 관리
- 모든 제조 관련 설비는 승인된 자만이 접근·사용
- 제품의 품질에 영향을 줄 수 있는 검사·측정·시험장비 및 자동화장치는 계획을 수립하여 정기적으로 교정 및 성능점검을 하고 기록
- 유지관리 작업이 제품의 품질에 영향을 주어서는 안 됨

➕ 원자재의 보관 조건

- 보관 조건은 각각의 원료와 포장재에 적합하여야 하고, 과도한 열기, 추위, 햇빛 또는 습기에 노출되어 변질되는 것을 방지할 수 있어야 함
- 물질의 특징 및 특성에 맞도록 보관, 취급
- 특수한 보관 조건은 적절하게 준수, 모니터링
- 원료와 포장재의 용기는 밀폐되어, 청소와 검사가 용이하도록 충분한 간격으로, 바닥과 떨어진 곳에 보관
- 원료와 포장재가 재포장될 경우, 원래의 용기와 동일하게 표시
- 원료 및 포장재의 관리는 허가되지 않거나, 불합격 판정을 받거나, 아니면 의심스러운 물질의 허가되지 않은 사용을 방지할 수 있어야 함(물리적 격리나 수동 컴퓨터 위치 제어 등의 방법)
- 재고의 회전을 보증하기 위한 방법이 확립되어 있어야 함. 따라서 특별한 경우를 제외하고, 가장 오래된 재고가 제일 먼저 불출되도록 선입선출
- 재고의 신뢰성을 보증하고, 모든 중대한 모순을 조사하기 위해 주기적인 재고조사가 시행되어야 함
- 원료 및 포장재는 정기적으로 재고조사를 실시(장기 재고품의 처분 및 선입선출 규칙의 확인이 목적)
- 중대한 위반품이 발견되었을 때에는 일탈처리

➕ 보관용 검체

- 제품을 그대로 보관
- 각 뱃치를 대표하는 검체를 보관
- 일반적으로는 각 뱃치별로 제품 시험을 2번 실시할 수 있는 양을 보관
- 제품이 가장 안정한 조건에서 보관
- 사용기한 경과 후 1년간 또는 개봉 후 사용기간을 기재하는 경우에는 제조일로부터 3년간 보관

➕ 회수 대상 화장품

- 안전용기·포장 규칙에 위반되는 화장품
- 전부 또는 일부가 변패된 화장품 또는 병원미생물에 오염된 화장품
- 이물이 혼입되었거나 부착된 화장품 중 보건위생상 위해를 발생할 우려가 있는 화장품
- 식품의약품안전처장이 화장품의 제조 등에 사용할 수 없다고 지정하여 고시한 원료나 사용기준이 지정·고시된 원료 외의 보존제, 색소, 자외선 차단제 등 화장품에 사용할 수 없는 원료를 사용한 화장품
- 유통화장품 안전관리 기준(내용량의 기준에 관한 부분은 제외)에 적합하지 아니한 화장품
- 사용기한 또는 개봉 후 사용기간(병행 표기된 제조연월일을 포함)을 위조·변조한 화장품
- 화장품제조업자 또는 화장품책임판매업자 스스로 국민보건에 위해를 끼칠 우려가 있어 회수가 필요하다고 판단한 화장품
- 다음의 어느 하나에 해당하는 화장품을 판매하거나 판매할 목적으로 보관 또는 진열한 경우
  - 등록을 하지 아니한 자가 제조한 화장품 또는 제조·수입하여 유통·판매한 화장품
  - 신고를 하지 아니한 자가 판매한 맞춤형화장품
  - 맞춤형화장품조제관리사를 두지 아니하고 판매한 맞춤형화장품(소비자에게 판매하는 화장품에 한함)
  - 화장품 또는 의약품으로 잘못 인식할 우려가 있게 기재·표시된 화장품
  - 판매의 목적이 아닌 제품의 홍보·판매촉진 등을 위하여 미리 소비자가 시험·사용하도록 제조 또는 수입된 화장품
  - 화장품의 포장 및 기재·표시 사항을 훼손(맞춤형화장품 판매를 위하여 필요한 경우는 제외한다) 또는 위조·변조한 것
- 화장품의 용기에 담은 내용물을 나누어 판매하는 경우(맞춤형화장품조제관리사를 통하여 판매하는 맞춤형화장품판매업자는 제외)

➕ 기준일탈 제품의 처리

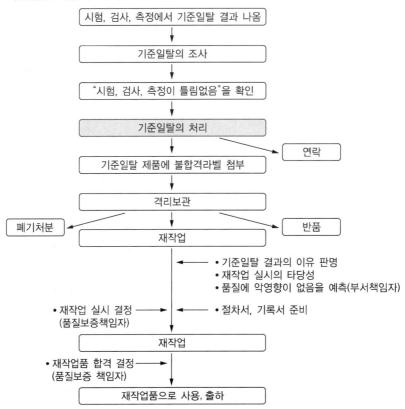

➕ 안전용기 · 포장
- 안전용기 · 포장의 의미 : 만 5세 미만의 어린이가 개봉하기 어렵게 설계 · 고안된 용기나 포장
- 안전용기 · 포장의 목적 : 화장품책임판매업자 및 맞춤형화장품판매업자가 화장품을 판매할 경우 어린이가 화장품을 잘못 사용하여 인체에 위해를 끼치는 사고가 발생하지 아니하도록 하기 위해서
- 안전용기 · 포장 대상 품목
  - 일회용 제품, 용기 입구 부분이 펌프 또는 방아쇠로 작동되는 분무용기 제품, 압축 분무용기 제품(에어로졸 제품 등)은 제외
  - 아세톤을 함유하는 네일 에나멜 리무버 및 네일 폴리시 리무버
  - 어린이용 오일 등 개별포장당 탄화수소류를 10% 이상 함유하고 운동점도가 21센티스톡스(섭씨 40도 기준) 이하인 비에멀젼 타입의 액체상태의 제품
  - 개별포장당 메틸 살리실레이트를 5% 이상 함유하는 액체상태의 제품
- 안전용기 · 포장 기준 : 안전용기 · 포장은 성인이 개봉하기는 어렵지 아니하나 만 5세 미만의 어린이가 개봉하기는 어렵게 된 것이어야 함

➕ **화장품 완제품 보관용 검체**
- 검체의 채취 : 시험용 검체는 오염되거나 변질되지 아니하도록 채취하고, 채취한 후에는 원상태에 준하는 포장을 해야 하며, 검체가 채취되었음을 표시
- 시험용 검체의 용기 기재 사항
  - 명칭 또는 확인코드
  - 제조번호
  - 검체채취 일자
- 검체의 보관
  - 적절한 보관조건 하에 지정된 구역 내에서 제조단위별로 사용기한 경과 후 1년간 보관
  - 개봉 후 사용기간을 기재하는 경우에는 제조일로부터 3년간 보관

4과목 맞춤형화장품의 이해

➕ **화장품의 품질 요소**
- 안전성 : 화장품을 사용하여 피부자극, 알레르기, 독성 등 인체에 대한 부작용이 없어야 함
- 안정성 : 사용기간 중이나 보관 중에 변색, 변질, 변취되거나 미생물의 오염도 없어야 함
- 사용성 : 흡수감이나 촉촉함이 우수하고 퍼짐성이 좋고 피부에 쉽게 흡수되어야 함
- 유효성 : 목적에 적합한 기능을 충분히 나타낼 수 있는 원료 및 제형을 사용하여 목적하는 효과를 나타내야 함(피부보습, 노화지연, 자외선차단, 미백, 청결, 색채효과)

➕ **맞춤형화장품과 맞춤형화장품판매업**
- 맞춤형화장품
  - 제조 또는 수입된 화장품의 내용물에 다른 화장품의 내용물이나 식품의약품안전처장이 정하는 원료를 추가하여 혼합한 화장품
  - 제조 또는 수입된 화장품의 내용물을 소분한 화장품
- 맞춤형화장품판매업
  - 제조 또는 수입된 화장품의 내용물에 다른 화장품의 내용물이나 식품의약품안전처장이 정하여 고시하는 원료를 추가하여 혼합한 화장품을 판매하는 영업
  - 제조 또는 수입된 화장품의 내용물을 소분한 화장품을 판매하는 영업
  - 맞춤형화장품판매업을 하려는 자는 식품의약품안전처장에게 신고

➕ 화장품 안전관리기준 검출 허용 한도
- 납 : 점토를 원료로 사용한 분말제품은 50㎍/g 이하, 그 밖의 제품은 20㎍/g 이하
- 니켈 : 눈 화장용 제품은 35㎍/g 이하, 색조 화장용 제품은 30㎍/g 이하, 그 밖의 제품은 10㎍/g 이하
- 비소 : 10㎍/g 이하
- 수은 : 1㎍/g 이하
- 안티몬 : 10㎍/g 이하
- 카드뮴 : 5㎍/g 이하
- 디옥산 : 100㎍/g 이하
- 메탄올 : 0.2%(v/v) 이하, 물휴지는 0.002%(v/v) 이하
- 포름알데하이드 : 2,000㎍/g 이하, 물휴지는 20㎍/g 이하
- 프탈레이트류(디부틸프탈레이트, 부틸벤질프탈레이트 및 디에칠헥실프탈레이트에 한함) : 총 합으로서 100㎍/g 이하

➕ 기능성 화장품의 심사 때 필요한 자료
- 기원 및 개발 경위에 관한 자료
- 안전성에 관한 자료
  - 단회 투여 독성시험 자료
  - 1차 피부 자극시험 자료
  - 안점막 자극 또는 그 밖의 점막 자극시험 자료
  - 피부 감작성시험 자료
  - 광독성 및 광감작성 시험 자료
  - 인체 첩포시험 자료
- 유효성 또는 기능에 관한 자료
  - 효력시험 자료
  - 인체 적용시험 자료
- 자외선 차단지수 및 자외선 A 차단등급 설정의 근거자료(자외선을 차단 또는 산란시켜 자외선으로부터 피부를 보호하는 기능을 가진 화장품의 경우만 해당)
- 기준 및 시험방법에 관한 자료(검체를 포함)

➕ 유통화장품의 pH 기준
영·유아용 제품류(영·유아용 샴푸, 영·유아용 린스, 영·유아 인체 세정용 제품, 영·유아 목욕용 제품 제외), 눈 화장용 제품류, 색조 화장용 제품류, 두발용 제품류(샴푸, 린스 제외), 면도용 제품류(셰이빙 크림, 셰이빙 폼 제외), 기초화장용 제품류(클렌징 워터, 클렌징 오일, 클렌징 로션, 클렌징 크림 등 메이크업 리무버 제품 제외) 중 액, 로션, 크림 및 이와 유사한 제형의 액상제품은 pH 기준이 3.0~9.0이어야 하지만, 물을 포함하지 않는 제품과 사용한 후 곧바로 물로 씻어 내는 제품 제외

⊕ 유통화장품의 안전관리 기준 중 미생물 한도

- 총호기성 생균수는 영·유아용 제품류 및 눈화장용 제품류의 경우 500개/g(mL) 이하
- 물휴지의 경우 세균 및 진균수는 각각 100개/g(mL) 이하
- 기타 화장품의 경우 1,000개/g(mL) 이하
- 대장균(Escherichia Coli), 녹농균(Pseudomonas aeruginosa), 황색포도상구균(Staphylococcus aureus)은 불검출

⊕ 유통화장품의 안전관리 기준 중 내용량의 기준

- 제품 3개를 가지고 시험할 때 그 평균 내용량이 표기량에 대하여 97% 이상(다만, 화장비누의 경우 건조중량이 내용량)
- 위의 기준치를 벗어날 경우 : 6개를 더 취하여 시험할 때 9개의 평균 내용량이 97% 이상
- 그 밖의 특수한 제품 : 대한민국약전(식품의약품안전처 고시)을 따를 것

⊕ 화장비누의 안전관리 기준

유리알칼리 0.1% 이하

⊕ 퍼머넌트웨이브용 및 헤어스트레이트너 제품의 안전관리기준

제 품	구 성	기 준
치오글라이콜릭애씨드 또는 그 염류를 주성분으로 하는 냉 2욕식 퍼머넌트웨이브용 제품 : 실온에서 사용하는 것으로서 치오글라이콜릭애씨드 또는 그 염류를 주성분으로 하는 제1제 및 산화제를 함유하는 제2제로 구성	제1제 : 치오글라이콜릭애씨드 또는 그 염류를 주성분으로 하고, 불휘발성 무기알칼리의 총량이 치오글라이콜릭애씨드의 대응량 이하인 액제	• pH : 4.5~9.6 • 알칼리 : 0.1N 염산의 소비량은 검체 1mL에 대하여 7.0mL 이하 • 산성에서 끓인 후의 환원성 물질(치오글라이콜릭애씨드) : 산성에서 끓인 후의 환원성 물질의 함량(치오글라이콜릭애씨드로서)이 2.0~11.0% • 산성에서 끓인 후의 환원성 물질 이외의 환원성 물질(아황산염, 황화물 등) : 검체 1mL 중의 산성에서 끓인 후의 환원성 물질 이외의 환원성 물질에 대한 0.1N 요오드액의 소비량이 0.6mL 이하 • 환원 후의 환원성 물질(디치오디글라이콜릭애씨드) : 환원 후의 환원성 물질의 함량은 4.0% 이하 • 중금속 : 20μg/g 이하 • 비소 : 5μg/g 이하 • 철 : 2μg/g 이하
	제2제	브롬산나트륨 함유제제 : 브롬산나트륨에 그 품질을 유지하거나 유용성을 높이기 위하여 적당한 용해제, 침투제, 습윤제, 착색제, 유화제, 향료 등을 첨가한 것 • 용해상태 : 명확한 불용성 이물이 없을 것 • pH : 4.0~10.5 • 중금속 : 20μg/g 이하 • 산화력 : 1인 1회 분량의 산화력이 3.5 이상

		과산화수소수 함유제제 : 과산화수소수 또는 과산화수소수에 그 품질을 유지하거나 유용성을 높이기 위하여 적당한 침투제, 안정제, 습윤제, 착색제, 유화제, 향료 등을 첨가한 것 • pH : 2.5~4.5 • 중금속 : 20㎍/g 이하 • 산화력 : 1인 1회 분량의 산화력이 0.8~3.0
시스테인, 시스테인염류 또는 아세틸시스테인을 주성분으로 하는 냉2욕식 퍼머넌트웨이브용 제품 : 실온에서 사용하는 것으로서 시스테인, 시스테인염류 또는 아세틸시스테인을 주성분으로 하는 제1제 및 산화제를 함유하는 제2제로 구성	제1제 : 시스테인, 시스테인염류 또는 아세틸시스테인을 주성분으로 하고 불휘발성 무기알칼리를 함유하지 않은 액제	• pH : 8.0~9.5 • 알칼리 : 0.1N 염산의 소비량은 검체 1mL에 대하여 12mL 이하 • 시스테인 : 3.0~7.5% • 환원 후의 환원성 물질(시스틴) : 0.65% 이하 • 중금속 : 20㎍/g 이하 • 비소 : 5㎍/g 이하 • 철 : 2㎍/g 이하
	제2제	치오글라이콜릭애씨드 또는 그 염류를 주성분으로 하는 냉2욕식 퍼머넌트웨이브용 제품 제2제 기준에 따름
치오글라이콜릭애씨드 또는 그 염류를 주성분으로 하는 냉2욕식 헤어스트레이트너용 제품 : 실온에서 사용하는 것으로서 치오글라이콜릭애씨드 또는 그 염류를 주성분으로 하는 제1제 및 산화제를 함유하는 제2제로 구성	제1제 : 치오글라이콜릭애씨드 또는 그 염류를 주성분으로 하고 불휘발성 무기알칼리의 총량이 치오글라이콜릭애씨드의 대응량 이하인 제제	• pH : 4.5~9.6 • 알칼리 : 0.1N 염산의 소비량은 검체 1mL에 대하여 7.0mL 이하 • 산성에서 끓인 후의 환원성 물질(치오글라이콜릭애씨드) : 2.0~11.0% • 산성에서 끓인 후의 환원성 물질 이외의 환원성 물질(아황산, 황화물 등) : 검체 1mL 중의 산성에서 끓인 후의 환원성 물질 이외의 환원성 물질에 대한 0.1N 요오드액의 소비량은 0.6mL 이하 • 환원 후의 환원성 물질(디치오디글리콜릭애씨드) : 4.0% 이하 • 중금속 : 20㎍/g 이하 • 비소 : 5㎍/g 이하 • 철 : 2㎍/g 이하
	제2제	치오글라이콜릭애씨드 또는 그 염류를 주성분으로 하는 냉2욕식 퍼머넌트웨이브용 제품 제2제 기준에 따름
치오글라이콜릭애씨드 또는 그 염류를 주성분으로 하는 가온2욕식 퍼머넌트웨이브용 제품 : 사용할 때 약 60℃ 이하로 가온조작하여 사용하는 것으로서 치오글라이콜릭애씨드 또는 그 염류를 주성분으로 하는 제1제 및 산화제를 함유하는 제2제로 구성	제1제 : 치오글라이콜릭애씨드 또는 그 염류를 주성분으로 하고 불휘발성 무기알칼리의 총량이 치오글라이콜릭애씨드의 대응량 이하인 액제	• pH : 4.5~9.3 • 알칼리 : 0.1N 염산의 소비량은 검체 1mL에 대하여 5mL 이하 • 산성에서 끓인 후의 환원성 물질(치오글라이콜릭애씨드) : 1.0~5.0% • 산성에서 끓인 후의 환원성 물질 이외의 환원성 물질(아황산, 황화물 등) : 검체 1mL 중의 산성에서 끓인 후의 환원성 물질 이외의 환원성 물질에 대한 0.1N 요오드액의 소비량은 0.6mL 이하 • 환원 후의 환원성 물질(디치오디글라이콜릭애씨드) : 4.0% 이하 • 중금속 : 20㎍/g 이하 • 비소 : 5㎍/g 이하 • 철 : 2㎍/g 이하
	제2제	치오글라이콜릭애씨드 또는 그 염류를 주성분으로 하는 냉2욕식 퍼머넌트웨이브용 제품 제2제 기준에 따름

시스테인, 시스테인염류 또는 아세틸시스테인을 주성분으로 하는 가온 2욕식 퍼머넌트웨이브용 제품 : 사용 시 약 60℃ 이하로 가온조작하여 사용하는 것으로서 시스테인, 시스테인염류, 또는 아세틸시스테인을 주성분으로 하는 제제 및 산화제를 함유하는 제2제로 구성	제1제 : 시스테인, 시스테인염류, 또는 아세틸시스테인을 주성분으로 하고 불휘발성 무기 알칼리를 함유하지 않는 액제	• pH : 4.0~9.5 • 알칼리 : 0.1N 염산의 소비량은 검체 1mL에 대하여 9mL 이하 • 시스테인 : 1.5~5.5% • 환원 후의 환원성 물질(시스틴) : 0.65% 이하 • 중금속 : 20㎍/g 이하 • 비소 : 5㎍/g 이하 • 철 : 2㎍/g 이하
	제2제	치오글라이콜릭애씨드 또는 그 염류를 주성분으로 하는 냉2욕식 퍼머넌트웨이브용 제품 제2제 기준에 따름
치오글라이콜릭애씨드 또는 그 염류를 주성분으로 하는 가온2욕식 헤어스트레이트너 제품 : 시험할 때 약 60℃ 이하로 가온 조작하여 사용하는 것으로서 치오글라이콜릭애씨드 또는 그 염류를 주성분으로 하는 제1제 및 산화제를 함유하는 제2제로 구성	제1제 : 치오글라이콜릭애씨드 또는 그 염류를 주성분으로 하고 불휘발성 알칼리의 총량이 치오글라이콜릭애씨드의 대응량 이하인 제제	• pH : 4.5~9.3 • 알칼리 : 0.1N 염산의 소비량은 검체 1mL에 대하여 5.0mL 이하 • 산성에서 끓인 후의 환원성 물질(치오글라이콜릭애씨드) : 1.0~5.0% • 산성에서 끓인 후의 환원성 물질 이외의 환원성 물질(아황산염, 황화물 등) : 검체 1mL 중의 산성에서 끓인 후의 환원성 물질 이외의 환원성 물질에 대한 0.1N 요오드액의 소비량은 0.6mL 이하 • 환원 후의 환원성 물질(디치오디글라이콜릭애씨드) : 4.0% 이하 • 중금속 : 20㎍/g 이하 • 비소 : 5㎍/g 이하 • 철 : 2㎍/g 이하
	제2제	치오글라이콜릭애씨드 또는 그 염류를 주성분으로 하는 냉2욕식 퍼머넌트웨이브용 제품 제2제 기준에 따름
치오글라이콜릭애씨드 또는 그 염류를 주성분으로 하는 고온정발용 열기구를 사용하는 가온2욕식 헤어스트레이트너 제품 : 시험할 때 약 60℃ 이하로 가온하여 제1제를 처리한 후 물로 충분히 세척하여 수분을 제거하고 고온정발용 열기구(180℃ 이하)를 사용하는 것으로서 치오글라이콜릭애씨드 또는 그 염류를 주성분으로 하는 제1제 및 산화제를 함유하는 제2제로 구성	제1제 : 치오글라이콜릭애씨드 또는 그 염류를 주성분으로 하고 불휘발성 알칼리의 총량이 치오글라이콜릭애씨드의 대응량 이하인 제제	• pH : 4.5~9.3 • 알칼리 : 0.1N 염산의 소비량은 검체 1mL에 대하여 5.0mL 이하 • 산성에서 끓인 후의 환원성 물질(치오글라이콜릭애씨드) : 1.0~5.0% • 산성에서 끓인 후의 환원성 물질 이외의 환원성 물질(아황산염, 황화물 등) : 검체 1mL 중의 산성에서 끓인 후의 환원성 물질 이외의 환원성 물질에 대한 0.1N 요오드액의 소비량은 0.6mL 이하 • 환원 후의 환원성 물질(디치오디글라이콜릭애씨드) : 4.0% 이하 • 중금속 : 20㎍/g 이하 • 비소 : 5㎍/g 이하 • 철 : 2㎍/g 이하
	제2제	치오글라이콜릭애씨드 또는 그 염류를 주성분으로 하는 냉2욕식 퍼머넌트웨이브용 제품 제2제 기준에 따름

치오글라이콜릭애씨드 또는 그 염류를 주성분으로 하는 냉1욕식 퍼머넌트웨이브용 제품 : 실온에서 사용하는 것으로서 치오글라이콜릭애씨드 또는 그 염류를 주성분으로 하고 불휘발성 무기알칼리의 총량이 치오글라이콜릭애씨드의 대응량 이하인 액제		• pH : 9.4~9.6 • 알칼리 : 0.1N 염산의 소비량은 검체 1mL에 대하여 3.5~4.6mL • 산성에서 끓인 후의 환원성 물질(치오글라이콜릭애씨드) : 3.0~3.3% • 산성에서 끓인 후의 환원성 물질 이외의 환원성 물질(아황산염, 황화물 등) : 검체 1mL 중인 산성에서 끓인 후의 환원성 물질 이외의 환원성 물질에 대한 0.1N 요오드액의 소비량은 0.6mL 이하 • 환원 후의 환원성 물질(디치오디글라이콜릭애씨드) : 0.5% 이하 • 중금속 : 20㎍/g 이하 • 비소 : 5㎍/g 이하 • 철 : 2㎍/g 이하
치오글라이콜릭애씨드 또는 그 염류를 주성분으로 하는 제1제 사용 시 조제하는 발열2욕식 퍼머넌트웨이브용 제품 : 치오글라이콜릭애씨드 또는 그 염류를 주성분으로 하는 제1제의 1과 제1제의 1 중의 치오글라이콜릭애씨드 또는 그 염류의 대응량 이하의 과산화수소를 함유한 제1제의 2, 과산화수소를 산화제로 함유하는 제2제로 구성되며, 사용 시 제1제의 1 및 제1제의 2를 혼합하면 약 40℃로 발열되어 사용하는 것	제1제의 1 : 치오글라이콜릭애씨드 또는 그 염류를 주성분으로 하는 액제	• pH : 4.5~9.5 • 알칼리 : 0.1N 염산의 소비량은 검체 1mL에 대하여 10mL 이하 • 산성에서 끓인 후의 환원성 물질(치오글라이콜릭애씨드) : 8.0~19.0% • 산성에서 끓인 후의 환원성 물질 이외의 환원성 물질(아황산염, 황화물 등) : 검체 1mL 중의 산성에서 끓인 후의 환원성 물질 이외의 환원성 물질에 대한 0.1N 요오드액의 소비량은 0.8mL 이하 • 환원 후의 환원성 물질(디치오디글라이콜릭애씨드) : 0.5% 이하 • 중금속 : 20㎍/g 이하 • 비소 : 5㎍/g 이하 • 철 : 2㎍/g 이하
	제1제의 2 : 제1제의 1중에 함유된 치오글라이콜릭애씨드 또는 그 염류의 대응량 이하의 과산화수소를 함유한 액제	• pH : 2.5~4.5 • 중금속 : 20㎍/g 이하 • 과산화수소 : 2.7~3.0%
	제1제의 1 및 제1제의 2의 혼합물 : 제1제의 1 및 제1제의 2를 용량비 3 : 1로 혼합한 액제로서 치오글라이콜릭애씨드 또는 그 염류를 주성분으로 하고 불휘발성 무기알칼리의 총량이 치오글라이콜릭애씨드의 대응량 이하인 것	• pH : 4.5~9.4 • 알칼리 : 0.1N 염산의 소비량은 검체 1mL에 대하여 7mL 이하 • 산성에서 끓인 후의 환원성 물질(치오글라이콜릭애씨드) : 2.0~11.0% • 산성에서 끓인 후의 환원성 물질 이외의 환원성 물질(이황산염, 황화물 등) : 산성에서 끓인 후의 환원성 물질 이외의 환원성 물질에 대한 0.1N 요오드액의 소비량은 0.6mL 이하 • 환원 후의 환원성 물질(디치오디글라이콜릭애씨드) : 3.2~4.0% • 온도상승 : 온도의 차는 14~20℃
	제2제	치오글라이콜릭애씨드 또는 그 염류를 주성분으로 하는 냉2욕식 퍼머넌트웨이브용 제품 제2제 기준에 따름

➕ 맞춤형화장품조제관리사의 교육

- 맞춤형화장품조제관리사는 화장품의 안전성 확보 및 품질관리에 관한 교육을 매년 받아야 함
- 교육시간은 4시간 이상, 8시간 이하
- 교육내용은 화장품 관련 법령 및 제도에 관한 사항, 화장품의 안전성 확보 및 품질관리에 관한 사항 등
- 교육내용에 관한 세부 사항은 식품의약품안전처장의 승인을 받아야 함

➕ 피부의 구조

- 표피, 진피, 피하지방의 3층 구조
- 표피는 피부의 가장 바깥쪽에 위치(각질층, 투명층, 과립층, 유극층, 기저층의 5개 층)

각질층	• 표피의 가장 바깥층, 피부 박리현상 발생 • 라멜라구조(벽돌구조)로 각질과 각질 사이를 단단히 결합하여 외부 자극으로부터 피부를 보호, 수분 증발 방지, 이물질의 침투 막음 − 세포간 지질 구성 성분 : 세라마이드 50%, 지방산 30%, 콜레스테롤 5% • 천연보습인자(NMF)가 존재하는 수용성 성분
투명층	• 손바닥과 발바닥에만 존재 • 엘라이딘이라는 단백질이 존재하는 투명한 세포층 • 수분침투를 막는 방어막 역할
과립층	• 빛을 산란시키고 자외선을 흡수하는 케라토하이알린(Keratohyalin)이 과립 모양으로 존재, 해로운 자외선 침투를 막는 작용 • 수분 방어막 및 외부로부터의 이물질의 침투에 대한 방어막 역할 • 각질화가 시작되는 층
유극층	• 표면에 가시 모양의 돌기(가시돌기층)가 있어 인접세포와 다리 모양으로 연결, 표피 중 가장 두꺼운 유핵세포로 구성 • 림프액이 흐르고 있어 혈액순환이나 영양공급, 혈액순환, 물질대사에 관여 • 면역기능이 있는 랑게르한스세포(Langerhans Cell)가 존재
기저층	• 단층의 원주형 세포로 유핵세포 • 각질형성세포(Keratinocyte), 멜라닌형성세포(멜라노사이트 ; Melanocyte)로 구성되어 있고, 촉각을 느끼는 메르켈세포(Merkel Cell)가 있음 • 멜라닌세포가 존재하여 피부의 색을 결정(멜라노사이트 안에 있는 멜라노좀에서 멜라닌 생성)

- 진피 : 피부의 90%로 실질적인 피부, 유두층과 망상층으로 구성

유두층(상부)	• 진피의 상부층으로 돌기 모양 • 모세혈관이 있어 피부에 영양과 산소 공급, 노폐물과 탄산가스 배출 • 림프관과 신경이 있으며 감각 기능을 가짐

망상층(하부)	• 콜라겐섬유(교원섬유), 엘라스틴섬유(탄력섬유), 뮤코다당류로 구성된 그물망 구조로 진피의 대부분을 차지, 피하조직과 연결
	   − 콜라겐섬유 : 섬유아세포(Fibroblast)에서 만들어지며 주름과 관계. 콜라겐은 열을 받으면 젤라틴으로 변함
	   − 엘라스틴섬유 : 피부의 탄력과 관계, 신축성이 있어 원래의 길이보다 1.5배 정도 늘어남
	   − 뮤코다당류 : 진피 내의 수분을 함유, 콜라겐섬유와 엘라스틴섬유 사이를 채우는 점액 물질

- 피하지방 : 지방조직으로 수분조절 및 탄력 유지, 영양소 · 에너지 · 수분 등 저장

⊕ 피부의 기능

- 체온 조절, 재생 및 면역작용
- 지각기능 : 열, 통증, 촉각, 한기 등
- 분비배설기능 : 땀과 피지를 분비하고 노폐물 배설
- 보호기능 : 세균, 물리·화학적 자극, 자외선으로부터 피부 보호
- 비타민 D 합성기능 : 자외선을 받으면 비타민 D 형성
- 호흡작용 : 이산화탄소를 피부 밖으로 배출하면서 산소와 교환
- 저장기능 : 수분·영양·혈액·지방 저장

⊕ 한선과 피지선

- 한선(땀샘)

에크린선(소한선)	아포크린선(대한선)
• 손바닥, 발바닥, 겨드랑이, 등, 앞가슴, 코 부위에 분포 • 약산성의 무색·무취 • 노폐물 배출 • 체온 조절기능	• 겨드랑이, 유두 주위, 배꼽 주위, 성기 주위, 항문 주위 등 특정한 부위에 분포 • 단백질 함유량이 많은 땀을 생산 • 세균에 의해 부패되어 불쾌한 냄새

- 피지선(피지샘)
  - 진피의 망상층에 위치하며 하루 평균 1~2g의 피지를 모공을 통해 밖으로 배출
  - 모공이 각질이나 먼지에 의해 막혀 피지가 외부로 분출되지 않으면 여드름 발생
  - 남성호르몬 안드로겐은 피지 분비를 활성화, 여성호르몬 에스트로겐은 피지 분비를 억제
  - 손바닥, 발바닥을 제외한 전신에 분포

⊕ 모발의 구성

- 모간 : 피부 위로 나와 있는 털(모발)로 모표피, 모피질, 모수질로 구성
  - 모표피 : 모발의 가장 바깥쪽으로 모발을 보호하고 수분증발을 억제
  - 모피질 : 모발의 85~90%를 차지하며, 모발의 화학적·물리적 성질을 좌우
  - 모수질 : 모발의 중심으로 공기를 함유
- 모근 : 피부 내 모발 성장의 근원
  - 모낭 : 모근을 싸고 있는 조직으로 피지선과 연결
  - 모구 : 모세포와 멜라닌세포가 존재하며, 세포 분열 발생
  - 모유두 : 모발을 형성시켜 주고, 모발 성장을 위해 영양분을 공급
  - 모모세포 : 모유두에 접하고 분열과 증식작용을 통해 새로운 머리카락 형성
- 모발의 성장주기 : 성장기(2~6년) - 퇴행기(2~3주) - 휴지기(2~3개월) - 탈모(성장기)

➕ 자외선의 종류

종 류	UVA(장파장)	UVB(중파장)	UVC(단파장)
파 장	320~400nm	290~320nm	200~290nm
특 징	• 진피층까지 침투 • 즉각 색소침착 • 광노화 유발 • 피부탄력 감소	• 표피 기저층까지 침투 • 홍반 발생, 일광화상 • 색소침착(기미)	• 오존층에서 흡수 • 강력한 살균작용 • 피부암 원인

➕ 관능평가

여러 가지 품질을 인간의 오감을 통해 평가하는 것

➕ 관능평가의 핵심 품질 요소

침전, 응집, 탁도, 변취, 분리(입도), 점도 및 경도 변화, 증발 및 표면 굳음

➕ 일반적 관능평가 방법

• 현미경을 사용하거나 육안으로 유화상태, 분리(입도)를 관찰
• 적당량을 손등에 펴 바른 다음 냄새를 맡으며, 원료의 베이스 냄새를 중점으로 하고 표준품과 비교하여 변취 여부를 확인
• 탁도 측정용 10mL 바이알에 액상제품을 담은 후, 탁도계를 이용하여 현탁도를 측정
• 시료를 실온 온도에서 점도 측정용기에 시료를 넣고 시료의 점도 범위에 적합한 스핀들을 사용하여 점도를 측정
• 시료를 실온으로 식힌 후 시료 보관 전/후의 무게 차이를 측정하여 증발의 정도를 확인

➕ 화장품 관능평가 – 성상ㆍ색상

• 유화제품은 표준 견본과 대조하여 내용물 표면의 매끄러움과 흐름성 및 내용물의 색을 육안으로 확인
• 색조제품은 표준 견본과 내용물을 슬라이드 글라스에 각각 소량 묻힌 후, 슬라이드 글라스로 눌러서 대조되는 색상을 육안으로 확인

➕ 화장품 관능평가 – 향취

• 일정량의 내용물을 비커에 담고 코를 가까이 대어 향취를 맡음
• 피부(손등)에 내용물을 바르고 향취를 맡음

➕ 화장품 관능평가 – 사용감

내용물을 손등에 바르고 느껴지는 밀착감, 촉촉함, 산뜻함 등의 사용감을 촉각을 통해 확인

➕ 패널원을 활용한 관능평가 방법

- 검사 30분 전에 껌이나 음식물 섭취를 제한
- 감기 및 기타 병에 걸려 있는 패널원은 사용하지 않음
- 검사하고자 하는 시료에 대하여 최소한의 정보를 미리 제공
- 관능검사 평가 방법 중 기호형은 좋고 싫음을 주관적으로 판단하는 방법
- 분석형은 표준품 및 한도품 등 기준과 비교하여 합격품, 불량품을 객관적으로 평가, 선별하거나, 사람의 식별력 등을 조사하는 방법

➕ 시료를 이용한 관능평가 방법

- 차이척도 검사 : 대조 시료와 두 개 또는 그 이상의 시험 시료와 비교할 경우 쓰이는 검사로 표준 시료와 차이가 있으면 그 정도를 표시
- 다중 2점 비교 검사 : 두 개 이상의 시료일 경우 비교적 덜 훈련된 패널이 비교적 복잡한 단일 특성을 비교할 때 쓰는 방법으로, 한 번에 한 쌍씩 시료를 제시하여 차이의 크기를 질문하여 다수 검사물의 차이 크기 순위를 평가
- 순위 비교법 : 동시에 대조 시료를 포함한 여러 개 시료를 제시하여 한 가지 특성을 기준으로 그 강도 또는 기호도에 따라 순위를 정하게 하는 방법
- 채점 척도 시험법 : 하나 또는 그 이상의 시료를 각 채널에 무작위 순서로 제시한 후, 어떤 일정 특성을 기준으로 시료의 등급을 나타내는 특정 척도에 따라 시료를 평가

➕ 시료를 이용한 관능평가 시 주의사항

- 관능평가하고자 하는 시료에 대한 자료를 패널원들에게 최소한으로 알려주어야 함
- 시료에 관하여는 제품의 어떤 특성을 평가하는지, 평가하는 요령은 무엇인지 등 검사에 필요한 사항만을 알려줌
- 텍스쳐 특성을 평가할 때는 시료의 크기가 영향을 주므로 크기는 동일해야 함
- 시료의 수는 감각의 둔화나 정신적인 피로를 일으키지 않는 범위에서 정함
- 시료의 온도는 일반적으로 상온이 적절하고, 검사가 반복 진행되어도 일정하게 제시되어야 하며 필요한 경우 보온 용기, 냉장고 등을 사용

➕ 맞춤형화장품의 효과

- 전문가의 조언 및 피부 측정을 통해 자신의 정확한 피부상태를 진단할 수 있음
- 개인별 자신의 피부에 적합한 화장품과 원료 선택이 가능
- 자신에게 맞는 화장품을 사용함에 따라 기능적, 심리적 만족감이 높음

➕ 맞춤형화장품의 부작용
- 접촉성 피부염
  - 피부를 자극하거나 알레르기 반응을 일으키는 물질에 노출되었을 때 나타나는 피부 염증
  - 염증의 원인에 따라 자극성 접촉 피부염, 알레르기성 접촉 피부염으로 나뉨
  - 소아에서 가장 흔한 자극성 접촉 피부염은 '기저귀 발진'
  - 알레르기 접촉 피부염은 어떤 화학제품에 선천적으로 매우 민감한 일부 사람에서 나타남
  - 자극성 접촉 피부염의 특징은 산이나 알칼리와 같은 자극 물질이 직접 닿았던 부위에만 국한되어 발생하는데, 손, 발, 얼굴, 귀, 가슴 등 우리 몸 어디에서나 발생할 수 있음
- 발진, 홍반(붉은 반점), 부종(부어오름)
- 통증, 가려움증, 표피탈락, 열감
- 여드름이나 아토피 악화
- 피부 탈변색, 화상, 물집

➕ 맞춤형화장품에는 다음을 제외한 원료를 사용할 수 있다.
- 화장품 안전기준 등에 관한 규정 별표 1의 사용할 수 없는 원료
- 화장품 안전기준 등에 관한 규정 별표 2의 화장품에 사용상의 제한이 필요한 원료
- 식품의약품안전처장이 고시한 기능성화장품의 효능·효과를 나타내는 원료(단, 해당 원료를 포함하여 기능성화장품에 대한 심사를 받거나 보고서를 제출한 경우는 제외)

➕ 사용상의 제한이 필요한 보존제 성분의 원료와 사용한도

원 료	사용한도(%)
클로페네신	0.3%
살리실릭애씨드	0.5%
페녹시에탄올	1.0%
디엠디엠하이단토인	0.6%
징크피리치온	사용 후 씻어내는 제품에 0.5%
글루타랄(펜탄-1,5-디알)	0.1%
2,4-디클로로벤질알코올	0.15%
디아졸리디닐우레아	0.5%
메텐아민(헥사메칠렌테트라아민)	0.15%
벤제토늄클로라이드	0.1%
소르빅애씨드 및 그 염류	소르빅애씨드로서 0.6%
소듐아이오데이트	사용 후 씻어내는 제품에 0.1%

- 이외 화장품 안전기준 등에 관한 규정 [별표 2] 참고

➕ 화장품의 기재 사항

- 화장품의 1차 포장 또는 2차 포장에 기재·표시해야 하는 사항
  - 화장품의 명칭
  - 영업자의 상호 및 주소
  - 해당 화장품 제조에 사용된 모든 성분(인체에 무해한 소량 함유 성분 등 총리령으로 정하는 성분은 제외)
  - 내용물의 용량 또는 중량
  - 제조번호
  - 사용기한 또는 개봉 후 사용기간
  - 가 격
  - 기능성화장품의 경우 '기능성화장품'이라는 글자 또는 기능성화장품을 나타내는 도안으로서 식품의약품안전처장이 정하는 도안
  - 사용할 때의 주의사항
  - 그 밖에 총리령으로 정하는 사항
- 1차 포장에 표시하여야 하는 사항
  - 화장품의 명칭
  - 영업자의 상호
  - 제조번호
  - 사용기한 또는 개봉 후 사용기간

➕ 화장품의 가격 기재·표시사항

- 기재·표시는 다른 문자 또는 문장보다 쉽게 볼 수 있는 곳에 하여야 함
- 총리령으로 정하는 바에 따라 읽기 쉽고 이해하기 쉬운 한글로 정확히 기재·표시
- 한자 또는 외국어를 함께 기재할 수 있음
- 수출용 제품 등의 경우 그 수출 대상국의 언어로 적을 수 있음
- 화장품의 성분을 표시하는 경우 표준화된 일반명을 사용

➕ 화장품 표시·광고 시 준수사항

- 의약품으로 잘못 인식할 우려가 있는 내용, 제품의 명칭 및 효능·효과 등에 대한 표시·광고를 하지 말 것
- 기능성화장품, 천연화장품 또는 유기농화장품이 아님에도 불구하고 제품의 명칭, 제조방법, 효능·효과 등에 관하여 기능성화장품, 천연화장품 또는 유기농화장품으로 잘못 인식할 우려가 있는 표시·광고를 하지 말 것

- 의사·치과의사·한의사·약사·의료기관 또는 그 밖의 자(할랄화장품, 천연화장품 또는 유기농 화장품 등을 인증·보증하는 기관으로서 식품의약품안전처장이 정하는 기관은 제외한다)가 이를 지정·공인·추천·지도·연구·개발 또는 사용하고 있다는 내용이나 이를 암시하는 등의 표시·광고를 하지 말 것
- 외국제품을 국내제품으로 또는 국내제품을 외국제품으로 잘못 인식할 우려가 있는 표시·광고를 하지 말 것
- 외국과 기술제휴를 하지 않고 외국과의 기술제휴 등을 표현하는 표시·광고를 하지 말 것
- 경쟁상품과 비교하는 표시·광고는 비교 대상 및 기준을 분명히 밝히고 객관적으로 확인될 수 있는 사항만을 표시·광고하여야 하며, 배타성을 띤 "최고" 또는 "최상" 등의 절대적 표현의 표시·광고를 하지 말 것
- 사실과 다르거나 부분적으로 사실이라고 하더라도 전체적으로 보아 소비자가 잘못 인식할 우려가 있는 표시·광고 또는 소비자를 속이거나 소비자가 속을 우려가 있는 표시·광고를 하지 말 것
- 품질·효능 등에 관하여 객관적으로 확인될 수 없거나 확인되지 않았는데도 불구하고 이를 광고하거나 법 제2조 제1호에 따른 화장품의 범위를 벗어나는 표시·광고를 하지 말 것
- 저속하거나 혐오감을 주는 표현·도안·사진 등을 이용하는 표시·광고를 하지 말 것
- 국제적 멸종위기종의 가공품이 함유된 화장품임을 표현하거나 암시하는 표시·광고를 하지 말 것
- 사실 유무와 관계없이 다른 제품을 비방하거나 비방한다고 의심이 되는 표시·광고를 하지 말 것

➕ 영유아·어린이용 화장품으로 표시 광고하는 화장품이 보관해야 하는 자료
- 제품 및 제조방법에 대한 설명 자료
- 화장품의 안전성 평가 자료
- 제품의 효능·효과에 대한 증명 자료

➕ 인체 외 시험
실험실의 배양접시, 인체로부터 분리한 모발 및 피부, 인공피부 등 인위적 환경에서 시험물질과 대조물질 처리 후 결과를 측정하는 것

➕ 인체 적용시험
화장품의 표시·광고 내용을 증명할 목적으로 해당 화장품의 효과 및 안전성을 확인하기 위하여 사람을 대상으로 실시하는 시험 또는 연구

➕ **제형의 정의**
- 로션제 : 유화제 등을 넣어 유성성분과 수성성분을 균질화하여 점액상으로 만든 것
- 액제 : 화장품에 사용되는 성분을 용제 등에 녹여서 액상으로 만든 것
- 크림제 : 유화제 등을 넣어 유성성분과 수성성분을 균질화하여 반고형상으로 만든 것
- 침적마스크제 : 액제, 로션제, 크림제, 겔제 등을 부직포 등의 지지체에 침적하여 만든 것
- 겔제 : 액체를 침투시킨 분자량이 큰 유기분자로 이루어진 반고형상
- 에어로졸제 : 원액을 같은 용기 또는 다른 용기에 충전한 분사제(액화기체, 압축기체 등)의 압력을 이용하여 안개모양, 포말상 등으로 분출하도록 만든 것
- 분말제 : 균질하게 분말상 또는 미립상으로 만든 것

➕ **미백에 도움을 주는 기능성화장품의 원료**
피부의 멜라닌 색소 침착을 방지하거나, 이미 침착된 멜라닌 색소를 엷게 하는 데 도움을 줌

성분명	특 성
닥나무추출물	엷은 황색~황갈색의 점성이 있는 액체 또는 결정성 가루
알부틴	백색~미황색의 가루로 약간의 특이한 냄새가 있음
알파-비사보롤	무색의 오일상으로 냄새는 없거나 특이한 냄새가 있음

➕ **주름개선에 도움을 주는 기능성화장품의 원료**
피부에 탄력을 주고 주름을 완화하거나 개선하는 데 도움을 줌

성분명	특 성
레티놀	엷은 황색~엷은 주황색의 가루 또는 액체
아데노신	무색 결정 또는 결정성 가루로 냄새는 없음

➕ **자외선으로부터 피부를 보호하는 데 도움을 주는 기능성화장품의 원료**
- 강한 햇볕을 막아주어 피부를 곱게 태워주거나 자외선을 차단 또는 산란시켜 피부를 보호함

성분명	특 성
드로메트리졸	엷은 황백색의 가루로 냄새는 거의 없음
옥토크릴렌	맑은 황색의 액체로 특이한 냄새가 있음
시녹세이트	엷은 황색의 점성이 있는 맑은 액체로 냄새는 거의 없음

• 자외선 차단과 관련된 용어

자외선차단지수(SPF)	• UVB를 차단하는 제품의 차단효과를 나타내는 지수 • SPF $= \dfrac{\text{자외선차단제품을 도포하여 얻은 최소홍반량}}{\text{자외선차단제품을 도포하지 않고 얻은 최소홍반량}}$
최소홍반량(MED)	UVB를 조사한 후 16~24시간의 범위 내에, 조사 영역의 전 영역에 홍반을 나타낼 수 있는 최소한의 자외선 조사량
최소지속형즉시흑화량(MPPD)	UVA를 조사한 후 2~24시간의 범위 내에, 조사영역의 전 영역에 희미한 흑화가 인식되는 최소 자외선 조사량
자외선A차단지수(PFA)	• UVA를 차단하는 제품의 차단효과를 나타내는 지수 • PFA $= \dfrac{\text{자외선A차단제품을 도포하여 얻은 최소지속형즉시흑화량}}{\text{자외선A차단제품을 도포하지 않고 얻은 최소지속형즉시흑화량}}$
자외선A차단등급(UVA)	UVA 차단효과의 정도를 나타내며 약칭은 피에이(PA)

➕ 모발의 색상을 변화시키는 데 도움을 주는 기능성화장품의 원료

색소 형성 물질이 모발 내부에 침투하여 화학변화를 일으켜 모발의 색에 변화를 주는 염모제, 모발의 색을 옅게 하는 탈색제, 모발의 염모성분을 빼는 탈염제가 있음

성분명	특 성
피크라민산	황갈색~적갈색의 결정 또는 페이스트로서 냄새는 거의 없음
레조시놀	백색의 가루로, 조금 특이한 냄새가 있음
피로갈롤	흰색의 결정으로 약간의 특이한 냄새가 있음

➕ 체모를 제거하는 데 도움을 주는 기능성화장품의 원료

털의 구성성분인 케라틴을 변성시켜 몸의 과다한 털이나 원치 않는 털을 없애는 데 도움을 줌

성분명	특 성
치오글리콜산 80%	특이한 냄새가 있는 무색 투명한 유동성 액제

➕ 여드름성 피부를 완화하는 데 도움을 주는 기능성화장품의 원료

각질, 피지 등을 씻어내어 여드름성 피부 관리에 도움을 줌

성분명	특 성
살리실릭애씨드	백색의 결정성 가루로, 냄새는 없음

➕ 탈모 증상의 완화에 도움을 주는 기능성화장품의 원료

모발 및 두피에 영양을 주어 모발이 빠짐을 막아주는 데 도움을 줌

성분명	특 성
덱스판테놀	무색의 점섬이 있는 액체로, 약간의 특이한 냄새가 있음
비오틴	흰색 또는 거의 흰색의 가루, 또는 무색의 결정
엘-멘톨	무색의 결정으로, 특이하고 상쾌한 냄새가 있음
징크피리치온	황색을 띤 회백색의 가루로, 냄새는 없음
징크피리치온 50%	흰색의 수성현탁제로 약간 특이한 냄새가 있음

➕ 기능성화장품 중 안전성 등의 입증 자료를 제출하지 않아도 되는 성분과 최대 함량의 예

미백에 도움을 주는 기능성화장품	
닥나무추출물	2%
알부틴	2~5%
에칠아스코빌에텔	1~2%
유용성감초추출물	0.05%
아스코빌글루코사이드	2%
마그네슘아스코빌포스페이트	3%
나이아신아마이드	2~5%
알파-비사보롤	0.5%
아스코빌테트라이소팔미테이트	2%
주름개선에 도움을 주는 기능성화장품	
레티놀	2,500IU/g
레티닐팔미테이트	10,000IU/g
아데노신	0.04%
폴리에톡실레이티드레틴아마이드	0.05~0.2%
체모를 제거하는 데 도움을 주는 기능성화장품	
치오글리콜산 80%	치오글리콜산으로서 3.0~4.5%
여드름성 피부를 완화하는 데 도움을 주는 기능성화장품	
살리실릭애씨드	0.5%

모발의 색상을 변화시키는 데 도움을 주는 기능성화장품	
피크라민산	0.6%
레조시놀	2.0%
피로갈롤	2.0%
자외선으로부터 피부를 보호하는 데 도움을 주는 기능성화장품	
드로메트리졸	1%
옥토크릴렌	10%
시녹세이트	5%

- 이외 성분은 기능성화장품 심사에 관한 규정 별표 4 참고

➕ 천연화장품과 유기농화장품의 정의
- 천연화장품 : 동식물 및 그 유래 원료 등을 함유한 화장품으로서 식품의약품안전처장이 정하는 기준에 맞는 화장품
- 유기농화장품 : 유기농 원료, 동식물 및 그 유래 원료 등을 함유한 화장품으로서 식품의약품안전처장이 정하는 기준에 맞는 화장품

➕ 천연화장품과 유기농화장품의 원료 조성
- 천연화장품은 관계 법령에 제시된 계산식에 따라 계산했을 때 중량 기준으로 천연 함량이 전체 제품에서 95% 이상으로 구성되어야 함
- 유기농화장품은 관계 법령에 제시된 계산식에 따라 계산하였을 때 중량 기준으로 유기농 함량이 전체 제품에서 10% 이상이어야 하며, 유기농 함량을 포함한 천연 함량이 전체 제품에서 95% 이상으로 구성되어야 함

➕ 천연화장품에 사용할 수 있는 합성 보존제 및 변성제
- 벤조익애씨드 및 그 염류(Benzoic Acid and its salts)
- 벤질알코올
- 살리실릭애씨드 및 그 염류
- 소르빅애씨드 및 그 염류
- 데하이드로아세틱애씨드 및 그 염류
- 데나토늄벤조에이트, 3급부틸알코올, 기타 변성제
- 이소프로필알코올
- 테트라소듐글루타메이트디아세테이트

➕ **천연화장품 및 유기농화장품의 제조에 대해 금지되는 공정**

- 유전자 변형 원료 배합
- 니트로스아민류 배합 및 생성
- 불용성이거나 생체지속성인 1~100나노미터 크기의 물질 배합
- 공기, 산소, 질소, 이산화탄소, 아르곤 가스 외의 분사제 사용
- 탈색, 탈취
- 방사선 조사
- 설폰화
- 수은화합물을 사용한 처리
- 포름알데하이드 사용
- 에칠렌 옥사이드, 프로필렌 옥사이드 또는 다른 알켄 옥사이드 사용

➕ **반제품 · 벌크제품 · 완제품의 구분**

반제품	제조공정 단계에 있는 것으로서 필요한 제조공정을 더 거쳐야 벌크 제품이 되는 것
벌크 제품	충전(1차 포장) 이전의 제조 단계까지 끝낸 제품
완제품	출하를 위해 제품의 포장 및 첨부문서에 표시공정 등을 포함한 모든 제조공정이 완료된 화장품

➕ **화장품법상 포장 관련 용어의 정의**

안전용기 · 포장	만 5세 미만의 어린이가 개봉하기 어렵게 설계 · 고안된 용기나 포장
1차 포장	화장품 제조 시 내용물과 직접 접촉하는 포장용기
2차 포장	1차 포장을 수용하는 1개 또는 그 이상의 포장과 보호재 및 표시의 목적으로 한 포장(첨부문서 등을 포함)

➕ **용기의 종류**

밀폐용기	일상의 취급 또는 보통 보존상태에서 외부로부터 고형의 이물이 들어가는 것을 방지하고 고형의 내용물이 손실되지 않도록 보호할 수 있는 용기로, 밀폐용기로 규정되어 있는 경우에는 기밀용기도 쓸 수 있음
기밀용기	일상의 취급 또는 보통 보존상태에서 액상 또는 고형의 이물 또는 수분이 침입하지 않고 내용물을 손실, 풍화, 조해 또는 증발로부터 보호할 수 있는 용기로, 기밀용기로 규정되어 있는 경우에는 밀봉용기도 쓸 수 있음
밀봉용기	일상의 취급 또는 보통의 보존상태에서 기체 또는 미생물이 침입할 염려가 없는 용기
차광용기	광선의 투과를 방지하는 용기 또는 투과를 방지하는 포장을 한 용기

➕ **화장품의 기재·표시를 생략할 수 있는 성분**

- 제조과정 중에 제거되어 최종 제품에는 남아있지 않은 성분
- 안정화제, 보존제 등 원료 자체에 들어 있는 부수 성분으로서 그 효과가 나타나게 하는 양보다 적은 양이 들어 있는 성분
- 내용량이 10밀리리터 초과 50밀리리터 이하 또는 중량이 10그램 초과 50그램 이하 화장품의 포장인 경우에는 다음의 성분을 제외한 성분
  - 타르색소
  - 금 박
  - 샴푸와 린스에 들어 있는 인산염의 종류
  - 과일산(AHA)
  - 기능성화장품의 경우 그 효능·효과가 나타나게 하는 원료
  - 식품의약품안전처장이 배합 한도를 고시한 화장품의 원료

➕ **원자재 용기 및 시험기록서의 필수적 기재 사항**

- 원자재 공급자가 정한 제품명
- 원자재 공급자명
- 수령일자
- 공급자가 부여한 제조번호 또는 관리번호

➕ **제품의 입고·보관·출하 과정**

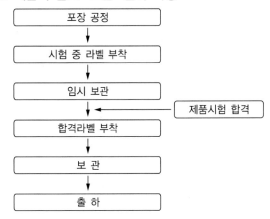

➕ **선입선출**

- 원자재 출고관리 : 원자재는 시험결과 적합판정된 것만을 선입선출방식으로 출고해야 하고 이를 확인할 수 있는 체계가 확립되어 있어야 함
- 원자재, 반제품 및 벌크 제품 보관관리 : 원자재, 반제품 및 벌크 제품은 바닥과 벽에 닿지 아니하도록 보관하고, 선입선출에 의하여 출고할 수 있도록 보관하여야 함

화장품법의 이해

선다형

1장 화장품법

2장 개인정보보호법

단답형

1장　화장품법

01　다음 중 화장품법의 목적이 아닌 것은?

① 화장품의 제조·수입·판매에 관한 사항을 규정한다.
② 화장품의 수출 등에 관한 사항을 규정한다.
③ 국민보건향상에 기여한다.
④ 인체를 청결, 미화하여 용모 변화를 증진시킨다.
⑤ 화장품 산업의 발전에 기여한다.

> **해설**
> 화장품법의 목적(화장품법 제1조)
> 이 법은 화장품의 제조·수입·판매 및 수출 등에 관한 사항을 규정함으로써 국민보건향상과 화장품 산업의 발전에 기여함을 목적으로 한다.

02　다음 중 용어의 설명으로 옳지 않은 것은?

① 맞춤형화장품 – 피부나 모발의 기능 약화로 인한 건조함, 갈라짐, 빠짐, 각질화 등을 방지하거나 개선하는 데에 도움을 주는 제품으로 총리령으로 정하는 화장품
② 기능성 화장품 – 화장품 중에서 피부의 미백에 도움을 주는 제품으로 총리령으로 정하는 화장품
③ 천연화장품 – 동식물 및 그 유래 원료 등을 함유한 화장품으로서 식품의약품안전처장이 정하는 기준에 맞는 화장품
④ 유기농화장품 – 유기농 원료, 동식물 및 그 유래 원료 등을 함유한 화장품으로서 식품의약품안전처장이 정하는 기준에 맞는 화장품
⑤ 안전용기·포장 – 만 5세 미만의 어린이가 개봉하기 어렵게 설계·고안된 용기나 포장

> **해설**
> 맞춤형화장품(화장품법 제2조)
> • 제조 또는 수입된 화장품의 내용물에 다른 화장품의 내용물이나 식품의약품안전처장이 정하는 원료를 추가하여 혼합한 화장품
> • 제조 또는 수입된 화장품의 내용물을 소분(小分)한 화장품

03 화장품법상의 용어에 대한 내용으로 바르지 않은 것은?

① 표시 – 화장품의 용기·포장에 기재하는 문자·숫자·도형 또는 그림 등
② 광고 – 라디오·텔레비전·신문·잡지·음성·음향·영상·인터넷·인쇄물·간판, 그 밖의 방법에 의하여 화장품에 대한 정보를 나타내거나 알리는 행위
③ 화장품제조업 – 화장품의 전부를 제조(2차 포장 또는 표시만의 공정은 포함한다)하는 영업
④ 화장품책임판매업 – 취급하는 화장품의 품질 및 안전 등을 관리하면서 이를 유통·판매하거나 수입대행형 거래를 목적으로 알선·수여(授與)하는 영업
⑤ 맞춤형화장품판매업 – 맞춤형화장품을 판매하는 영업

> **해설**
> 화장품제조업
> 화장품의 전부 또는 일부를 제조(2차 포장 또는 표시만의 공정은 제외한다)하는 영업을 말한다(화장품법 제2조 제10호).

04 화장품의 제조·유통에 대한 내용으로 옳지 않은 것은?

① 화장품제조업 또는 화장품책임판매업을 하려는 자는 각각 총리령으로 정하는 바에 따라 식품의약품안전처장에게 등록하여야 한다.
② 화장품제조업을 등록하려는 자는 대통령령으로 정하는 시설기준을 갖추어야 한다.
③ 화장품책임판매업을 등록하려는 자는 총리령으로 정하는 화장품의 품질관리 및 책임판매 후 안전관리에 관한 기준을 갖추어야 한다.
④ 등록 절차 및 책임판매관리자의 자격기준과 직무 등에 관하여 필요한 사항은 총리령으로 정한다.
⑤ 맞춤형화장품판매업을 하려는 자는 총리령으로 정하는 바에 따라 식품의약품안전처장에게 신고하여야 한다.

> **해설**
> 화장품제조업을 등록하려는 자는 총리령으로 정하는 시설기준을 갖추어야 한다(화장품법 제3조 제2항).

05 맞춤형화장품판매업에 대한 내용이 아닌 것은?

① 맞춤형화장품판매업은 보건복지부장관의 허가를 요한다.
② 변경사항 시에도 식품의약품안전처장에게 신고하여야 한다.
③ 맞춤형화장품판매업자는 맞춤형화장품의 혼합·소분 업무에 종사하는 자를 두어야 한다.
④ 맞춤형화장품의 혼합·소분에 종사하는 자를 맞춤형화장품조제관리사라고 한다.
⑤ 맞춤형화장품판매업을 하려는 자는 식품의약품안전처장에게 신고하여야 한다.

> **해설**
> 맞춤형화장품판매업을 하려는 자는 총리령으로 정하는 바에 따라 식품의약품안전처장에게 신고하여야 한다. 신고한 사항 중 총리령으로 정하는 사항을 변경할 때에도 또한 같다(화장품법 제3조의2 제1항).

06 화장품제조업의 등록이나 맞춤형화장품판매업의 신고를 할 수 있는 자는?

① 피성년후견인

② 마약류의 중독자

③ 화장품법을 위반하여 금고 이상의 형을 선고받고 그 집행이 끝나지 않은 자

④ 등록이 취소된 날부터 2년이 지나지 않은 자

⑤ 영업소가 폐쇄된 날로부터 1년이 지나지 않은 자

해설

등록이 취소되거나 영업소가 폐쇄된 날부터 1년이 지나지 아니한 자(화장품법 제3조의3 제5호)

07 맞춤형화장품조제관리사의 자격시험에 대한 내용으로 옳은 것은?

① 맞춤형화장품조제관리사가 되려는 사람은 화장품과 원료 등에 대하여 대통령령으로 실시하는 자격시험에 합격하여야 한다.

② 맞춤형화장품조제관리사가 거짓이나 그 밖의 부정한 방법으로 시험에 합격한 경우에는 자격을 취소할 수 있다.

③ 거짓이나 그 밖의 부정한 방법으로 시험에 합격하여 자격이 취소된 사람은 취소된 날부터 2년간 자격시험에 응시할 수 없다.

④ 자격시험의 시기, 절차, 방법, 시험과목, 자격증의 발급, 시험운영기관의 지정 등 자격시험에 필요한 사항은 대통령령으로 정한다.

⑤ 식품의약품안전처장은 자격시험 업무를 효과적으로 수행하기 위하여 필요한 전문인력과 시설을 갖춘 기관 또는 단체를 시험운영기관으로 지정하여 시험업무를 위탁할 수 있다.

해설

맞춤형화장품조제관리사 자격시험(화장품법 제3조의4)

① 맞춤형화장품조제관리사가 되려는 사람은 화장품과 원료 등에 대하여 식품의약품안전처장이 실시하는 자격시험에 합격하여야 한다.

② 맞춤형화장품조제관리사가 거짓이나 그 밖의 부정한 방법으로 시험에 합격한 경우에는 자격을 취소하여야 한다.

③ 거짓이나 그 밖의 부정한 방법으로 시험에 합격한 경우에는 자격을 취소하여야 하며, 자격이 취소된 사람은 취소된 날부터 3년간 자격시험에 응시할 수 없다.

④ 자격시험의 시기, 절차, 방법, 시험과목, 자격증의 발급, 시험운영기관의 지정 등 자격시험에 필요한 사항은 총리령으로 정한다.

08 다음 빈칸에 적절한 내용으로 알맞은 것은?

> (㉠)으로 인정받아 판매 등을 하려는 화장품제조업자, 화장품책임판매업자 또는 총리령으로 정하는 대학·연구소 등은 품목별로 안전성 및 유효성에 관하여 (㉡)의 심사를 받거나 (㉡)에게 보고서를 제출하여야 한다. 제출한 보고서나 심사받은 사항을 변경할 때에도 또한 같다.

	㉠	㉡
①	기능성화장품	식품의약품안전처장
②	유기농화장품	보건복지부 장관
③	천연화장품	식품의약품안전처장
④	기능성화장품	보건복지부 장관
⑤	맞춤형화장품	국무총리

해설

기능성화장품으로 인정받아 판매 등을 하려는 화장품제조업자, 화장품책임판매업자(제3조 제1항에 따라 화장품책임판매업을 등록한 자를 말한다. 이하 같다) 또는 총리령으로 정하는 대학·연구소 등은 품목별로 안전성 및 유효성에 관하여 식품의약품안전처장의 심사를 받거나 식품의약품안전처장에게 보고서를 제출하여야 한다. 제출한 보고서나 심사받은 사항을 변경할 때에도 또한 같다(화장품법 제4조 제1항).

09 영유아 또는 어린이 사용 화장품 관리에 대한 내용으로 옳지 않은 것은?

① 식품의약품안전처장은 소비자가 화장품을 안전하게 사용할 수 있도록 교육 및 홍보를 할 수 있다.

② 영유아 또는 어린이의 연령 및 표시·광고의 범위, 제품별 안전성 자료의 작성 범위 및 보관기간 등은 총리령으로 정한다.

③ 식품의약품안전처장은 화장품에 대하여 제품별 안전성 자료, 소비자 사용실태, 사용 후 이상사례 등에 대하여 주기적으로 실태조사를 실시한다.

④ 화장품책임판매업자가 영유아 또는 어린이가 사용할 수 있는 화장품임을 표시·광고하려는 경우에는 제품별 안전성 자료를 작성하여야 한다.

⑤ 화장품에 대하여 제품별 안전성 자료, 소비자 사용실태, 사용 후 이상사례 등에 대하여 정기적으로 1년에 한 번씩 실태조사에 필요한 사항은 대통령령으로 정한다.

해설

식품의약품안전처장은 화장품에 대하여 제품별 안전성 자료, 소비자 사용실태, 사용 후 이상사례 등에 대하여 주기적으로 실태조사를 실시하고, 위해요소의 저감화를 위한 계획을 수립하여야 한다(화장품법 제4조의2 제2항).

10 다음 중 영업자의 의무에 대한 내용으로 옳지 않은 것은?

① 화장품제조업자는 화장품의 제조와 관련된 기록·시설·기구 등 관리 방법 등에 관하여 총리령으로 정하는 사항을 준수하여야 한다.

② 책임판매관리자 및 맞춤형화장품조제관리사는 화장품의 안전성 확보 및 품질관리에 관한 교육을 매월 받아야 한다.

③ 화장품책임판매업자는 화장품의 품질관리기준 등에 관하여 총리령으로 정하는 사항을 준수한다.

④ 맞춤형화장품판매업자는 맞춤형화장품 판매장 시설·기구의 관리 방법, 혼합·소분 안전관리기준의 준수 의무 등에 관하여 총리령으로 정하는 사항을 준수하여야 한다.

⑤ 화장품책임판매업자의 준수사항은 제조업자로부터 받은 제품표준서 및 품질관리기록서를 보관해야 한다.

② 책임판매관리자 및 맞춤형화장품조제관리사는 화장품의 안전성 확보 및 품질관리에 관한 교육을 매년 받아야 한다 (화장품법 제5조 제5항).

11 다음 중 회수 대상 화장품에 해당하지 않는 것은?

① 화장품 중 보건위생상 위해를 발생할 우려가 있는 화장품
② 화장품에 사용할 수 없는 원료를 사용한 화장품
③ 유통화장품 안전관리 기준에 적합하지 아니한 화장품
④ 사용기한 또는 개봉 후 사용기간을 위조·변조한 화장품
⑤ 화장품책임판매업자가 영업상 회수가 필요하다고 판단한 화장품

⑤ 화장품제조업자 또는 화장품책임판매업자 스스로 국민보건에 위해를 끼칠 우려가 있어 회수가 필요하다고 판단한 화장품(화장품법 시행규칙 제14조의2 제1항)

12 화장품 영업자의 폐업 등의 신고에 대한 내용으로 적절하지 않은 것은?

① 영업자는 휴업을 하려는 경우 식품의약품안전처장에게 신고하여야 한다.
② 휴업기간이 1개월 미만인 경우에는 신고하지 않아도 된다.
③ 식품의약품안전처장은 화장품제조업자가 관할 세무서장에게 폐업신고를 한 경우에는 등록을 취소해야 한다.
④ 식품의약품안전처장은 등록을 취소하기 위하여 필요하면 관할 세무서장에게 화장품책임판매업자의 폐업여부에 대한 정보 제공을 요청할 수 있다.
⑤ 식품의약품안전처장은 폐업신고 또는 휴업신고를 받은 날부터 7일 이내에 신고수리 여부를 신고인에게 통지하여야 한다.

식품의약품안전처장은 화장품제조업자 또는 화장품책임판매업자가 「부가가치세법」 제8조에 따라 관할 세무서장에게 폐업신고를 하거나 관할 세무서장이 사업자등록을 말소한 경우에는 등록을 취소할 수 있다(화장품법 제6조 제2항).

13 다음은 화장품 안전기준 등에 관한 내용이다. 보기의 빈칸에 가장 적절한 내용은?

> 식품의약품안전처장은 (㉠), (㉡), (㉢) 등과 같이 특별히 사용상의 제한이 필요한 원료에 대하여는 그 사용기준을 지정하여 고시하여야 하며, 사용기준이 지정·고시된 원료 외의 (㉠), (㉡), (㉢) 등은 사용할 수 없다.

	㉠	㉡	㉢
①	수렴제	색소	피부보호제
②	환원제	탈취제	ph조정제
③	보존제	색소	자외선차단제
④	염모제	용재	수렴제
⑤	산화제	연마제	계면활성제

② 식품의약품안전처장은 보존제, 색소, 자외선차단제 등과 같이 특별히 사용상의 제한이 필요한 원료에 대하여는 그 사용기준을 지정하여 고시하여야 하며, 사용기준이 지정·고시된 원료 외의 보존제, 색소, 자외선차단제 등은 사용할 수 없다(화장품법 제8조 제2항).

14 화장품 안전기준 등에 관한 내용으로 적절하지 않은 것은?

① 보건복지부장관은 국민보건상 위해 우려가 제기되는 화장품 원료 등의 경우에는 위해요소를 신속히 평가하여 그 위해 여부를 결정하여야 한다.
② 식품의약품안전처장은 위해평가가 완료된 경우에는 해당 화장품 원료 등을 화장품의 제조에 사용할 수 없는 원료로 지정하거나 그 사용기준을 지정하여야 한다.
③ 식품의약품안전처장은 지정·고시된 원료의 사용기준의 안전성을 정기적으로 검토하여야 한다.
④ 식품의약품안전처장은 그 밖에 유통화장품 안전관리 기준을 정하여 고시할 수 있다.
⑤ 화장품제조업자는 지정·고시되지 않은 원료의 사용기준을 지정·고시하여 줄 것을 식품의약품안전처장에게 신청할 수 있다.

식품의약품안전처장은 국내외에서 유해물질이 포함되어 있는 것으로 알려지는 등 국민보건상 위해 우려가 제기되는 화장품 원료 등의 경우에는 총리령으로 정하는 바에 따라 위해요소를 신속히 평가하여 그 위해 여부를 결정하여야 한다(화장품법 제8조 제3항).

15 다음 화장품의 기재사항이 아닌 것은?

① 내용물의 중량 　　　　　　② 사용 시 주의사항
③ 제조번호 　　　　　　　　　④ 화장품 제조에 사용된 모든 성분
⑤ 기능성화장품의 효능

해설

화장품의 기재사항(화장품법 제10조 제1항)
- 화장품의 명칭
- 영업자의 상호 및 주소
- 해당 화장품 제조에 사용된 모든 성분(인체에 무해한 소량 함유 성분 등 총리령으로 정하는 성분은 제외)
- 내용물의 용량 또는 중량
- 제조번호
- 사용기한 또는 개봉 후 사용기간
- 가 격
- 기능성화장품의 경우 "기능성화장품"이라는 글자 또는 기능성화장품을 나타내는 도안으로서 식품의약품안전처장이 정하는 도안
- 사용할 때의 주의사항
- 그 밖에 총리령으로 정하는 사항

16 화장품 기재사항 중 1차 포장에 표시해야 하는 사항이 아닌 것은?

① 화장품의 명칭 　　　　　　② 내용물의 용량
③ 제조번호 　　　　　　　　　④ 사용기한
⑤ 영업자의 상호

해설

화장품의 1차 포장 표시사항(화장품법 제10조 제2항)
- 화장품의 명칭
- 영업자의 상호
- 제조번호
- 사용기한 또는 개봉 후 사용기간

17 화장품의 표시·광고·취급 등에 대한 내용으로 바르지 않은 것은?

① 기재사항, 가격 등은 다른 문자 또는 문장보다 쉽게 볼 수 있는 곳에 하여야 한다.
② 가격은 소비자에게 화장품을 직접 판매하는 자가 판매하려는 가격을 표시하여야 한다.
③ 화장품 가격의 표시방법과 그 밖에 필요한 사항은 식품의약품안전처장이 정한다.
④ 표시상의 주의는 읽기 쉽고 이해하기 쉬운 한글로 정확히 기재·표시하여야 한다.
⑤ 기재·표시상의 주의는 한자 또는 외국어를 함께 기재할 수 있다.

③ 화장품 가격 표시방법과 그 밖에 필요한 사항은 총리령으로 정한다(화장품법 제11조 제2항).

18 천연화장품 및 유기농화장품에 대한 인증 내용으로 적절하지 않은 것은?

① 식품의약품안전처장은 인증을 받은 화장품이 인증기준에 적합하지 아니하게 된 경우에는 그 인증을 취소할 수 있다.

② 식품의약품안전처장은 인증업무를 효과적으로 수행하기 위하여 필요한 전문 인력과 시설을 갖춘 기관을 인증기관으로 지정하여 인증업무를 위탁할 수 있다.

③ 인증절차, 인증기관의 지정기준, 그 밖에 인증제도 운영에 필요한 사항은 총리령으로 정한다.

④ 인증을 받으려는 화장품책임판매업자 등은 식품의약품안전처장에게 인증을 신청하여야 한다.

⑤ 식품의약품안전처장은 천연화장품의 품질제고를 유도하고 소비자에게 보다 정확한 제품정보가 제공될 수 있도록 식품의약품안전처장이 정하는 기준에 적합한 천연화장품에 대하여 인증할 수 있다.

식품의약품안전처장은 인증을 받은 화장품이 다음의 어느 하나에 해당하는 경우에는 그 인증을 취소하여야 한다(화장품법 제14조의2 제3항).
• 거짓이나 그 밖의 부정한 방법으로 인증을 받은 경우
• 인증기준에 적합하지 아니하게 된 경우

19 화장품 영업의 금지 품목에 해당하지 않는 것은?

① 병원미생물에 오염된 화장품

② 이물이 혼입되었거나 부착된 것

③ 일부가 변패된 화장품

④ 심사보고서를 제출한 기능성화장품

⑤ 보건위생상 위해 발생 우려가 있는 용기

④ 심사를 받지 아니하거나 보고서를 제출하지 아니한 기능성화장품(화장품법 제15조)

20 동물실험을 실시한 화장품원료 등의 유통판매 금지에 해당하는 경우는?

① 동물대체시험법에 따라 동물실험이 불필요한 경우
② 보존제, 색소, 자외선차단제 등 특별히 사용상의 제한이 필요한 원료에 대하여 그 사용기준을 지정하거나 국민보건상 위해 우려가 제기되는 화장품 원료 등에 대한 위해평가를 하기 위하여 필요한 경우
③ 수입하려는 상대국의 법령에 따라 제품 개발에 동물실험이 필요한 경우
④ 다른 법령에 따라 동물실험을 실시하여 개발된 원료를 화장품의 제조 등에 사용하는 경우
⑤ 그 밖에 동물실험을 대체할 수 있는 실험을 실시하기 곤란한 경우로서 식품의약품안전처장이 정하는 경우

> **해설**
> ① 동물대체시험법(동물을 사용하지 아니하는 실험방법 및 부득이하게 동물을 사용하더라도 그 사용되는 동물의 개체수를 감소하거나 고통을 경감시킬 수 있는 실험방법으로서 식품의약품안전처장이 인정하는 것을 말한다)이 존재하지 아니하여 동물실험이 필요한 경우(화장품법 제15조의2 제1항)

21 화장품 판매 등의 금지에 해당하지 않는 것은?

① 등록을 하지 아니한 자가 제조한 화장품 또는 제조·수입하여 유통·판매한 화장품
② 신고를 하지 아니한 자가 판매한 맞춤형화장품
③ 맞춤형화장품조제관리사를 두지 아니하고 판매한 맞춤형화장품
④ 제품 홍보를 위하여 사용하도록 수입된 비매품 화장품
⑤ 의약품으로 잘못 인식할 우려가 있게 기재·표시된 화장품

> **해설**
> ④ 판매의 목적이 아닌 제품의 홍보·판매촉진 등을 위하여 미리 소비자가 시험·사용하도록 제조 또는 수입된 화장품으로 소비자에게 판매하는 화장품에 한한다(화장품법 제16조 제1항).

22 화장품 영업의 세부종류와 그 범위가 적절한 것은?

① 화장품제조업 – 화장품제조업자에게 위탁하여 제조된 화장품을 유통·판매하는 영업
② 화장품책임판매업 – 제조 또는 수입된 화장품의 내용물을 소분한 화장품을 판매하는 영업
③ 맞춤형화장품판매업 – 화장품제조업자가 화장품을 직접 제조하여 유통·판매하는 영업
④ 화장품책임판매업 – 화장품의 제조를 위탁받아 제조하는 영업
⑤ 화장품제조업 – 화장품의 포장(1차 포장)을 하는 영업

화장품 영업의 세부 종류와 범위(화장품법 시행령 제2조)

화장품제조업	• 화장품을 직접 제조하는 영업 • 화장품 제조를 위탁받아 제조하는 영업 • 화장품의 포장(1차 포장만 해당)을 하는 영업
화장품책임판매업	• 화장품제조업자가 화장품을 직접 제조하여 유통·판매하는 영업 • 화장품제조업자에게 위탁하여 제조된 화장품을 유통·판매하는 영업 • 수입된 화장품을 유통·판매하는 영업 • 수입대행형 거래(전자상거래만 해당)를 목적으로 화장품을 알선·수여하는 영업
맞춤형화장품판매업	• 제조 또는 수입된 화장품의 내용물에 다른 화장품의 내용물이나 식품의약품안전처장이 정하여 고시하는 원료를 추가하여 혼합한 화장품을 판매하는 영업 • 제조 또는 수입된 화장품의 내용물을 소분한 화장품을 판매하는 영업

23 화장품 영업자의 과징금 산정의 일반기준에 대한 내용으로 옳지 않은 것은?

① 제조업무의 정지처분을 갈음하여 과징금처분을 하는 경우에는 처분일이 속한 연도의 전년도 모든 품목의 1년간 총생산금액 및 총수입금액을 기준으로 한다.

② 업무정지 1개월은 30일을 기준으로 한다.

③ 영업자가 휴업 등으로 1년간의 총생산금액 및 총수입금액을 기준으로 과징금을 산정하는 것이 불합리하다고 인정되는 경우에는 분기별 또는 월별 생산금액 및 수입금액을 기준으로 산정한다.

④ 영업자가 신규로 품목을 제조 또는 수입하여 1년 간의 총생산금액 및 총수입금액을 기준으로 과징금을 산정하는 것이 불합리하다고 인정되는 경우에는 분기별 또는 월별 생산금액 및 수입금액을 기준으로 산정한다.

⑤ 광고업무의 정지처분을 갈음하여 과징금처분을 하는 경우에는 처분일이 속한 연도의 해당 품목의 총생산금액 및 총수입금액을 기준으로 한다.

⑤ 광고업무의 정지처분을 갈음하여 과징금처분을 하는 경우에는 처분일이 속한 연도의 전년도 해당 품목의 1년간 총생산금액 및 총수입금액을 기준으로 하고, 업무정지 1일에 해당하는 과징금의 2분의 1의 금액에 처분기간을 곱하여 산정한다(화장품법 시행령 별표 1).

24 개별기준 과태료 부과 금액이 나머지와 다른 하나는?

① 화장품의 판매가격을 표시하지 않은 경우

② 변경심사를 받지 않은 경우

③ 화장품의 안전성 확보 및 품질관리에 관한 교육 명령을 위반한 경우

④ 폐업 등의 신고를 하지 않는 경우

⑤ 화장품의 생산실적 또는 수입실적 또는 화장품 원료의 목록 등을 보고하지 않은 경우

①·③·④·⑤의 과태료 금액은 50만원이고, ②는 100만원의 과태료가 부과된다.

25 화장품에 대한 보고와 검사에 대한 설명으로 옳은 것은?

① 식품의약품안전처장은 필요하다고 인정하면 영업자·판매자 또는 그 밖에 화장품을 업무 상 취급하는 자에 대하여 필요한 보고를 명할 수 있다.

② 식품의약품안전처장은 필요하다고 인정하면 영업자·판매자 등의 동의를 얻어 관계 공무 원으로 하여금 화장품 제조장소·영업소·창고·판매장소, 그 밖에 화장품을 취급하는 장 소에 출입하여 그 시설 또는 관계 장부나 서류, 그 밖의 물건의 검사 또는 관계인에 대한 질문을 할 수 있다.

③ 식품의약품안전처장은 화장품의 품질 또는 안전기준, 포장 등의 기재·표시 사항 등이 적 합한지 여부를 검사하기 위하여 가능한 최대 분량을 수거하여 검사할 수 있다.

④ 식품의약품안전처장은 대통령령으로 정하는 바에 따라 제품의 판매에 대한 모니터링 제도 를 운영할 수 있다.

⑤ 관계 공무원은 그 권한을 표시하는 증표를 관계인에게 내보일 수 있다.

> **해설**
> ② 식품의약품안전처장은 필요하다고 인정하면 관계 공무원으로 하여금 화장품 제조장소·영업소·창고·판매장소, 그 밖에 화장품을 취급하는 장소에 출입하여 그 시설 또는 관계 장부나 서류, 그 밖의 물건의 검사 또는 관계인에 대한 질문을 할 수 있다(화장품법 제18조 제1항).
> ③ 식품의약품안전처장은 화장품의 품질 또는 안전기준, 포장 등의 기재·표시 사항 등이 적합한지 여부를 검사하기 위하여 필요한 최소 분량을 수거하여 검사할 수 있다(화장품법 제18조 제2항).
> ④ 식품의약품안전처장은 총리령으로 정하는 바에 따라 제품의 판매에 대한 모니터링 제도를 운영할 수 있다(화장품법 제18조 제3항).
> ⑤ 관계 공무원은 그 권한을 표시하는 증표를 관계인에게 내보여야 한다(화장품법 제18조 제4항).

26 다음 중 화장품 검사 등에 관한 업무를 수행하는 공무원에 해당하지 않는 사람을 모두 고르면?

> ㉠ 고등교육법 제2조에 따른 학교에서 약학 또는 화장품 관련 분야의 학사학위 이상을 취득한 사 람(법령에서 이와 같은 수준 이상의 학력이 있다고 인정한 사람을 포함)
> ㉡ 대학등에서 학사 이상의 학위를 취득한 사람으로서 간호학과, 간호과학과, 건강간호학과를 전 공하고 화학·생물학·생명과학·유전학·유전공학·향장학·화장품과학·의학·약학 등 관 련 과목을 20학점 이상 이수한 사람
> ㉢ 화장품에 관한 지식 및 경력이 풍부하다고 지방식품의약품안전청장이 인정하거나 특별시장· 광역시장·도지사·특별자치도지사 또는 시장·군수·구청장(자치구의 구청장을 말한다)이 추천한 사람
> ㉣ 의료법에 따른 의사 또는 약사법에 따른 약사
> ㉤ 전문대학을 졸업한 사람으로서 간호학과, 간호과학과, 건강간호학과를 전공하고 화학·생물학 ·생명과학·유전학·유전공학·향장학·화장품과학·의학·약학 등 관련 과목을 20학점 이 상 이수한 후 화장품 제조나 품질관리 업무에 1년 이상 종사한 경력이 있는 사람

① ㉠, ㉡, ㉢   ② ㉣, ㉠, ㉢, ㉤

③ ㉡, ㉣, ㉤   ④ ㉢, ㉣, ㉤

⑤ ㉠, ㉡, ㉣, ㉤

관계공무원의 자격(화장품법 시행규칙 제24조 제1항)

화장품법 제18조 제1항에 따른 화장품 검사 등에 관한 업무를 수행하는 공무원(이하 "화장품감시공무원"이라 한다)은 다음 각 호의 어느 하나에 해당하는 사람 중에서 지방식품의약품안전청장이 임명하는 사람으로 한다.

1. 고등교육법 제2조에 따른 학교에서 약학 또는 화장품 관련 분야의 학사학위 이상을 취득한 사람(법령에서 이와 같은 수준 이상의 학력이 있다고 인정한 사람을 포함한다)
2. 화장품에 관한 지식 및 경력이 풍부하다고 지방식품의약품안전청장이 인정하거나 특별시장·광역시장·도지사·특별자치도지사 또는 시장·군수·구청장(자치구의 구청장을 말한다)이 추천한 사람

27 다음 중 소비자화장품안전관리감시원으로 위촉될 수 있는 사람이 아닌 경우에 해당하는 것은?

① 화장품법 제17조에 따라 설립된 단체의 임직원 중 해당 단체의 장이 추천한 사람
② 소비자기본법 제29조 제1항에 따라 등록한 소비자단체의 임직원 중 해당 단체의 장이 추천한 사람
③ 대학 등에서 학사 이상의 학위를 취득한 사람으로서 간호학과, 간호과학과, 건강간호학과를 전공하고 화학·생물학·생명과학·유전학·유전공학·향장학·화장품과학·의학·약학 등 관련 과목을 20학점 이상 이수한 사람
④ 식품의약품안전처장이 정하여 고시하는 교육과정을 마친 사람
⑤ 화장품 제조 또는 품질관리 업무에 3년 이상 종사한 경력이 있는 사람

화장품 제조 또는 품질관리 업무에 2년 이상 종사한 경력이 있는 사람이 소비자화장품안전관리감시원으로 위촉될 수 있는 사람에 해당된다(화장품법 시행규칙 제26조의2 제1항 및 제8조 제1항 참조).

28 화장품 판매 모니터링에 대한 설명으로 옳지 않은 것은?

① 식품의약품안전처장은 총리령으로 정하는 바에 따라 제품의 판매에 대한 모니터링 제도를 운영할 수 있다.
② 식품의약품안전처장은 화장품업 단체 또는 관련 업무를 수행하는 기관 등을 지정하여 화장품에 대한 모니터링을 하게 할 수 있다.
③ 식품의약품안전처장은 화장품업 단체 또는 관련 업무를 수행하는 기관 등을 지정하여 화장품의 판매, 품질 등에 대하여 모니터링하게 할 수 있다.
④ 식품의약품안전처장은 화장품업 단체 또는 관련 업무를 수행하는 기관 등을 지정하여 화장품의 표시·광고 등에 대하여 모니터링하게 할 수 있다.
⑤ 식품의약품안전처장은 영업자에 대하여 필요하다고 인정하면 취급한 화장품에 대하여 모니터링을 받을 것을 명하여야 한다.

식품의약품안전처장은 화장품업 단체(화장품법 제17조) 또는 관련 업무를 수행하는 기관 등을 지정해 화장품의 판매, 표시·광고, 품질 등에 대해 모니터링하게 할 수 있지만 이러한 규정은 강행규정이 아니다.

29 다음 위해화장품의 공표 명령에 대한 설명으로 옳지 않은 것은?

① 식품의약품안전처장은 위해화장품의 회수계획에 따른 회수계획을 보고받은 때 해당 영업자에 대하여 그 사실의 공표를 명할 수 있다.

② 식품의약품안전처장은 회수·폐기명령 등에 따른 회수계획을 보고받은 때 해당 영업자에 대하여 그 사실의 공표를 명할 수 있다.

③ 지방식품의약품안전청장은 식품의약품안전처의 인터넷 홈페이지에 공표사항을 게재하여야 한다.

④ 공표명령을 받은 영업자는 지체 없이 위해 발생사실 또는 규정된 일정한 사항을 공표하여야 한다.

⑤ 공표를 한 영업자는 규정된 일정한 사항이 포함된 공표 결과를 지체 없이 지방식품의약품안전청장에게 통보하여야 한다.

해설

지방식품의약품안전청장은 식품의약품안전처의 인터넷 홈페이지에 공표사항을 게재할 수 있다(화장품법 시행규칙 제28조 제3항).

30 다음 중 식품의약품안전처장이 화장품업 등의 등록을 취소하거나 영업소를 폐쇄하여야 하는 경우에 해당하는 것을 모두 고르면?

> ㉠ 피성년후견인 또는 파산선고를 받고 복권되지 아니한 자
> ㉡ 국민보건에 위해를 끼쳤거나 끼칠 우려가 있는 화장품을 제조·수입한 경우
> ㉢ 마약류 관리에 관한 법률에 따른 마약류의 중독자
> ㉣ 화장품법 또는 보건범죄 단속에 관한 특별조치법을 위반하여 금고 이상의 형을 선고받고 그 집행이 끝나지 아니하거나 그 집행을 받지 아니하기로 확정되지 아니한 자
> ㉤ 업무정지기간 중에 업무를 한 경우

① ㉠, ㉡, ㉢ 　　　　　　　　　　④ ㉣, ㉠, ㉢, ㉤

③ ㉡, ㉣, ㉤ 　　　　　　　　　　④ ㉢, ㉣, ㉤

⑤ ㉠, ㉢, ㉣, ㉤

해설

영업등록 결격사유(화장품법 제3조의3)에 해당하는 경우와 업무정지기간 중에 업무를 한 경우(광고 업무에 한정하여 정지를 명한 경우는 제외한다)에 해당하는 경우에는 등록을 취소하거나 영업소를 폐쇄하여야 한다(화장품법 제24조 제1항).

31 소비자화장품안전관리감시원에 대한 설명으로 옳은 것은?

① 소비자화장품안전관리감시원의 임기는 1년으로 하되, 연임할 수 있다.

② 식품의약품안전처장 또는 지방식품의약품안전청장은 소비자화장품감시원에 대하여 반기 (半期)마다 화장품 관계법령 및 위해화장품 식별 등에 관한 교육을 실시하고, 소비자화장품감시원이 직무를 수행하기 전에 그 직무에 관한 교육을 실시하여야 한다.

③ 식품의약품안전처장은 소비자화장품안전관리감시원의 활동을 지원하기 위하여 예산의 범위에서 수당 등을 지급해야 한다.

④ 소비자화장품안전관리감시원의 자격, 교육, 그 밖에 필요한 사항은 대통령령으로 정한다.

⑤ 지방식품의약품안전청장은 화장품 안전관리를 위하여 설립된 단체 또는 소비자기본법에 따라 등록한 소비자단체의 임직원 중 해당 단체의 장이 추천한 사람이나 화장품 안전관리에 관한 지식이 있는 사람을 소비자화장품안전관리감시원으로 위촉할 수 있다.

> **해설**
> ① 소비자화장품안전관리감시원의 임기는 2년으로 하되, 연임할 수 있다(화장품법 시행규칙 제26조의2 제2항).
> ③ 식품의약품안전처장 또는 지방식품의약품안전청장은 소비자화장품안전관리감시원의 활동을 지원하기 위하여 예산의 범위에서 수당 등을 지급할 수 있다(화장품법 시행규칙 제26조의2 제5항).
> ④ 소비자화장품안전관리감시원의 자격, 교육, 그 밖에 필요한 사항은 총리령으로 정한다(화장품법 제18조의2 제5항).
> ⑤ 식품의약품안전처장 또는 지방식품의약품안전청장은 화장품 안전관리를 위하여 설립된 단체 또는 소비자기본법에 따라 등록한 소비자단체의 임직원 중 해당 단체의 장이 추천한 사람이나 화장품 안전관리에 관한 지식이 있는 사람을 소비자화장품안전관리감시원으로 위촉할 수 있다(화장품법 제18조의2 제1항).

32 위촉된 소비자화장품안전관리감시원의 직무에 해당하지 않는 것은?

① 화장품의 안전사용과 관련된 홍보 등의 업무

② 위해화장품의 물품 회수·폐기 등

③ 관계 공무원이 하는 출입·검사·질문·수거의 지원

④ 유통 중인 화장품이 표시기준에 맞지 않는 화장품인 경우 관할 행정관청에 신고하거나 그에 관한 자료 제공

⑤ 유통 중인 화장품이 금지되는 부당한 표시 또는 광고를 한 화장품인 경우 관할 행정관청에 신고하거나 그에 관한 자료 제공

> **해설**
> 소비자화장품안전관리감시원은 화장품법 제23조에 따른 관계 공무원의 물품 회수·폐기 등의 업무를 지원한다(화장품법 시행규칙 제26조의2).

33 다음 중 위해화장품의 공표명령을 받은 영업자가 공표하여야 하는 위해사실에 해당하는 것을 모두 고르면?

> ㉠ 회수 사유
> ㉡ 회수 방법
> ㉢ 회수하는 영업자의 전화번호, 주소, 그 밖에 회수에 필요한 사항
> ㉣ 회수대상화장품의 제조번호(맞춤형화장품의 경우 식별번호)
> ㉤ 사용기한 또는 개봉 후 사용기간(병행 표기된 제조연월일을 포함한다. 맞춤형화장품의 경우 제조연월일 대신 혼합·소분일로 한다)

① ㉠, ㉡, ㉢   ② ㉣, ㉠, ㉢, ㉤
③ ㉡, ㉣, ㉤   ④ ㉢, ㉣, ㉤
⑤ 상기 모두

해설

위해화장품의 공표명령을 받은 영업자가 공표하여야 하는 위해사실에는 그 밖에도 화장품을 회수한다는 내용의 표제, 제품명, 회수대상화장품의 제조번호(맞춤형화장품의 경우에는 식별번호) 등이 있다.

34 화장품법에 규정된 과징금처분에 대한 설명으로 옳지 않은 것은?

① 식품의약품안전처장은 영업자에게 업무정지처분을 하여야 할 경우에는 그 업무정지처분을 갈음하여 10억원 이하의 과징금을 부과할 수 있다.
② 폐업 등으로 업무정지처분을 할 수 없을 때에는 국세 체납처분의 예에 따라 이를 징수한다.
③ 식품의약품안전처장은 과징금을 내야 할 자가 납부기한까지 과징금을 내지 아니하면 대통령령으로 정하는 바에 따라 과징금부과처분을 취소하고 업무정지처분을 하거나 국세 체납처분의 예에 따라 이를 징수한다.
④ 과징금을 부과하는 위반행위의 종류와 위반정도 등에 따른 과징금의 금액과 그 밖에 필요한 사항은 총리령으로 정한다.
⑤ 과징금의 징수절차는 국고금관리법 시행규칙을 준용하고 이 경우 납입고지서에는 이의제기 방법 및 기간을 함께 적어 넣어야 한다.

해설

과징금을 부과하는 위반행위의 종류와 위반정도 등에 따른 과징금의 금액과 그 밖에 필요한 사항은 대통령령으로 정한다(화장품법 제28조 제2항).

35 식품의약품안전처장이 위반사실에 따른 행정처분이 확정된 자에 대해 공표하는 경우 공표하는 사항에 해당하지 않는 것은?

① 처분 사유
② 처분 내용
③ 해당 품목의 제조일
④ 처분 대상자의 명칭·주소
⑤ 대표자 성명

해설
식품의약품안전처장은 위반사실에 대한 행정처분이 확정된 자에 대한 처분 사유, 처분 내용, 처분 대상자의 명칭·주소 및 대표자 성명, 해당 품목의 명칭 등 처분과 관련한 사항으로서 대통령령으로 정하는 사항을 공표할 수 있다(화장품법 제28조의2 제1항).

36 화장품제조업 또는 화장품책임판매업의 변경 사항 등록과 관련하여 4차 이상 위반 시 등록취소가 되는 경우에 해당하는 것은?

① 제조소의 소재지 변경
② 책임판매관리자의 변경
③ 제조 유형의 변경
④ 화장품제조업자·화장품책임판매업자(법인인 경우 대표자)의 변경
⑤ 화장품제조업자·화장품책임판매업자(법인인 경우 대표자)의 상호(법인인 경우 법인의 명칭)의 변경

해설
화장품제조업 또는 화장품책임판매업의 변경 사항 등록과 관련하여 4차 이상 위반 시 등록취소가 되는 경우에는 제조소의 소재지 변경, 화장품책임판매업소의 소재지 변경 등의 사항이 해당된다(화장품법 시행규칙 별표 7).

37 화장품법 시행규칙에 따른 행정처분의 기준에 대한 설명으로 옳지 않은 것은?

① 위반행위가 둘 이상인 경우로서 그에 해당하는 각각의 처분기준이 다른 경우에는 그 중 무거운 처분기준에 따른다.

② 둘 이상의 처분기준이 업무정지인 경우에는 무거운 처분의 업무정지 기간에 가벼운 처분의 업무정지 기간의 2분의 1까지 더하여 처분할 수 있으며, 이 경우 그 최대기간은 12개월로 한다.

③ 위반행위가 둘 이상인 경우로서 처분기준이 업무정지와 품목업무정지에 해당하는 경우에는 그 업무정지 기간이 품목정지 기간보다 길거나 같을 때에는 업무정지처분을 하고, 업무정지 기간이 품목정지 기간보다 짧을 때에는 업무정지처분과 품목업무정지처분을 병과(倂科)한다.

④ 행정처분을 하기 위한 절차가 진행되는 기간 중에 반복하여 같은 위반행위를 한 경우에는 행정처분을 하기 위하여 진행 중인 사항의 행정처분기준의 2분의 1씩을 더하여 처분한다. 이 경우 그 최대기간은 24개월로 한다.

⑤ 화장품제조업자가 등록한 소재지에 그 시설이 전혀 없는 경우에는 등록을 취소한다.

> **해설**
> 행정처분을 하기 위한 절차가 진행되는 기간 중에 반복하여 같은 위반행위를 한 경우에는 행정처분을 하기 위하여 진행 중인 사항의 행정처분기준의 2분의 1씩을 더하여 처분한다. 이 경우 그 최대기간은 12개월로 한다(화장품법 시행규칙 별표 7).

38 화장품법 시행규칙에 따른 행정처분의 기준과 관련하여 행정처분을 2분의 1까지 감경하거나 면제할 수 있는 경우에 해당하지 않는 것은?

① 국민보건, 수요·공급, 그 밖에 공익상 필요하다고 인정된 경우

② 해당 위반사항에 관하여 검사로부터 기소유예의 처분을 받은 경우

③ 광고주의 의사와 관계없이 광고회사 또는 광고매체에서 무단 광고한 경우

④ 해당 위반사항에 관하여 법원으로부터 선고유예의 판결을 받은 경우

⑤ 기능성화장품으로서 그 효능·효과를 나타내는 원료의 함량 미달의 원인이 유통 중 보관상태 불량 등으로 인한 성분의 변화 때문이라고 인정된 경우

> **해설**
> 기능성화장품으로서 그 효능·효과를 나타내는 원료의 함량 미달의 원인이 유통 중 보관상태 불량 등으로 인한 성분의 변화 때문이라고 인정된 경우는 처분을 2분의 1까지 감경할 수 있는 사유이다(화장품법 시행규칙 별표 7).

01 개인정보보호법에 대한 설명으로 옳지 않은 것은?

① 사업자 협회·동창회 등 비영리단체는 적용 대상 제외이다.

② 다른 법률에 특별한 규정이 있는 경우에는 그 법률의 규정이 우선 적용된다.

③ 개인정보보호에 관한 일반법이다.

④ 정보통신망법 제67조(정보통신서비스 제공자 외의 자에 대한 준용)의 준용 사업자 관련 조항은 삭제되었다.

⑤ 전자파일 외에 민원서류, 이벤트 응모권 등 수기문서도 적용 범위이다.

> **해설**
>
> 개인정보처리자란 업무를 목적으로 개인정보파일을 운용하기 위하여 스스로 또는 다른 사람을 통하여 개인 정보를 처리하는 공공기관, 법인, 단체 및 개인 등을 말한다(개인정보보호법 제2조 제5호). 적용대상이 공공·민간부문의 모든 개인정보처리자로 국회·법원·헌법재판소·중앙선거관리위원회의 행정사무를 처리하는 기관과 오프라인사업자, 협회, 동창회 등 비영리단체도 포함되어 법적용의 사각지대가 사라졌다.

02 개인정보보호법에서 사용하는 '개인정보'의 용어에 대한 설명으로 옳지 않은 것은?

① 특정 개인과의 관련성　　　　② 법인이나 단체의 정보

③ 식별 가능성　　　　　　　　④ 정보의 임의성

⑤ 살아 있는 개인에 관한 정보

> **해설**
>
> 개인정보란 살아 있는 개인에 관한 정보로서 성명, 주민등록번호 및 영상 등을 통하여 개인을 알아볼 수 있는 정보(해당 정보만으로는 특정 개인을 알아볼 수 없더라도 다른 정보와 쉽게 결합하여 알아볼 수 있는 것을 포함한다)를 말한다. 즉, 개인정보의 구성요소는 살아 있는 개인, 특정 개인과의 관련성, 정보의 임의성, 식별 가능성이다. 개인정보의 주체는 현재 생존하고 있는 자연인을 의미한다. 따라서 법인이나 단체에 관한 정보는 원칙적으로 개인정보에 해당하지 않는다.

03 고객 상담 시 개인정보 중 민감정보의 범위에 해당하는 것은?

① 주민등록법에 따른 주민등록번호

② 출입국관리법에 따른 외국인등록번호

③ 도로교통법에 따른 운전면허의 면허번호

④ 유전자검사 등의 결과로 얻어진 유전정보

⑤ 여권법에 따른 여권번호

> **해설**
>
> **민감정보의 범위(개인정보보호법 시행령 제18조)**
> - 유전자검사 등의 결과로 얻어진 유전정보
> - 형의 실효 등에 관한 법률에 따른 범죄경력자료에 해당하는 정보

04 고객의 개인 정보를 파기하는 방법으로 옳지 않은 것은?

① 전자적 파일 형태인 경우 복원 가능하도록 한 후 삭제
② 완전파괴(소각 · 파쇄 등)
③ 전용 소자장비를 이용하여 삭제
④ 데이터가 복원되지 않도록 초기화 또는 덮어쓰기 수행
⑤ 기록매체인 경우 해당 부분을 마스킹, 천공 등으로 삭제

해설

전자적 파일 형태인 경우에는 복원이 불가능한 방법으로 영구 삭제한다(개인정보보호법 시행령 제16조).

05 ○○화장품은 오프라인 매장과, 온라인 인터넷 쇼핑몰을 운영하고 있다. ○○화장품이 개인 정보보호와 관련하여 적용을 받게 될 법으로 알맞은 것은?

① 개인정보보호법 　　　　　　② 정보통신망법
③ 전자상거래법 　　　　　　　④ 개인정보보호법, 정보통신망법
⑤ 개인정보보호법, 전자상거래법

해설

오프라인 화장품 매장은 "개인정보보호법" 적용을 받게 되며, 온라인 인터넷 쇼핑몰은 정보통신서비스 제공자로서 "정보통신망법" 적용을 받는다.

06 개인정보 보호와 정보주체의 권익보장을 위해 수립하는 기본계획에 포함되지 않는 내용은?

① 개인정보 보호의 기본목표와 추진방향
② 개인정보 보호와 관련된 제도 및 법령의 개선
③ 개인정보 침해 방지를 위한 대책
④ 개인정보 보호 자율규제의 활성화
⑤ 개인정보 이용을 위한 규제 완화 방안

해설

기본계획 포함 사항(개인정보보호법 제9조)
• 개인정보 보호의 기본목표와 추진방향
• 개인정보 보호와 관련된 제도 및 법령의 개선
• 개인정보 침해 방지를 위한 대책
• 개인정보 보호 자율규제의 활성화
• 개인정보 보호 교육 · 홍보의 활성화
• 개인정보 보호를 위한 전문인력의 양성
• 그 밖에 개인정보 보호를 위하여 필요한 사항

07 다음 중 개인정보의 수집·이용 요건에 해당되지 않는 경우는?

① 정보주체의 동의를 받은 경우

② 법률에 특별한 규정이 있는 경우

③ 제휴 마케팅을 위해 정보주체의 동의 없이 정보주체의 개인정보를 제공한 경우

④ 법령상 의무를 준수하기 위하여 불가피한 경우

⑤ 정보주체 또는 제3자의 급박한 생명, 신체, 재산의 이익을 위하여 필요하다고 인정되는 경우

해설

개인정보의 수집·이용(개인정보보호법 제15조)

개인정보처리자는 다음의 어느 하나에 해당하는 경우에는 개인정보를 수집할 수 있으며 그 수집 목적의 범위에서 이용할 수 있다.

• 정보주체의 동의를 받은 경우
• 법률에 특별한 규정이 있거나 법령상 의무를 준수하기 위하여 불가피한 경우
• 공공기관이 법령 등에서 정하는 소관 업무의 수행을 위하여 불가피한 경우
• 정보주체와의 계약의 체결 및 이행을 위하여 불가피하게 필요한 경우
• 정보주체 또는 그 법정대리인이 의사표시를 할 수 없는 상태에 있거나 주소불명 등으로 사전 동의를 받을 수 없는 경우로서 명백히 정보주체 또는 제3자의 급박한 생명, 신체, 재산의 이익을 위하여 필요하다고 인정되는 경우
• 개인정보처리자의 정당한 이익을 달성하기 위하여 필요한 경우로서 명백하게 정보주체의 권리보다 우선하는 경우. 이 경우 개인정보처리자의 정당한 이익과 상당한 관련이 있고 합리적인 범위를 초과하지 아니하는 경우에 한한다.

08 정보주체의 동의를 받아 개인정보를 수집·이용할 때 정보주체에게 알려야 하는 사항 중 이에 해당하지 않는 것은?

① 동의 거부권 및 동의 거부에 따른 불이익이 있는 경우 불이익의 내용

② 개인정보의 보유 및 이용 기간

③ 개인정보의 수집·이용 동의 표시 방법

④ 개인정보의 수집·이용 목적

⑤ 수집하려는 개인정보의 항목

해설

개인정보처리자는 동의를 받을 때에는 다음의 사항을 정보주체에게 알려야 한다. 다음의 어느 하나의 사항을 변경하는 경우에도 이를 알리고 동의를 받아야 한다(개인정보보호법 제15조 제2항).

• 개인정보의 수집·이용 목적
• 수집하려는 개인정보의 항목
• 개인정보의 보유 및 이용 기간
• 동의를 거부할 권리가 있다는 사실 및 동의 거부에 따른 불이익이 있는 경우에는 그 불이익의 내용

09 다음의 개인정보처리자가 개인정보의 처리에 대해 정보주체의 동의를 받는 방법 중 잘못된 것은?

① 동의 내용이 적힌 서면을 정보주체에게 직접 발급하거나 우편 또는 팩스 등의 방법으로 전달하고, 정보주체가 서명하거나 날인한 동의서를 받는다.
② 전화를 통하여 동의 내용을 정보주체에게 알리고 동의의 의사표시를 확인한다.
③ 인터넷 홈페이지 등에 동의 내용을 게재하고 정보주체가 동의 여부를 표시하도록 한다.
④ 관보나 인터넷 홈페이지에 개인정보 사용에 대해 고지하면 별도의 동의를 받을 필요가 없다.
⑤ 동의 내용이 적힌 전자우편을 발송하여 정보주체로부터 동의의 의사표시가 적힌 전자우편을 받는다.

해설

④ 개인정보 사용은 반드시 정보주체의 직접적인 동의를 받아야 한다.

개인정보 처리에 대한 동의를 받는 법(개인정보보호법 시행령 제17조 제1항)

개인정보처리자는 법 제22조에 따라 개인정보의 처리에 대하여 다음의 어느 하나에 해당하는 방법으로 정보주체의 동의를 받아야 한다.
1. 동의 내용이 적힌 서면을 정보주체에게 직접 발급하거나 우편 또는 팩스 등의 방법으로 전달하고, 정보주체가 서명하거나 날인한 동의서를 받는 방법
2. 전화를 통하여 동의 내용을 정보주체에게 알리고 동의의 의사표시를 확인하는 방법
3. 전화를 통하여 동의 내용을 정보주체에게 알리고 정보주체에게 인터넷주소 등을 통하여 동의 사항을 확인하도록 한 후 다시 전화를 통하여 그 동의 사항에 대한 동의의 의사표시를 확인하는 방법
4. 인터넷 홈페이지 등에 동의 내용을 게재하고 정보주체가 동의 여부를 표시하도록 하는 방법
5. 동의 내용이 적힌 전자우편을 발송하여 정보주체로부터 동의의 의사표시가 적힌 전자우편을 받는 방법
6. 그 밖에 1~5까지의 규정에 따른 방법에 준하는 방법으로 동의 내용을 알리고 동의의 의사표시를 확인하는 방법

10 개인정보처리자와 관련된 내용으로 옳지 않은 것은?

① 개인정보처리자란 5만명 이상의 정보주체에 관하여 민감정보 또는 고유식별정보를 처리하는 자를 말한다.
② 민감정보란 주민등록번호, 여권번호, 운전면허번호 등을 말한다.
③ 개인정보처리자가 정보주체로부터 동의를 받거나 선택적으로 동의할 수 있는 사항에 대한 동의를 받으려는 때에는 정보주체가 동의 여부를 선택할 수 있다는 사실을 명확하게 확인할 수 있도록 선택적으로 동의할 수 있는 사항 외의 사항과 구분하여 표시하여야 한다.
④ 개인정보처리자는 만 14세 미만 아동의 법정대리인의 동의를 받기 위하여 해당 아동으로부터 직접 법정대리인의 성명·연락처에 관한 정보를 수집할 수 있다.
⑤ 중앙행정기관의 장은 소관 분야의 개인정보처리자별 업무, 업종의 특성 및 정보주체의 수 등을 고려하여 적절한 동의방법에 관한 기준을 법으로 정하여 그 기준에 따라 동의를 받도록 개인정보처리자에게 권장할 수 있다.

해설

② 주민등록번호, 여권번호, 운전면허번호 등은 고유식별정보에 속한다(개인정보보호법 시행령 제19조).

11 개인정보의 수집·이용에 대한 설명으로 알맞은 것은?

① 정보주체와의 계약의 체결 및 이행을 위하여 불가피하게 필요한 경우라도 개인정보를 수집할 수 없다.

② 개인정보의 수집은 인터넷 검색을 통해 취득하는 개인정보도 포함된다.

③ 개인정보의 보유기간을 변경할 경우에는 다시 등록을 받을 필요가 없다.

④ 정보주체에 대한 고지의무를 위반하면 5천만원 이하의 과태료 처분을 받는다.

⑤ 개인정보 보호 인증 유효기간은 5년으로 한다.

해설

① 정보주체와의 계약의 체결 및 이행을 위하여 불가피하게 필요한 경우라도 개인정보를 수집할 수 있다(개인정보보호법 제15조 제1항 제4호).

③ 개인정보의 보유기간을 변경할 경우 이를 알리고, 다시 동의를 받아야 한다(동법 제15조 제2항).

④ 정보주체에 대한 고지의무 위반은 3천만원 이하의 과태료를 부과한다(동법 제75조 제2항).

⑤ 개인정보 보호 인증 유효기간은 3년으로 한다(동법 제32조의2 제2항).

12 일정한 공간에 지속적으로 설치된 기기로 촬영한 영상정보를 그 기기를 설치·관리하는 자가 유·무선 인터넷을 통하여 어느 곳에서나 수집·저장을 할 수 있도록 하는 장치는 무엇인가?

① 폐쇄회로 텔레비전(CCTV) ② 네트워크 카메라
③ 블랙박스 ④ 웹 카메라
⑤ 캠코더

해설

"영상정보처리기기"란 일정한 공간에 지속적으로 설치되어 사람 또는 사물의 영상 등을 촬영하거나 이를 유·무선망을 통하여 전송하는 장치로서 폐쇄회로 텔레비전, 네트워크 카메라를 말한다. 여기서 지속적 설치의 의미는 그 촬영기기를 어느 정도 고정적·항구적으로 운영할 목적으로 설치된 것을 말한다.

영상정보처리기기의 범위(개인정보보호법 시행령 제3조)

• 폐쇄회로 텔레비전
  – 일정한 공간에 지속적으로 설치된 카메라를 통하여 영상 등을 촬영하거나 촬영한 영상정보를 유무선 폐쇄회로 등의 전송로를 통하여 특정 장소에 전송하는 장치
  – 위에 따라 촬영되거나 전송된 영상정보를 녹화·기록할 수 있도록 하는 장치

• 네트워크 카메라
  일정한 공간에 지속적으로 설치된 기기로 촬영한 영상정보를 그 기기를 설치·관리하는 자가 유무선 인터넷을 통하여 어느 곳에서나 수집·저장 등의 처리를 할 수 있도록 하는 장치

13 영상정보처리기기운영자가 마련해야 할 영상정보처리기기 운영·관리 방침으로 적합하지 않은 것은?

① 영상정보처리기기의 설치 근거 및 설치 목적
② 영상정보처리기기의 설치 대수, 설치 위치 및 촬영 범위
③ 영상정보처리기기에 영향을 받는 정보 주체
④ 영상정보처리기기운영자의 영상정보 확인 방법 및 장소
⑤ 영상정보 보호를 위한 기술적·관리적 및 물리적 조치

> **해설**
>
> **영상정보처리기기 운영·관리 방침(개인정보보호법 시행령 제25조 제1항)**
> 영상정보처리기기운영자는 다음의 사항이 포함된 영상정보처리기기 운영·관리 방침을 마련하여야 한다.
> • 영상정보처리기기의 설치 근거 및 설치 목적
> • 영상정보처리기기의 설치 대수, 설치 위치 및 촬영 범위
> • 관리책임자, 담당 부서 및 영상정보에 대한 접근 권한이 있는 사람
> • 영상정보의 촬영시간, 보관기간, 보관장소 및 처리방법
> • 영상정보처리기기운영자의 영상정보 확인 방법 및 장소
> • 정보주체의 영상정보 열람 등 요구에 대한 조치
> • 영상정보 보호를 위한 기술적·관리적 및 물리적 조치
> • 그 밖에 영상정보처리기기의 설치·운영 및 관리에 필요한 사항

14 개인정보의 제3자 제공에 대한 설명으로 알맞은 것은?

① 제3자에게 개인정보 수기문서를 제공하는 것은 제3자 제공이다.
② 개인정보처리자 내에서 다른 목적을 위해 타 부서에 개인정보를 제공하는 것도 제3자 제공이다.
③ DB 시스템에 대한 접속권한을 허용하여 열람·복사를 가능하게 하는 경우는 제3자 제공에 해당되지 않는다.
④ 영업의 양도·합병에 의한 개인정보의 이전도 제3자 제공이다.
⑤ 민감정보의 제3자 제공에는 별도 동의를 받지 않아도 된다.

> **해설**
>
> ①, ②, ③ 개인정보의 제3자 제공이란 개인정보처리자 외의 제3자에게 개인정보의 지배·관리권이 이전되는 것을 의미한다. 즉, 개인정보 수기문서를 전달하거나 데이터베이스 파일을 전달하는 경우뿐만 아니라, 데이터베이스 시스템에 대한 접속권한을 허용하여 열람·복사가 가능하게 하는 경우 등도 '제3자 제공'에 모두 포함된다.
> ④ 영업의 양도·합병(「개인정보보호법」 제27조)은 비록 개인정보가 제3자에게 이전된다는 점에서는 '제3자 제공'과 유사하다. 그러나 영업의 양도·합병은 그 개인정보를 이용한 업무의 형태는 변하지 않고 단지 개인정보의 관리주체만 변한다는 점에서 '제3자 제공'과는 차이가 있다.
> ⑤ 민감정보 및 고유식별정보를 제3자에게 제공하는 경우에는 민감정보 및 고유식별정보의 제3자 제공에 대한 별도의 동의를 받거나 또는 법령의 명시적인 근거가 필요하다.

15 다음 중 개인정보를 제3자에게 제공할 때 정보주체로부터 동의를 받아야 할 사항을 모두 고르시오.

> ㄱ. 개인정보를 제공받는 자
> ㄴ. 개인정보를 제공받는 자의 개인정보 이용 목적
> ㄷ. 제공하는 개인정보의 항목
> ㄹ. 개인정보를 제공받는 자의 개인정보 보유 및 이용 기간
> ㅁ. 동의를 거부할 권리가 있다는 사실 및 동의 거부에 따른 불이익이 있는 경우에는 그 불이익의 내용

① ㄱ
② ㄱ, ㄴ
③ ㄱ, ㄴ, ㄷ
④ ㄱ, ㄴ, ㄷ, ㄹ
⑤ ㄱ, ㄴ, ㄷ, ㄹ ㅁ

해설

개인정보처리자는 다음의 어느 하나에 해당되는 경우에는 정보주체의 개인정보를 제3자에게 제공(공유를 포함)할 수 있다(개인정보보호법 제17조 제2항).
• 개인정보를 제공받는 자
• 개인정보를 제공받는 자의 개인정보 이용 목적
• 제공하는 개인정보의 항목
• 개인정보를 제공받는 자의 개인정보 보유 및 이용 기간
• 동의를 거부할 권리가 있다는 사실 및 동의 거부에 따른 불이익이 있는 경우에는 그 불이익의 내용

16 고유식별정보란 법령에 따라 개인을 고유하게 구별하기 위하여 부여된 식별정보를 말한다. 다음에서 고유식별정보를 바르게 고른 것은?

> ㄱ. 주민등록번호
> ㄴ. 건강보험번호
> ㄷ. 외국인등록번호
> ㄹ. 운전면허번호
> ㅁ. 군 번
> ㅂ. 여권번호

① ㄱ, ㄴ, ㄷ, ㄹ
② ㄱ, ㄷ, ㄹ, ㅁ
③ ㄱ, ㄴ, ㄹ, ㅂ
④ ㄱ, ㄷ, ㄹ, ㅂ
⑤ ㄱ, ㄹ, ㅁ, ㅂ

해설

고유식별정보(개인정보보호법 시행령 제19조)
• 주민등록번호
• 여권번호
• 운전면허의 면허번호
• 외국인등록번호

17 공공기관이 영상정보처리기기의 설치·운영에 관한 사무를 위탁할 경우 포함하여야 할 문서가 아닌 것은?

① 위탁하는 사무의 목적 및 범위
② 위탁업무 수행을 위한 개인정보의 처리에 관한 사항
③ 재위탁 제한에 관한 사항
④ 영상정보에 대한 접근 제한 등 안전성 확보 조치에 관한 사항
⑤ 영상정보의 관리 현황 점검에 관한 사항

해설

공공기관의 영상정보처리기기 설치·운영 사무의 위탁(개인정보보호법 시행령 제26조 제1항)
• 위탁하는 사무의 목적 및 범위
• 재위탁 제한에 관한 사항
• 영상정보에 대한 접근 제한 등 안전성 확보 조치에 관한 사항
• 영상정보의 관리 현황 점검에 관한 사항
• 위탁받는 자가 준수하여야 할 의무를 위반한 경우의 손해배상 등 책임에 관한 사항

18 개인정보의 파기에 대해 바르게 설명한 것은?

① 개인정보가 불필요하게 되었을 때에는 2일 이내에 그 개인정보를 파기하여야 한다.
② 기록물, 인쇄물, 서면은 파쇄 또는 소각한다.
③ 개인정보를 파기할 때에는 나중을 위해 복구 또는 재생되도록 조치하여야 한다.
④ 보유기간이 경과되면 예외 없이 파기해야 한다.
⑤ 개인신용정보의 파기는 신용정보법에 따른다.

해설

② 기록물, 인쇄물, 서면, 그 밖의 기록매체인 경우에는 파쇄 또는 소각하는 방법으로 파기한다(개인정보보호법 시행령 제16조 제2호).
① 개인정보가 불필요하게 되었을 때에는 지체 없이 그 개인정보를 파기하여야 한다(동법 제21조 제1항).
③ 개인정보를 파기할 때에는 복구 또는 재생되지 아니하도록 조치하여야 한다(동법 제21조 제2항).
④ 다른 법령에 따라 보존해야 하는 경우에는 예외적으로 개인정보를 파기하지 않아도 된다. 다만, 다른 법령에서 보존기간으로 정한 기간이 만료되면 지체 없이 파기해야 한다.
⑤ 신용정보법은 개인신용정보의 파기에 관하여 규정하고 있지 않으므로 개인정보보호법에 따른다.

19 개인정보가 불필요하게 되었을 때에는 지체 없이 파기해야 한다. 불필요하게 된 때에 대한 설명으로 틀린 것은?

① 보유기간의 경과
② 개인정보의 처리 목적 달성
③ 개인정보처리자의 법정 구속
④ 회원탈퇴로 개인정보처리의 법적 근거 소멸
⑤ 대금 완제일이나 채권소멸시효기간의 만료

개인정보처리자의 법정 구속은 개인정보가 불필요하게 되었을 때에 해당하지 않는다. 그러나 개인정보처리자의 폐업 또는 청산일 때는 해당한다.

20 개인정보의 분실·도난·누출·변조 또는 훼손을 방지하기 위하여 안전성 확보 조치를 취해야 한다. 해당하는 사항이 아닌 것은?

① 개인정보에 대한 접근 통제 및 접근 권한의 제한 조치
② 개인정보 동의를 안전하게 받을 수 있는 보호 조치
③ 개인정보에 대한 보안프로그램의 설치 및 갱신
④ 개인정보의 안전한 보관을 위한 보관시설의 마련
⑤ 접속기록 보관 및 위조·변조 방지 조치

개인정보의 안전성 확보 조치(개인정보보호법 시행령 제30조 제1항)
• 개인정보의 안전한 처리를 위한 내부관리계획의 수립·시행
• 개인정보에 대한 접근 통제 및 접근 권한의 제한 조치
• 개인정보를 안전하게 저장·전송할 수 있는 암호화 기술의 적용 또는 이에 상응하는 조치
• 개인정보 침해사고 발생에 대응하기 위한 접속기록의 보관 및 위조·변조 방지를 위한 조치
• 개인정보에 대한 보안프로그램의 설치 및 갱신
• 개인정보의 안전한 보관을 위한 보관시설의 마련 또는 잠금장치의 설치 등 물리적 조치

21 유출된 개인정보의 확산 및 추가 유출을 방지하기 위하여 취하는 조치로 맞지 않는 것은?

① 접속 경로의 차단
② 취약점 점검·보완
③ 개인정보보호책임자 교체
④ 유출된 개인정보의 삭제
⑤ 외부의 접속기록 및 증거 보존 조치

유출된 개인정보의 확산 및 추가 유출을 방지하기 위하여 접속경로의 차단, 취약점 점검·보완, 유출된 개인정보의 삭제 등 긴급한 조치가 필요한 경우에는 그 조치를 한 후 지체 없이 정보주체에게 알릴 수 있다(개인정보보호법 시행령 제40조 제1항).
• 개인정보가 유출되었을 것으로 의심되는 개인정보처리시스템의 접속권한 삭제·변경 또는 폐쇄 조치
• 네트워크, 방화벽 등 대내·외 시스템 보안점검 및 취약점 보완 조치
• 수사에 필요한 외부의 접속기록 등 증거 보존 조치
• 정보주체에게 유출 관련 사실을 통지하기 위한 유출확인 웹페이지 제작 등의 통지방법 마련 조치
• 기타 개인정보의 유출확산 방지를 위해 필요한 기술적·관리적 조치

22 개인정보 처리를 위한 개인정보 동의에 대한 설명으로 틀린 것은?

① 정보주체와의 계약 체결 등을 위하여 정보주체의 동의 없이 처리할 수 있는 개인정보와 정보주체의 동의가 필요한 개인정보를 구분하여야 한다.

② 동의 없이 처리할 수 있는 개인정보라는 입증책임은 개인정보처리자가 부담한다.

③ 14세 미만의 아동은 법정대리인의 동의를 받아야 한다.

④ 동의를 하지 않으면 정보주체에게 제공하는 재화 또는 서비스를 거부할 수 있다.

⑤ 정보주체가 명확하게 인지할 수 있도록 알리고 동의를 받아야 한다.

> **해설**
> ④ 개인정보처리자는 정보주체가 선택적으로 동의할 수 있는 사항을 동의하지 아니하거나 동의를 하지 아니한다는 이유로 정보주체에게 재화 또는 서비스의 제공을 거부하여서는 아니 된다(개인정보보호법 제22조 제5항).

23 개인의 사생활 보호를 위해 민감정보의 처리는 제한하고 있다. 민감정보의 종류에 해당하지 않는 것은?

① 특정 정당의 지지 여부
② 노동조합 또는 정당의 가입 · 탈퇴 정보
③ 성적 취향 정보
④ 범죄 경력 정보
⑤ 혈액형

> **해설**
> 개인정보보호법 제23조 제1항에서 규정하는 민감정보란 사상 · 신념, 노동조합 · 정당의 가입 · 탈퇴, 정치적 견해, 건강, 성생활 등에 관한 정보, 그 밖에 정보주체의 사생활을 현저히 침해할 우려가 있는 개인정보를 말한다.
> 대통령령으로 정하는 그 밖의 민감정보
> • 유전자검사 등의 결과로 얻어진 유전정보
> • 형의 선고 · 면제 및 선고유예, 보호감호, 치료감호, 보호관찰, 선고유예의 실효, 집행유예의 취소 등 범죄경력에 관한 정보

24 개인정보 유출 통지 방법으로 적절하지 않은 것은?

① 서면, 전자우편
② 전 화
③ 핸드폰 문자전송
④ 관보 고시
⑤ 팩 스

> **해설**
> 통지는 서면 등의 방법으로 하여야 한다(개인정보보호법 시행령 제40조 제1항). 즉, 서면 등의 방법이란 서면, 전자우편, 팩스, 전화, 문자전송 또는 이에 상당하는 방법을 이용한 개별적 통지 방법을 말한다. 그러나 웹사이트 게재, 관보 고시 등과 같은 집단적인 공시만으로는 정보주체에게 유출 사실을 알린 것이라고 볼 수 없다.

25 다음 중 개인정보 유출 통지의 절차로 잘못된 것은?

① 개인정보처리자는 개인정보가 유출되었음을 알게 되었을 때에는 서면 등의 방법으로 지체 없이 정보주체에게 알려야 한다.

② 개인정보처리자가 개인정보가 유출되었음을 알게 되었을 때 유출된 개인정보의 확산 및 추가 유출을 방지하기 위하여 접속경로의 차단, 취약점 점검·보완, 유출된 개인정보의 삭제 등 긴급한 조치가 필요한 경우에는 그 조치를 한 후 지체 없이 정보주체에게 알릴 수 있다.

③ 개인정보처리자는 개인정보가 유출되었음을 알게 되었을 때나 유출 사실을 알고 긴급한 조치를 한 후에도 구체적인 유출 내용을 확인하지 못한 경우에는 먼저 개인정보가 유출된 사실과 유출이 확인된 사항만을 서면 등의 방법으로 먼저 알리고 나중에 확인되는 사항을 추가로 알릴 수 있다.

④ 2천명 이상의 정보주체에 관한 개인정보가 유출된 경우에는 서면 등의 방법과 함께 인터넷 홈페이지에 정보주체가 알아보기 쉽도록 유출 사실과 관련하여 법에서 정한 사항을 7일 이상 게재하여야 한다.

⑤ 인터넷 홈페이지를 운영하지 아니하는 개인정보처리자의 경우에는 서면 등의 방법과 함께 사업장 등의 보기 쉬운 장소에 유출 사실과 관련하여 법에서 정한 사항을 7일 이상 게시하여야 한다.

해설

④ 1천명 이상의 정보주체에 관한 개인정보가 유출된 경우에는 서면 등의 방법과 함께 인터넷 홈페이지에 정보주체가 알아보기 쉽도록 법 제34조 제1항 각 호의 사항을 7일 이상 게재하여야 한다.

개인정보 유출 통지의 방법 및 절차(개인정보보호법 시행령 제40조)

① 개인정보처리자는 개인정보가 유출되었음을 알게 되었을 때에는 서면 등의 방법으로 지체 없이 법 제34조 제1항 각 호의 사항을 정보주체에게 알려야 한다. 다만, 유출된 개인정보의 확산 및 추가 유출을 방지하기 위하여 접속경로의 차단, 취약점 점검·보완, 유출된 개인정보의 삭제 등 긴급한 조치가 필요한 경우에는 그 조치를 한 후 지체 없이 정보주체에게 알릴 수 있다.

② 제1항에도 불구하고 개인정보처리자는 같은 항 본문에 따라 개인정보가 유출되었음을 알게 되었을 때나 같은 항 단서에 따라 유출 사실을 알고 긴급한 조치를 한 후에도 법 제34조 제1항 제1호 및 제2호의 구체적인 유출 내용을 확인하지 못한 경우에는 먼저 개인정보가 유출된 사실과 유출이 확인된 사항만을 서면 등의 방법으로 먼저 알리고 나중에 확인되는 사항을 추가로 알릴 수 있다.

③ 제1항과 제2항에도 불구하고 법 제34조 제3항 및 이 영 제39조 제1항에 따라 1천명 이상의 정보주체에 관한 개인정보가 유출된 경우에는 서면 등의 방법과 함께 인터넷 홈페이지에 정보주체가 알아보기 쉽도록 법 제34조 제1항 각 호의 사항을 7일 이상 게재하여야 한다. 다만, 인터넷 홈페이지를 운영하지 아니하는 개인정보처리자의 경우에는 서면 등의 방법과 함께 사업장 등의 보기 쉬운 장소에 법 제34조 제1항 각 호의 사항을 7일 이상 게시하여야 한다.

26 개인정보의 동의 획득을 위한 방법으로 올바르게 묶어 놓은 것은?

> ㄱ. 전화를 통하여 동의 내용을 알리고 동의의 의사표시를 확인하는 방법
> ㄴ. 우편 또는 팩스로 동의 내용을 전달하여 서명 및 날인
> ㄷ. 인터넷 홈페이지에 동의 내용을 게재하여 동의여부 표시
> ㄹ. 전자우편으로 동의 내용을 발송하여 동의의 의사표시가 있는 전자우편을 회수
> ㅁ. 전자문서를 통해 동의 내용을 알리고 전자서명을 받는 방법

① ㄱ, ㄷ, ㄹ   ② ㄴ, ㄷ, ㄹ
③ ㄱ, ㄴ, ㄹ, ㅁ   ④ ㄱ, ㄷ, ㄹ, ㅁ
⑤ ㄱ, ㄴ, ㄷ, ㄹ, ㅁ

해설

개인정보의 세부적인 동의 획득 방법(개인정보보호법 시행령 제17조 제1항)
- 동의 내용이 적힌 서면을 정보주체에게 직접 발급하거나 우편 또는 팩스 등의 방법으로 전달하고, 정보주체가 서명하거나 날인한 동의서를 받는 방법
- 전화를 통하여 동의 내용을 정보주체에게 알리고 동의의 의사표시를 확인하는 방법
- 전화를 통하여 동의 내용을 정보주체에게 알리고 정보주체에게 인터넷주소 등을 통하여 동의 사항을 확인하도록 한 후 다시 전화를 통하여 그 동의 사항에 대한 동의의 의사표시를 확인하는 방법
- 인터넷 홈페이지 등에 동의 내용을 게재하고 정보주체가 동의 여부를 표시하도록 하는 방법
- 동의 내용이 적힌 전자우편을 발송하여 정보주체로부터 동의의 의사표시가 적힌 전자우편을 받는 방법
- 그 밖에 상기 방법에 준하는 방법으로 동의 내용을 알리고 동의 의사 표시를 확인할 수 있다고 규정하고 있다. 이에는 전자문서를 통해 동의내용을 정보주체에게 알리고 정보주체가 전자서명을 받는 방법, 개인명의의 휴대전화 문자메시지를 이용한 동의, 신용카드 비밀번호를 입력하는 방법 등도 해당된다.

27 개인정보처리자가 정보주체가 자신의 개인정보에 대한 열람을 요구하는 때를 대비해 열람 요구 방법과 절차를 마련하는 경우 주의해야 할 사항이 아닌 것은?

① 서면, 전화, 전자우편, 인터넷 등 정보주체가 쉽게 활용할 수 있는 방법으로 제공한다.
② 개인정보를 수집한 창구의 지속적 운영이 곤란한 경우 등 정당한 사유가 있는 경우를 제외하고는 최소한 개인정보를 수집한 창구 또는 방법과 동일하게 개인정보의 열람을 요구할 수 있도록 한다.
③ 인터넷 홈페이지를 운영하는 개인정보처리자는 홈페이지에 열람 요구 방법과 절차를 공개한다.
④ 열람 요구 방법과 절차는 개인정보처리자가 처리하기 쉬운 방법으로 제공한다.
⑤ 개인정보에 대한 열람이 해당 개인정보의 수집 방법과 절차에 비하여 어렵지 아니하게 제공해야 한다.

개인정보의 열람 절차 등(개인정보보호법 시행령 제41조 제2항)

개인정보처리자는 정보주체의 자신의 개인정보에 대한 열람 요구 방법과 절차를 마련하는 경우 해당 개인정보의 수집 방법과 절차에 비하여 어렵지 아니하도록 다음의 사항을 준수하여야 한다.

• 서면, 전화, 전자우편, 인터넷 등 정보주체가 쉽게 활용할 수 있는 방법으로 제공할 것
• 개인정보를 수집한 창구의 지속적 운영이 곤란한 경우 등 정당한 사유가 있는 경우를 제외하고는 최소한 개인정보를 수집한 창구 또는 방법과 동일하게 개인정보의 열람을 요구할 수 있도록 할 것
• 인터넷 홈페이지를 운영하는 개인정보처리자는 홈페이지에 열람 요구 방법과 절차를 공개할 것

28 다음 중 정보의 열람, 정정·삭제, 처리 정지 등의 요구를 대리할 수 있는 자로 옳은 것은?

① 개인정보처리자
② 정보주체의 법정대리인
③ 정보주체의 4촌 이내 친척
④ 행정안전부장관
⑤ 해당 지방자치단체장

대리인의 범위(개인정보보호법 시행령 제45조 제1항)

법 제38조에 따라 정보주체를 대리할 수 있는 자는 다음과 같다.

• 정보주체의 법정대리인
• 정보주체로부터 위임을 받은 자

29 민감정보 처리 제한을 위반하였을 때 적용되는 벌칙규정으로 옳은 것은?

① 5년 이하의 징역 또는 5천만원 이하의 벌금
② 2년 이하의 징역 또는 1천만원 이하의 벌금
③ 5천만원 이하 과태료
④ 3천만원 이하 과태료
⑤ 1천만원 이하 과태료

개인정보보호법 제23조를 위반하여 민감정보를 처리한 자는 5년 이하의 징역 또는 5천만원 이하의 벌금에 처한다(개인정보보호법 제71조).

30 공개된 장소에 설치·운영되고 있는 영상정보처리기기는 안내판을 의무적으로 설치해야 하는데 안내판에 명시해야 할 내용을 모두 고른 것은?

> ㄱ. 영상정보 보관기간
> ㄴ. 촬영범위 및 시간
> ㄷ. 관리책임자의 성명 및 연락처
> ㄹ. 영상정보 파기방법
> ㅁ. 설치목적 및 장소

① ㄱ, ㄴ, ㄷ   ② ㄱ, ㄹ, ㅁ
③ ㄴ, ㄷ, ㄹ   ④ ㄴ, ㄷ, ㅁ
⑤ ㄷ, ㄹ, ㅁ

해설

영상정보처리기기운영자는 정보주체가 쉽게 인식할 수 있도록 다음의 사항이 포함된 안내판을 설치하는 등 필요한 조치를 하여야 한다(개인정보보호법 제25조 제4항).
• 설치목적 및 장소
• 촬영범위 및 시간
• 관리책임자의 성명 및 연락처
• 그 밖에 대통령령으로 정하는 사항

31 화장품회사를 운영하면서 고객상담업무를 전문 콜센터에서 처리하고 있는데, 고객을 대상으로 하는 이벤트와 상품 홍보 업무도 해당 콜센터에서 진행하려고 한다. 이때 필요한 조치는 무엇인가?

① 위탁하는 업무 내용 동의
② 위탁하는 업무 내용 통지
③ 위탁하는 업무 내용과 수탁자 통지
④ 수탁자 통지
⑤ 추가 조치 필요 없음

해설

위탁자가 재화 또는 서비스를 홍보하거나 판매를 권유하는 업무를 위탁하는 경우에는 대통령령으로 정하는 방법에 따라 위탁하는 업무의 내용과 수탁자를 정보주체에게 알려야 한다. 위탁하는 업무의 내용이나 수탁자 가 변경된 경우에도 또한 같다(개인정보보호법 제26조 제3항).

32 개인정보 처리방침에 필수적으로 기재해야 할 사항이 아닌 것은?

① 개인정보의 수집방법에 관한 사항
② 처리하는 개인정보의 항목
③ 개인정보 보호책임자에 관한 사항
④ 개인정보의 파기에 관한 사항
⑤ 개인정보의 처리 및 보유 기간

해설

개인정보 처리방침을 작성할 때에는 다음의 사항을 모두 포함하여야 한다(개인정보보호법 제30조).
• 개인정보의 처리 목적
• 개인정보의 처리 및 보유 기간
• 개인정보의 제3자 제공에 관한 사항(해당되는 경우에만 정한다)
• 개인정보처리의 위탁에 관한 사항(해당되는 경우에만 정한다)
• 정보주체와 법정대리인의 권리·의무 및 그 행사방법에 관한 사항
• 개인정보 보호책임자의 성명 또는 개인정보 보호업무 및 관련 고충사항을 처리하는 부서의 명칭과 전화번호 등 연락처
• 인터넷 접속정보파일 등 개인정보를 자동으로 수집하는 장치의 설치·운영 및 그 거부에 관한 사항(해당하는 경우에만 정한다)
• 그 밖에 개인정보의 처리에 관하여 대통령령으로 정한 사항
 – 처리하는 개인정보의 항목
 – 개인정보의 파기에 관한 사항
 – 개인정보의 안전성 확보조치에 관한 사항

33 개인정보가 유출되었음을 알게 되었을 때 유출사실을 정확히 인지할 수 있도록 지체 없이 통지해야 할 내용으로 적절하지 않은 것은?

① 유출된 개인정보의 항목
② 유출된 시점과 그 경위
③ 유출로 인하여 발생할 수 있는 피해를 최소화하기 위하여 정보주체가 할 수 있는 방법 등에 관한 정보
④ 개인정보처리자의 대응조치 및 피해 구제절차
⑤ 피해에 대한 신고 등 접수를 위한 개인정보보호책임자 인적사항

해설

개인정보처리자는 개인정보가 유출되었음을 알게 되었을 때에는 지체 없이 해당 정보주체에게 다음의 사실을 알려야 한다(개인정보보호법 제34조 제1항).
• 유출된 개인정보의 항목
• 유출된 시점과 그 경위
• 유출로 인하여 발생할 수 있는 피해를 최소화하기 위하여 정보주체가 할 수 있는 방법 등에 관한 정보
• 개인정보처리자의 대응조치 및 피해 구제절차
• 정보주체에게 피해가 발생한 경우 신고 등을 접수할 수 있는 담당부서 및 연락처

34 개인정보처리자가 처리하는 개인정보에 대한 열람요구에 열람을 제한하거나 거절할 수 있는 경우가 아닌 것은?

① 거래 은행의 신용평가에 대한 열람을 요구할 경우
② 타인의 재산을 부당하게 침해할 우려가 있는 경우
③ 다른 사람의 생명 · 신체를 해할 우려가 있는 경우
④ 법률에 따라 열람이 금지되거나 제한되는 경우
⑤ 공공기관이 자격 심사에 관한 업무를 수행 중일 경우

해설

개인정보 열람 제한 · 거절 사유(개인정보보호법 제35조 제4항)
• 법률에 따라 열람이 금지되거나 제한되는 경우
• 다른 사람의 생명 · 신체를 해할 우려가 있거나 다른 사람의 재산과 그 밖의 이익을 부당하게 침해할 우려가 있는 경우
• 공공기관이 다음의 어느 하나에 해당하는 업무를 수행할 때 중대한 지장을 초래하는 경우
  – 조세의 부과 · 징수 또는 환급에 관한 업무
  – 초 · 중등교육법 및 고등교육법에 따른 각급 학교, 평생교육법에 따른 평생교육시설, 그 밖의 다른 법률에 따라 설치된 고등교육기관에서의 성적 평가 또는 입학자 선발에 관한 업무
  – 학력 · 기능 및 채용에 관한 시험, 자격 심사에 관한 업무
  – 보상금 · 급부금 산정 등에 대하여 진행 중인 평가 또는 판단에 관한 업무
  – 다른 법률에 따라 진행 중인 감사 및 조사에 관한 업무

35 개인정보를 적절히 보호하면서도 다른 헌법적 가치들과의 균형을 위하여 일정한 목적, 일정한 유형의 개인정보 처리에 대해서는 법률의 일부 적용을 면제하고 있다. 해당되지 않는 것은?

① 공익을 위해 운영하는 비영리민간단체
② 동창회, 동호회 등 친목단체
③ 언론기관, 종교단체, 정당
④ 공중위생 등의 목적으로 처리되는 개인정보
⑤ 통계목적으로 처리되는 개인정보

해설

개인정보보호법의 적용이 일부 제외되는 경우(개인정보보호법 제58조)
• 공공기관이 처리하는 개인정보 중 「통계법」에 따라 수집되는 개인정보
• 국가안전보장과 관련된 정보 분석을 목적으로 수집 또는 제공 요청되는 개인정보
• 공중위생 등 공공의 안전과 안녕을 위하여 긴급히 필요한 경우로서 일시적으로 처리되는 개인정보
• 언론, 종교단체, 정당이 각각 취재 · 보도, 선교, 선거 입후보자 추천 등 고유 목적을 달성하기 위하여 수집 · 이용하는 개인정보

36 다음과 같이 개인정보보호법을 위반하였다. 과태료 부과가 높은 순으로 바르게 나열한 것은?

> ㄱ. 개인정보처리방침 미수립 또는 미공개
> ㄴ. 탈의실·목욕실 등 영상정보 처리기기 설치 금지 위반
> ㄷ. 안전성 확보에 필요한 조치의무 불이행

① ㄱ - ㄴ - ㄷ   ② ㄱ - ㄷ - ㄴ
③ ㄴ - ㄱ - ㄷ   ④ ㄴ - ㄷ - ㄱ
⑤ ㄷ - ㄴ - ㄱ

해설

ㄱ. 1천만원 이하 과태료
ㄴ. 5천만원 이하 과태료
ㄷ. 3천만원 이하 과태료

단답형 화장품법의 이해

1장 화장품법

01 인체를 청결·미화하여 매력을 더하고 용모를 밝게 변화시키거나 피부·모발의 건강을 유지되는 물품으로서 인체에 대한 작용이 경미한 것은 무엇인지 작성하시오.

> **해설** 화장품 : 인체를 청결·미화하여 매력을 더하고 용모를 밝게 변화시키거나 피부·모발의 건강을 유지 또는 증진하기 위하여 인체에 바르고 문지르거나 뿌리는 등 이와 유사한 방법으로 사용되는 물품으로서 인체에 대한 작용이 경미한 것을 말한다. 다만, 「약사법」의 의약품에 해당하는 물품은 제외한다(화장품법 제2조 제1호).
>
> **정답** 화장품

02 화장품법상 영업의 종류를 작성하시오.

> **해설** 화장품법상의 영업 종류는 화장품제조업, 화장품책임판매업, 맞춤형화장품판매업이 있다(화장품법 제2조의2).
>
> **정답** 화장품제조업, 화장품책임판매업, 맞춤형화장품판매업

03 화장품영업자 또는 판매자가 실증자료의 제출을 요청받은 날부터 며칠 이내에 그 실증자료를 식품의약품안전처장에게 제출하여야 하는지 쓰시오.

> **해설** 실증자료의 제출을 요청받은 영업자 또는 판매자는 요청받은 날부터 15일 이내에 그 실증자료를 식품의약품안전처장에게 제출하여야 한다(화장품법 제14조 제3항).
>
> **정답** 15일

04 천연화장품 및 유기농화장품에 대한 인증 유효기간은 얼마인지 작성하시오.

> 해설
>
> 천연화장품 및 유기농화장품에 대한 인증의 유효기간은 인증을 받은 날부터 3년으로 한다(화장품법 제14조의3 제1항).
>
> 정답 ⟩ 인증받은 날로부터 3년

05 다음 〈보기〉 괄호 안에 들어갈 적절한 내용으로 옳은 것을 작성하시오.

> ● 보기 ●
>
> 식품의약품안전처장 또는 지방식품의약품안전청장은 화장품 안전관리를 위하여 설립된 단체 또는 등록한 소비자단체의 임직원 중 해당 단체의 장이 추천한 사람이나 화장품 안전관리에 관한 지식이 있는 사람을 (   )으로 위촉할 수 있다.

> 해설
>
> 식품의약품안전처장 또는 지방식품의약품안전청장은 화장품 안전관리를 위하여 제17조에 따라 설립된 단체 또는 소비자기본법 제29조에 따라 등록한 소비자단체의 임직원 중 해당 단체의 장이 추천한 사람이나 화장품 안전관리에 관한 지식이 있는 사람을 소비자화장품안전관리감시원으로 위촉할 수 있다(화장품법 제18조의2 제1항).
>
> 정답 ⟩ 소비자화장품안전관리감시원

06 화장품 영업자가 잃어버리거나 못쓰게 될 때에 재교부받을 수 있는 증서를 쓰시오.

> 해설
>
> 영업자가 등록필증·신고필증 또는 기능성화장품심사결과통지서 등을 잃어버리거나 못쓰게 될 때는 총리령으로 정하는 바에 따라 이를 다시 교부받을 수 있다(화장품법 제31조).
>
> 정답 ⟩ 등록필증·신고필증, 기능성화장품심사결과통지서

07 다음 〈보기〉에서 괄호 안에 공통으로 들어갈 알맞은 말을 쓰시오.

> ● 보기 ●
>
> • 화장품에 따른 (   )의 권한은 그 일부를 대통령령으로 정하는 바에 따라 지방식품의약품안전청장이나 특별시장·광역시장·도지사 또는 특별자치도지사에게 위임할 수 있다.
> • (   )은 화장품법에 따른 화장품에 관한 업무의 일부를 대통령령으로 정하는 바에 따라 제17조에 따른 단체 또는 화장품 관련 기관·법인·단체에 위탁할 수 있다.

화장품법에 따른 식품의약품안전처장의 권한은 그 일부를 대통령령으로 정하는 바에 따라 지방식품의약품안전 청장이나 특별시장·광역시장·도지사 또는 특별자치도지사에게 위임할 수 있다. 식품의약품안전처장은 화장 품법에 따른 화장품에 관한 업무의 일부를 대통령령으로 정하는 바에 따라 제17조에 따른 단체 또는 화장품 관련 기관·법인·단체에 위탁할 수 있다(화장품법 제34조).

정답 〉 **식품의약품안전처장**

08 다음 〈보기〉의 괄호 안에 들어갈 법률이 무엇인지 쓰시오.

─● 보 기 ●─

식품의약품안전처장은 영업자에 대하여 필요하다고 인정하면 취급한 화장품에 대하여 (   )에 따른 화장품 시험·검사기관의 검사를 받을 것을 명할 수 있다.

 식품의약품안전처장은 영업자에 대하여 필요하다고 인정하면 취급한 화장품에 대하여 식품·의약품분야 시험· 검사 등에 관한 법률 제6조 제2항 제5호에 따른 화장품 시험·검사기관의 검사를 받을 것을 명할 수 있다(화장품법 제20조).

정답 〉 **식품·의약품분야 시험·검사 등에 관한 법률**

09 다음에 공통으로 들어갈 알맞은 말을 쓰시오.

식품의약품안전처장은 화장품제조업자가 갖추고 있는 시설이 규제 화장품법에 따른 시설기준에 적 합하지 않거나 노후 또는 오손되어 있어 그 시설로 화장품을 제조하면 화장품의 안전과 품질에 문 제의 우려가 있다고 인정되는 경우에는 화장품제조업자에게 그 시설의 (   )를 명하거나 그 (   )가 끝날 때까지 해당 시설의 전부 또는 일부의 사용금지를 명할 수 있다.

식품의약품안전처장은 화장품제조업자가 갖추고 있는 시설이 규제 화장품법 제3조 제2항에 따른 시설기준에 적합하지 않거나 노후 또는 오손되어 있어 그 시설로 화장품을 제조하면 화장품의 안전과 품질에 문제의 우려가 있다고 인정되는 경우에는 화장품제조업자에게 그 시설의 개수를 명하거나 그 개수가 끝날 때까지 해당 시설의 전부 또는 일부의 사용금지를 명할 수 있다(화장품법 제22조).

정답 〉 **개수**

10 다음 설명에서 밑줄 친 '이것'이 무엇인지 쓰시오.

> 식품의약품안전처장은 인증의 취소, 인증기관 지정의 취소 또는 업무의 전부에 대한 정지를 명하거나 등록의 취소, 영업소 폐쇄, 품목의 제조·수입 및 판매(수입대행형 거래를 목적으로 하는 알선·수여를 포함한다)의 금지 또는 업무의 전부에 대한 정지를 명하고자 하는 경우에는 <u>이것</u>을 하여야한다.

 식품의약품안전처장은 인증의 취소, 인증기관 지정의 취소 또는 업무의 전부에 대한 정지를 명하거나 등록의 취소, 영업소 폐쇄, 품목의 제조·수입 및 판매(수입대행형 거래를 목적으로 하는 알선·수여를 포함한다)의 금지 또는 업무의 전부에 대한 정지를 명하고자 하는 경우에는 청문을 하여야 한다(화장품법 제27조).

정답》 **청문**

11 다음 〈보기〉에서 괄호 안에 들어갈 알맞은 말을 쓰시오.

> ━●보 기●━
> 식품의약품안전처장은 영업자가 스스로 표시·광고, 품질관리, 국내외 인증 등의 준수사항을 위하여 노력하는 (   )가 정착·확산될 수 있도록 행정적·재정적 지원을 할 수 있다.

 식품의약품안전처장은 영업자가 스스로 표시·광고, 품질관리, 국내외 인증 등의 준수사항을 위하여 노력하는 자발적 관리체계가 정착·확산될 수 있도록 행정적·재정적 지원을 할 수 있다(화장품법 제29조).

정답》 **자발적 관리체계**

12 다음은 화장품법에 규정된 화장품산업의 지원에 대한 설명이다. 괄호 안에 들어갈 행정부처장관을 쓰시오.

> (   )과 식품의약품안전처장은 화장품산업의 진흥을 위한 기반조성 및 경쟁력 강화에 필요한 시책을 수립·시행하여야 하며 이를 위한 재원을 마련하고 기술개발, 조사·연구 사업, 해외 정보의 제공, 국제협력체계의 구축 등에 필요한 지원을 하여야 한다.

 보건복지부장관과 식품의약품안전처장은 화장품산업의 진흥을 위한 기반조성 및 경쟁력 강화에 필요한 시책을 수립·시행하여야 하며 이를 위한 재원을 마련하고 기술개발, 조사·연구 사업, 해외 정보의 제공, 국제협력체계의 구축 등에 필요한 지원을 하여야 한다(화장품법 제33조).

정답》 **보건복지부장관**

01 다음은 개인정보보호법에서 사용하는 용어에 대한 설명이다. 〈보기〉 설명에 알맞은 용어를 작성하시오.

> **● 보기 ●**
>
> 개인정보의 수집, 생성, 연계, 연동. 기록, 저장, 보유, 가공, 편집, 검색, 출력, 정정(訂正), 복구, 이용, 제공, 공개, 파기(破棄), 그 밖에 이와 유사한 행위

 "처리"란 개인정보의 수집, 생성, 연계, 연동, 기록, 저장, 보유, 가공, 편집, 검색, 출력, 정정(訂正), 복구, 이용, 제공, 공개, 파기(破棄), 그 밖에 이와 유사한 행위를 말한다(개인정보보호법 제2조).

정답 ▶ **처리**

02 다음 〈보기〉 괄호 안에 들어갈 내용으로 알맞은 것을 작성하시오.

> **● 보기 ●**
>
> (   )이란 개인정보를 쉽게 검색할 수 있도록 일정한 규칙에 따라 체계적으로 배열하거나 구성한 개인정보의 집합물(集合物)을 말한다.

 개인정보파일이란 개인정보를 쉽게 검색할 수 있도록 일정한 규칙에 따라 체계적으로 배열하거나 구성한 개인정보의 집합물(集合物)을 말하며 개인정보처리란 업무를 목적으로 개인정보파일을 운용하기 위하여 스스로 또는 다른 사람을 통하여 개인정보를 처리하는 공공기관, 법인, 단체 및 개인 등을 말한다(개인정보보호법 제2조).

정답 ▶ **개인정보파일**

03 개인정보 유출사고와 오·남용사고로 집단적인 분쟁사건이 발생하여 집단분쟁조정을 신청하고자 할 때 해당되는 법을 작성하시오.

 국가 및 지방자치단체, 개인정보 보호단체 및 기관, 정보주체, 개인정보처리자는 정보주체의 피해 또는 권리침해가 다수의 정보주체에게 같거나 비슷한 유형으로 발생하는 경우로서 대통령령으로 정하는 사건에 대하여는 분쟁조정위원회에 일괄적인 분쟁조정을 의뢰 또는 신청할 수 있다.

정답 ▶ **개인정보보호법(개인정보보호법 제49조 제1항)**

04 다음은 개인정보보호법 제34조의 내용이다. 괄호 안에 들어갈 단어로 적당한 것을 쓰시오.

> 개인정보처리자는 대통령령으로 정한 규모 이상의 개인정보가 유출된 경우에는 유출의 통지 및 조치 결과를 지체없이 행정안전부장관 또는 대통령령으로 정하는 전문기관에 신고하여야 한다. 이때 대통령령으로 정하는 전문기관은 (   )을/를 말한다.

> **해설** 개인정보 유출 신고의 범위 및 기관(개인정보보호법 시행령 제39조 제2항)
> 법 제34조 제3항 전단 및 후단에서 "대통령령으로 정하는 전문기관"이란 각각 한국인터넷진흥원을 말한다.
>
> **정답** 한국인터넷진흥원

05 다음 〈보기〉의 괄호 안 ㉠, ㉡에 들어갈 내용을 차례대로 작성하시오.

> ● 보기 ●
> 개인정보유출로 과징금의 부과 통지를 받은 자는 통지를 받은 날부터 (㉠) 이내에 (㉡)이 정하는 수납처에 과징금을 납부하여야 한다.

> **해설** 과징금의 부과기준(개인정보보호법 시행령 제40조의2 제3항)
> 통지를 받은 자는 통지를 받은 날부터 30일 이내에 행정안전부장관이 정하는 수납기관에 과징금을 납부하여야 한다. 다만, 천재지변이나 그 밖에 부득이한 사유로 인하여 그 기간 내에 과징금을 납부할 수 없는 경우에는 그 사유가 없어진 날부터 7일 이내에 납부하여야 한다.
>
> **정답** ㉠ 30일, ㉡ 행정안전부장관

06 다음 〈보기〉는 개인정보보호법 제18조 제5항에 따른 개인정보의 목적 외 이용·제공 제한에 대한 설명이다. 괄호에 들어갈 알맞은 말을 작성하시오.

> ● 보기 ●
> 개인정보처리자는 개인정보를 목적 외의 용도로 제3자에게 제공하는 경우에는 개인정보를 제공받는 자에게 이용 목적, 이용 방법, 그 밖에 필요한 사항에 대하여 제한을 하거나, 개인정보의 (   ) 확보를 위하여 필요한 조치를 마련하도록 요청하여야 한다.

> **해설** 개인정보처리자는 개인정보를 목적 외의 용도로 제3자에게 제공하는 경우에는 개인정보를 제공받는 자에게 이용 목적, 이용 방법, 그 밖에 필요한 사항에 대하여 제한을 하거나, 개인정보의 안전성 확보를 위하여 필요한 조치를 마련하도록 요청하여야 한다. 이 경우 요청을 받은 자는 개인정보의 안전성 확보를 위하여 필요한 조치를 하여야 한다(개인정보보호법 제18조 제5항).
>
> **정답** 안전성

07 다음 〈보기〉는 개인정보보호법 제9조의 기본계획에 관한 내용이다. 괄호 안에 들어갈 시기를 작성하시오.

> ● 보 기 ●
>
> 개인정보의 보호와 정보주체의 권익 보장을 위하여 (   )마다 개인정보 보호 기본계획을 관계 중앙행정기관의 장과 협의하여 수립한다.

정답 ▶▶ 3년

08 다음 〈보기〉는 영상정보처리기기의 설치와 관련된 내용으로 괄호 안에 들어갈 올바른 단어를 작성하시오.

> ● 보 기 ●
>
> 영상정보처리기기를 설치·운영하는 자는 영상정보처리기기가 설치·운영되고 있음을 정보주체가 쉽게 알아볼 수 있도록 (   )을 설치하여야 한다.

해설

안내판의 설치(개인정보보호법 시행령 제24조)
법 제25조제1항 각 호에 따라 영상정보처리기기를 설치·운영하는 자(이하 "영상정보처리기기운영자"라 한다)는 영상정보처리기기가 설치·운영되고 있음을 정보주체가 쉽게 알아볼 수 있도록 같은 조 제4항 각 호의 사항이 포함된 안내판을 설치하여야 한다. 다만, 건물 안에 여러 개의 영상정보처리기기를 설치하는 경우에는 출입구 등 잘 보이는 곳에 해당 시설 또는 장소 전체가 영상정보처리기기 설치지역임을 표시하는 안내판을 설치할 수 있다.

정답 ▶▶ 안내판

09 다음 〈보기〉는 개인정보 인증의 방법에 관한 설명으로 괄호 안에 들어갈 알맞은 단어를 작성하시오.

> ● 보 기 ●
>
> 개인정보 보호의 인증을 받으려는 자는 다음의 사항이 포함된 개인정보 보호 인증신청서를 개인정보 보호 인증 전문기관에 제출하여야 한다.
> 1. 인증 대상 (   )의 목록
> 2. 개인정보 보호 관리체계를 수립·운영하는 방법과 절차
> 3. 개인정보 보호 관리체계 및 보호대책 구현과 관련되는 문서 목록

개인정보 보호 인증의 기준, 방법(개인정보보호법 시행령 제34조의2 제2항)

개인정보 보호의 인증을 받으려는 자는 다음의 사항이 포함된 개인정보 보호 인증신청서(전자문서로 된 신청서를 포함)를 개인정보 보호 인증 전문기관에 제출하여야 한다.
- 인증 대상 개인정보 처리시스템의 목록
- 개인정보 보호 관리체계를 수립 · 운영하는 방법과 절차
- 개인정보 보호 관리체계 및 보호대책 구현과 관련되는 문서 목록

정답 ▶ 개인정보 처리시스템

10 개인정보의 정정 · 삭제요청에 대해 필요한 조치를 취하지 않고, 개인정보를 계속 이용하거나 제3자에게 제공한 자에게 해당되는 벌칙을 작성하시오.

개인정보처리자는 정보주체의 요구를 받았을 때에는 개인정보의 정정 또는 삭제에 관하여 다른 법령에 특별한 절차가 규정되어 있는 경우를 제외하고는 지체 없이 그 개인정보를 조사하여 정보주체의 요구에 따라 정정 · 삭제 등 필요한 조치를 한 후 그 결과를 정보주체에게 알려야 한다. 그러나 이를 위반하여 정정 · 삭제 등 필요한 조치를 하지 아니하고 개인정보를 계속 이용하거나 이를 제3자에게 제공한 자는 2년 이하의 징역 또는 2천만원 이하의 벌금에 처한다(개인정보보호법 제73조).

정답 ▶ 2년 이하의 징역 또는 2천만원 이하의 벌금

11 다음 〈보기〉는 개인정보보호법 제35조의 내용의 일부로 괄호 안에 들어갈 알맞은 말을 작성하시오.

●보 기●

개인정보보호법 제35조(개인정보의 열람)
① 정보주체는 개인정보처리자가 처리하는 자신의 개인정보에 대한 열람을 해당 개인정보처리자에게 요구할 수 있다.
② 제1항에도 불구하고 정보주체가 자신의 개인정보에 대한 열람을 공공기관에 요구하고자 할 때에는 공공기관에 직접 열람을 요구하거나 대통령령으로 정하는 바에 따라 (   )을 통하여 열람을 요구할 수 있다.

정답 ▶ 행정안전부장관

12 개인정보에 관한 분쟁의 조정을 위하여 개인정보 (㉠)을/를 두는 데 (㉠)는/은 위원장 1명을 포함한 (㉡)명 이내의 위원으로 구성하며, 위원은 당연직위원과 위촉위원으로 구성한다. ㉠, ㉡에 들어갈 적합한 내용을 작성하시오.

> **정답** ㉠ 분쟁조정위원회, ㉡ 20

13 다음 〈보기〉의 내용은 영업양도 등에 따른 개인정보 이전의 통지에 대한 내용이다. 보기의 ㉠, ㉡에 공통적으로 들어갈 숫자를 쓰시오.

┌─●보기●─────────────────────────────────────
│ 개인정보를 이전하려는 자가 과실 없이 서면 등의 방법으로 영업양도 등에 따른 개인정보 이전의
│ 제한과 관련한 사항을 정보주체에게 알릴 수 없을 때는 해당 사항을 인터넷 홈페이지에 (㉠)일
│ 이상 게재하여야 한다. 다만, 인터넷 홈페이지를 운영하지 아니하는 영업양도자 등의 경우에는 사
│ 업장 등의 보기 쉬운 장소에 (㉡)일 이상 게시하여야 한다.
└──

> **해설** 영업양도 등에 따른 개인정보 이전의 통지(개인정보보호법 시행령 제29조)
> 개인정보를 이전하려는 자가 과실 없이 서면 등의 방법으로 법 제27조(영업양도 등에 따른 개인정보의 이전
> 제한) 제1항 각 호의 사항을 정보주체에게 알릴 수 없는 경우에는 해당 사항을 인터넷 홈페이지에 30일 이상
> 게재하여야 한다. 다만, 인터넷 홈페이지를 운영하지 아니하는 영업양도자 등의 경우에는 사업장 등의 보기
> 쉬운 장소에 30일 이상 게시하여야 한다.
>
> **정답** ㉠ 30, ㉡ 30

14 개인정보 유출 통지의무를 위반하였을 경우 받게 될 처벌을 작성하시오.

> **해설** 개인정보보호법 제75조 제2항 제8호에 의해 개인정보 유출에 관한 통지의무를 위반할 시에는 3천만원 이하의
> 과태료를 부과한다.
>
> **정답** 3천만원 이하의 과태료

2 과목

화장품 제조 및 품질관리

선다형

1장 화장품 원료의 종류와 특성

2장 화장품의 기능과 품질

3장 화장품 사용제한 원료

4장 화장품 관리

5장 위해사례 판단 및 보고

단답형

1장 화장품 원료의 종류와 특성

01 화장품의 성분 중 수용액이란?

① 포화 상태의 용액
② 불포화 상태의 용액
③ 용매가 물인 용액
④ 콜로이드 상태인 용액
⑤ 용질이 물인 용액

> **해설**
> 용액을 이루는 성분 중 하나를 편의상 용매라 하고, 나머지 성분을 용질이라 한다. 이때 용매가 물이면 그 용액을 수용액이라 한다.

02 화장품의 원료 중 글리세린의 작용은?

① 소독작용
② 방부작용
③ 탈수작용
④ 수분흡수작용
⑤ 세척작용

> **해설**
> 글리세린 혹은 글리세롤(glycerol)은 천연 알코올로 화장품에서 가장 널리 사용되고 있는 보습제이다.

03 일반적으로 널리 사용하고 있는 화장수에 포함된 알코올 함량은?

① 5% 전후
② 10% 전후
③ 15% 전후
④ 30% 전후
⑤ 50% 전후

> **해설**
> 화장수에 포함된 에틸알코올 함량은 10% 전후이다.

04 알코올에 녹을 수 있는 화장품의 원료는?

① 수산화나트륨　　　　　　　② 유동파라핀

③ 바세린　　　　　　　　　　④ 탤크(Talc)

⑤ 미네랄오일

해설

수산화나트륨(가성소다)은 화장품 및 퍼스널 케어 제품의 완충제 역할을 하는 화장품 원료로서, 알코올이나 글리세롤에는 잘 녹지만 에테르나 아세톤에는 녹지 않는다.

05 화장수에 대한 설명으로 틀린 것은?

① 알칼리화장수 : pH 7 이상의 화장수를 말하며 피부흡수 및 청정작용이 우수하다.

② 소염화장수 : 수렴과 소염을 동시에 해주며, 수렴효과가 수렴화장수보다 우수하다.

③ 유연화장수 : 산성화장수로서 비누의 알칼리 성분을 중화시킨다.

④ 수렴화장수 : 모공을 축소시켜 지방성 피부에 더욱 효과적이다.

⑤ 영양화장수 : 피부에 유분과 수분을 주어 피지막을 보충해주는 화장수이다.

해설

소염화장수 : 수렴과 소염을 동시에 해주는 화장수이며, 수렴효과는 수렴화장수에 비해 떨어진다.

06 유연화장수에 대한 내용으로 옳지 않은 것은?

① 피부의 pH조절, 유분·수분 보충

② 피부의 정돈·보호

③ 거친 피부용 화장수

④ 붕산, 구연산, 백반 등

⑤ 민감성피부, 노화피부에 적합

해설

유연화장수는 보습제와 유연제가 많이 함유된 제품으로 피부를 촉촉하게 하고 부드럽게 만들어준다. 붕산, 구연산, 백반 등은 수렴화장수의 원료이다.

07 다음 중 유연화장수에 대한 설명으로 옳지 않은 것은?

① 피부의 유연작용을 한다.
② 거친 피부용 화장수로 사용한다.
③ 살균소독을 한다.
④ 피부에 남아 있는 비누의 알칼리를 중화하여 피부표면의 산도를 정상으로 조정한다.
⑤ 각질층을 촉촉하고 부드럽게 한다.

> **해설**
> 유연화장수는 세안 직후에 사용하는 화장수로 피부에 수분을 공급하여 피부를 부드럽고 촉촉하게 하며, 다음 단계에
> 사용될 화장품이 잘 흡수될 수 있도록 해준다.
> ③의 경우는 수렴화장수의 작용이다.

08 비누세안 후 유연화장수를 사용하는 주된 목적으로 가장 알맞은 것은?

① 피부를 수축시키기 위하여
② 피부에 영양을 주기 위하여
③ 피부의 거칠음을 방지하고 부드러움을 주기 위하여
④ 피부에 남아있는 비누의 알칼리성 성분을 중화시키기 위하여
⑤ 피부에 보습이나 노화억제 기능 성분을 주기 위하여

> **해설**
> 유연화장수는 산성화장수로서 비누의 알칼리 성분을 중화시킨다.

09 수렴화장수에 관한 내용으로 적절하지 않은 것은?

① 건성피부에 적합
② 피지의 과잉분비 억제작용
③ 거칠게 된 피부 표면의 수렴효과
④ 산성물질
⑤ 모공수축, 신선감, 청량감, 소독효과

> **해설**
> 수렴화장수는 지성피부에 적합하며, 각질층에 수분을 공급하고 모공을 수축시켜 피부결을 가다듬고 정리해준다. 다소
> 높은 알코올 함량에 의해 청량감, 소독작용 및 피지의 과잉분비 억제작용이 있는 제품이다.

10 다음 중 수렴화장수의 설명으로 옳지 않은 것은?

① 각질층에 수분을 공급한다.
② 중성화장수이다.
③ 살균소독을 한다.
④ 지성피부, 여드름피부에 적합하다.
⑤ 에탄올을 함유한 제품이다.

해설

수렴화장수는 산성화장수로 알칼리성화장수에 비하여 알코올 함량이 높고 습윤제가 적어 상쾌한 사용감을 갖는다.

11 수렴화장수의 원료에 포함되지 않는 것은?

① 습윤제
② 알코올
③ 물
④ 표백제
⑤ 붕 산

해설

수렴화장수의 원료는 알코올, 습윤제, 붕산, 탄산칼슘 등이다.

12 토닉(화장수)의 작용으로 가장 올바른 것은?

① 피부를 밝게 하는 것
② 피부의 탈수를 막는 것
③ 햇빛으로부터 피부를 보호하는 것
④ 피부를 촉촉하고 부드럽게 하는 것
⑤ 거칠어진 기공수축에 도움을 드리는 것

해설

스킨 토너(토닉, 토닉로션, 토너)는 피부를 강하고 탄력 있게 해준다는 뜻으로 수렴화장수를 의미한다.

13 화장수의 원료인 알코올의 기능은?

① 수분 흡수
② 피부 유연
③ 피부 수렴
④ 피지분비
⑤ 모공 확대

해설

알코올이 함량된 화장수는 가벼운 피부 수렴효과가 있다.

14 화장수를 바른 후 시원한 것은 무엇 때문인가?

① 알코올   ② 붕 산
③ 글리세린   ④ 벤 젠
⑤ 과산화수소

> **해설**
> 화장수에 포함된 에틸알코올(Ethyl alcohol)은 휘발성이 있으며, 피부에 시원한 청량감과 가벼운 수렴효과를 부여한다.

15 다음 중 알코올에 대한 내용으로 옳지 않은 것은?

① 소독작용과 피부에 자극작용이 있다.
② 휘발성 액체로 향유, 희석제용, 스킨 등에 많이 사용된다.
③ 건성피부에 좋다.
④ 다른 물질과 혼합해서 그것을 녹이는 성질이 있다.
⑤ 에틸알코올은 화장수, 아스트린젠트, 헤이토닉, 향수 등에 많이 사용된다.

> **해설**
> 탈수작용을 하는 성질이 있기 때문에 건성피부에는 사용을 금해야 한다.

16 다음 중 화장수의 원료 중 습윤제인 것은?

① 글리세린   ② 알코올
③ 산성물질   ④ 펙 틴
⑤ 멘 톨

> **해설**
> 글리세린은 습윤제로서 수분흡수, 피부유연의 작용을 한다.

17 피부의 거칠음을 방지하기 위하여 중요한 역할을 하는 것은?

① 글리세린   ② 카라민
③ 알라토인   ④ 클렌징 밀크
⑤ 토코페롤

> **해설**
> 글리세린은 피부의 건조를 막아서 피부를 부드럽고 촉촉하게 하는 물질이다.

18 화장수에 5~20% 정도 들어 있으며, 보습효과와 유연제의 작용을 하며, 알레르기를 일으킬 수 있으므로 주의해야 하는 것은?

① 알코올 ② 글리세린
③ 붕 산 ④ 과산화수소
⑤ 살리실산

해설

글리세린
• 1분자 속에 수산기 3개를 갖고 있는 3가 알코올이다.
• 피부를 부드럽게 하고 윤기와 광택을 준다.
• 무색의 단맛을 가진 끈끈한 액체로 수분흡수작용을 한다.
• 보습효과와 유연작용을 하며 화장수에 5~20% 들어 있다.
• 액이 너무 진하면 피부조직으로부터 수분을 흡수해서 피부가 거칠어지고 색을 검게 하며, 알레르기를 일으킬 수 있으므로 주의한다.

19 화장수의 원료 중 피지분비 및 발한억제를 하는 것은?

① 산성물질 ② 알코올
③ 글리세린 ④ 펙 틴
⑤ 알칼리성물질

해설

화장수의 원료 중 피지분비 및 발한억제를 하는 것은 붕산, 구연산, 백반 등 산성물질이다.

20 습윤제로 사용할 수 있는 화장품의 원료는?

① 카올린 ② 설파이드
③ 벌 크 ④ 페스트
⑤ 에탄올

해설

화장수는 일반적으로 정제수, 알코올(에탄올), 습윤제(글리세린, 설파이드, 프로필렌글리콜, 폴리에틸렌글리콜)를 기본 원료로 한 용액이다.

21 다음 중 동물성 오일이 아닌 것은?

① 밀 납
② 라놀린
③ 아보카도오일
④ 밍크오일
⑤ 스쿠알렌

> **해설**
> 동물성 오일은 동물의 피하조직이나 생선기름에서 추출하는 것으로 식물성 오일과 비교하여 냄새는 강하나 피부 흡수
> 가 빠르고 보습력과 친화력이 좋다.

22 다음 중 식물성 오일에 속하지 않는 것은?

① 올리브유
② 피마자유
③ 맥아오일
④ 라놀린
⑤ 호호바오일

> **해설**
> 식물성 오일에는 올리브유, 야자유, 피마자유, 아보카드오일, 맥아오일, 호호바오일 등이 있다.

23 다음 중 광물성 오일에 속하는 것은?

① 아보카도유
② 올리브유
③ 스쿠알렌
④ 유동파라핀
⑤ 로즈힙 오일

> **해설**
> **광물성 오일** : 유동파라핀, 바세린, 실리콘 오일, 미네랄 오일 등

24 다음 중 동물성 왁스에 속하는 것은?

① 카르나우바 왁스(carnauba wax)
② 칸델리라 왁스(candelilla wax)
③ 라놀린(lanolin)
④ 합성 에스테르유
⑤ 호호바 오일

> **해설**
> **동물성 왁스** : 밀납(bees wax)과 라놀린(lanolin)이 대표적이며, 이들은 꿀벌의 벌집 또는 양의 털을 가열 압착하거나
> 용매로 추출하여 얻어진다.

25 다음 중 이물질의 침입을 방지하는 막을 형성하는 것은?

① 바세린　　　　　　　　　② 고형파라핀

③ 유동파라핀　　　　　　　　④ 이소프로필

⑤ 아보카도오일

해설

② 석유제조의 부산물로서 공기와 빛을 쪼이게 되면 황색으로 된다.
③ 기미와 여드름의 원인이 된다.
④ 두발 영양 트리트먼트에 많이 사용하며 끈적임이 없고 알코올에 잘 녹는다.
⑤ 과일에서 추출한 것으로 건성·중성피부에 적합하다.

26 다음 중 아이크림의 주성분이 아닌 것은?

① 콜라겐　　　　　　　　　② 엘라스틴

③ 스쿠알렌　　　　　　　　④ 붕사

⑤ 히알루론산

해설

아이크림은 눈 밑에 바르는 크림으로서 피부의 탄력을 증진시키고, 결체조직을 강화시켜 눈가 잔주름의 완화 및 예방효과가 있다. 주성분은 히알루론산, 콜라겐, 엘라스틴, 스쿠알렌 등이다.

27 다음 중 바니싱크림의 주성분은?

① 글리코겐　　　　　　　　② 스테아린산

③ 콜라겐　　　　　　　　　④ 스쿠알렌

⑤ 밀납(bees wax)

해설

바니싱크림은 유성분이 적게 들어가 있는 크림화장품으로, 주성분은 고급지방산인 스테아린산이다.

28 다음 중 과산화수소의 작용이 아닌 것은?

① 살균작용　　　　　　　　② 표백작용

③ 지혈작용　　　　　　　　④ 유연작용

⑤ 탈색작용

해설

과산화수소는 산화제 성분으로 표백제로 사용하며 살균·표백(탈색)·지혈작용을 한다.

29 계면활성제에 대한 설명 중 잘못된 것은?

① 계면활성제는 계면을 활성화시키는 물질이다.
② 계면활성제는 친수성기와 친유성기를 모두 소유하고 있다.
③ 계면활성제는 표면장력을 높이고 기름을 유화시키는 등의 특성을 지니고 있다.
④ 계면활성제를 표면활성제라고 한다.
⑤ 계면활성제는 용도에 따라서 유화제, 기포형성제, 가용화제, 습윤제, 세정제, 정전기방지제로 나눌 수 있다.

> **해설**
> 계면활성제는 표면장력을 감소시키고, 물과 기름의 경계면, 즉 계면의 성질을 변화시킬 수 있는 특성을 가지고 있다.

30 계면활성제를 용도에 따라 분류할 때 잘못 설명한 것은?

① 물과 기름이 잘 섞이게 하는 기포제
② 소량의 기름을 물에 투명하게 녹이는 가용화제
③ 피부의 오염물질을 제거해 주는 세정제
④ 고체입자를 물에 균일하게 분산시켜 주는 분산제
⑤ 습윤제 및 정전기방지제

> **해설**
> 물과 기름이 잘 섞이게 하는 것은 유화제이다.

31 다음 중 음이온성 계면활성제를 모두 고르시오.

ㄱ. 헤어트리트먼트	ㄴ. 비 누
ㄷ. 샴 푸	ㄹ. 바디클렌저

① ㄱ, ㄴ
② ㄱ, ㄷ
③ ㄱ, ㄴ, ㄷ
④ ㄴ, ㄷ, ㄹ
⑤ ㄱ, ㄴ, ㄷ, ㄹ

> **해설**
> **계면활성제**
> • 양이온성 계면활성제 : 헤어린스, 헤어트리트먼트(살균, 소독, 정전기 방지 효과)
> • 음이온성 계면활성제 : 비누, 샴푸, 바디클렌저(세정, 기포 형성 효과)

32 일반적으로 계면활성제의 피부자극 순서를 올바로 나타낸 것은?

① 음이온성 > 양이온성 > 양쪽성 > 비이온성
② 양이온성 > 음이온성 > 양쪽성 > 비이온성
③ 비이온성 > 음이온성 > 양쪽성 > 양이온성
④ 음이온성 > 비이온성 > 양쪽성 > 양이온성
⑤ 양이온성 > 양쪽성 > 음이온성 > 비이온성

> **해설**
>
> 일반적으로 계면활성제의 피부자극은 양이온성 > 음이온성 > 양쪽성 > 비이온성의 순으로 감소한다.

33 화장품에 사용되는 원료의 특성을 설명한 것으로 옳은 것은?

① 금속이온봉쇄제는 주로 점도증가, 피막형성 등의 목적으로 사용된다.
② 계면활성제는 계면에 흡착하여 계면의 성질을 현저히 변화시키는 물질이다.
③ 고분자화합물은 원료 중에 혼입되어 있는 이온을 제거할 목적으로 사용된다.
④ 산화방지제는 수분의 증발을 억제하고 사용감촉을 향상시키는 등의 목적으로 사용된다.
⑤ 유성원료는 산화되기 쉬운 성분을 함유한 물질에 첨가하여 산패를 막을 목적으로 사용된다.

> **해설**
>
> ② 계면활성제는 계면에 흡착하여 계면의 성질을 현저히 변화시키는 물질로, 음이온계면활성제(세정작용과 기포형성
>   작용)와 양이온계면활성제(살균작용과 소독작용)로 구분한다.
> ① 고분자화합물은 주로 점도증가, 피막형성 등의 목적으로 사용된다.
> ③ 금속이온봉쇄제는 원료 중에 혼입되어 있는 중금속 이온을 제거할 목적으로 사용된다.
> ④ 유성원료는 수분의 증발을 억제하고 사용감촉을 향상시키는 등의 목적으로 사용된다.
> ⑤ 산화방지제는 산화되기 쉬운 성분을 함유한 물질에 첨가하여 산패를 막을 목적으로 사용된다.

34 보습제의 조건으로 틀린 것은?

① 적절한 흡수능력
② 흡습력이 환경조건 변화(온도, 습도, 바람)의 영향을 쉽게 받지 않을 것
③ 휘발성이 있을 것
④ 다른 성분과 혼용성이 좋을 것
⑤ 응고점이 낮고, 피부친화성이 좋을 것

> **해설**
>
> ③ 휘발성이 없을 것

35 다음 중 산화방지제로 사용되는 성분에 해당하는 것은?

① 살리실산
② BHT, BHA
③ 파라벤류
④ 트리클로산
⑤ 페녹시에탄올

36 화장품의 원료로서 동·식물에 존재하며, 특히 난황에 많으며 피부에 윤택함을 부여하고, 산화방지제 또는 유화제로 사용하는 것은?

① 레시틴
② 콜라겐
③ 스쿠알렌
④ 라놀린
⑤ 프라센타

37 일반세균, 진균에 대한 발육억제를 위해 사용하는 방부제는?

① 살리실산(Salicylic acid)
② 파라벤류
③ 트리클로산(Triclosan)
④ 페녹시에탄올(Phenoxyethanol)
⑤ 이미다졸리디닐우레아(imidazolidinyl urea)

38 다음 〈보기〉의 내용은 무엇에 대한 설명인가?

• 보기 •

- 방부를 목적으로 하고 살균, 소독력이 있다.
- 냄새가 없고 백색의 결정성 분말이다.
- 물에 녹으면 약산성 상태로 나타난다.
---

① 알코올   ② 글리세린
③ 붕 사   ④ 과산화수소
⑤ 타르색소

해설

붕사는 일반적으로 화장품의 방부제로 사용되고 있다.

39 염료(dye)에 대한 설명으로 틀린 것은?

① 물 또는 오일에 녹는 색소로서 화장품 자체에 시각적인 색상효과를 부여한다.
② 염료는 화장품의 내용물에 적당한 색상을 부여하기 위해 기초화장품, 모발화장품 등에 폭넓게 사용되고 있다.
③ 수용성 염료는 화장수, 로션, 샴푸 등의 착색에 사용되며, 유용성 염료는 헤어오일 등의 유성화장품의 착색에 사용된다.
④ 염료는 물이나 오일에 잘 녹지 않기 때문에 메이크업 화장품에도 사용한다.
⑤ 염료는 천연색소와 합성 타르색소로 나눌 수 있는데, 천연색소는 가격이 비싸고 불안정하여 보존이 어렵다.

해설

염료는 물이나 오일에 녹기 때문에 메이크업 화장품에는 그다지 사용하지 않는다.

40 안료(pigment)에 대한 설명으로 틀린 것은?

① 안료는 염료에 비해 물과 오일에 모두 녹지 않는 것으로 무기물질로 된 것을 무기안료, 유기물질로 된 것을 유기안료라 한다.
② 메이크업 화장품의 경우는 물이나 오일에 모두 녹지 않는 안료를 주로 사용한다.
③ 무기안료는 색상이 화려하지 못하나 산, 알칼리, 빛에 강하여 마스카라에 사용된다.
④ 유기안료는 색상이 화려한 반면 산, 알칼리, 빛에 약하여 립스틱에 사용된다.
⑤ 유기안료에는 산화철(iron oxide), 울트라마린(ultramarine) 등이 있다.

해설

산화철(iron oxide), 울트라마린(ultramarine) 등은 무기안료이다.

41 다음 중 천연고분자 점증제가 아닌 것은?

① 카라기난(Carrageenan)

② 전 분

③ Quince seed gum(천연검)

④ Xanthan gum(잔탄검)

⑤ 카르복실 비닐폴리머(Carbomer)

> **해설**
>
> 카르복실 비닐폴리머(Carbomer)는 합성고분자 점증제이다.
> **천연고분자 점증제** : 카라기난(Carrageenan), 펙틴, 전분, Quince seed gum(천연검), Xanthan gum(잔탄검) 등

42 자외선차단제에 대한 설명 중 틀린 것은?

① 자외선차단제의 구성성분은 크게 자외선산란제와 자외선흡수제로 구분된다.

② 자외선차단제 중 자외선산란제는 투명하고, 자외선흡수제는 불투명한 것이 특징이다.

③ 자외선산란제는 물리적인 산란작용을 이용한 제품이다.

④ 자외선흡수제는 화학적인 흡수작용을 이용한 제품이다.

⑤ 자외선차단제로 사용하는 산란제와 흡수제는 자체로는 피부에 자극을 주지 않지만 자외선
을 받아 활성 상태가 되면 자극을 줄 수 있는데 이를 광독성이라 한다.

> **해설**
>
> 자외선 산란제는 분말상태의 안료를 이용해 불투명하다.

43 자외선차단제에 대한 설명으로 옳은 것은?

① 일광에 노출 전에 바르는 것이 효과적이다.

② 피부 병변이 있는 부위에 사용하여도 무관하다.

③ 사용 후 시간이 경과하여도 다시 덧바르지 않는다.

④ SPF지수가 높을수록 민감한 피부에 적합하다.

⑤ 벤조페논, 파라아미노 벤조익산(PABA) 유도체 등은 대표적인 자외선흡수제이다.

> **해설**
>
> 자외선차단제는 2~3시간마다 덧바르는 것이 효과적이다. SPF지수가 높을수록 티타늄다이옥사이드나 징크옥사이드
> 같이 피부에 자극을 주는 성분이 많이 함유돼 염증이 생길 위험이 커진다,

44 자외선차단을 도와주는 화장품 성분이 아닌 것은?

① 파라아미노안식향산(Para-aminobenzoic Acid)
② 옥틸디메틸파바(Octyldimethyl PABA)
③ 콜라겐(Collagen)
④ 티타늄디옥사이드(Titanium Dioxide)
⑤ 탈크(Talc)

해설

자외선차단제는 자외선흡수제와 자외선산란제로 나뉜다.
①·②는 자외선흡수제, ④·⑤는 자외선산란제이다.

45 다음 〈보기〉에서 비타민의 작용을 연결한 것으로 옳은 것은?

┌─● 보 기 ●─────────────────────────────────┐
│ ㄱ. Vitamin A   a. 입술주변의 염증이나 지루성피부염 예방   │
│ ㄴ. Retinol   b. 잔주름 개선효과   │
│ ㄷ. Vitamin B₂   c. 비정상적인 각질화피부와 건성피부를 치유하는 작용 │
│ ㄹ. Vitamin B₆   d. 혈행을 촉진하고 노화를 억제하며 활성산소를 제거 │
│ ㅁ. Vitamin E   e. 피지분비 억제작용   │
└──┘

① ㄱ - a   ② ㄴ - b
③ ㄷ - e   ④ ㄹ - d
⑤ ㅁ - c

해설

• Vitamin A : 비정상적인 각질화피부와 건성피부를 치유하는 작용
• Retinol : 잔주름 개선효과
• Vitamin B₂ : 입술주변의 염증이나 지루성피부염 예방
• Vitamin B₆ : 피지분비 억제작용
• Vitamin E(tocopheryl acetate) : 혈행을 촉진하고 노화를 억제하며 활성산소를 제거

01 화장품법상 화장품의 정의와 관련이 없는 내용은?

① 인체를 청결·미화
② 용모를 밝게 변화
③ 피부·모발의 건강을 유지 또는 증진
④ 인체에 대한 민감한 작용
⑤ 「약사법」 제2조 제4호의 의약품에 해당하는 물품은 제외

해설
"화장품"이란 인체를 청결·미화하여 매력을 더하고 용모를 밝게 변화시키거나 피부·모발의 건강을 유지 또는 증진하기 위하여 인체에 바르고 문지르거나 뿌리는 등 이와 유사한 방법으로 사용되는 물품으로서 인체에 대한 작용이 경미한 것을 말한다. 다만, 「약사법」 제2조 제4호의 의약품에 해당하는 물품은 제외한다.

02 화장품의 목적이라고 할 수 없는 것은?

① 노폐물을 제거하여 신체를 청결히 한다.
② 화장 등에 의해 자신을 아름답고 매력있게 가꾸고 마음을 풍요롭게 한다.
③ 자외선이나 건조 등으로부터 피부나 모발을 보호하고 노화를 방지한다.
④ 피부의 수분증발을 방지하여 감염병을 예방한다.
⑤ 피부에 색조 및 입체감을 부여하여 준다.

해설
①·②·③·⑤ 외에 피부를 보호하고 건강을 유지하며, 쾌적한 생활을 즐기는 것이다.

03 다음 중 화장품의 4대 품질 요건에 해당하지 않은 것은?

① 안정성   ② 안전성
③ 유용성   ④ 치유성
⑤ 사용성

해설
화장품의 품질 요건 : 안전성, 안정성, 유용성, 사용성

04 화장품의 품질 요건 중 '안전성'에 해당하는 내용이 아닌 것은?

① 피부에 대한 자극성이 없을 것
② 경구독성이 없을 것
③ 이물질의 혼입, 파손이 없을 것
④ 변질, 변색, 변취를 발생시키지 않을 것
⑤ 피부 알레르기 반응이 없을 것

> **해설**
>
> 화장품의 4대 품질 요건
> • 안전성 : 피부에 대한 자극성, 피부 알레르기 반응, 경구독성, 이물질의 혼입, 파손 등이 없을 것
> • 안정성 : 변질, 변색, 변취, 미생물 오염 등을 발생시키지 않을 것
> • 유용성 : 세정, 보습, 미백, 주름·늘어짐·착색 개선, 자외선차단 등에 효과가 있을 것
> • 사용성 : 사용감, 기호성이 좋고 사용이 편리할 것

05 화장품, 의약외품, 의약품을 비교하여 설명한 내용이다. 옳지 않은 설명은?

① 대상은 모두 일반인이다.
② 화장품의 목적은 청결 및 미용이다.
③ 의약외품의 사용기간은 장기적이다.
④ 의약품의 부작용은 있을 수 있다.
⑤ 화장품의 부작용은 없어야 한다.

> **해설**
>
> 화장품, 의약외품, 의약품 비교

구 분	화장품	의약외품	의약품
대 상	일반인	일반인	환 자
목 적	청결 및 미용	위생 및 예방	진단, 치료 및 예방
사용기간	장시간, 지속적	장시간, 지속적	일정기간
부작용	없어야 함	없어야 함	있을 수 있음
허가여부	제한없음	승 인	허 가

06 다음 중 기능성 화장품의 범위에 해당하지 않는 것은?

① 미백크림　　　　　　　② 바디오일
③ 자외선차단크림　　　　④ 주름개선크림
⑤ 영양크림

> **해설**
>
> 기능성 화장품은 미백, 주름개선, 영양공급, 자외선으로부터 피부를 보호하는 데에 도움을 주는 제품들이다.

07 형태에 따른 유화의 분류 중 오일에 물이 섞여 있는 형태는?

① O/W형
② W/O형
② W/S형
④ O/W/O형
⑤ W/O/W형

형태에 따른 유화의 분류
- O/W형 : 물(외상)에 오일(내상) 성분이 섞여 있는 형태
- W/O형 : 오일에 물이 섞여 있는 형태
- O/W/O형 : 오일에 O/W형 에멀전을 섞은 형태
- W/O/W형 : W/O형 에멀전을 물에 섞은 형태

08 여드름 피부용 화장품에 사용되는 성분과 가장 거리가 먼 것은?

① 살리실산
② 티트리
③ 아줄렌
④ 알부틴
⑤ 레졸신

알부틴은 미백제이다.

09 다음 설명 중 파운데이션의 일반적인 기능과 가장 거리가 먼 것은?

① 피부색을 기호에 맞게 바꾼다.
② 피부의 기미, 주근깨 등 결점을 커버한다.
③ 자외선으로부터 피부를 보호한다.
④ 피지를 억제하고 화장을 지속시켜 준다.
⑤ 심리적 안정성을 준다.

④는 파우더의 기능이다.

10 크림파운데이션에 대한 설명 중 알맞은 것은?

① 얼굴 형태를 바꾸어 준다.
② 피부의 잡티나 결점을 커버해 주는 목적으로 사용된다.
③ O/W형은 W/O형에 비해 비교적 사용감이 무겁고 퍼짐성이 낮다.
④ 화장 시 산뜻하고 청량감이 있으나 커버력이 약하다.
⑤ 로션타입으로 산뜻하고 가벼우며 자연스럽게 피부를 표현한다.

해설

크림파운데이션은 유분함량이 많은 W/O형으로, 리퀴드파운데이션보다 커버력이 좋고 땀이나 비에도 잘 지워지지 않는다.

11 메이크업 화장품 중에서 안료가 균일하게 분산되어 있는 형태로 대부분 O/W형 유화 타입이며, 투명감 있게 마무리되므로 피부에 결점이 별로 없는 경우에 사용하는 것은?

① 트윈 케이크　　　　　　　　② 스킨커버
③ 리퀴드파운데이션　　　　　　④ 크림파운데이션
⑤ 스틱파운데이션

해설

리퀴드파운데이션은 로션타입(O/W형)으로 산뜻하고 가벼우며, 자연스럽게 피부를 표현한다.

12 페이스 파우더의 주요 사용 목적에 해당하는 것은?

① 주름과 피부결함을 감추기 위해
② 깨끗하지 않은 부분을 감추기 위해
③ 파운데이션의 번들거림을 완화하고 피부화장을 마무리하기 위해
④ 파운데이션을 사용하지 않기 위해
⑤ 건조나 자외선으로부터 피부를 보호하기 위해

해설

페이스 파우더는 액정 타입 또는 크림파운데이션을 바른 다음 에센셜로 마무리 터치를 함으로써 피부화장을 마무리한다.

13 클렌징 크림의 조건과 거리가 먼 것은?

① 체온에 의하여 액화되어야 한다.
② 피부의 유형에 적절해야 한다.
③ 피부에 빨리 흡수되어야 한다.
④ 피부의 표면을 상하게 해서는 안 된다.
⑤ 민감성 피부는 피해야 한다.

해설

클렌징 크림은 얼굴에 찍어 마사지하듯이 화장을 녹여 티슈나 세안으로 닦아내는 화장품으로, 유분이 많이 함유된 메이크업이나 피지분비에 의한 노폐물이 많을 때 사용하기 적당한 제품이다.

14 클렌징 크림에 대한 설명으로 맞지 않은 것은?

① 두꺼운 메이크업을 지우는 데 사용한다.
② 클렌징 로션보다 유성성분 함량이 적다.
③ 피지나 기름때와 같은 물에 잘 닦이지 않는 오염물질을 닦아내는 데 효과적이다.
④ 깨끗하고 촉촉한 피부를 위해서 비누로 세정하는 것보다 효과적이다.
⑤ 사용 후 클렌징 폼으로 다시 한번 세안하여 피부의 청결함을 유지시켜 준다.

해설

클렌징 크림은 W/O형의 유성성분으로 클렌징 로션보다 유성성분 함량이 많다.

15 세안제품 중 계면활성제형 클렌징 폼에 대한 설명으로 틀린 것은?

① 전신용 세안제품이다.
② 비누의 단점인 피부 당김을 제거한 제품이다.
③ 거품상태가 우수하며, 피부자극도 대체로 적다.
④ 모든 피부에 사용가능하다.
⑤ 특히 지성이나 복합성 피부의 T-존이나 U-존 부위에 사용하면 효과적이다.

해설

클렌징 폼(크림, 페이스트)은 얼굴전용이다.

16 세정용 화장수의 일종으로 가벼운 화장의 제거에 사용하기에 가장 적합한 것은?

① 클렌징 오일　　　　　　　② 클렌징 워터
③ 클렌징 로션　　　　　　　④ 클렌징 크림
⑤ 클렌징 젤

해설
② 클렌징 워터 : 오일성분이 없는 세안제로 산뜻하고 가벼운 사용감을 가지고 있어서 지성피부에 적합하다.
① 클렌징 오일 : 수용성 오일로 진한 메이크업을 지우기에 적당하다.
③ 클렌징 로션 : 친수성으로 가벼운 메이크업을 지우기에 적합하다.
④ 클렌징 크림 : 친유성으로 진하고 두꺼운 메이크업을 지우기에 적합하며 반드시 이중세안이 필요하다.
⑤ 클렌징 젤 : 오일이 전혀 함유되지 않은 세안제로 물로 제거할 수 있고, 세정력이 뛰어나 이중세안이 필요 없다.

17 팩에 사용되는 주성분 중 피막제 및 점도증가제로 사용되는 것은?

① 카올린(Kaolin), 탈크(Talc)
② 폴리비닐알코올(PVC), 잔탄검(Xanthan Gum)
③ 구연산나트륨(Sodium Citrate), 아미노산류(Amino Acids)
④ 유동파라핀(Liquid Paraffin), 스쿠알렌(Squalene)
⑤ 산화철(Iron Oxide), 울트라마린(Ultramarine)

해설
폴리비닐알코올(PVC), 잔탄검(Xanthan Gum)은 화장품의 점도를 높이고 제품의 안정성을 유지하기 위해 사용하는 고분자 성분이다. 카올린(Kaolin), 탈크(Talc)는 유분을 흡수하는 성분이다.

18 진달래과의 월귤나무의 잎에서 추출한 하이드로퀴논으로 멜라닌 활성을 도와주는 티로시나아제 효소의 작용을 억제하는 미백화장품의 성분은?

① 감마-오리자놀　　　　　　② 알부틴
③ AHA　　　　　　　　　　④ 비타민 C
⑤ 이산화티탄

해설
미백화장품의 기능 및 성분
• 자외선차단 : 자외선차단을 통한 멜라닌 생성 억제(이산화티탄, 감마-오리자놀, 옥시벤존)
• 사이토카인 조절 : 멜라닌 합성 신호전달물질인 사이토카인 작용 조절
• 멜라닌 합성 저해제 : 티로신 산화반응 억제(비타민C 및 그 유도체, 글루타치온)
• 티로시나아제 활성 억제 : 티로신 산화촉매제인 티로시나아제 활성 억제(알부틴, 감초추출물, 닥나무추출물, 상백피추출물)
• 박리촉진 : 각질층의 멜라닌 색소 제거(살리실산, 레조르산, 레틴산)

19 미백화장품에 사용되는 원료가 아닌 것은?

① 알부틴   ② 글루타치온

③ 레티놀   ④ 비타민C 유도체

⑤ 살리실산

> **해설**
>
> 레티놀은 주름개선 성분이다.

20 핸드케어제품 중 사용할 때 물을 사용하지 않고 직접 바르는 것으로 피부청결 및 소독효과를 위해 사용하는 것은?

① 핸드워시   ② 핸드 새니타이저

③ 비 누   ④ 핸드로션

⑤ 데오도런트로션

> **해설**
>
> 핸드 새니타이저(hand sanitizer)는 알코올을 함유하고 있는 제품으로 살균과 소독효과를 가지고 있다.

21 다음 중 피부상재균의 증식을 억제하는 항균기능을 가지고 있고, 발생한 체취를 억제하는 기능을 가진 것은?

① 바디샴푸   ② 데오도런트

③ 샤워코롱   ④ 오데토일렛

⑤ 마사지크림

> **해설**
>
> 데오도런트는 에틸알코올을 함유하고 있어 항균기능을 하고 겨드랑이의 체취를 제거한다.

22 아로마테라피에 사용되는 아로마 오일에 대한 설명 중 가장 거리가 먼 것은?

① 아로마테라피에 사용되는 아로마 오일은 주로 수증기 증류법에 의해 추출된 것이다.

② 아로마 오일은 원액을 그대로 피부에 사용해야 한다.

③ 방향욕, 입욕, 마사지, 스킨케어 등 목적에 따라 효과성분을 선택하여 사용할 수 있다.

④ 아로마 오일은 사용할 때에는 안전성 확보를 위하여 사전에 패취테스트를 실시하여야 한다.

⑤ 아로마 오일은 공기 중의 산소, 빛 등에 의해 변질될 수 있으므로 갈색병에 보관하여 사용하는 것이 좋다.

23 아로마 오일에 대한 설명으로 가장 적절한 것은?

① 수증기 증류법에 의해 얻어진 아로마 오일이 주로 사용되고 있다.

② 아로마 오일은 공기 중의 산소나 빛에 안정하기 때문에 주로 투명용기에 보관하여 사용한다.

③ 아로마 오일은 주로 향기식물의 줄기나 뿌리 부위에서만 추출된다.

④ 아로마 오일은 주로 베이스노트(Base Note)이다.

⑤ 아로마 오일은 화학적으로 트리글리세라이드(triglyceride) 구조를 하고 있다.

해설

아로마 오일은 식물의 뿌리, 줄기, 꽃, 잎, 열매에서 추출하고, 빛을 차단하기 위해 갈색병에 보관한다. 트리글리세라이드 구조를 하고 있는 것은 캐리어 오일이다.

24 아로마 오일을 피부에 효과적으로 침투시키기 위해 사용하는 식물성 오일은?

① 에센셜 오일　　　　　　　　　② 캐리어 오일

③ 트랜스 오일　　　　　　　　　④ 미네랄 오일

⑤ 클렌징 오일

해설

캐리어 오일(carrier oil)은 일명 베이스 오일(base oil)이라고도 하는 것으로 아로마 오일을 피부에 효과적으로 침투시키기 위해 사용하는 식물성 오일을 말한다.

25 에센셜 오일을 추출하는 방법이 아닌 것은?

① 수증기증류법　　　　　　　　　② 혼합법

③ 냉각압착법　　　　　　　　　　④ 용매추출법

⑤ 이산화탄소추출법

해설

에션셜 오일의 추출방법에는 수증기증류법, 용매추출법, 압착법, 침윤법, 이산화탄소추출법 등이 있다.

26 다량의 유성 성분을 물에 일정기간 동안 안정한 상태로 균일하게 혼합시키는 화장품 제조기술은?

① 유 화 　　　　　　　　　② 경 화

③ 분 산 　　　　　　　　　④ 가용화

⑤ 침 투

> **해설**
> 유화란 다량의 오일에 소량의 물을 넣고 계면활성제를 투여하여 두 물질을 섞은 것을 말한다. 유화의 미셀입자가 가용화의 미셀입자보다 크기 때문에 가시광선이 통과되지 않아 불투명하게 보인다. 유화의 종류에는 W/O형(유중수형), O/W형(수중유형), O/W/O형, W/O/W형 등이 있다.

27 SPF에 대한 설명으로 틀린 것은?

① Sun Protection Factor의 약자로써 자외선차단지수라 불린다.

② 엄밀히 말하면 UVB 방어효과를 나타내는 지수라고 볼 수 있다.

③ 오존층으로부터 자외선이 차단되는 정도를 알아보기 위한 목적으로 이용한다.

④ 자외선차단제를 바른 피부에 최소한의 홍반을 일어나게 하는 데 필요한 자외선 양을 바르지 않은 피부에 최소한의 홍반을 일어나게 하는 데 필요한 자외선 양으로 나눈 값이다.

⑤ SPF30 제품은 UVB로부터 거의 97%까지 피부를 보호하고, SPF50 제품은 98%까지 보호한다.

> **해설**
> 피부에 영향을 끼치는 방사선은 UVA와 UVB로 불린다. UVB는 피부 표면에 영향을 끼치고 화상을 유발하고, UVA는 피부로 느낄 수 없지만, 피부 깊숙이 침투해 그 통로로 있는 모든 것을 손상시킨다. SPF(자외선차단지수)는 제품을 피부에 충분히 발랐을 때 UVB가 얼마나 차단되는지 알아보기 위해 이용한다.

28 화장품의 "품질관리"에 대한 설명으로 옳지 않은 것은?

① 화장품의 책임판매 시 필요한 제품의 품질을 확보하기 위해서 실시

② 화장품제조업자에 대한 관리·감독

③ 제조에 관계된 업무에 대한 관리·감독

④ 시험·검사 등의 업무는 제외

⑤ 화장품의 시장 출하에 관한 관리

> **해설**
> "품질관리"란 화장품의 책임판매 시 필요한 제품의 품질을 확보하기 위해서 실시하는 것으로서, 화장품제조업자 및 제조에 관계된 업무(시험·검사 등의 업무를 포함한다)에 대한 관리·감독 및 화장품의 시장 출하에 관한 관리, 그 밖에 제품의 품질의 관리에 필요한 업무를 말한다.

29 화장품의 "시장출하"에 대한 설명으로 옳지 않은 것은?

① 화장품책임판매업자가 타인에게 위탁 제조하는 경우를 포함한다.

② 화장품책임판매업자가 타인에게 위탁 검사하는 경우를 포함한다.

③ 화장품책임판매업자가 타인으로부터 수탁 제조하는 경우를 포함하지 않는다.

④ 화장품책임판매업자가 타인으로부터 수탁 검사하는 경우는 포함하지 않는다.

⑤ 화장품책임판매업자가 수입한 화장품의 판매를 위해 출하하는 것을 포함하지 않는다.

> **해설**
> "시장출하"란 화장품책임판매업자가 그 제조 등(타인에게 위탁 제조 또는 검사하는 경우를 포함하고 타인으로부터 수탁 제조 또는 검사하는 경우는 포함하지 않는다)을 하거나 수입한 화장품의 판매를 위해 출하하는 것을 말한다.

30 맞춤형화장품의 내용물 및 원료에 대한 품질검사결과를 확인해 볼 수 있는 서류로 옳은 것은?

① 품질규격서　　　　　　　　　② 품질성적서

③ 제조공정도　　　　　　　　　④ 포장지시서

⑤ 칭량지시서

> **해설**
> 맞춤형화장품판매업자는 맞춤형화장품의 내용물 및 원료의 입고 시 품질관리 여부를 확인하고 책임판매업자가 제공하는 품질성적서를 구비해야 한다(다만, 책임판매업자와 맞춤형화장품판매업자가 동일한 경우에는 제외한다).

31 맞춤형화장품판매업자가 준수하여야 할 사항으로 옳지 않은 것은?

① 맞춤형화장품판매업소마다 맞춤형화장품조제관리사를 둘 것

② 둘 이상의 책임판매업자와 계약하는 경우 각각의 책임판매업자에게 계약을 체결한 후 즉시 고지하고 계약한 사항을 준수할 것

③ 판매량을 포함하는 맞춤형화장품 판매내역(전자문서 형식을 포함한다)을 작성·보관할 것

④ 보건위생상 위해가 없도록 맞춤형화장품 혼합·소분에 필요한 장소, 시설 및 기구를 정기적으로 점검하여 작업에 지장이 없도록 위생적으로 관리·유지할 것

⑤ 맞춤형화장품 판매 시 해당 맞춤형화장품의 혼합 또는 소분에 사용되는 내용물 및 원료, 사용 시의 주의사항에 대하여 소비자에게 설명할 것

> **해설**
> 둘 이상의 책임판매업자와 계약하는 경우 사전에 각각의 책임판매업자에게 고지한 후 계약을 체결하여야 하며, 맞춤형화장품 혼합·소분 시 책임판매업자와 계약한 사항을 준수할 것

32 맞춤형화장품판매업자가 맞춤형화장품 판매내역(전자문서 형식을 포함한다)을 작성할 때 포함되어야 하는 내용으로 옳은 것을 〈보기〉에서 모두 고르시오.

• 보 기 •

ㄱ. 맞춤형화장품 식별번호   ㄴ. 판매일자

ㄷ. 판매량   ㄹ. 사용기한

ㅁ. 개봉 후 사용기간
---

① ㄱ, ㄴ, ㄷ   ② ㄱ, ㄷ, ㄹ

③ ㄱ, ㄴ, ㄷ, ㄹ   ④ ㄱ, ㄴ, ㄷ, ㅁ

⑤ ㄱ, ㄴ, ㄷ, ㄹ, ㅁ

해설

맞춤형화장품판매업자는 다음을 포함하는 맞춤형화장품 판매내역(전자문서 형식을 포함한다)을 작성·보관해야 한다.
- 맞춤형화장품 식별번호(식별번호는 맞춤형화장품의 혼합 또는 소분에 사용되는 내용물 및 원료의 제조번호와 혼합·소분 기록을 포함하여 맞춤형화장품판매업자가 부여한 번호를 말한다)
- 판매일자·판매량
- 사용기한 또는 개봉 후 사용기간(맞춤형화장품의 사용기한 또는 개봉 후 사용기간은 맞춤형화장품의 혼합 또는 소분에 사용되는 내용물의 사용기한 또는 개봉 후 사용기간을 초과할 수 없다)

01 화장품에 사용되는 제한이 필요한 보존제 원료의 사용한도가 올바르게 연결된 것은?[단, 에어로졸(스프레이에 한함) 제품에는 사용금지]

① 글루타랄(펜탄-1,5-디알) – 0.1%
② 데하이드로아세틱애씨드(3-아세틸-6-메칠피란-2,4(3H)-디온) 및 그 염류 – 데하이드로아세틱애씨드로서 0.5%
③ 4,4-디메칠-1,3-옥사졸리딘(디메칠옥사졸리딘) – 0.15%
④ 디브로모헥사미딘 및 그 염류(이세치오네이트 포함) – 디브로모헥사미딘으로서 0.2%
⑤ 디아졸리디닐우레아(N-(히드록시메칠)-N-(디히드록시메칠-1,3-디옥소-2,5-이미다졸리디닐-4)-N'-(히드록시메칠)우레아) – 0.6%

해설
② 데하이드로아세틱애씨드(3-아세틸-6-메칠피란-2,4(3H)-디온) 및 그 염류 – 데하이드로아세틱애씨드로서 0.6%
③ 4,4-디메칠-1,3-옥사졸리딘(디메칠옥사졸리딘) – 0.05%(다만, 제품의 pH는 6을 넘어야 함)
④ 디브로모헥사미딘 및 그 염류(이세치오네이트 포함) – 디브로모헥사미딘으로서 0.1%
⑤ 디아졸리디닐우레아(N-(히드록시메칠)-N-(디히드록시메칠-1,3-디옥소-2,5-이미다졸리디닐-4)-N'-(히드록시메칠)우레아) – 0.5%

02 화장품에 사용되는 제한이 필요한 보존제 원료의 사용한도가 옳지 않은 것은?

① 디엠디엠하이단토인(1,3-비스(히드록시메칠)-5,5-디메칠이미다졸리딘-2,4-디온) – 0.6%
② 2,4-디클로로벤질알코올 – 0.15%
③ 메칠이소치아졸리논 – 0.15%
④ 메칠클로로이소치아졸리논과 메칠이소치아졸리논 혼합물(염화마그네슘과 질산마그네슘 포함) – 사용 후 씻어내는 제품에 0.0015%
⑤ 메텐아민(헥사메칠렌테트라아민) – 0.15%

해설
③ 메칠이소치아졸리논 – 사용 후 씻어내는 제품에 0.0015%(단, 메칠클로로이소치아졸리논과 메칠이소치아졸리논 혼합물과 병행 사용 금지)

03 화장품에 사용되는 제한이 필요한 보존제 성분 중 벤잘코늄클로라이드, 브로마이드 및 사카리네이트의 사용한도로 옳은 것은?

① 0.15%
② 사용 후 씻어내는 제품에 벤잘코늄클로라이드로서 0.1%
③ 사용 후 씻어내는 제품에 벤잘코늄클로라이드로서 0.15%
④ 기타 제품에 벤잘코늄클로라이드로서 0.1%
⑤ 기타 제품에 벤잘코늄클로라이드로서 0.5%

> **해설**
> 보존제 성분 중 벤잘코늄클로라이드, 브로마이드 및 사카리네이트의 사용한도
> • 사용 후 씻어내는 제품에 벤잘코늄클로라이드로서 0.1%
> • 기타 제품에 벤잘코늄클로라이드로서 0.05%

04 화장품 사용상의 제한이 필요한 보존제 성분의 사용한도로 옳은 것은?

① 벤제토늄클로라이드 – 0.1%
② 벤조익애씨드, 그 염류 및 에스텔류 – 사용 후 씻어내는 제품에는 산으로서 0.5%
③ 벤질알코올 – 10%
④ 벤질헤미포름알 – 사용 후 씻어내는 제품에 0.5%
⑤ 보레이트류(소듐보레이트, 테트라보레이트) – 밀납, 백납의 유화의 목적으로 사용시 0.6%

> **해설**
> ② 벤조익애씨드, 그 염류 및 에스텔류 – 산으로서 0.5%(다만, 벤조익애씨드 및 그 소듐염은 사용 후 씻어내는 제품에는 산으로서 2.5%)
> ③ 벤질알코올 – 1.0%(다만, 두발 염색용 제품류에 용제로 사용할 경우에는 10%)
> ④ 벤질헤미포름알 – 사용 후 씻어내는 제품에 0.15%
> ⑤ 보레이트류(소듐보레이트, 테트라보레이트) – 밀납, 백납의 유화의 목적으로 사용시 0.76%(이 경우, 밀납·백납 배합량의 1/2을 초과할 수 없다)

05 화장품 사용상의 제한이 필요한 보존제 성분의 사용한도로 옳지 않은 것은?

① 5-브로모-5-나이트로-1,3-디옥산 – 사용 후 씻어내는 제품에 0.1%(다만, 아민류나 아마이드류를 함유하고 있는 제품에는 사용금지)
② 2-브로모-2-나이트로프로판-1,3-디올(브로노폴) – 0.1%
③ 비페닐-2-올(o -페닐페놀) 및 그 염류 – 페놀로서 0.15%
④ 살리실릭애씨드 및 그 염류 – 살리실릭애씨드로서 0.5%
⑤ 세틸피리디늄클로라이드 – 0.5%

> **해설**
> ⑤ 세틸피리디늄클로라이드 – 0.08%

06 화장품 사용상의 제한이 필요한 보존제 성분의 사용한도로 옳지 않은 것은?

① 소듐아이오데이트 – 사용 후 씻어내는 제품에 0.1%

② 소르빅애씨드(헥사-2,4-디에노익 애씨드) 및 그 염류 – 소르빅애씨드로서 0.6%

③ 소듐하이드록시메칠아미노아세테이트(소듐하이드록시메칠글리시네이트) – 0.5%

④ 알킬이소퀴놀리늄브로마이드 – 사용 후 씻어내지 않는 제품에 0.5%

⑤ 알킬(C12-C22)트리메칠암모늄 브로마이드 및 클로라이드(브롬화세트리모늄 포함) – 두발
용 제품류를 제외한 화장품에 0.1%

> **해설**
> ④ 알킬이소퀴놀리늄브로마이드 – 사용 후 씻어내지 않는 제품에 0.05%

07 화장품에 사용되는 제한이 필요한 보존제 성분 중 아이오도프로피닐부틸카바메이트(아이피비
씨)의 사용한도에 대한 설명으로 옳지 않은 것은?

① 사용 후 씻어내는 제품에 0.02%

② 사용 후 씻어내지 않는 제품에 0.01%

③ 다만, 데오도런트에 배합할 경우에는 0.05%

④ 입술에 사용되는 제품, 에어로졸(스프레이에 한함) 제품, 바디로션 및 바디크림에는 사용금지

⑤ 영유아용 제품류 또는 만 13세 이하 어린이가 사용할 수 있음을 특정하여 표시하는 제품에
는 사용금지(목욕용제품, 샤워젤류 및 샴푸류는 제외)

> **해설**
> ③ 데오도런트에 배합할 경우에는 0.0075%

08 화장품 사용상의 제한이 필요한 보존제 성분의 사용한도로 옳지 않은 것은?

① 에칠라우로일알지네이트 하이드로클로라이드 – 0.1%

② 엠디엠하이단토인 – 0.2%

③ 알킬디아미노에칠글라이신하이드로클로라이드용액(30%) – 0.3%

④ 운데실레닉애씨드 및 그 염류 및 모노에탄올아마이드 – 사용 후 씻어내는 제품에 산으로서
0.2%

⑤ 이소프로필메칠페놀(이소프로필크레졸, o-시멘-5-올) – 0.1%

> **해설**
> ① 에칠라우로일알지네이트 하이드로클로라이드 – 0.4%

09 다음 화장품에 사용되는 제한이 필요한 보존제 성분 중 점막에 사용되는 제품에는 사용이 금지되는 것은?

① 클로로자이레놀
② p-클로로-m-크레졸
③ 클로로부탄올
④ 징크피리치온
⑤ 쿼터늄-15(메텐아민 3-클로로알릴클로라이드)

> **해설**
> p-클로로-m-크레졸의 사용 한도 : 0.04%(점막에 사용되는 제품에는 사용금지)
> ① 클로로자이레놀 - 0.5%
> ③ 클로로부탄올 - 0.5%[에어로졸(스프레이에 한함) 제품에는 사용금지]
> ④ 징크피리치온 - 사용 후 씻어내는 제품에 0.5%(기타 제품에는 사용금지)
> ⑤ 쿼터늄-15(메텐아민 3-클로로알릴클로라이드) - 0.2%

10 화장품 사용상의 제한이 필요한 보존제 성분의 사용한도로 옳지 않은 것은?

① 테트라브로모-o-크레졸 - 0.3%
② 페녹시에탄올 - 1.0%
③ 페녹시이소프로판올(1-페녹시프로판-2-올) - 사용 후 씻어내는 제품에 1.0%
④ 포믹애씨드 및 소듐포메이트 - 포믹애씨드로서 0.5%
⑤ 폴리(1-헥사메칠렌바이구아니드)에이치씨엘 - 0.5%

> **해설**
> ⑤ 폴리(1-헥사메칠렌바이구아니드)에이치씨엘 - 0.05%

11 화장품 사용상의 제한이 필요한 보존제 성분의 사용한도로 옳은 것은?

① 프로피오닉애씨드 및 그 염류 - 프로피오닉애씨드로서 1.0%
② 피록톤올아민(1-하이드록시-4-메칠-6(2,4,4-트리메칠펜틸)2-피리돈 및 그 모노에탄올아민염) - 사용 후 씻어내는 제품에 0.5%
③ 피리딘-2-올 1-옥사이드 - 0.15%
④ 헥세티딘 - 사용 후 씻어내는 제품에 0.5%
⑤ p-하이드록시벤조익애씨드, 그 염류 및 에스텔류(다만, 에스텔류 중 페닐은 제외) - 단일 성분일 경우 0.4%(산으로서)

p-하이드록시벤조익애씨드, 그 염류 및 에스텔류(다만, 에스텔류 중 페닐은 제외)의 사용한도
- 단일성분일 경우 0.4%(산으로서)
- 혼합사용의 경우 0.8%(산으로서)

① 프로피오닉애씨드 및 그 염류 - 프로피오닉애씨드로서 0.9%
② 피록톤올아민(1-하이드록시-4-메칠-6(2,4,4-트리메칠펜틸)2-피리돈 및 그 모노에탄올아민염) - 사용 후 씻어내는 제품에 1.0%, 기타 제품에 0.5%
③ 피리딘-2-올 1-옥사이드 - 0.5%
④ 헥세티딘 - 사용 후 씻어내는 제품에 0.1%

12 맞춤형화장품 매장에 근무하는 조제관리사에게 향료 알레르기가 있는 고객이 제품에 대해 문의를 해왔다. 조제관리사가 제품에 부착된 〈보기〉의 설명서를 참조하여 고객에게 안내해야 할 말로 가장 적절한 것은?

●보기●
- 제품명 : 유기농 모이스춰로션
- 제품의 유형 : 액상 에멀전류
- 내용량 : 50g
- 전성분 : 정제수, 1,3부틸렌글리콜, 글리세린, 스쿠알란, 호호바유, 모노스테아린산글리세린, 피이지 소르비탄지방산에스터, 1,2헥산디올, 녹차추출물, 황금추출물, 참나무이끼추출물, 토코페롤, 잔탄검, 구연산나트륨, 수산화칼륨, 벤질알코올, 유제놀, 리모넨

---

① 이 제품은 유기농 화장품으로 알레르기 반응을 일으키지 않습니다.
② 이 제품은 알레르기는 면역성이 있어 반복해서 사용하면 완화될 수 있습니다.
③ 이 제품은 조제관리사가 조제한 제품이어서 알레르기 반응을 일으키지 않습니다.
④ 이 제품은 알레르기 완화 물질이 첨가되어 있어 알레르기 체질 개선에 효과가 있습니다.
⑤ 이 제품은 알레르기를 유발할 수 있는 성분이 포함되어 있어 사용 시 주의를 요합니다.

성분 중 참나무이끼추출물, 벤질알코올, 유제놀, 리모넨 등은 착향제의 구성 성분 중 알레르기 유발성분에 해당한다.

13 착향제의 구성 성분 중 해당 성분의 명칭을 기재·표시하여야 하는 알레르기 유발성분에 해당하는 것은?

① 쿠마린
② 벤잘코늄클로라이드
③ 스테아린산아연
④ 실버나이트레이트
⑤ 알부틴

해설

착향제의 구성 성분 중 알레르기 유발성분

연 번	성분명	연 번	성분명
1	아밀신남알	14	벤질신나메이트
2	벤질알코올	15	파네솔
3	신나밀알코올	16	부틸페닐메틸프로피오날
4	시트랄	17	리날룰
5	유제놀	18	벤질벤조에이트
6	하이드록시시트로넬알	19	시트로넬올
7	아이소유제놀	20	헥실신남알
8	아밀신나밀알코올	21	리모넨
9	벤질살리실레이트	22	메틸 2-옥티노에이트
10	신남알	23	알파-아이소메틸아이오논
11	쿠마린	24	참나무이끼추출물
12	제라니올	25	나무이끼추출물
13	아니스알코올		

※ 다만, 사용 후 씻어내는 제품에는 0.01% 초과, 사용 후 씻어내지 않는 제품에는 0.001% 초과 함유하는 경우에 한한다.

14 착향제의 구성 성분 중 해당 성분의 명칭을 기재·표시하여야 하는 알레르기 유발성분이 아닌 것은?

① 아밀신남알
② 벤질알코올
③ 신나밀알코올
④ 시트랄
⑤ 포름알데하이드

해설

포름알데하이드 성분에 과민한 사람은 있으나, 기재·표시하여야 하는 알레르기 유발성분은 아니다.

15 착향제의 구성 성분 중 해당 성분의 명칭을 기재·표시하여야 하는 알레르기 유발성분이 아닌 것은?

① 유제놀   ② 과산화수소
③ 아밀신나밀알코올   ④ 신남알
⑤ 하이드록시시트로넬알

해설
과산화수소는 눈에 접촉을 피하고 눈에 들어갔을 때는 즉시 씻어내야 하는 성분으로 기재·표시하여야 하는 알레르기 유발성분은 아니다.

16 착향제의 구성 성분 중 해당 성분의 명칭을 기재·표시하여야 하는 알레르기 유발성분에 해당하는 것을 다음 〈보기〉에서 모두 고르시오.

---• 보기 •---
ㄱ. 리모넨   ㄴ. 파네솔
ㄷ. 벤질벤조에이트   ㄹ. 카 민
ㅁ. 알파-아이소메틸아이오논   ㅂ. 나무이끼추출물

① ㄱ, ㄴ, ㄷ, ㄹ   ② ㄱ, ㄴ, ㄷ, ㅁ
③ ㄱ, ㄴ, ㄷ, ㄹ, ㅁ   ④ ㄱ, ㄴ, ㄷ, ㅁ, ㅂ
⑤ ㄱ, ㄴ, ㄷ, ㄹ, ㅁ, ㅂ

해설
카민 성분에 과민하거나 알레르기가 있는 사람은 신중히 사용해야 하지만, 기재·표시하여야 하는 알레르기 유발성분은 아니다.

01 기초화장품(스킨케어 화장품)에 대한 설명으로 틀린 것은?

① 스킨케어 화장품, 페이셜(facial) 화장품, 피부용 화장품으로 주로 얼굴에 사용한다.
② 피부의 청결 유지, 피부의 보호 등을 목적으로 한다.
③ 세안제, 피부정돈제, 트리트먼트제로 나누어진다.
④ 화장수, 유액, 미용액, 보습크림, 마사지 크림, 영양크림, 팩 등이 있다.
⑤ 마무리용 화장품이다.

> **해설**
> 마무리용 화장품은 메이크업(Make up) 화장품에 해당한다.

02 다음 중 메이크업(Make up) 화장품에 해당하는 것은?

① 스킨케어 화장품   ② 페이셜(facial) 화장품
③ 파운데이션 화장품   ④ 피부용 화장품
⑤ 선케어 화장품

> **해설**
> 메이크업(Make up) 화장품은 마무리용 화장품으로 파운데이션류, 메이크업류, 립스틱류, 볼터치류, 네일 케어류 등이
> 있다.

03 다음 중 바디 화장품에 해당하지 않는 것은?

① 바디 스킨케어제   ② 선케어 화장품
③ 제한·방취 화장품   ④ 콘디셔너
⑤ 제모제

> **해설**
> 콘디셔너는 두발두피용 화장품이다.

04 향수와 오데코롱은 화장품 분류 중 어디에 속하는가?

① 바디 화장품   ② 기초화장품
③ 방향 화장품   ④ 메이크업 화장품
⑤ 두발두피용 화장품

해설

방향 화장품은 향기를 즐기고, 심리효과를 얻는 것을 목적으로 이용되는 화장품이다.

05 기초화장품 중 '정돈'에 사용되는 화장품을 모두 고르시오.

┌─● 보 기 ●─────────────────────────────┐
│ ㄱ. 유 액   ㄴ. 화장수   │
│ ㄷ. 팩   ㄹ. 마사지크림   │
└──────────────────────────────────────┘

① ㄱ, ㄴ   ② ㄱ, ㄷ
③ ㄱ, ㄴ, ㄷ   ④ ㄴ, ㄷ, ㄹ
⑤ ㄱ, ㄴ, ㄷ, ㄹ

해설

ㄱ. 유액은 피부 보호 목적으로 사용된다.

기초화장품의 분류

구 분	사용 목적	주요 제품
기초화장품	세 정	세안크림, 폼
	정 돈	화장수, 팩, 마사지크림
	보 호	유액, 모이스처크림

06 메이크업 화장품의 목적별 제품을 연결한 것으로 잘못된 것은?

① 베이스 메이크업 – 파운데이션
② 베이스 메이크업 – 볼연지
③ 포인트 메이크업 – 립스틱
④ 포인트 메이크업 – 아이섀도
⑤ 네일 – 제광액

해설

메이크업 화장품
• 베이스 메이크업 : 파운데이션, 백분
• 포인트 메이크업 : 립스틱, 볼연지, 아이섀도, 라이너
• 네일 : 네일에나멜, 제광액

07 제한, 방취에 사용되는 바디용 화장품은?

① 액체세정료   ② 선오일

③ 데오도런트   ④ 선스크린크림

⑤ 제모크림

해설

바디용 화장품

사용 목적	주요 제품
목욕용	비누, 액체세정료, 입욕제
선케어, 선탠	선스크린크림, 선오일
제한, 방취	데오도런트 스프레이
탈색, 제모	탈색, 제모크림
방 충	방충로션, 스프레이

08 정발 목적으로 사용되는 두발용 화장품을 모두 고르시오.

•보기•

ㄱ. 헤어무스   ㄴ. 퍼머넌트웨이브 로션

ㄷ. 헤어리퀴드   ㄹ. 포마드

① ㄱ, ㄴ   ② ㄱ, ㄷ

③ ㄱ, ㄴ, ㄷ   ④ ㄱ, ㄷ, ㄹ

⑤ ㄱ, ㄴ, ㄷ, ㄹ

해설

ㄴ. 퍼머넌트웨이브 로션은 퍼머넌트웨이브에 사용된다.

두발두피용 화장품

구 분	사용 목적	주요 제품
두발용 화장품	세 정	샴 푸
	트리트먼트	린스, 헤어 트리트먼트
	정 발	헤어무스, 헤어리퀴드, 포마드
	퍼머넌트웨이브	퍼머넌트웨이브 로션
	염모, 탈색	헤어컬러, 헤어탈색
두피용 화장품	육모, 양모	육모제, 헤어토닉
	트리트먼트	두피 트리트먼트

09 화장품의 유형 중 목욕용 제품류에 해당하는 것은?

① 폼 클렌저(foam cleanser)
② 바디 클렌저(body cleanser)
③ 버블 배스(bubble baths)
④ 물휴지
⑤ 액체 비누(liquid soaps)

해설

①·②·④·⑤는 모두 인체 세정용 제품류에 해당한다.

목욕용 제품류
• 목욕용 오일·정제·캡슐
• 목욕용 소금류
• 버블 배스(bubble baths)
• 그 밖의 목욕용 제품류

10 화장품의 유형 중 눈 화장용 제품류에 해당하지 않는 것은?

① 아이브로 펜슬(eyebrow pencil)
② 아이 라이너(eye liner)
③ 아이 섀도(eye shadow)
④ 콜롱(cologne)
⑤ 마스카라(mascara)

해설

콜롱(cologne)은 방향용 제품류에 해당한다.

11 화장품의 유형 중 두발 염색용 제품류에 해당하지 않는 것은?

① 염모제
② 헤어 틴트(hair tints)
③ 헤어 토닉(hair tonics)
④ 헤어 컬러스프레이(hair color sprays)
⑤ 탈염·탈색용 제품

해설

헤어 토닉(hair tonics)은 두발용 제품류에 해당한다.

12 화장품의 유형 중 두발용 제품류에 해당하는 것으로만 묶인 것은?

① 헤어 컨디셔너(hair conditioners), 헤어 크림·로션, 포마드(pomade), 퍼머넌트 웨이브 (permanent wave)
② 헤어 틴트(hair tints), 헤어 스트레이트너(hair straightner), 헤어 크림·로션, 헤어 오일
③ 헤어 토닉(hair tonics), 헤어 스프레이·무스·왁스·젤, 흑채, 염모제
④ 샴푸, 린스, 헤어 컬러스프레이(hair color sprays), 흑채
⑤ 헤어 그루밍 에이드(hair grooming aids), 헤어 오일, 헤어 컬러스프레이(hair color sprays), 염모제

> **해설**
>
> 두발용 제품류
> • 헤어 컨디셔너(hair conditioners)
> • 헤어 토닉(hair tonics)
> • 헤어 그루밍 에이드(hair grooming aids)
> • 헤어 크림·로션
> • 헤어 오일
> • 포마드(pomade)
> • 헤어 스프레이·무스·왁스·젤
> • 샴푸, 린스
> • 퍼머넌트 웨이브(permanent wave)
> • 헤어 스트레이트너(hair straightner)
> • 흑 채
> • 그 밖의 두발용 제품류

13 화장품의 유형 중 손발톱용 제품류에 해당하는 것으로만 묶인 것은?

① 베이스코트(basecoats), 언더코트(under coats), 셰이빙 크림(shaving cream)
② 네일폴리시(nail polish), 네일에나멜(nail enamel), 탑코트(topcoats)
③ 네일 크림·로션·에센스, 프리셰이브 로션(preshave lotions)
④ 네일폴리시·네일에나멜 리무버, 셰이빙 폼(shaving foam)
⑤ 언더코트(under coats), 네일폴리시(nail polish), 립밤(lip balm)

> **해설**
>
> 손발톱용 제품류
> • 베이스코트(basecoats), 언더코트(under coats)
> • 네일폴리시(nail polish), 네일에나멜(nail enamel)
> • 탑코트(topcoats)
> • 네일 크림·로션·에센스
> • 네일폴리시·네일에나멜 리무버
> • 그 밖의 손발톱용 제품류

14 화장품의 유형 중 색조 화장용 제품류에 해당하는 것을 다음 〈보기〉에서 모두 고르시오.

┌─● 보기 ●─────────────────────────────────────┐
│ ㄱ. 페이스 파우더(face powder)   ㄴ. 메이크업 베이스(make-up bases) │
│ ㄷ. 립라이너(lip liner)   ㄹ. 탑코트(topcoats)   │
│ ㅁ. 페이스 케이크(face cakes)   ㅂ. 페이스페인팅(face painting)   │
└──┘

① ㄱ, ㄴ, ㄷ, ㄹ   ② ㄱ, ㄴ, ㄷ, ㅁ
③ ㄱ, ㄴ, ㄷ, ㄹ, ㅁ   ④ ㄱ, ㄴ, ㄷ, ㅁ, ㅂ
⑤ ㄱ, ㄴ, ㄷ, ㄹ, ㅁ, ㅂ

해설

ㄹ. 탑코트(topcoats)는 손발톱용 제품류에 해당한다.

색조 화장용 제품류
• 볼연지
• 페이스 파우더(face powder), 페이스 케이크(face cakes)
• 리퀴드(liquid)·크림·케이크 파운데이션(foundation)
• 메이크업 베이스(make-up bases)
• 메이크업 픽서티브(make-up fixatives)
• 립스틱, 립라이너(lip liner)
• 립글로스(lip gloss), 립밤(lip balm)
• 바디페인팅(body painting), 페이스페인팅(face painting), 분장용 제품
• 그 밖의 색조 화장용 제품류

15 화장품의 유형 중 기초화장용 제품류에 해당하는 것을 다음 〈보기〉에서 모두 고르시오.

┌─● 보기 ●─────────────────────────────────────┐
│ ㄱ. 수렴·유연·영양 화장수(face lotions)   ㄴ. 마사지 크림   │
│ ㄷ. 팩, 마스크   ㄹ. 데오도런트   │
│ ㅁ. 손·발의 피부연화 제품   ㅂ. 메이크업 리무버 │
└──┘

① ㄱ, ㄴ, ㄷ, ㄹ   ② ㄱ, ㄴ, ㄷ, ㅁ
③ ㄱ, ㄴ, ㄷ, ㄹ, ㅁ   ④ ㄱ, ㄴ, ㄷ, ㅁ, ㅂ
⑤ ㄱ, ㄴ, ㄷ, ㄹ, ㅁ, ㅂ

해설

ㄹ. 데오도런트는 체취 방지용 제품류에 해당한다.

기초화장용 제품류
• 수렴·유연·영양 화장수(face lotions)   • 마사지 크림
• 에센스, 오일   • 파우더
• 바디 제품   • 팩, 마스크
• 눈 주위 제품   • 로션, 크림
• 손·발의 피부연화 제품
• 클렌징 워터, 클렌징 오일, 클렌징 로션, 클렌징 크림 등 메이크업 리무버
• 그 밖의 기초화장용 제품류

16 화장품 사용 시의 공통적인 주의사항이다. 옳지 않은 것은?

① 화장품 사용 시 직사광선에 의하여 사용부위에 붉은 반점이 있는 경우 맞춤형화장품조제관리사 등과 상담할 것
② 상처가 있는 부위 등에는 사용을 자제할 것
③ 보관 및 취급 시 어린이의 손이 닿지 않는 곳에 보관할 것
④ 보관 및 취급 시 직사광선을 피해서 보관할 것
⑤ 화장품 사용 후 부어오름 또는 가려움증 등의 이상 증상이나 부작용이 있는 경우 전문의 등과 상담할 것

> **해설**
> 화장품 사용 시 또는 사용 후 직사광선에 의하여 사용부위가 붉은 반점, 부어오름 또는 가려움증 등의 이상 증상이나 부작용이 있는 경우 전문의 등과 상담해야 한다.

17 미세한 알갱이가 함유되어 있는 스크러브세안제의 사용 시 주의사항으로 옳지 않은 것은?

① 눈 주위를 피하여 사용해야 한다.
② 눈에 들어갔을 때에는 즉시 씻어내야 한다.
③ 알갱이가 눈에 들어갔을 때에는 물로 씻어내고, 이상이 있는 경우에는 전문의와 상담해야 한다.
④ 알갱이가 미세하기 때문에 물로 씻어낼 필요는 없다.
⑤ 피부 질환이 있는 사람 등은 사용을 피해야 한다.

> **해설**
> 미세한 알갱이가 함유되어 있는 스크러브세안제의 사용 시 알갱이가 눈에 들어갔을 때에는 물로 씻어내고, 이상이 있는 경우에는 전문의와 상담해야 한다.

18 퍼머넌트 웨이브 제품 및 헤어스트레이트너 제품의 사용 시 주의사항으로 가장 옳지 않은 것은?

① 두피·얼굴·눈·목·손 등에 약액이 묻지 않도록 유의하고, 얼굴 등에 약액이 묻었을 때에는 즉시 물로 씻어낼 것
② 특이체질, 생리 또는 출산 전후이거나 질환이 있는 사람 등은 사용을 피할 것
③ 머리카락의 손상 등을 피하기 위하여 용법·용량을 지켜야 하며, 가능하면 일부에 시험적으로 사용하여 볼 것
④ 사용 후 물로 씻어내지 않으면 탈모 또는 탈색의 원인이 될 수 있으므로 주의할 것
⑤ 섭씨 15도 이하의 어두운 장소에 보존하고, 색이 변하거나 침전된 경우에는 사용하지 말 것

> **해설**
> ④는 모발용 샴푸의 사용 시 주의사항이다.

19 고압가스를 사용하는 에어로졸 제품의 사용 시 주의사항으로 가장 옳지 않은 것은?

① 같은 부위에 연속해서 3초 이상 분사하지 말 것

② 가능하면 인체에서 30cm 이상 떨어져서 사용할 것

③ 눈 주위 또는 점막 등에 분사하지 말 것

④ 자외선차단제의 경우 얼굴에 직접 분사하지 말고 손에 덜어 얼굴에 바를 것

⑤ 분사가스는 직접 흡입하지 않도록 주의할 것

> **해설**
> ② 가능하면 인체에서 20cm 이상 떨어져서 사용할 것

20 고압가스를 사용하는 에어로졸 제품(가연성 가스를 사용하는 제품)의 보관 및 취급상의 주의사항으로 옳지 않은 것은?

① 불꽃을 향하여 사용하지 말 것

② 화기를 사용하고 있는 실내에서 사용하지 말 것

③ 섭씨 35도 이상의 장소 또는 개방된 장소에서 보관하지 말 것

④ 밀폐된 실내에서 사용한 후에는 반드시 환기를 할 것

⑤ 불 속에 버리지 말 것

> **해설**
> ③ 섭씨 40도 이상의 장소 또는 밀폐된 장소에서 보관하지 말 것

21 염모제(산화염모제와 비산화염모제)를 사용해서는 안 되는 사람으로 부적절한 것은?

① 제품에 배합되어 있는 '과황산염'이 함유된 탈색제로 몸이 부은 경험이 있는 경우, 사용 중 또는 사용 직후에 구역, 구토 등 속이 좋지 않았던 사람

② 지금까지 염모제를 사용할 때 피부이상반응(부종, 염증 등)이 있었던 경험이 있었던 사람

③ 피부시험(패취테스트, patch test)의 결과, 이상이 발생한 경험이 있는 사람

④ 신장질환, 만성질환, 당뇨성질환이 있는 사람

⑤ 미열, 권태감, 두근거림, 호흡곤란의 증상이 지속되거나 코피 등의 출혈이 잦고 생리, 그 밖에 출혈이 멈추기 어려운 증상이 있는 사람

> **해설**
> 만성질환, 당뇨성질환이 있는 분은 염모제를 사용해서는 안 되는 사람으로 볼 수 없다.

22 염모제 사용 전의 주의사항으로 옳지 않은 것은?

① 염색 전 2일전(48시간 전)에는 매회 반드시 패취테스트(patch test)를 실시한다.
② 눈썹, 속눈썹 등은 위험하므로 사용하지 않는다.
③ 면도 직후에 염색해야 한다.
④ 염모 전후 1주간은 파마ㆍ웨이브(퍼머넌트웨이브)를 하지 않는다.
⑤ 패취테스트는 염모제에 부작용이 있는 체질인지 아닌지를 조사하는 테스트로서, 과거에 아무 이상이 없이 염색한 경우에도 체질의 변화에 따라 알레르기 등 부작용이 발생할 수 있으므로 매회 반드시 실시해야 한다.

> **해설**
> 면도 직후에는 염색해서는 안 된다.

23 패취테스트(patch test)의 순서 절차에 대한 설명으로 옳지 않은 것은?

① 먼저 팔의 안쪽 또는 귀 뒤쪽 머리카락이 난 주변의 피부를 비눗물로 잘 씻고 탈지면으로 가볍게 닦습니다.
② 제품 소량을 취해 정해진 용법대로 혼합하여 실험액을 준비합니다.
③ 실험액을 앞서 세척한 부위에 동전 크기로 바르고 자연건조시킨 후 그대로 48시간 방치합니다.
④ 테스트 부위의 관찰은 테스트액을 바른 후 48시간 후 행하여 주십시오.
⑤ 테스트 도중, 48시간 이전이라도 피부이상을 느낀 경우에는 바로 테스트를 중지하고 테스트액을 씻어내고 염모는 하지 말아 주십시오.

> **해설**
> 테스트 부위의 관찰은 테스트액을 바른 후 30분 그리고 48시간 후 총 2회를 반드시 행하여 주십시오.

24 염모 시의 주의사항으로 옳지 않은 것은?

① 염모액 또는 머리를 감는 동안 그 액이 눈에 들어가지 않도록 하여 주십시오. 눈에 들어가면 심한 통증을 발생시키거나 경우에 따라서 눈에 손상(각막의 염증)을 입을 수 있습니다.
② 눈에 들어갔을 때는 절대로 손으로 비비지 말고 바로 물 또는 미지근한 물로 15분 이상 잘 씻어 주시고 안약 등을 사용하십시오.
③ 염색 중에는 목욕을 하거나 염색 전에 머리를 적시거나 감지 말아 주십시오.
④ 염모 중에 발진, 발적, 부어오름, 가려움, 강한 자극감 등의 피부이상이나 구역, 구토 등의 이상을 느꼈을 때는 즉시 염색을 중지하고 염모액을 잘 씻어내 주십시오.
⑤ 염모액이 피부에 묻었을 때는 곧바로 물 등으로 씻어내 주십시오.

눈에 들어갔을 때는 절대로 손으로 비비지 말고 바로 물 또는 미지근한 물로 15분 이상 잘 씻어 주고 곧바로 안과 전문의의 진찰을 받는다. 임의로 안약 등을 사용해서는 안 된다.

25 염모제의 사용 · 보관 및 취급상의 주의사항으로 옳지 않은 것은?

① 혼합한 염모액을 밀폐된 용기에 보존하지 말아야 한다.
② 염색 전 매회 반드시 패취테스트를 실시한다.
③ 눈썹, 속눈썹 등은 위험하므로 사용하지 않는다.
④ 용기를 버릴 때는 반드시 뚜껑을 열어서 버려야 한다.
⑤ 사용 후 혼합한 액은 직사광선을 피하고 공기와 접촉을 피하여 서늘한 곳에 보관하여야 한다.

혼합한 액의 잔액은 효과가 없으므로 잔액은 반드시 바로 버린다. 사용 후 혼합하지 않은 액은 직사광선을 피하고 공기와 접촉을 피하여 서늘한 곳에 보관한다.

26 다음 〈보기〉에서 탈염 · 탈색제를 사용해서는 안 되는 사람을 모두 고른 것은?

●보기●
ㄱ. 두피, 얼굴, 목덜미에 부스럼, 상처, 피부병이 있는 사람
ㄴ. 생리 중, 임신 중 또는 임신할 가능성이 있는 사람
ㄷ. 출산 후, 병중이거나 또는 회복 중에 있는 사람, 그 밖에 신체에 이상이 있는 사람
ㄹ. 특이체질, 신장질환, 혈액질환 등의 병력이 있는 사람

① ㄱ, ㄴ
② ㄱ, ㄷ, ㄹ
③ ㄱ, ㄴ, ㄹ
④ ㄱ, ㄴ, ㄷ
⑤ ㄱ, ㄴ, ㄷ, ㄹ

ㄹ. 특이체질, 신장질환, 혈액질환 등의 병력이 있는 분은 피부과 전문의와 상의하여 신중히 사용할 수 있다.

27 탈염·탈색제의 사용 전의 주의사항으로 옳지 않은 것은?

① 눈썹에는 위험하므로 사용하지 말아야 한다.

② 속눈썹에는 위험하므로 사용하지 말아야 한다.

③ 두발 이외의 부분(손발의 털 등)에도 사용할 수 있다.

④ 면도 직후에는 사용하지 말아야 한다.

⑤ 사용을 전후하여 1주일 사이에는 퍼머넌트웨이브 제품 및 헤어스트레이트너 제품을 사용하지 말아야 한다.

해설

두발 이외의 부분(손발의 털 등)에는 사용하지 않는다. 피부에 부작용(피부이상반응, 염증 등)이 나타날 수 있다.

28 탈염·탈색제의 사용 시 주의사항으로 옳지 않은 것은?

① 제품 또는 머리 감는 동안 제품이 눈에 들어가지 않도록 해야 한다.

② 만일 눈에 들어갔을 때는 손으로 살짝 비벼서 이물질을 제거하고 바로 미지근한 물로 30분 이상 씻어 흘려 내려야 한다.

③ 사용 중에 목욕을 하거나 사용 전에 머리를 적시거나 감지 말아야 한다. 땀이나 물방울 등을 통해 제품이 눈에 들어갈 염려가 있다.

④ 손가락이나 손톱을 보호하기 위하여 장갑을 끼고 사용해야 한다.

⑤ 환기가 잘 되는 곳에서 사용해야 한다.

해설

만일 눈에 들어갔을 때는 절대로 손으로 비비지 말고 바로 물이나 미지근한 물로 15분 이상 씻어 흘려 내리고 곧바로 안과 전문의의 진찰을 받아야 한다.

29 제모제(치오글라이콜릭애씨드 함유 제품에만 표시함)를 사용해서는 안 되는 사람(부위)으로 부적절한 것은?

① 특이체질, 신장질환, 혈액질환 등의 병력이 있는 사람

② 생리 전후, 산전, 산후, 병후의 환자

③ 얼굴, 상처, 부스럼, 습진, 짓무름, 기타의 염증, 반점 또는 자극이 있는 피부

④ 유사 제품에 부작용이 나타난 적이 있는 피부

⑤ 약한 피부 또는 남성의 수염부위

해설

다음과 같은 사람(부위)에는 제모제를 사용하지 않는다.

• 생리 전후, 산전, 산후, 병후의 환자
• 얼굴, 상처, 부스럼, 습진, 짓무름, 기타의 염증, 반점 또는 자극이 있는 피부
• 유사 제품에 부작용이 나타난 적이 있는 피부
• 약한 피부 또는 남성의 수염부위

30 제모제(치오글라이콜릭애씨드 함유 제품에만 표시함)의 사용 시의 주의사항으로 옳지 않은 것은?

① 땀발생억제제(Antiperspirant), 향수, 수렴로션(Astringent Lotion)은 제품 사용 후 24시간 후에 사용하십시오.

② 부종, 홍반, 가려움, 피부염(발진, 알레르기), 광과민반응, 중증의 화상 및 수포 등의 증상이 나타나는 경우 제품의 사용을 즉각 중지하고 의사 또는 약사와 상의하십시오.

③ 사용 중 따가운 느낌, 불쾌감, 자극이 발생할 경우 더운물로 씻으며, 불쾌감이나 자극이 지속될 경우 의사 또는 약사와 상의하십시오.

④ 제품의 사용 전후에 비누류를 사용하면 자극감이 나타날 수 있으므로 주의하십시오.

⑤ 제모에 필요한 시간은 모질(毛質)에 따라 차이가 있을 수 있으므로 정해진 시간 내에 모가 깨끗이 제거되지 않은 경우 2~3일의 간격을 두고 사용하십시오.

해설

사용 중 따가운 느낌, 불쾌감, 자극이 발생할 경우 즉시 닦아내어 제거하고 찬물로 씻으며, 불쾌감이나 자극이 지속될 경우 의사 또는 약사와 상의한다.

31 다음 내용은 화장품의 함유 성분별 사용 시의 주의사항 표시 문구를 대상 제품별로 연결한 것이다. 옳지 않은 것은?

① 과산화수소 및 과산화수소 생성물질 함유 제품 – 눈에 접촉을 피하고 눈에 들어갔을 때는 즉시 씻어낼 것

② 벤잘코늄클로라이드, 벤잘코늄브로마이드 및 벤잘코늄사카리네이트 함유 제품 – 사용 시 흡입되지 않도록 주의할 것

③ 스테아린산아연 함유 제품(기초화장용 제품류 중 파우더 제품에 한함) – 사용 시 흡입되지 않도록 주의할 것

④ 살리실릭애씨드 및 그 염류 함유 제품(샴푸 등 사용 후 바로 씻어내는 제품 제외) – 만 3세 이하 어린이에게는 사용하지 말 것

⑤ 알루미늄 및 그 염류 함유 제품(체취방지용 제품류에 한함) – 신장 질환이 있는 사람은 사용 전에 의사, 약사, 한의사와 상의할 것

해설

② 벤잘코늄클로라이드, 벤잘코늄브로마이드 및 벤잘코늄사카리네이트 함유 제품 – 눈에 접촉을 피하고 눈에 들어갔을 때는 즉시 씻어낼 것

32 아이오도프로피닐부틸카바메이트(IPBC) 함유 제품(목욕용제품, 샴푸류 및 바디클렌저 제외)의 주의사항 표시 문구로 옳은 것은?

① 눈에 접촉을 피하고 눈에 들어갔을 때는 즉시 씻어낼 것
② 사용 시 흡입되지 않도록 주의할 것
③ 만 3세 이하 어린이에게는 사용하지 말 것
④ 신장 질환이 있는 사람은 사용 전에 의사, 약사, 한의사와 상의할 것
⑤ 만 3세 이하 어린이의 기저귀가 닿는 부위에는 사용하지 말 것

> **해설**

화장품의 함유 성분별 사용 시의 주의사항 표시 문구

대상 제품	표시 문구
과산화수소 및 과산화수소 생성물질 함유 제품	눈에 접촉을 피하고 눈에 들어갔을 때는 즉시 씻어낼 것
벤잘코늄클로라이드, 벤잘코늄브로마이드 및 벤잘코늄사카리네이트 함유 제품	눈에 접촉을 피하고 눈에 들어갔을 때는 즉시 씻어낼 것
스테아린산아연 함유 제품 (기초화장용 제품류 중 파우더 제품에 한함)	사용 시 흡입되지 않도록 주의할 것
살리실릭애씨드 및 그 염류 함유 제품 (샴푸 등 사용 후 바로 씻어내는 제품 제외)	만 3세 이하 어린이에게는 사용하지 말 것
실버나이트레이트 함유 제품	눈에 접촉을 피하고 눈에 들어갔을 때는 즉시 씻어낼 것
아이오도프로피닐부틸카바메이트(IPBC) 함유 제품 (목욕용제품, 샴푸류 및 바디클렌저 제외)	만 3세 이하 어린이에게는 사용하지 말 것
알루미늄 및 그 염류 함유 제품 (체취방지용 제품류에 한함)	신장 질환이 있는 사람은 사용 전에 의사, 약사, 한의사와 상의할 것
알부틴 2% 이상 함유 제품	알부틴은 「인체적용시험자료」에서 구진과 경미한 가려움이 보고된 예가 있음
카민 함유 제품	카민 성분에 과민하거나 알레르기가 있는 사람은 신중히 사용할 것
코치닐추출물 함유 제품	코치닐추출물 성분에 과민하거나 알레르기가 있는 사람은 신중히 사용할 것
포름알데하이드 0.05% 이상 검출된 제품	포름알데하이드 성분에 과민한 사람은 신중히 사용할 것
폴리에톡실레이티드레틴아마이드 0.2% 이상 함유 제품	폴리에톡실레이티드레틴아마이드는 「인체적용시험자료」에서 경미한 발적, 피부건조, 화끈감, 가려움, 구진이 보고된 예가 있음
부틸파라벤, 프로필파라벤, 이소부틸파라벤 또는 이소프로필파라벤 함유 제품(영·유아용 제품류 및 기초화장용 제품류(만 3세 이하 어린이가 사용하는 제품) 중 사용 후 씻어내지 않는 제품에 한함)	만 3세 이하 어린이의 기저귀가 닿는 부위에는 사용하지 말 것

01 화장품 위해성평가에 대한 다음 정의에 대한 설명으로 옳지 않은 것은?

① "인체적용제품"이란 사람이 섭취·투여·접촉·흡입 등을 함으로써 인체에 영향을 줄 수 있는 제품을 말한다.

② "독성"이란 인체적용제품에 존재하는 위해요소가 인체에 유해한 영향을 미치는 고유의 성질을 말한다.

③ "위해요소"란 인체의 건강을 해치거나 해칠 우려가 있는 화학적·생물학적·물리적 요인을 말한다.

④ "위해성"이란 인체적용제품에 존재하는 위해요소에 노출되는 경우 인체의 건강을 해칠 수 있는 정도를 말한다.

⑤ "위해성평가"란 인체적용제품에 존재하는 위해요소가 다양한 매체와 경로를 통하여 인체에 미치는 영향을 종합적으로 평가하는 것을 말한다.

> **해설**
> • "위해성평가"란 인체적용제품에 존재하는 위해요소가 인체의 건강을 해치거나 해칠 우려가 있는지 여부와 그 정도를 과학적으로 평가하는 것을 말한다.
> • "통합위해성평가"란 인체적용제품에 존재하는 위해요소가 다양한 매체와 경로를 통하여 인체에 미치는 영향을 종합적으로 평가하는 것을 말한다.

02 인체적용제품에 대한 위해성평가를 수행하기 위한 〈보기〉의 위해성평가 방법을 순서대로 나열한 것은?

> **• 보기 •**
> ㄱ. 위해요소의 인체 내 독성 등을 확인하는 과정
> ㄴ. 인체가 위해요소에 노출되어 있는 정도를 산출하는 과정
> ㄷ. 위해요소가 인체에 미치는 위해성을 종합적으로 판단하는 과정
> ㄹ. 인체가 위해요소에 노출되었을 경우 유해한 영향이 나타나지 않는 것으로 판단되는 인체노출 안전기준을 설정하는 과정

① ㄱ - ㄴ - ㄷ - ㄹ
② ㄱ - ㄴ - ㄹ - ㄷ
③ ㄱ - ㄹ - ㄴ - ㄷ
④ ㄴ - ㄱ - ㄷ - ㄹ
⑤ ㄴ - ㄱ - ㄹ - ㄷ

식품의약품안전처장은 선정한 인체적용제품에 대하여 다음의 순서에 따른 위해성평가 방법을 거쳐 위해성평가를 수행하여야 한다. 다만, 위원회의 자문을 거쳐 위해성평가 관련 기술 수준이나 위해요소의 특성 등을 고려하여 위해성평가의 방법을 다르게 정하여 수행할 수 있다.
1. 위해요소의 인체 내 독성 등을 확인하는 과정
2. 인체가 위해요소에 노출되었을 경우 유해한 영향이 나타나지 않는 것으로 판단되는 인체노출 안전기준을 설정하는 과정
3. 인체가 위해요소에 노출되어 있는 정도를 산출하는 과정
4. 위해요소가 인체에 미치는 위해성을 종합적으로 판단하는 과정

03 인체적용제품에 대한 위해성평가의 수행에 대한 설명으로 옳지 않은 것은?

① 식품의약품안전처장은 다양한 경로를 통해 인체에 영향을 미칠 수 있는 위해요소에 관하여는 '위해성평가'를 수행할 수 있다.

② 화학적 위해요소에 대한 위해성은 물질의 특성에 따라 위해지수, 안전역 등으로 표현하고 국내·외 위해성평가 결과 등을 종합적으로 비교·분석하여 최종 판단한다.

③ 미생물적 위해요소에 대한 위해성은 미생물 생육 예측 모델 결과값, 용량-반응 모델 결과값 등을 이용하여 인체 건강에 미치는 유해영향 발생 가능성 등을 최종 판단한다.

④ 식품의약품안전처장은 위해성평가 결과에 대한 교차검증을 위하여 위원회의 자문을 받을 수 있다.

⑤ 식품의약품안전처장은 전문적인 위해성평가를 위하여 식품의약품안전평가원을 위해성평가 전문기관으로 한다.

식품의약품안전처장은 다양한 경로를 통해 인체에 영향을 미칠 수 있는 위해요소에 관하여는 '통합위해성평가'를 수행할 수 있다.

04 현재의 과학기술 수준 또는 자료 등의 제한이 있거나 신속한 위해성평가가 요구될 경우 인체적용제품의 위해성평가에 대한 설명으로 옳지 않은 것은?

① 위해요소의 인체 내 독성 등 확인과 인체노출 안전기준 설정을 위하여 국제기구 및 신뢰성 있는 국내·외 위해성평가기관 등에서 평가한 결과를 준용하거나 인용할 수 있다.

② 인체노출 안전기준의 설정이 어려울 경우 위해요소의 인체 내 독성 등 확인과 인체의 위해요소 노출 정도만으로 위해성을 예측할 수 있다.

③ 인체적용제품의 섭취, 사용 등에 따라 사망 등의 위해가 발생하였을 경우 위해요소의 인체 내 독성 등의 확인만으로 위해성을 예측할 수 있다.

④ 인체의 위해요소 노출 정도를 산출하기 위한 자료가 불충분하거나 없는 경우 활용 가능한 과학적 모델을 토대로 노출 정도를 산출할 수 없다.

⑤ 특정집단에 노출 가능성이 클 경우 어린이 및 임산부 등 민감집단 및 고위험집단을 대상으로 위해성평가를 실시할 수 있다.

인체의 위해요소 노출 정도를 산출하기 위한 자료가 불충분하거나 없는 경우 활용 가능한 과학적 모델을 토대로 노출 정도를 산출할 수 있다.

05 위해화장품의 회수의무자는 그가 제조 또는 수입하거나 유통·판매한 화장품이 회수대상화장품으로 의심되는 경우에는 지체 없이 해당 화장품에 대한 위해성 등급을 평가하여야 한다. 다음 중 '1등급 위해성'으로 평가되는 경우는?

① 화장품의 사용으로 인하여 인체건강에 미치는 위해영향이 크거나 중대한 경우
② 화장품 사용으로 인하여 인체건강에 미치는 위해영향이 크지 않거나 일시적인 경우
③ 식품의약품안전처장이 정하여 고시한 화장품에 사용할 수 없는 원료를 사용하였거나 사용 상의 제한이 필요한 원료의 사용기준을 위반하여 사용한 경우 또는 유통화장품 안전관리 기준(내용량의 기준에 관한 부분은 제외한다)에 적합하지 않은 경우
④ 화장품 사용으로 인하여 인체건강에 미치는 위해영향은 없으나 유효성이 입증되지 않은 경우
⑤ 화장품 사용으로 인하여 인체건강에 미치는 위해영향은 없으나 제품의 변질, 용기·포장의 훼손 등으로 유효성에 문제가 있는 경우

② · ③ 2등급 위해성
④ · ⑤ 3등급 위해성

06 유해사례 중 "중대한 유해사례(Serious AE)"에 해당하는 경우가 아닌 것은?

① 사망을 초래하거나 생명을 위협하는 경우
② 입원 또는 입원기간의 연장이 불필요한 경우
③ 지속적 또는 중대한 불구나 기능저하를 초래하는 경우
④ 선천적 기형 또는 이상을 초래하는 경우
⑤ 기타 의학적으로 중요한 상황

"중대한 유해사례(Serious AE)"에 해당하는 경우
• 사망을 초래하거나 생명을 위협하는 경우
• 입원 또는 입원기간의 연장이 필요한 경우
• 지속적 또는 중대한 불구나 기능저하를 초래하는 경우
• 선천적 기형 또는 이상을 초래하는 경우
• 기타 의학적으로 중요한 상황

07 화장품의 사용 중 발생하였거나 알게 된 유해사례 등 안전성 정보에 대하여 식품의약품안전처장 또는 화장품 제조판매업자에게 보고할 수 있는 자를 다음 〈보기〉에서 모두 고르시오.

┌─── •보 기• ───────────────────────────────────┐
│ ㄱ. 의 사   ㄴ. 약 사   │
│ ㄷ. 간호사   ㄹ. 판매자   │
│ ㅁ. 소비자   ㅂ. 관련단체 등의 장 │
└──┘

① ㄱ, ㄴ, ㄷ   ② ㄱ, ㄴ, ㄷ, ㄹ
③ ㄱ, ㄴ, ㄷ, ㄹ, ㅁ   ④ ㄱ, ㄴ, ㄷ, ㄹ, ㅂ
⑤ ㄱ, ㄴ, ㄷ, ㄹ, ㅁ, ㅂ

해설

의사·약사·간호사·판매자·소비자 또는 관련단체 등의 장은 화장품의 사용 중 발생하였거나 알게 된 유해사례 등 안전성 정보에 대하여 식품의약품안전처장 또는 화장품 제조판매업자에게 보고할 수 있다.

08 화장품 안전성 정보의 보고수단으로 적절하지 않은 것은?

① 전 화   ② 우 편
③ 팩 스   ④ 정보통신망
⑤ 직접 방문

해설

화장품 안전성 정보의 보고는 식품의약품안전처 홈페이지를 통해 보고하거나 전화·우편·팩스·정보통신망 등의 방법으로 할 수 있다.

09 화장품 안전성 정보관리 규정에 대한 설명으로 옳지 않은 것은?

① 유해사례란 화장품의 사용 중 발생한 바람직하지 않고 의도되지 아니한 징후, 증상 또는 질병을 말하며, 당해 화장품과 반드시 인과관계를 가져야 한다.
② 유해사례 중 사망을 초래하거나 생명을 위협하는 경우에 "중대한 유해사례(Serious AE)"에 포함된다.
③ 안전성 정보란 화장품과 관련하여 국민보건에 직접 영향을 미칠 수 있는 안전성·유효성에 관한 새로운 자료, 유해사례 정보 등을 말한다.
④ 화장품 안전성 정보의 신속보고는 식품의약품안전처 홈페이지를 통해 보고하거나 우편·팩스·정보통신망 등의 방법으로 할 수 있다.
⑤ 식품의약품안전처장은 유해사례 등 안전성 정보의 보고가 규정에 적합하지 아니하거나 추가 자료가 필요하다고 판단하는 경우 일정 기한을 정하여 자료의 보완을 요구할 수 있다.

유해사례란 화장품의 사용 중 발생한 바람직하지 않고 의도되지 아니한 징후, 증상 또는 질병을 말하며, 당해 화장품과 반드시 인과관계를 가져야 하는 것은 아니다.

10 식품의약품안전처장은 다음 〈보기〉에 따라 화장품 안전성 정보를 검토 및 평가하며 필요한 경우 정책자문위원회 등 전문가의 자문을 받을 수 있다. 관련있는 항목을 모두 고르시오.

┌─ 보 기 ─
│ ㄱ. 정보의 신뢰성 및 인과관계의 평가 등
│ ㄴ. 국내·외 사용현황 등 조사·비교
│ ㄷ. 외국의 조치 및 근거 확인(필요한 경우에 한함)
│ ㄹ. 관련 유해사례 등 안전성 정보 자료의 수집·조사
│ ㅁ. 개별검토
└─

① ㄱ, ㄴ, ㄷ ② ㄱ, ㄴ, ㄹ
③ ㄱ, ㄴ, ㄷ, ㄹ ④ ㄱ, ㄴ, ㄹ, ㅁ
⑤ ㄱ, ㄴ, ㄷ, ㄹ, ㅁ

화장품 안전성 정보의 검토 및 평가
식품의약품안전처장은 다음 각 호에 따라 화장품 안전성 정보를 검토 및 평가하며 필요한 경우 정책자문위원회 등 전문가의 자문을 받을 수 있다.
1. 정보의 신뢰성 및 인과관계의 평가 등
2. 국내·외 사용현황 등 조사·비교(화장품에 사용할 수 없는 원료 사용 여부 등)
3. 외국의 조치 및 근거 확인(필요한 경우에 한함)
4. 관련 유해사례 등 안전성 정보 자료의 수집·조사
5. 종합검토

11 식품의약품안전처장 또는 지방식품의약품안전청장은 화장품 안전성 정보의 검토 및 평가 결과에 따라 필요한 조치를 할 수 있다. 다음 중 해당되지 않는 것은?

① 품목 제조·수입·판매 금지 및 수거·폐기 등의 명령
② 사용상의 주의사항 등 추가
③ 조사연구 등의 지시
④ 안전성 정보로 관리
⑤ 제조·품질관리의 적정성 여부 조사 및 시험·검사 등 기타 필요한 조치

④ 안전성 정보로 관리(×) → 실마리 정보로 관리(○)

1장　화장품 원료의 종류와 특성

01　다음 〈보기〉에서 ㉠에 적합한 용어를 작성하시오.

> ●보기●
>
> 계면활성제의 종류 중 모발에 흡착하여 유연효과나 대전 방지 효과, 모발의 정전기 방지, 린스, 살균제, 손 소독제 등에 사용되는 것은 (㉠) 계면활성제이다.

> **해설**　계면활성제의 종류 중 모발에 흡착하여 유연효과나 대전 방지 효과, 모발의 정전기 방지, 린스, 살균제, 손 소독제 등에 사용되는 것은 양이온 계면활성제이다.
>
> **정답** 양이온

02　다음 〈보기〉에서 (　　) 에 적합한 용어를 작성하시오.

> ●보기●
>
> 세정작용과 기포형성 작용이 우수하여 비누, 샴푸, 클렌징품 등에 주로 사용되는 계면활성제는 (　　) 계면활성제이다.

> **해설**　세정작용과 기포형성 작용이 우수하여 비누, 샴푸, 클렌징품 등에 주로 사용되는 계면활성제는 음이온 계면활성제이다.
>
> **정답** 음이온

03　다음 〈보기〉에서 ㉠, ㉡ 안에 들어갈 용어를 작성하시오.

> ●보기●
>
> O/W에멀전의 주성분은 (㉠)이고, W/O에멀전의 주성분은 (㉡)이다.

04 다음 〈보기〉에서 (   ) 안에 들어갈 용어를 작성하시오.

> **● 보기 ●**
>
> 물과 알코올은 화장품 원료에 가장 많이 들어가는 수성원료이다. 이 중 알코올은 수렴효과, 살균효과, 소독효과가 있고, (   )를 유발하는 단점이 있다.

05 다음 〈보기〉에서 (   ) 안에 공통적으로 들어갈 용어를 작성하시오.

> **● 보기 ●**
>
> 어떤 계면활성제가 물에 잘 녹는가 녹지않는가 하는 척도로 (   )를 사용한다. (   )가 낮을수록 물에 잘 녹지 않고, (   )가 높을수록 물에 잘 녹는 성질을 나타낸다.

06 다음 〈보기〉에서 (   ) 안에 들어갈 용어를 작성하시오.

> **● 보기 ●**
>
> 화장품에 사용되는 에탄올의 순도는 (   )이다.

07 다음 〈보기〉에서 (   ) 안에 들어갈 용어를 작성하시오.

● 보 기 ●

매크로에멀젼(Macroemulsion)의 입자 크기는 (   )로 다량의 오일을 함유한 백색의 에멀젼이다.

해설
매크로에멀젼(Macroemulsion)의 입자 크기는 1~10μm로 다량의 오일을 함유한 백색의 에멀젼이다.

정답 》 1~10μm

08 다음 〈보기〉에서 ㉠, ㉡ 안에 들어갈 용어를 작성하시오.

● 보 기 ●

치약제는 이를 희게 유지하고 튼튼하게 하며 구중청결, 치아, 잇몸 및 구강 내의 질환예방 등을 목적으로 하는 제제로서, 불소 (㉠) 이하 또는 과산화수소 (㉡) 이하를 함유하는 제제(과산화수소를 방출하는 화합물 또는 혼합물 포함)이다.

해설
치약제는 이를 희게 유지하고 튼튼하게 하며 구중청결, 치아, 잇몸 및 구강 내의 질환예방 등을 목적으로 하는 제제로서, 불소 1,500ppm 이하 또는 과산화수소 0.75% 이하를 함유하는 제제(과산화수소를 방출하는 화합물 또는 혼합물 포함)이다.

정답 》 ㉠ 1,500ppm, ㉡ 0.75%

09 다음 〈보기〉에서 (   ) 안에 들어갈 용어를 작성하시오.

● 보 기 ●

과일에서 추출한 구연산은 사과산, 주석산, 젖산 등으로 피부의 노폐물과 각질을 제거하고 탄력 있는 각질층을 회복시켜 준다. 이를 (   )라 한다.

해설
AHA는 무독성 과일에서 추출한 것 중 분자구조가 작은 글리콜산과 젖산을 이용하여 각질층에 침투시키는 방법으로 각질세포의 응집력을 약화시키며 자연 탈피를 유도시키는 필링제를 말한다.

정답 》 AHA

10 다음 〈보기〉에서 (   ) 안에 들어갈 용어를 작성하시오.

> • 보 기 •
>
> 손·발의 피부연화 제품(요소제제의 핸드크림 및 풋크림)에는 (   )을 함유하고 있으므로 이 성분에 과민하거나 알레르기 병력이 있는 사람은 신중히 사용해야 한다.

해설

손·발의 피부연화 제품(요소제제의 핸드크림 및 풋크림)에는 프로필렌 글리콜(Propylene glycol)을 함유하고 있으므로 이 성분에 과민하거나 알레르기 병력이 있는 사람은 신중히 사용해야 한다(프로필렌 글리콜 함유제품만 표시한다).

정답》 **프로필렌 글리콜(Propylene glycol)**

11 다음 〈보기〉에서 (   ) 안에 들어갈 용어를 작성하시오.

> • 보 기 •
>
> 알파-하이드록시애시드(α-hydroxyacid, AHA) 함유제품(0.5% 이하의 AHA가 함유된 제품은 제외)은 햇빛에 대한 피부의 감수성을 증가시킬 수 있으므로 (   )를 함께 사용해야 한다.

해설

알파-하이드록시애시드(α-hydroxyacid, AHA) 함유제품(0.5% 이하의 AHA가 함유된 제품은 제외)은 햇빛에 대한 피부의 감수성을 증가시킬 수 있으므로 자외선차단제를 함께 사용해야 한다(씻어내는 제품 및 두발용 제품은 제외한다).

정답》 **자외선차단제**

12 다음 〈보기〉에서 (   ) 안에 들어갈 용어를 작성하시오.

> • 보 기 •
>
> 피부장벽이란 피부의 가장 바깥층에 해당하는 각질층에 존재하는 것으로, 각질세포와 각질세포 사이의 지질막으로 구성된다. 외부 자극으로부터 피부를 보호하며, 내부의 수분이 빠져나가는 것을 막아준다. 이러한 피부장벽을 튼튼하게 하기 위해서는 피부 각질층을 구성하는 지질 성분인 (   )을(를) 충분히 보충해 주는 것이 중요하다.

해설

세라마이드는 피부 각질층의 피지 성분으로 피부 보호막을 강화해주고 수분 증발을 막으며, 피부에 수분과 보습 성분을 보급해주는 성분이다.

정답》 **세라마이드**

13 다음 〈보기〉에서 ㉠, ㉡, ㉢ 안에 들어갈 용어를 작성하시오.

┌─ •보 기• ───┐
│ • (㉠)란 유화제 등을 넣어 유성성분과 수성성분을 균질화하여 점액상으로 만든 것을 말한다. │
│ • (㉡)란 화장품에 사용되는 성분을 용제 등에 녹여서 액상으로 만든 것을 말한다. │
│ • (㉢)란 유화제 등을 넣어 유성성분과 수성성분을 균질화하여 반고형상으로 만든 것을 말한다. │
└───┘

• 로션제란 유화제 등을 넣어 유성성분과 수성성분을 균질화하여 점액상으로 만든 것을 말한다.
• 액제란 화장품에 사용되는 성분을 용제 등에 녹여서 액상으로 만든 것을 말한다.
• 크림제란 유화제 등을 넣어 유성성분과 수성성분을 균질화하여 반고형상으로 만든 것을 말한다.

정답▶ ㉠ 로션제, ㉡ 액제, ㉢ 크림제

14 다음 〈보기〉에서 ㉠, ㉡, ㉢ 안에 들어갈 용어를 작성하시오.

┌─ •보 기• ───┐
│ • (㉠)란 액체를 침투시킨 분자량이 큰 유기분자로 이루어진 반고형상을 말한다. │
│ • (㉡)란 원액을 같은 용기 또는 다른 용기에 충전한 분사제(액화기체, 압축기체 등)의 압력을 │
│   이용하여 안개모양, 포말상 등으로 분출하도록 만든 것을 말한다. │
│ • (㉢)란 균질하게 분말상 또는 미립상으로 만든 것을 말하며, 부형제 등을 사용할 수 있다. │
└───┘

• 겔제란 액체를 침투시킨 분자량이 큰 유기분자로 이루어진 반고형상을 말한다.
• 에어로졸제란 원액을 같은 용기 또는 다른 용기에 충전한 분사제(액화기체, 압축기체 등)의 압력을 이용하여 안개모양, 포말상 등으로 분출하도록 만든 것을 말한다.
• 분말제란 균질하게 분말상 또는 미립상으로 만든 것을 말하며, 부형제 등을 사용할 수 있다.

정답▶ ㉠ 겔제, ㉡ 에어로졸제, ㉢ 분말제

01 다음 〈보기〉에서 ( ) 안에 들어갈 용어를 작성하시오.

• 보 기 •

화장수는 세안한 후 피부정리 및 유·수분을 보충시켜주는 제품이다. 화장수는 일반적으로 투명 액상의 화장품으로 신체를 청결하게 하고 피부를 건강하게 유지시키기 위해 피부표면에 바른다. 화장수는 각질층에 ( )을(를) 보충하여 피부본래의 상태로 돌려준다.

해설
화장수는 세안한 후 피부정리 및 유·수분을 보충시켜주는 제품이다. 화장수는 일반적으로 투명 액상의 화장품으로 신체를 청결하게 하고 피부를 건강하게 유지시키기 위해 피부표면에 바른다. 화장수는 각질층에 NMF(Natural Moisturising Factor ; 천연보습인자)를 보충하여 피부본래의 상태로 돌려준다.

정답 ▷ **NMF(Natural Moisturising Factor ; 천연보습인자)**

02 다음 〈보기〉에서 ( ) 안에 들어갈 용어를 작성하시오.

• 보 기 •

( )는 피부에 탁월한 효과가 있는 미용 성분을 농축시킨 미용액으로 유럽에서는 세럼(serum)이라고 부른다. 크림에 비해 사용감이 산뜻하며 흡수력도 우수하다. 주요 효과는 보습, 피부보호, 영양공급 등이다.

해설
에센스(essence)는 피부에 탁월한 효과가 있는 미용 성분을 농축시킨 미용액으로 유럽에서는 세럼(serum)이라고 부른다. 크림에 비해 사용감이 산뜻하며 흡수력도 우수하다. 주요 효과는 보습, 피부보호, 영양공급 등이다.

정답 ▷ **에센스(essence)**

03 다음은 퍼머넌트웨이브의 원리를 설명한 것이다. 〈보기〉에서 ㉠, ㉡ 안에 들어갈 용어를 작성하시오.

• 보 기 •

모발은 주성분인 케라틴의 폴리펩타이드 사슬이 여러 개 연결된 그물구조를 하고 있다. 웨이브를 형성하는데 직접 관계하는 것은 결합 중에서 가장 견고한 시스틴결합(-S-S-)이다. 자연적인 상태에서 쉽게 절단되지 않던 시스틴결합은 퍼머넌트웨이브 제1제에 의해 절단되어 불안정한 시스테인을 형성(㉠)하고, 퍼머넌트웨이브 제2제를 도포하면 불안정했던 시스테인이 새로운 시스틴결합으로 형성(㉡)되면서, 웨이브가 공정된다.

정답 ▷ ㉠ **환원작용**, ㉡ **산화작용**

04 다음은 비누의 제조방법을 설명한 것이다. 〈보기〉에서 ㉠, ㉡ 안에 들어갈 용어를 작성하시오.

> ●보기●
>
> (㉠) : 유지(지방산의 글리세린에스텔)를 알칼리로 가수분해, 중화하여 비누와 글리세린을 얻는 방법
>
> (㉡) : 지방산과 알칼리를 직접 반응시켜 비누를 얻는 방법

비누의 제조방법
- 검화법(soaponification) : 유지(지방산의 글리세린에스텔)를 알칼리로 가수분해, 중화하여 비누와 글리세린을 얻는 방법
- 중화법(neutralization) : 지방산과 알칼리를 직접 반응시켜 비누를 얻는 방법

정답》 ㉠ **검화법(soaponification)**, ㉡ **중화법(neutralization)**

3장 화장품 사용제한 원료

01 「화장품 사용 시의 주의사항 및 알레르기 유발성분 표시에 관한 규정」상 다음 〈보기〉의 (   ) 안에 공통적으로 들어갈 내용을 작성하시오.

> ●보기●
>
> 「행정규제기본법」 제8조 및 「훈령·예규 등의 발령 및 관리에 관한 규정」에 따라 2014년 1월 1일을 기준으로 매 (   )이 되는 시점[매 (   )째의 12월 31일까지를 말한다]마다 그 타당성을 검토하여 개선 등의 조치를 하여야 한다.

규제의 재검토(화장품 사용 시의 주의사항 및 알레르기 유발성분 표시에 관한 규정 제4조)
「행정규제기본법」 제8조 및 「훈령·예규 등의 발령 및 관리에 관한 규정」에 따라 2014년 1월 1일을 기준으로 매 3년이 되는 시점[매 3년째의 12월 31일까지를 말한다]마다 그 타당성을 검토하여 개선 등의 조치를 하여야 한다.

정답》 **3년**

02 착향제의 구성 성분 중 알레르기 유발성분의 조건으로 다음 〈보기〉에서 ㉠, ㉡ 안에 들어갈 내용을 작성하시오.

> **● 보기 ●**
>
> 사용 후 씻어내는 제품에는 (㉠) 초과, 사용 후 씻어내지 않는 제품에는 (㉡) 초과 함유하는 경우에 한한다.

 사용 후 씻어내는 제품에는 0.01% 초과, 사용 후 씻어내지 않는 제품에는 0.001% 초과 함유하는 경우에 한한다.

정답 〉 ㉠ 0.01%, ㉡ 0.001%

03 화장품 사용상의 제한이 필요한 보존제 성분의 사용한도로서 다음 〈보기〉에서 ㉠, ㉡ 안에 들어갈 내용을 작성하시오.

> **● 보기 ●**
>
> 클로헥시딘, 그 디글루코네이트, 디아세테이트 및 디하이드로클로라이드의 사용한도
> • 점막에 사용하지 않고 씻어내는 제품에 클로헥시딘으로서 (㉠)
> • 기타 제품에 클로헥시딘으로서 (㉡)

 클로헥시딘, 그 디글루코네이트, 디아세테이트 및 디하이드로클로라이드의 사용한도
• 점막에 사용하지 않고 씻어내는 제품에 클로헥시딘으로서 0.1%
• 기타 제품에 클로헥시딘으로서 0.05%

정답 〉 ㉠ 0.1%, ㉡ 0.05%

01 다음 〈보기〉 중 맞춤형화장품판매업자가 혼합·소분 시 오염방지를 위하여 올바르게 안전관리 기준을 준수한 경우를 모두 고르시오.

> **●보기●**
>
> ㄱ. 혼합·소분 전에는 손을 소독 또는 세정하거나 일회용 장갑을 착용할 것
> ㄴ. 혼합·소분에 사용되는 장비 또는 기기 등은 사용 전·후 세척할 것
> ㄷ. 혼합·소분된 제품을 담을 용기의 오염여부를 사후에 확인할 것

 ㄷ. 혼합·소분된 제품을 담을 용기의 오염여부를 사전에 확인할 것

정답 〉 ㄱ, ㄴ

02 다음 〈보기〉 중 맞춤형화장품 조제관리사가 올바르게 업무를 진행한 경우를 모두 고르시오.

> **●보기●**
>
> ㄱ. 고객으로부터 선택된 맞춤형화장품을 조제관리사가 매장 조제실에서 직접 조제하여 전달하였다.
> ㄴ. 조제관리사는 선크림을 조제하기 위하여 에틸헥실메톡시신나메이트를 10%로 배합, 조제하여 판매하였다.
> ㄷ. 책임판매업자가 기능성화장품으로 심사 또는 보고를 완료한 제품을 맞춤형화장품 조제관리사가 소분하여 판매하였다.
> ㄹ. 맞춤형화장품 구매를 위하여 인터넷 주문을 진행한 고객에게 조제관리사는 전자상거래 담당자에게 직접 조제하여 제품을 배송까지 진행하도록 지시하였다.

 ㄴ. 자외선차단 성분으로 에틸헥실메톡시신나메이트의 사용한도는 7.5%이므로, 사용한도를 초과하여 판매하였다.
ㄹ. 맞춤형화장품의 배합, 조제, 판매는 조제관리사의 고유업무이므로, 전자상거래 담당자에게 직접 조제를 지시하여서는 안 된다.

정답 〉 ㄱ, ㄷ

01 다음 〈보기〉에서 ( )에 적합한 용어를 작성하시오.

┌─● 보 기 ●───┐
│ ( )(이)란 화장품의 사용 중 발생한 바람직하지 않고 의도되지 아니한 징후, 증상 또는 질병을 │
│ 말하며, 해당 화장품과 반드시 인과관계를 가져야 하는 것은 아니다 │
└───┘

유해사례(Adverse Event/Adverse Experience ; AE)란 화장품의 사용 중 발생한 바람직하지 않고 의도되지
아니한 징후, 증상 또는 질병을 말하며, 당해 화장품과 반드시 인과관계를 가져야 하는 것은 아니다.

정답〉〉 유해사례

02 다음 〈보기〉에서 ㉠, ㉡ 안에 적합한 용어를 작성하시오.

┌─● 보 기 ●───┐
│ • (㉠)란 유해사례와 화장품 간의 인과관계 가능성이 있다고 보고된 정보로서 그 인과관계가 │
│   알려지지 아니하거나 입증자료가 불충분한 것을 말한다. │
│ • (㉡)란 화장품과 관련하여 국민보건에 직접 영향을 미칠 수 있는 안전성·유효성에 관한 새 │
│   로운 자료, 유해사례 정보 등을 말한다. │
└───┘

• 실마리 정보(Signal)란 유해사례와 화장품 간의 인과관계 가능성이 있다고 보고된 정보로서 그 인과관계가
알려지지 아니하거나 입증자료가 불충분한 것을 말한다.
• 안전성 정보란 화장품과 관련하여 국민보건에 직접 영향을 미칠 수 있는 안전성·유효성에 관한 새로운 자료,
유해사례 정보 등을 말한다.

정답〉〉 ㉠ 실마리 정보(Signal), ㉡ 안전성 정보

03 다음 〈보기〉에서 (   ) 안에 적합한 용어를 작성하시오.

> **• 보기 •**
>
> 화장품 제조판매업자는 중대한 유해사례 또는 이와 관련하여 식품의약품안전처장이 보고를 지시한 경우의 화장품 안전성 정보를 알게 된 때에는 보고서를 그 정보를 알게 된 날로부터 (   ) 이내에 식품의약품안전처장에게 신속히 보고하여야 한다.

 화장품 제조판매업자는 중대한 유해사례 또는 이와 관련하여 식품의약품안전처장이 보고를 지시한 경우의 화장품 안전성 정보를 알게 된 때에는 보고서를 그 정보를 알게 된 날로부터 15일 이내에 식품의약품안전처장에게 신속히 보고하여야 한다.

정답 》 15일

04 다음 〈보기〉에서 (   ) 안에 적합한 용어를 작성하시오.

> **• 보기 •**
>
> 화장품 제조판매업자는 신속보고 되지 아니한 화장품의 안전성 정보를 서식에 따라 작성한 후 매 반기 종료 후 (   ) 이내에 식품의약품안전처장에게 보고하여야 한다.

 화장품 제조판매업자는 신속보고 되지 아니한 화장품의 안전성 정보를 서식에 따라 작성한 후 매 반기 종료 후 1월 이내에 식품의약품안전처장에게 보고하여야 한다.

정답 》 1월

05 다음 〈보기〉에서 (   ) 안에 공통적으로 들어갈 용어를 작성하시오.

> **• 보기 •**
>
> 식품의약품안전처장은 다양한 경로를 통해 인체에 영향을 미칠 수 있는 위해요소에 관하여는 (   )을(를) 수행할 수 있다. 이때, 필요한 경우 관계 중앙행정기관의 협조를 받아 (   )을(를) 수행할 수 있다.

 식품의약품안전처장은 다양한 경로를 통해 인체에 영향을 미칠 수 있는 위해요소에 관하여는 통합위해성평가를 수행할 수 있다. 이때, 필요한 경우 관계 중앙행정기관의 협조를 받아 통합위해성평가를 수행할 수 있다.

정답 》 통합위해성평가

06 다음 〈보기〉에서 (   ) 안에 적합한 용어를 작성하시오.

> **•보기•**
>
> 식품의약품안전처장은 위해성평가가 완료되면 요약·위해성평가의 목적·범위·내용·방법·결론·참고문헌 등을 포함한 (   )을(를) 작성하여야 한다.

 식품의약품안전처장은 위해성평가가 완료되면 요약·위해성평가의 목적·범위·내용·방법·결론·참고문헌 등을 포함한 결과보고서를 작성하여야 한다.

정답 ▶ **결과보고서**

---

07 다음 〈보기〉에서 ㉠, ㉡ 안에 적합한 용어를 작성하시오.

> **•보기•**
>
> 위해화장품의 회수의무자는 회수계획서 작성 시 회수종료일을 다음의 구분에 따라 정하여야 한다. 다만, 해당 등급별 회수기한 이내에 회수종료가 곤란하다고 판단되는 경우에는 지방식품의약품안전청장에게 그 사유를 밝히고 그 회수기한을 초과하여 정할 수 있다.
> 1. 1등급 위해성 : 회수를 시작한 날부터 (㉠) 이내
> 2. 2등급 위해성 또는 3등급 위해성 : 회수를 시작한 날부터 (㉡) 이내

 위해화장품의 회수의무자는 회수계획서 작성 시 회수종료일을 다음의 구분에 따라 정하여야 한다. 다만, 해당 등급별 회수기한 이내에 회수종료가 곤란하다고 판단되는 경우에는 지방식품의약품안전청장에게 그 사유를 밝히고 그 회수기한을 초과하여 정할 수 있다.
1. 1등급 위해성 : 회수를 시작한 날부터 15일 이내
2. 2등급 위해성 또는 3등급 위해성 : 회수를 시작한 날부터 30일 이내

정답 ▶ ㉠ **15일,** ㉡ **30일**

자격증 / 공무원 / 취업까지 BEST 온라인 강의 제공 www.**SDEDU**.co.kr

3 과목

유통 화장품 안전관리

선다형

1장 작업장 위생관리

2장 작업자 위생관리

3장 설비 및 기구 관리

4장 내용물 및 원료 관리

5장 포장재의 관리

1장 작업장 위생관리

01 작업소의 시설 기준으로 적합하지 않은 것은?

① 환기가 잘 되고 청결할 것
② 외부와 연결된 창문이 가능한 열리도록 할 것
③ 작업소 내의 외관 표면은 가능한 매끄럽게 설계하고, 청소, 소독제의 부식성에 저항력이 있을 것
④ 수세실과 화장실은 접근이 쉬워야 하나 생산구역과 분리되어 있을 것
⑤ 각 제조구역별 청소 및 위생관리 절차에 따라 효능이 입증된 세척제 및 소독제를 사용할 것

해설
② 외부와 연결된 창문은 가능한 열리지 않도록 할 것

02 작업소의 제조 및 품질관리에 필요한 설비 기준으로 적합하지 않은 것은?

① 사용목적에 적합하고, 청소가 가능하며, 필요한 경우 위생 유지 관리가 가능할 것. 단, 자동화시스템을 도입한 경우 그러하지 아니함
② 용기는 먼지나 수분으로부터 내용물을 보호할 수 있을 것
③ 설비 등은 제품의 오염을 방지하고 배수가 용이하도록 설계, 설치하며, 제품 및 청소 소독제와 화학반응을 일으키지 않을 것
④ 제품과 설비가 오염되지 않도록 배관 및 배수관을 설치하며, 배수관은 역류되지 않아야 하고, 청결을 유지할 것
⑤ 시설 및 기구에 사용되는 소모품은 제품의 품질에 영향을 주지 않도록 할 것

해설
① 사용목적에 적합하고, 청소가 가능하며, 필요한 경우 위생 유지 관리가 가능하여야 한다. 자동화시스템을 도입한 경우도 또한 같다.

03 작업소의 시설 기준으로 옳지 않은 것은?

① 바닥, 벽, 천장은 가능한 청소하기 쉽게 매끄러운 표면을 지니고 소독제 등의 부식성에 저항력이 있을 것
② 제품의 품질에 영향을 주지 않는 소모품을 사용할 것
③ 작업소 전체에 적절한 조명을 설치하고, 조명이 파손될 경우를 대비한 제품을 보호할 수 있는 처리절차를 마련할 것
④ 천정 주위의 대들보, 파이프, 덕트 등은 가급적 노출되지 않도록 설계할 것
⑤ 제품과 설비가 오염되지 않도록 배관 및 배수관을 설치하지 않아야 하고, 청결을 유지할 것

> **해설**
> ⑤ 제품과 설비가 오염되지 않도록 배관 및 배수관을 설치하며, 배수관은 역류되지 않아야 하고, 청결을 유지할 것

04 작업소의 위생에 대한 내용으로 틀린 것은?

① 곤충, 해충이나 쥐를 막을 수 있는 대책을 관련 전문업체와 함께 마련하여야 한다.
② 제조, 관리 및 보관 구역 내의 바닥, 벽, 천장 및 창문은 항상 청결하게 유지되어야 한다.
③ 제조시설이나 설비의 세척에 사용되는 세제 또는 소독제는 효능이 입증된 것을 사용하고 잔류하거나 적용하는 표면에 이상을 초래하지 아니하여야 한다.
④ 제조시설이나 설비는 적절한 방법으로 청소하여야 한다.
⑤ 필요한 경우 위생관리 프로그램을 운영하여야 한다.

> **해설**
> ① 곤충, 해충이나 쥐를 막을 수 있는 대책을 마련하고 정기적으로 점검·확인하여야 한다.

05 곤충이나 해충, 쥐를 막을 수 있는 대책으로 틀린 것은?

① 벽, 천장, 창문, 파이프 구멍에 틈이 없도록 한다.
② 개방할 수 있는 창문을 만든다.
③ 창문은 차광하고 야간에 빛이 밖으로 새어나가지 않게 한다.
④ 골판지, 나무 부스러기를 방치하지 않는다.
⑤ 배기구, 흡기구에 필터를 단다.

> **해설**
> ② 개방할 수 있는 창문을 만들지 않는다.

06 제조작업을 행하는 작업소의 위생 내용으로 틀린 것은?

① 세척실과 화장실의 접근이 쉬우며 생산구역과 같이 있는가?
② 환기가 잘 되고 청결한가?
③ 외부와 연결된 창문은 가능하면 열리지 않도록 되어 있는가?
④ 제품의 품질에 영향을 주지 않는 소모품을 사용하고 있는가?
⑤ 효능이 입증된 세척제 및 소독제를 사용하고 있는가?

> **해설**
> ① '세척실과 화장실의 접근이 쉬우며 생산구역과 분리되어 있는가?'가 옳은 내용이다.

07 제조작업을 행하는 작업소의 위생 내용으로 틀린 것은?

① 제조하는 화장품의 종류·제형에 따라 적절히 구획·구분되어 있어 교차오염 우려가 없는가?
② 바닥, 벽, 천장은 거친 표면을 지니고 소독제 등의 부식성에 저항력이 있는가?
③ 작업소 내의 외관표면은 매끄럽게 설계되고, 청소, 소독제의 부식성에 저항력이 있는 것인가?
④ 제품의 오염을 방지하고 적절한 온도 및 습도를 유지할 수 있는 공기조화시설 등 적절한 환기시설을 갖추고 있는가?
⑤ 수세실과 화장실은 접근이 쉬우나 생산구역과 분리되어 있는가?

> **해설**
> ② '바닥, 벽, 천장은 청소하기 쉽게 매끄러운 표면을 지니고 소독제 등의 부식성에 저항력이 있는가?'가 옳은 내용이다.

08 작업장의 청소 방법과 위생 처리에 대한 사항으로 옳은 것은?

① 청소에 사용되는 용구(진공청소기 등)은 정돈된 방법으로 깨끗하고, 건조된 지정된 장소에 보관되어야 한다.
② 오물이 묻은 걸레는 사용 후에 따로 보관해야 한다.
③ 오물이 묻은 유니폼은 즉시 세탁되어야 한다.
④ 공조시스템에 사용된 필터는 청소하지 아니한다.
⑤ 물질 또는 제품 필터들은 청소하지 아니한다.

> **해설**
> ② 오물이 묻은 걸레는 사용 후에 버리거나 세탁해야 한다.
> ③ 오물이 묻은 유니폼은 세탁될 때까지 적당한 컨테이너에 보관되어야 한다.
> ④ 공조시스템에 사용된 필터는 규정에 의해 청소되거나 교체되어야 한다.
> ⑤ 물질 또는 제품 필터들은 규정에 의해 청소되거나 교체되어야 한다.

09 세제를 사용한 설비 세척을 권장하지 않는 이유로 틀린 것은?

① 세제는 설비 내벽에 남기 쉽다.
② 잔존한 세척제는 제품에 악영향을 미친다.
③ 세제가 잔존하고 있지 않는 것을 설명하기에는 고도의 화학 분석이 필요하다.
④ 세제의 품질이 일관되지 아니하다.
⑤ 세제에는 계면활성제도 포함되어 있다.

해설
④ 세제의 사용 자체를 권장하지 않는 것으로, 세제의 품질과는 관련이 없다.
물 또는 증기만으로 세척할 수 있으면 가장 좋다. 브러시 등의 세척 기구를 적절히 사용해서 세척하는 것도 좋다.

10 설비 세척의 원칙으로 틀린 것은?

① 위험성이 없는 용제(물이 최적)로 세척한다.
② 증기 세척은 좋은 방법이다.
③ 설비를 분해해서 세척하지 않는다.
④ 가능한 한 세제를 사용하지 않는다.
⑤ 판정 후의 설비는 건조·밀폐해서 보존한다.

해설
설비 세척의 원칙
• 위험성이 없는 용제(물이 최적)로 세척한다.
• 가능한 한 세제를 사용하지 않는다.
• 증기 세척은 좋은 방법이다.
• 브러시 등으로 문질러 지우는 것을 고려한다.
• 분해할 수 있는 설비는 분해해서 세척한다.
• 세척 후는 반드시 판정한다.
• 판정 후의 설비는 건조·밀폐해서 보존한다.
• 세척의 유효기간을 설정한다.

11 설비를 세척한 후에 반드시 판정을 실시해야 한다. 다음 중 판정방법으로 옳은 것은?

① 육안판정 ② 건조판정
③ 분해판정 ④ 화학반응 판정
⑤ 오염판정

해설
판정방법에는 육안판정, 닦아내기 판정, 린스 정량이 있다. 각각의 판정방법의 절차를 정해 놓고 제1선택지를 육안판정으로 한다. 육안판정을 할 수 없는 부분의 판정에는 닦아내기 판정을 실시하고, 닦아내기 판정을 실시할 수 없으면 린스정량을 실시하면 된다.

12 제조 및 품질관리에 필요한 설비에 적합하지 않은 것은?

① 사용목적에 적합하고, 청소가 가능하며, 필요시 위생관리 및 유지관리가 가능하여야 한다.

② 설비 등의 위치는 원자재나 직원의 이동으로 인하여 제품의 품질에 영향을 주지 않도록 해야 한다.

③ 용기는 먼지나 수분으로부터 내용물을 보호할 수 있어야 한다.

④ 천정 주위의 대들보, 파이프, 덕트 등은 노출되도록 설계하여야 한다.

⑤ 제품과 설비가 오염되지 않도록 배관 및 배수관을 설치하며, 배수관은 역류되지 않아야 하고, 청결을 유지해야 한다.

해설

④ 천정 주위의 대들보, 파이프, 덕트 등은 가급적 노출되지 않도록 설계하고, 파이프는 받침대 등으로 고정하고 벽에 닿지 않게 하여 청소가 용이하도록 설계하여야 한다.

13 화장품 생산 시설의 유지관리에 대한 내용으로 옳은 것은?

① 건물, 시설 및 주요 설비는 정기적으로 점검하여 화장품의 제조 및 품질관리에 지장이 없도록 유지·관리·기록하여야 한다.

② 결함 발생 및 정비 중인 설비는 고장으로 표시하여야 한다.

③ 세척 전 설비는 다음 사용 시까지 오염되지 아니하도록 관리하여야 한다.

④ 모든 제조 관련 설비는 접근·사용이 개방되어야 한다.

⑤ 유지관리 작업이 제품의 품질에 영향을 줄 수 있다.

해설

② 결함 발생 및 정비 중인 설비는 적절한 방법으로 표시하고, 고장 등 사용이 불가할 경우 표시하여야 한다.
③ 세척한 설비는 다음 사용 시까지 오염되지 아니하도록 관리하여야 한다.
④ 모든 제조 관련 설비는 승인된 자만이 접근·사용하여야 한다.
⑤ 유지관리 작업이 제품의 품질에 영향을 주어서는 안 된다.

14 작업장의 위생 유지를 위한 세제의 종류로 틀린 것은?

① 염소화페놀   ② 락틱애씨드
③ 석회장석유   ④ 과초산
⑤ 붕산액

해설

① 염소화페놀은 소독제이다.

15 작업장의 위생 유지를 위한 세제로 옳은 것은?

① 레티놀   ② 아데노신

③ 폴리에톡실레이티드레틴아마이드   ④ 석회장석유

⑤ 페 놀

해설

①~③은 피부의 주름개선에 도움을 주는 제품의 성분이고, ⑤는 화학적 소독제이다.

16 방충 · 방서의 방법으로 틀린 것은?

① 공장 출입구에 air shower나 air curtain을 설치한다.

② 벌레 유인등을 설치한다.

③ 초음파 퇴서기를 설치한다.

④ 살서제를 공장 내부에 놓는다.

⑤ 쥐덫을 놓는다.

해설

④ 살서제는 공장 외부에 놓아야 하며 설치 장소를 도면에 표시하여 관리하는 것이 바람직하다.

17 세척제에 사용가능한 원료로 틀린 것은?

① 소듐하이드록사이드   ② 열수와 증기

③ 식물성 비누   ④ 정 유

⑤ 인 산

해설

인산은 「천연화장품 및 유기농 화장품의 기준에 관한 규정」에 따른 세척제에 사용가능한 원료에 속하지 않는다.

18 제조 구역의 위생에 관해 틀린 것은?

① 제조구역에서 흘린 것은 신속히 청소한다.

② 표면은 청소하기 용이한 재질로 설계되어야 한다.

③ 폐기물은 주기적으로 버려야 한다.

④ 사용하지 않는 설비는 사용 당시의 상태로 보관되어야 한다.

⑤ 페인트를 칠한 지역은 우수한 정비 상태로 유지되어야 한다.

해설

④ 사용하지 않는 설비는 깨끗한 상태로 보관되어야 하고 오염으로부터 보호되어야 한다.

19 작업장의 공기 조절의 4대 요소로 옳은 것은?

① 공기정화기   ② 실내온도

③ 가습기   ④ 송풍기

⑤ 열교환기

해설

공기 조절의 4대 요소

4대 요소	대응설비
청정도	공기정화기
실내온도	열교환기
습 도	가습기
기 류	송풍기

20 제조공정관리에 관한 사항에 포함되어야 하는 것으로 틀린 것은?

① 작업소의 출입제한

② 사용기한 또는 개봉 후 사용기간

③ 공정검사의 방법

④ 재작업방법

⑤ 사용하려는 원자재의 적합판정 여부를 확인하는 방법

해설

②는 제품표준서에 포함되어야 하는 사항이다.

21 제조시설의 세척 및 평가 사항으로 옳은 것은?

① 시험시설 및 시험기구의 점검

② 곤충, 해충이나 쥐를 막는 방법

③ 이전 작업 표시 제거방법

④ 작업복장의 규격

⑤ 안정성시험

해설

제조시설의 세척 및 평가

• 책임자 지정   • 세척 및 소독 계획

• 세척방법과 세척에 사용되는 약품 및 기구   • 제조시설의 분해 및 조립 방법

• 이전 작업 표시 제거방법   • 청소상태 유지방법

• 작업 전 청소상태 확인방법

22 세척제로 사용하는 계면활성제의 조건으로 틀린 것은?

① 재생가능

② 혐기성 및 호기성 조건하에서 쉽고 빠르게 생분해될 것

③ EC50이 10mg/l 이상일 것

④ 에톡실화 계면활성제의 경우 전체 계면활성제의 60% 이하일 것

⑤ 유기농 화장품에 혼합되지 않을 것

> **해설**
> ④ 에톡실화 계면활성제의 경우 전체 계면활성제의 50% 이하일 것

23 청정도 기준에 따른 작업 복장 중 기준이 정해지지 않은 등급은?

① 청정도 1등급   ② 청정도 2등급

③ 청정도 3등급   ④ 청정도 4등급

⑤ 청정도 5등급

> **해설**
> 청정도 1~3등급은 작업복, 작업모, 작업화로 작업 복장이 규정되어 있으며, 청정도 기준은 1~4등급까지 있고 5등급은 없다.

24 제조실, 성형실, 충전실 등의 작업실은 청정도 몇 등급이어야 하는가?

① 청정도 1등급   ② 청정도 2등급

③ 청정도 3등급   ④ 청정도 4등급

⑤ 청정도 5등급

> **해설**
> 청정도 기준에 따른 해당 작업실
> • 청정도 1등급 : Clean bench
> • 청정도 2등급 : 제조실, 성형실, 충전실, 내용물보관소, 원료 칭량실, 미생물시험실
> • 청정도 3등급 : 포장실
> • 청정도 4등급 : 포장재보관소, 완제품보관소, 관리품보관소, 원료보관소 갱의실, 일반시험실

25 청정도 기준에 따라 청정도 1등급의 대상시설은?

① 청정도 엄격관리   ② 화장품 내용물이 노출되는 작업실

③ 화장품 내용물이 노출 안 되는 곳   ④ 포장실

⑤ 일반 작업실

> **해설**
> ②는 청정도 2등급, ③은 청정도 3등급, ④는 청정도 3등급의 작업실, ⑤는 청정도 4등급에 해당한다.

01 **직원의 위생에 관한 설명으로 틀린 것은?**

① 적절한 위생관리 기준 및 절차를 마련하고 제조소 내의 모든 직원은 이를 준수해야 한다.

② 작업소 및 보관소 내의 모든 직원은 화장품의 오염을 방지하기 위해 규정된 작업복을 착용해야 하고 음식물 등을 반입해서는 아니 된다.

③ 피부에 외상이 있거나 질병에 걸린 직원은 건강이 양호해져도 화장품의 품질에 영향을 주지 않는다는 의사의 소견이 있기 전까지는 화장품과 직접적으로 접촉되지 않도록 격리되어야 한다.

④ 제조구역별 접근권한이 있는 작업원 및 방문객은 가급적 제조, 관리 및 보관구역 내에 들어가지 않도록 하고, 불가피한 경우 사전에 직원 위생에 대한 교육 및 복장 규정에 따르도록 하고 감독하여야 한다.

⑤ 직원은 작업 중의 위생관리상 문제가 되지 않도록 청정도에 맞는 적절한 작업복, 모자와 신발을 착용하고 필요할 경우는 마스크, 장갑을 착용한다.

> **해설**
> 피부에 외상이 있거나 질병에 걸린 직원은 건강이 양호해지거나 화장품의 품질에 영향을 주지 않는다는 의사의 소견이 있기 전까지는 화장품과 직접적으로 접촉되지 않도록 격리되어야 한다.

02 **직원의 위생에 관한 설명으로 옳은 것은?**

① 신규 직원에 대하여 위생교육을 실시하며, 기존 직원에 대해서도 정기적으로 교육을 실시한다.

② 청정도에 맞는 적절한 모자와 신발을 착용하고, 작업복은 1회용으로 사용한다.

③ 작업 후에 복장점검을 하고 적절하지 않을 경우는 시정한다.

④ 방문객 또는 안전 위생의 교육훈련을 받지 않은 직원은 화장품 제조 구역으로 출입하는 일이 절대 없어야 한다.

⑤ 음식, 음료수 등은 제조 지역에서는 섭취 가능하나 보관 지역에서는 분리된 지역에서 섭취해야 한다.

> **해설**
> ② 작업복 등은 목적과 오염도에 따라 세탁을 하고 필요에 따라 소독한다.
> ③ 작업 전에 복장점검을 하고 적절하지 않을 경우는 시정한다.
> ④ 방문객 또는 안전 위생의 교육훈련을 받지 않은 직원이 화장품 제조, 관리, 보관을 실시하고 있는 구역으로 출입하는 일은 피해야 한다. 그러나 영업상의 이유, 신입 사원 교육 등을 위하여 안전 위생의 교육훈련을 받지 않은 사람들이 제조, 관리, 보관구역으로 출입하는 경우에는 안전 위생의 교육훈련 자료를 미리 작성해 두고 출입 전에 "교육훈련"을 실시한다.
> ⑤ 음식, 음료수 및 흡연구역 등은 제조 및 보관 지역과 분리된 지역에서만 섭취하거나 흡연하여야 한다.

03 직원의 위생에 관한 준수사항으로 틀린 것은?

① 화장실, 갱의실 및 손 세척 설비가 직원에게 제공되어야 한다.
② 편리한 손 세척 설비는 온수, 냉수, 세척제와 1회용 종이 또는 접촉하지 않는 손 건조기들을 포함한다.
③ 구내식당과 쉼터(휴게실)는 위생적이고 잘 정비된 상태로 유지되어야 한다.
④ 개인은 직무를 수행하기 위해 직급에 알맞은 복장을 갖춰야 한다.
⑤ 개인은 개인위생 처리규정을 준수해야 하고 건강한 습관을 가져야 한다.

> **해설**
> ④ 개인은 직무를 수행하기 위해 알맞은 복장을 갖춰야 한다.

04 직원의 위생에 관한 평가내용으로 틀린 것은?

① 적절한 위생관리 기준 및 절차가 마련되고, 이를 준수하고 있는가?
② 작업소 및 보관소 내의 모든 직원들은 화장품의 오염을 방지하기 위해 규정된 작업복을 착용하고 있는가?
③ 제조구역별 접근권한이 없는 작업원 및 방문객은 가급적 출입을 제한한 규정과 질병에 걸린 직원이 작업에 참여하지 못하게 하는 규정이 있는가?
④ 각 부서의 책임자는 항상 작업자의 건강상태를 파악하고 있는가?
⑤ 새로 채용된 직원들이 업무를 적절히 수행할 수 있도록 기본 교육훈련 외에 추가 교육훈련이 실시되고 있고 이와 관련한 문서화된 절차가 마련되어 있는가?

> **해설**
> ⑤는 교육훈련에 관한 내용에 해당한다.

05 직원의 위생관리 기준 및 절차에 포함되어야 하는 것으로 틀린 것은?

① 직원의 작업 시 복장
② 직원의 영양상태 확인
③ 직원의 건강상태 확인
④ 직원의 손 씻는 방법
⑤ 직원에 의한 제품의 오염방지에 관한 사항

> **해설**
> 직원의 위생관리 기준 및 절차에는 직원의 작업 시 복장, 직원 건강상태 확인, 직원에 의한 제품의 오염방지에 관한 사항, 직원의 손 씻는 방법, 직원의 작업 중 주의사항, 방문객 및 교육훈련을 받지 않은 직원의 위생관리 등이 포함되어야 한다.

06 작업 중의 위생관리상의 내용으로 틀린 것은?

① 작업복 등은 목적과 오염도에 따라 세탁을 하고 필요에 따라 소독한다.
② 별도의 지역에 의약품을 포함한 개인적인 물품을 보관해야 한다.
③ 작업 후에 복장점검을 하고 적절하지 않을 경우는 시정한다.
④ 음식, 음료수 및 흡연구역 등은 제조 및 보관 지역과 분리된 지역에서만 섭취하여야 한다.
⑤ 수세실에서 비누를 사용하여 손을 깨끗이 씻고 소독기로 소독, 건조시킨다.

해설
③ 작업 전에 복장점검을 하고 적절하지 않을 경우는 시정한다.

07 작업자의 위생 관리를 위한 내용으로 틀린 것은?

① 규정된 작업복을 착용 및 일상복이 작업복 밖으로 노출되지 않도록 한다.
② 손 소독은 50% 에탄올을 이용한다.
③ 작업 전 지정된 장소에서 손 소독을 실시한다.
④ 개인 사물을 작업장 내로 반입하지 않는다.
⑤ 작업자가 해당 작업실 외의 작업장으로 출입하는 것을 통제한다.

해설
② 손 소독은 70% 에탄올을 이용한다.

08 직원의 건강상태를 파악하기 위하여 정기 및 수시로 확인하여야 하는 것이 아닌 것은?

① 정기적인 건강진단
② 작업 중에 수시 건강진단
③ 일상생활의 휴식시간
④ 화장품을 오염시킬 수 있는 질병
⑤ 업무 수행을 할 수 없는 질병

해설
제품 품질과 안전성에 악영향을 미칠지도 모르는 건강 조건을 가진 직원은 원료, 포장, 제품 또는 제품 표면에 직접 접촉하지 말아야 한다.

09 제조위생관리기준서에 포함되어야 하는 사항이 아닌 것은?

① 작업원의 건강관리 및 건강상태의 파악·조치방법
② 작업원의 수세, 소독방법 등 위생에 관한 사항
③ 작업복장의 규격, 세탁방법 및 착용규정
④ 원료 및 완제품 등 보관용 검체의 관리
⑤ 청소상태의 평가방법

해설
④는 품질관리기준서에 포함되어야 하는 사항이다.

10 제조위생관리기준서에 포함되어야 하는 사항으로 옳은 것은?

① 세척방법과 세척에 사용되는 약품 및 기구
② 제품명, 제조번호 또는 관리번호, 제조연월일
③ 시설 및 주요설비의 정기적인 점검방법
④ 시험검체 채취방법 및 채취 시의 주의사항과 채취 시의 오염방지대책
⑤ 사용하려는 원자재의 적합판정 여부를 확인하는 방법

해설
②·④는 품질관리기준서, ③·⑤는 제조관리기준서에 포함되어야 하는 사항이다.

11 작업복의 조건으로 옳은 것은?

① 모든 작업장에 통일되게 입을 수 있어야 한다.
② 작업이 불편하더라도 작업자를 보호할 수 있어야 한다.
③ 일반 세탁기로도 세탁할 수 있어야 한다.
④ 세탁에 훼손되지 않아야 한다.
⑤ 먼지, 이물 등이 정해진 양의 이하로 발생하여야 한다.

해설
작업복의 조건
• 각 작업소, 제품, 청정도 및 용도에 맞게 구분되어야 한다.
• 먼지, 이물 등을 발생시키지 않고 막을 수 있는 재질이어야 한다.
• 세탁에 의하여 훼손되지 않아야 한다.
• 작업원을 보호할 수 있어야 하며 작업하기에 편리하여야 한다.

12 작업자 복장 착용관리에 대한 내용으로 틀린 것은?

① 위생모는 귀를 덮도록 최대한 깊게 눌러써서 머리카락이 밖으로 나오지 않도록 하여야 한다.
② 복장 착용 순서는 위생장갑→무진복상의→무진복하의→무진화→위생모 순으로 한다.
③ 무진장갑은 상의소매 끝이 덮이는 것으로 피부가 노출되지 않아야 한다.
④ 무진화는 작업장 안에서만 사용하는 것으로 외부로 신고 나가지 않아야 한다.
⑤ 외부인이 작업장을 출입할 때에는 정하여진 복장규정에 준하여 복장을 착용한 후 입실하여야 한다.

> **해설**
> ② 복장 착용 순서는 위생모 → 무진복하의 → 무진복상의 → 무진화 → 위생장갑 순으로 한다.

13 법정감염병 질환 및 보균자 발견 시 조치사항으로 옳은 것은?

① 법정 전염성 질환으로 판명된 사원은 작업장에 다시 들어갈 수 있다는 의사의 진단이 나올 때까지 다른 업무로 대치한다.
② 노출된 부위에 피부 질환을 앓고 있는 경우 긴급검진을 받도록 지시한다.
③ 상태의 주요도에 따라 재발의 위해가 없어도 작업에 당분간 배치할 수 없다.
④ 오염의 위험이 있으므로 필요 시 응급조치보다는 병원에서 치료를 받을 수 있도록 한다.
⑤ 화농질환자는 경중에 따라 제품의 직접생산과 관련 없는 작업을 하도록 조치한다.

> **해설**
> ① 법정 전염성 질환으로 판명된 사원은 작업장에 다시 들어갈 수 있다는 의사의 진단이 나올 때까지 출근을 금하고, 오염된 제품은 검사 및 폐기 조치를 취하도록 한다.
> ② 노출된 부위에 피부 질환을 앓고 있는 경우 완전검진을 받도록 지시한다.
> ③ 상태의 주요도에 따라 재발의 위해가 없는 작업에 당분간 배치할 수 있다.
> ④ 필요 시 응급조치를 받을 수 있도록 한다.

14 작업자의 작업 중 위생관리에 대한 내용으로 틀린 것은?

① 장신구의 착용은 금지하지만, 오염도가 낮은 장신구는 허용한다.
② 작업 시작 전 손은 반드시 수세하고, 지정된 소독액으로 소독한 후 완전히 건조시킨다.
③ 머리카락은 짧게 하거나, 길면 묶은 후 모자 밖으로 나오지 않게 한다.
④ 라이타, 담배, 열쇠 등의 소지를 금한다.
⑤ 신발을 꺾어서 신지 않는다.

> **해설**
> ① 장신구(반지, 목걸이, 넥타이핀, 귀걸이, 팔찌, 시계, 헤어핀 등)의 착용을 금한다.

15 작업자의 수세 및 소독지침에 대한 내용으로 틀린 것은?

① 머리, 피부, 호흡기, 신발, 옷 등은 세균이 번식하기 용이한 곳이므로 작업장 출입 시 수시로 수세 및 소독을 행한다.

② 오염된 손(화장실에 다녀온 후 또는 손가락 끝의 작은 상처, 고름흔적 등)을 통한 전염위험성 때문에 손의 위생은 가장 철저히 지킨다.

③ 손톱은 세심하게 정규적으로 손질하여야 한다.

④ 수세 후 건조 시 에어타월을 사용한다.

⑤ 매 작업 전에 수세함을 원칙으로 한다.

> **해설**
> ⑤ 매 작업 전후에 수세함을 원칙으로 한다.

16 혼합 · 소분 시 오염방지를 위하여 준수하여야 하는 사항으로 틀린 것은?

① 혼합 · 소분 전에는 손을 소독 또는 세정할 것

② 혼합 · 소분에 사용되는 장비 또는 기기 등은 사용 전 · 후 세척할 것

③ 혼합 · 소분 중 혼합 · 소분일을 용기의 겉면에 표기할 것

④ 혼합 · 소분된 제품을 담을 용기의 오염여부를 사전에 확인할 것

⑤ 혼합 · 소분 전에는 일회용 장갑을 착용할 것

> **해설**
> 화장품법 시행규칙 제12조의2에는 ①, ②, ④, ⑤만 규정되어 있다.

01 청정 등급 유지에 필수적인 공기조화장치의 공기 조절의 4대 요소와 대응설비로 다음 중 옳지 않은 것은?

① 청정도 - 공기정화기
② 실내온도 - 열교환기
③ 습도 - 가습기
④ 기류 - 송풍기
⑤ 오염도 - 환풍기

> **해설**
> 공기 조절의 4대 요소는 청정도, 실내온도, 습도, 기류가 있다. 각각 공기정화기, 열교환기, 가습기, 송풍기로 조절한다.

02 다음 중 에어 핸들링 유니트(Air Handling Unit)의 특징이 아닌 것은?

① 간이 공기조화장치이다.
② 건축 시부터 설계에 반영한다.
③ 가습, 냉난방, 공기여과 급배기 등의 기능을 한다.
④ 중앙제어 방식으로 관리가 용이하다.
⑤ 실내소음이 없다.

> **해설**
> 간이 공기조화장치에는 Fan Filter Unit과 Air Cooling Control Unit이 있다. 간이 공기조화장치는 표준 공기조화장치에 비해 실별 조건에 맞게 제작이 가능하나 실내 소음이 발생하는 단점이 있다.

03 다음 중 공기조화장치의 필터에 대한 설명으로 바르지 않은 것은?

① 화장품 제조에는 적어도 중성능 필터의 설치를 권장한다.
② 고도의 환경 관리가 필요하면 고성능 필터(HEPA 필터)의 설치가 바람직하다.
③ 고성능 필터를 설치할수록 환경이 좋아지므로 초고성능 필터 설치를 지향한다.
④ 초고성능 필터 설치 시 정기적 포집 효율 시험이나 완전성 시험 등이 필요하다.
⑤ 필터는 그 성능을 유지하기 위하여 정해진 관리 및 보수를 실시해야 한다.

> **해설**
> 초고성능 필터를 설치한 작업장에서 일반적인 작업을 실시하면 바로 필터가 막혀버려서 오히려 작업 장소의 환경이 나빠진다. 목적에 맞는 필터를 선택해서 설치하는 것이 중요하다.

04 공기조절장치에는 적절한 필터의 설치가 바람직하다. 다음 〈보기〉에 해당하는 필터는 무엇인가?

> ● 보기 ●
> • HEPA, MEDIUM 등의 전처리용이다.
> • 대기 중 먼지 등 인체에 해를 미치는 미립자(10~30μm)를 제거한다.
> • 두께 조정과 재단이 용이하여 교환 또는 취급이 쉽다.
> • 틀 또는 세제로 세척하여 사용가능하므로 경제적이다.

① MEDIUM FILTER   ② HEPA FILTER
③ PRE BAG FILTER   ④ PRE HEPA FILTER
⑤ MEDIUM BAG FILTER

해설

필터의 종류와 특징

• PRE FILTER • PRE BAG FILTER	• HEPA, MEDIUM 등의 전처리용 • 대기 중 먼지 등 인체에 해를 미치는 미립자(10~30μm)를 제거 • 두께 조정과 재단이 용이하여 교환 또는 취급이 쉬움 • 틀 또는 세제로 세척하여 사용가능하므로 경제적임
• MEDIUM FILTER • MEDIUM BAG FILTER	• 포집효율 95%를 보증하는 중고성능 Filter • Clean Room 정밀기계공업 등에 있어 Hepa Filter 전처리용 • 공기정화, 산업공장 등에 있어 최종 Filter로 사용 • Frame은 P/Board 또는 G/Steel 등으로 제작되어 견고함 • Bag type은 포집효율이 높고 압력 손실이 적음
HEPA FILTER	• 사용온도 최고 250℃에서 0.3μm 입자들 99.97% 이상 • 포집성능을 장시간 유지할 수 있는 HEPA Filter • 필름, 의약품 등의 제조 Line에 사용 • 반도체, 의약품 Clean Oven에 사용

05 필터의 종류 중 반도체, 의약품 Clean Oven에 사용되며, 포집성능을 장시간 유지할 수 있는 필터는 무엇인가?

① MEDIUM FILTER   ② MEDIUM BAG FILTER
③ PRE BAG FILTER   ④ PRE HEPA FILTER
⑤ HEPA FILTER

해설

상기 3번 해설 참조

06 다음 〈보기〉에서 우수화장품 제조 및 품질관리기준 해설서에서 설명한 화장품 생산설비에 필요한 사항을 모두 고른 것으로 옳은 것은?

> **● 보 기 ●**
>
> ㄱ. 설 계 　　　　　　　　 ㄴ. 설 치
> ㄷ. 검 정 　　　　　　　　 ㄹ. 세 척
> ㅁ. 소 독 　　　　　　　　 ㅂ. 소모품
> ㅅ. 사용기한 　　　　　　　 ㅇ. 유지관리
> ㅈ. 대체시스템

① ㄱ, ㄴ, ㅂ, ㅅ 　　　　　　 ② ㄴ, ㄷ, ㄹ, ㅁ, ㅇ
③ ㄱ, ㄷ, ㅁ, ㅅ, ㅇ 　　　　 ④ ㄱ, ㄴ, ㅁ, ㅂ, ㅅ, ㅇ, ㅈ
⑤ 상기 모두

> **해설**
> 화장품 생산 시에는 많은 설비가 사용된다. 분체혼합기, 유화기, 혼합기, 충전기, 포장기 등의 제조 설비뿐만 아니라, 냉각장치, 가열장치, 분쇄기, 에어로졸 제조장치 등의 부대설비와 저울, 온도계, 압력계 등의 계측기기가 사용된다. 이들을 통합하여 "화장품 생산설비"라고 한다. 상기 보기 모두 우수화장품 제조 및 품질관리기준 해설서에서 설명한 화장품 생산설비에 필요한 사항이다.

07 풍량 가변 장치는 근본적으로 무엇을 조정하기 위한 설비인가?

① 온도 조정 　　　　　　　　 ② 습도 조정
③ 차압 조정 　　　　　　　　 ④ 악취 조정
⑤ 분진 조정

> **해설**
> 차압 댐퍼나 풍량 가변 장치는 실압 차이가 있는 방 사이에 설치되어 차압을 조정한다. 차압 조정을 통해 오염방지대책을 마련할 수 있다.

08 다음 중 공정시스템 설계 시 고려할 사항으로 옳지 않은 것은?

① 제품의 오염을 방지해야 한다.
② 화학적으로 반응이 있어서는 안 되고, 흡수성이 있어야 한다.
③ 원료와 자재 등은 공급과 출하가 체계적으로 이루어지도록 관리해야 한다.
④ 설비의 아래위 먼지의 퇴적을 최소화해야 한다.
⑤ 라벨로 표시하고 적절한 문서 기록을 한다.

> **해설**
> 화학적으로 반응이 있어서는 안 되고, 흡수성이 있지 않아야 한다.

09 다음 중 포장설비 설계 시 고려되어야 할 사항으로 옳지 않은 것은?

① 제품 오염을 최소화한다.
② 효율성보다는 안전한 조작을 위한 공간을 제공해야 한다.
③ 부품 및 받침대의 위와 바닥에 오물이 고이는 것을 최소화한다.
④ 물리적인 오염물질 축적의 육안식별이 용이하게 해야 한다.
⑤ 제품과 포장의 변경이 용이하여야 한다.

> **해설**
>
> ② 효율적이며 안전한 조작을 위한 적절한 공간이 제공되어야 한다.
> 그밖에 다음사항이 있다.
> • 화학반응을 일으키거나, 제품에 첨가되거나, 흡수되지 않아야 한다.
> • 제품과 접촉되는 부위의 청소 및 위생관리가 용이하게 만들어져야 한다.
> • 제품과 최종 포장의 요건을 고려해야 한다.

10 다음 중 설비 세척의 원칙이 아닌 것은?

① 가능한 한 세제를 많이 사용하여 확실히 세척한다.
② 세척의 유효기간을 설정한다.
③ 분해할 수 있는 설비는 분해해서 세척한다.
④ 브러시 등으로 문질러 지우는 것을 고려한다.
⑤ 세척 후는 반드시 "판정"한다.

> **해설**
>
> ① 세제는 설비 내벽에 남기 쉽고, 잔존한 세척제는 제품에 악영향을 미치므로, 가능한 한 세제를 사용하지 않는 것이
>   원칙이다.
> 기타 다음과 같은 사항이 있다.
> • 증기세척은 좋은 방법이다.
> • 판정 후의 설비는 건조·밀폐해서 보존한다.
> • 위험성이 없는 용제(물이 최적)로 세척한다.

11 설비 세척 후 "판정" 시 판정방법의 순서로 옳은 것은?

① 육안판정 → 닦아내기 판정 → 린스 정량
② 린스 정량 → 닦아내기 판정 → 육안판정
③ 육안판정 → 린스 정량 → 닦아내기 판정
④ 린스 정량 → 육안판정 → 닦아내기 판정
⑤ 닦아내기 판정 → 육안판정 → 린스 정량

> **해설**
>
> 첫째로 육안판정을 하고 육안판정을 할 수 없을 때에는 닦아내기 판정을 실시하며, 닦아내기 판정을 할 수 없으면
> 린스 정량을 실시한다.

12 설비 세척의 방법 중 린스 정량법에 대한 설명으로 틀린 것은?

① 상대적으로 복잡한 방법이지만, 수치로서 결과를 확인할 수 있다.
② 잔존하는 불용물을 정량할 수 있으므로, 신뢰가 높다.
③ 호스나 틈새기의 세척판정에 적합하다.
④ 린스 액의 최적정량방법은 HPLC법이다.
⑤ TOC측정기로 린스액 중의 총유기탄소를 측정해서 세척 판정하는 것도 좋다.

> **해설**
> ② 린스 정량법으로 잔존하는 불용물을 정량할 수는 없다.

13 설비세척과 구별되는 청소 시 주의사항으로 틀린 것은?

① 절차서를 작성한다.
② 절차서에는 책임, 사용기구, 심한 오염에 대한 대처 방법을 기재해 놓는다.
③ 판정기준은 닦아내기 판정 기준을 제시한다.
④ 사용하는 세제명을 기록한다.
⑤ 청소결과를 표시한다.

> **해설**
> 판정기준은 구체적인 육안판정기준을 제시한다.

14 다음 설명 중 바르지 않은 것은?

① 화장품 생산시설이란 화장품을 생산하는 설비와 기기가 들어있는 건물, 작업실, 건물 내의 통로, 경의실, 손을 씻는 시설 등을 포함한다.
② 유지보수는 주요설비 및 시험장비에 대하여 실시한다.
③ 유지관리는 예방적 활동, 유지보수, 정기 검교정으로 나눌 수 있다.
④ 유지보수 시 기능의 변화와 점검 작업 그 자체가 제품품질에 영향을 미쳐서는 안된다.
⑤ 정기 검교정은 제품의 품질에 영향을 줄 수 있는 계측기에 대하여 정기적으로 계획을 수립하여 실시하여야 한다.

> **해설**
> ② 예방적 활동은 주요 설비(제조탱크, 충전 설비, 타정기 등) 및 시험장비에 대하여 실시하며, 정기적으로 교체하여야 하는 부속품들에 대하여 연간 계획을 세워서 시정 실시(망가지고 나서 수리하는 일)를 하지 않는 것이 원칙이다.

15 다음 〈보기〉에서 유지관리 주요사항을 모두 고르시오.

> **•보 기•**
>
> ㄱ. 예방적 실시(Preventive Maintenance)가 원칙이다.
> ㄴ. 설비마다 절차서를 작성한다.
> ㄷ. 계획을 가지고 실행한다(월간계획이 일반적).
> ㄹ. 책임 내용을 명확하게 한다.
> ㅁ. 유지하는 "기준"은 절차서에 포함한다.
> ㅂ. 점검체크시트를 사용하면 편리하다.

① ㄱ, ㄴ, ㄷ
② ㄱ, ㄴ, ㄷ, ㄹ
③ ㄱ, ㄴ, ㄷ, ㄹ, ㅁ
④ ㄱ, ㄴ, ㄹ, ㅁ, ㅂ
⑤ ㄱ, ㄴ, ㄷ, ㄹ, ㅁ, ㅂ

해설
계획은 일반적으로 연간계획을 가지고 실행한다.

16 다음 제조 설비 중 탱크(TANKS)에 관한 설명으로 틀린 것은?

① 온도/압력 범위가 조작 전반과 모든 공정 단계의 제품에 적합해야 한다.
② 제품에 해로운 영향을 미쳐서는 안 된다.
③ 어떠한 경우에도 유리로 안을 댄 강화유리섬유 폴리에스터와 플라스틱으로 안을 댄 탱크를 사용할 수 없다.
④ 세제 및 소독제와 반응해서는 안 된다.
⑤ 스테인리스스틸은 탱크의 제품에 접촉하는 표면물질로 일반적으로 선호된다.

해설
③ 어떤 경우에, 미생물학적으로 민감하지 않은 물질 또는 제품에는 유리로 안을 댄 강화유리섬유 폴리에스터와 플라스틱으로 안을 댄 탱크를 사용할 수 있다.

17 탱크의 세척과 위생처리에 대한 설명으로 옳지 않은 것은?

① 제품에 접촉하는 모든 표면은 검사와 기계적인 세척을 위해 접근할 수 있는 것이 바람직하다.
② 세척을 위해 부속품 해체가 용이하여야 한다.
③ 비활성으로 만들기 위해 사용 후 표면 패시베이션(Passivation)을 하는 것을 추천한다.
④ 제품과 접촉되는 표면에 쉽게 접근할 수 없을 때 Clean-in-place시스템을 사용할 수 있다.
⑤ 물리적/미생물 또는 교차오염 문제를 일으킬 수 있어 가는 관을 연결하여 사용하는 것은 지양한다.

해설
패시베이션은 사용하기 전에 시행하며 설비의 일부분이 변경 시 어떤 경우에는 다시 패시베이션이 필요할 수 있다.

18 다음 제조 설비 중 펌프에 대한 설명으로 옳지 않은 것은?

① 펌프 종류의 최종 선택은 펌핑 테스트를 통해 물성에 끼치는 영향을 완전히 해석하여 확증한 후에 해야 한다.

② 펌프 종류는 미생물학적인 오염을 방지하기 위해서 원하는 속도, 펌프될 물질의 점성, 수송단계 필요조건, 그리고 청소/위생관리의 용이성에 따라 선택한다.

③ 펌프는 일상적으로 예정된 청소와 유지관리를 위하여 허용된 작업 범위에 대해 라벨을 확인해야 한다.

④ 펌핑테스팅의 수치는 특히 매우 민감한 스킨에서 중요하다.

⑤ 펌핑 시 생성되는 압력을 고려하여 적합하고 위생적인 압력 해소장치가 설치되어야 한다.

해설

④ 펌핑테스팅의 수치는 특히 매우 민감한 에멀전에서 중요하다.

19 펌프는 다양한 점도의 액체를 한 지점에서 다른 지점으로 이동하기 위해 사용된다. 다음 중 물이나 청소용제 등 낮은 점도의 액체에 사용하는 설비는 무엇인가?

① 열린 날개차
② 2중 돌출부(Dou Lobe)
③ 기 어
④ 피스톤
⑤ 개스킷

해설

펌프에 사용되는 두 가지 형태는 원심력을 이용하는 것과 Positive displacement(양극적인 이동)
• 원심력을 이용하는 것 : 열린 날개차, 닫힌 날개차(낮은 점도의 액체에 사용)
• 양극적인 이동 : Duo Lobe(2중 돌출부), 기어, 피스톤(점성이 있는 액체에 사용)

20 다음 제조 설비 중 혼합과 교반 장치에 대한 설명으로 틀린 것은?

① 믹서는 탱크와의 공존여부와 관계없이 독자적으로 재질을 고려한다.

② 과도한 악화를 야기하지 않기 위해서 온도, pH 그리고 압력과 같은 작동 조건의 영향에 대해서도 확인해야 한다.

③ 풋베어링, 조절장치 받침, 주요 진로, 고정나사 등을 청소하기 위해서 고려하여야 한다.

④ 혼합기는 수리와 청소를 위해 이동하기 용이하게 설치되어야 한다.

⑤ 혼합기를 작동시키는 사람은 회전하는 샤프트와 잠재적인 위험 요소를 생각하여 작동연습을 적절하게 하여야 한다.

해설

믹서의 재질은 전기화학적인 반응을 피하기 위해 탱크와의 공존 가능 여부를 확인해야 한다.

21 다음 중 호스의 구성 재질로 바르지 않은 것은?

① 나일론
② 폴리에틸렌
③ 폴리프로필렌
④ 천연고무
⑤ 네오프렌

해설
④ 강화된 식품등급의 고무가 이용된다.

22 칭량장치는 완제품에 요구되는 성분표 양과 기준을 만족하는지를 보증하기 위해 중량적으로 측정하기 위해 사용된다. 다음 중 칭량장치에 대한 설명으로 옳지 않은 것은?

① 칭량장치의 오차 허용도는 칭량에서 허락된 오차 허용도보다 커서는 안 된다.
② 정확성과 정밀성의 유지관리를 확인하기 위해 일상적으로 검정되어야 한다.
③ 칭량장치의 유형에는 기계식, 전자식, 광선타입, 진자타입 등이 있다.
④ 계량적 눈금의 노출된 부분들은 칭량 작업에 간섭이 있더라도 보호적 피복제로 칠해질 수 있다.
⑤ 교차 오염의 가능성이 최소화된 위치에 설치되어야 한다.

해설
칭량 작업에 직접적 간섭이 없을 때 보호적인 피복제 사용을 할 수 있다.

23 제품을 한 위치에서 다른 위치로 운반하는 파이프 시스템의 기본 부분을 모두 고르시오.

ㄱ. 펌프	ㄴ. 필터
ㄷ. 리듀서	ㄹ. 엘보우
ㅁ. 밸브	ㅂ. 이덕터

① ㄱ, ㄴ, ㄷ
② ㄷ, ㄹ, ㅁ, ㅂ
③ ㄴ, ㄷ, ㄹ, ㅁ, ㅂ
④ ㄱ, ㄴ, ㄷ, ㄹ, ㅁ
⑤ 상기 모두

해설
파이프 시스템의 기본부분들은 펌프, 필터, 파이프, 부속품(엘보우, T's, 리듀서), 밸브, 이덕터 또는 배출기가 있다.

24 다음 〈보기〉는 무엇을 말하는가?

━●보기●━
온도, 압력, 흐름, 점도, pH, 속도, 부피 그리고 다른 화장품의 특성을 측정 및 기록하기 위해 사용되는 기구이다.

① 게이지와 미터
② 칭량장치
③ 교반 장치
④ 탱크
⑤ 호스

25 포장재 설비는 제품이 닿는 포장설비와 제품이 닿지 않는 포장설비가 있다. 다음 중 다른 하나는 무엇인가?

① 제품 충전기
② 뚜껑 덮는 장치
③ 라벨기기
④ 용기공급장치
⑤ 용기세척기

해설
제품이 닿는 포장설비는 직·간접적으로 접촉하는 설비의 기본적인 부분을 고려하는 가이드라인이다. 이들은 제품 충전기, 뚜껑을 덮는 장치, 봉인장치, 용기공급장치, 용기세척기 등이 있다. 라벨기기는 코드화기기, 케이스 포장기와 함께 제품이 닿지 않는 포장설비이다.

26 다음 〈보기〉가 설명하는 것은 무엇인가?

━●보기●━
완제품을 보호하여 소비자에게 배달하기 위해 정해진 외부 포장을 만들고 봉인하기 위해 사용한다. 윤활제나 설비에 쌓여있는 외부접착제에 노출되지 않도록 접착제의 청소를 용이하게 설계되어야 한다.

① 코드화기기
② 버킷 컨베이어
③ 용기 공급장치
④ 펌프 주입기
⑤ 케이스 포장기

01 다음 중 우수화장품 제조 및 품질관리기준상 용어에 대한 설명으로 옳지 않은 것은?

① 유지관리 – 적절한 작업 환경에서 건물과 설비가 유지되도록 정기적·비정기적인 지원 및 검증 작업을 말한다.

② 공정관리 – 제조공정 중 적합판정기준의 충족을 보증하기 위하여 공정을 모니터링하거나 조정하는 모든 작업을 말한다.

③ 위생관리 – 대상물의 표면에 있는 바람직하지 못한 미생물 등 오염물을 감소시키기 위해 시행되는 작업을 말한다.

④ 유통관리 – 제품이 적합 판정 기준에 충족될 것이라는 신뢰를 제공하는 데 필수적인 모든 계획되고 체계적인 활동을 말한다.

⑤ 변경관리 – 모든 제조, 관리 및 보관된 제품이 규정된 적합판정기준에 일치하도록 보장하기 위하여 우수화장품 제조 및 품질관리기준이 적용되는 모든 활동을 내부 조직의 책임 하에 계획하여 변경하는 것을 말한다.

해설
④ '유통관리'가 아닌 '품질보증'의 내용에 해당한다(우수화장품 제조 및 품질관리기준 제2조 제4호 참조).

02 다음 중 우수화장품 제조 및 품질관리기준상 〈보기〉의 내용에 해당하는 용어로 옳은 것은?

┌─● 보 기 ●─
│ 하나의 공정이나 일련의 공정으로 제조되어 균질성을 갖는 화장품의 일정한 분량을 말한다.
└

① 벌크 제품   ② 뱃 치
③ 완제품   ④ 반제품
⑤ 소모품

해설
제조단위 또는 뱃치(Batch)
제품의 경우 어떠한 그룹을 같은 제조단위 또는 뱃치로 하기 위해서는 그 그룹이 균질성을 갖는다는 것을 나타내는 과학적 근거가 있어야 한다. 과학적 근거란 몇 개의 소(小) 제조단위를 합하여 같은 제조단위로 할 경우에는 동일한 원료와 자재를 사용하고 제조조건이 동일하다는 것을 나타내는 근거를 말하며, 또 동일한 제조공정에 사용되는 기계가 복수일 때에는 그 기계의 성능과 조건이 동일하다는 것을 나타내는 것을 말한다.

03 다음 중 화장품 안전기준 등에 관한 규정상 사용할 수 없는 원료에 해당하는 것을 올바르게 모두 고른 것은?

ㄱ. 금 염	ㄴ. 니트로벤젠
ㄷ. 아조벤젠	ㄹ. 나프탈렌
ㅁ. 트리클로로에칠렌	ㅂ. 페닐파라벤
ㅅ. 소듐나이트라이트	

① ㄱ, ㄷ, ㅅ   ② ㄴ, ㄹ, ㅂ

③ ㄴ, ㄷ, ㅁ, ㅅ   ④ ㄷ, ㄹ, ㅁ, ㅂ, ㅅ

⑤ ㄱ, ㄴ, ㄷ, ㄹ, ㅁ, ㅂ

해설

ㅅ. 무기 나이트라이트는 사용할 수 없는 원료이나 소듐나이트라이트는 그 대상에서 제외된다(화장품 안전기준 등에 관한 규정 제3조 및 별표1 참조).

04 다음 중 화장품 안전기준 등에 관한 규정상 사용상의 제한이 필요한 원료의 명칭 및 사용한도를 연결한 것으로 옳은 것은?

① 글루타랄(펜탄-1,5-디알) - 0.1%

② 세틸피리디늄클로라이드 - 0.1%

③ 엠디엠하이단토인 - 0.3%

④ 클로로자이레놀 - 0.3%

⑤ 페녹시에탄올 - 0.5%

해설

② 세틸피리디늄클로라이드 - 0.08%

③ 엠디엠하이단토인 - 0.2%

④ 클로로자이레놀 - 0.5%

⑤ 페녹시에탄올 - 1.0%

05 다음 중 유통화장품 안전기준 등에 관한 규정에 따른 유해물질로서 디아졸리디닐우레아, 디엠디엠하이단토인 등 일부 살균·보존제에서 검출되는 것은?

① 메탄올   ② 디옥산

③ 포름알데하이드   ④ 카드뮴

⑤ 수 은

유통화장품의 유해물질로서 포름알데하이드(Formaldehyde)

포름알데하이드 및 p-포름알데하이드는 화장품에 사용할 수 없는 원료이나 화장품에 사용되는 일부 살균·보존제(디아졸리디닐우레아, 디엠디엠하이단토인, 2-브로모-2-나이트로프로판-1,3-디올, 벤질헤미포름알, 소듐하이드록시메칠아미노아세테이트, 이미다졸리디닐우레아, 쿼터늄-15 등)가 수용성 상태에서 분해되어 일부 생성될 수 있다.

06 다음 중 화장품 안전기준 등에 관한 규정상 유통화장품의 안전관리 기준에서 점토를 원료로 사용한 분말제품 이외의 제품에 대한 납의 검출 허용 한도 기준으로 옳은 것은?

① $10\mu g/g$ 이하   ② $15\mu g/g$ 이하

③ $20\mu g/g$ 이하   ④ $25\mu g/g$ 이하

⑤ $50\mu g/g$ 이하

유통화장품의 납 검출 허용 한도 기준(화장품 안전기준 등에 관한 규정 제6조 제1항 제1호)
• 점토를 원료로 사용한 분말제품 : $50\mu g/g$ 이하
• 그 밖의 제품 : $20\mu g/g$ 이하

07 다음 중 화장품 안전기준 등에 관한 규정상 유통화장품의 안전관리 기준에서 눈 화장용 제품과 색조 화장용 제품에 대한 니켈의 검출 허용 한도 기준으로 옳은 것은?

	눈 화장용 제품	색조 화장용 제품
①	$15\mu g/g$ 이하	$12\mu g/g$ 이하
②	$20\mu g/g$ 이하	$15\mu g/g$ 이하
③	$25\mu g/g$ 이하	$30\mu g/g$ 이하
④	$30\mu g/g$ 이하	$25\mu g/g$ 이하
⑤	$35\mu g/g$ 이하	$30\mu g/g$ 이하

유통화장품의 니켈 검출 허용 한도 기준(화장품 안전기준 등에 관한 규정 제6조 제1항 제2호)
• 눈 화장용 제품 : $35\mu g/g$ 이하
• 색조 화장용 제품 : $30\mu g/g$ 이하
• 그 밖의 제품 : $10\mu g/g$ 이하

08 다음 중 화장품 안전기준 등에 관한 규정상 유통화장품의 안전관리 기준에서 디옥산의 검출 허용 한도 기준으로 옳은 것은?

① 10μg/g 이하　　　　　　　　② 20μg/g 이하
③ 60μg/g 이하　　　　　　　　④ 100μg/g 이하
⑤ 120μg/g 이하

> **해설**
>
> 디옥산(Dioxane)
> 화장품에 사용할 수 없는 원료이나, 화장품 원료 중 성분명이 'PEG', '폴리에칠렌', '폴리에칠렌글라이콜', '폴리옥시칠렌', '-eth-' 또는 '-옥시놀-'을 포함하거나, 제조과정 중 지방산에 ethylene oxide 첨가 과정(ethoxylation) 중에 부산물로 생성되어 화장품에 잔류할 수 있으므로 기술적으로 제거가 불가능한 검출 수준, 국내·외 모니터링 결과, 인체에 유해하지 않은 안전역 수준 등을 고려하여 일정 수준 이하로 관리하는 것이 바람직하다.

09 다음 중 화장품 안전기준 등에 관한 규정상 유통화장품의 안전관리 기준에서 물휴지를 제외한 제품의 포름알데하이드 검출 허용 한도 기준으로 옳은 것은?

① 2,000μg/g 이하　　　　　　② 1,000μg/g 이하
③ 500μg/g 이하　　　　　　　④ 100μg/g 이하
⑤ 50μg/g 이하

> **해설**
>
> 유통화장품의 포름알데하이드 검출 허용 한도 기준(화장품 안전기준 등에 관한 규정 제6조 제1항 제9호)
> • 물휴지 : 20μg/g 이하
> • 그 밖의 제품 : 2,000μg/g 이하

10 다음 중 화장품 안전기준 등에 관한 규정상 유통화장품의 안전관리 기준에서 미생물의 검출 허용 한도 기준에 대한 설명으로 옳은 것은?

① 영·유아용 제품류의 총호기성생균수는 300개/g(mL) 이하이다.
② 색조 화장용 제품류의 총호기성생균수는 500개/g(mL) 이하이다.
③ 눈 화장용 제품류의 총호기성생균수는 500개/g(mL) 이하이다.
④ 물휴지의 진균수는 1,000개/g(mL) 이하이다.
⑤ 물휴지의 대장균수는 10개/g(mL) 이하이다.

> **해설**
>
> 미생물 한도(화장품 안전기준 등에 관한 규정 제6조 제4항)
> • 총호기성생균수는 영·유아용 제품류 및 눈 화장용 제품류의 경우 500개/g(mL) 이하
> • 물휴지의 경우 세균 및 진균수는 각각 100개/g(mL) 이하
> • 기타 화장품의 경우 1,000개/g(mL) 이하
> • 대장균(Escherichia Coli), 녹농균(Pseudomonas Aeruginosa), 황색포도상구균(Staphylococcus Aureus)은 불검출

11 다음 중 화장품 안전기준 등에 관한 규정상 일반적인 유통화장품의 내용량 기준으로 옳은 것은?

① 제품 3개를 가지고 시험할 때 그 평균 내용량이 표기량에 대하여 95% 이상

② 제품 3개를 가지고 시험할 때 그 평균 내용량이 표기량에 대하여 97% 이상

③ 제품 5개를 가지고 시험할 때 그 평균 내용량이 표기량에 대하여 95% 이상

④ 제품 5개를 가지고 시험할 때 그 평균 내용량이 표기량에 대하여 97% 이상

⑤ 제품 6개를 가지고 시험할 때 그 평균 내용량이 표기량에 대하여 98% 이상

해설

내용량 기준(화장품 안전기준 등에 관한 규정 제6조 제5항)
- 제품 3개를 가지고 시험할 때 그 평균 내용량이 표기량에 대하여 97% 이상
- 위의 기준치를 벗어날 경우 : 6개를 더 취하여 시험할 때 9개의 평균 내용량이 위의 기준치 이상
- 그 밖의 특수한 제품 :「대한민국약전」을 따를 것

12 다음 중 화장품 안전기준 등에 관한 규정상 메이크업 리무버 제품을 제외한 기초화장용 제품류로서 액, 로션, 크림 및 이와 유사한 제형의 액상제품의 pH 기준으로 옳은 것은?

① pH 기준 4.0~9.0 　　② pH 기준 4.0~8.0

③ pH 기준 3.5~8.5 　　④ pH 기준 3.0~9.0

⑤ pH 기준 3.0~8.5

해설

액상제품의 pH 기준(화장품 안전기준 등에 관한 규정 제6조 제6항)
영·유아용 제품류(영·유아용 샴푸, 영·유아용 린스, 영·유아 인체 세정용 제품, 영·유아 목욕용 제품 제외), 눈 화장용 제품류, 색조 화장용 제품류, 두발용 제품류(샴푸, 린스 제외), 면도용 제품류(셰이빙 크림, 셰이빙 폼 제외), 기초화장용 제품류(클렌징 워터, 클렌징 오일, 클렌징 로션, 클렌징 크림 등 메이크업 리무버 제품 제외) 중 액, 로션, 크림 및 이와 유사한 제형의 액상제품은 pH 기준이 3.0~9.0이어야 한다. 다만, 물을 포함하지 않는 제품과 사용한 후 곧바로 물로 씻어 내는 제품은 제외한다.

13 다음 중 화장품 안전기준 등에 관한 규정상 퍼머넌트웨이브용 및 헤어스트레이트너 제품의 품질 및 안전관리에 대한 설명으로 옳지 않은 것은?

① pH 시험을 통해 산 또는 알카리 정도를 측정한다.

② 환원제인 시스테인의 함유량을 측정한다.

③ 디치오디글라이콜릭애씨드가 치오글라이콜릭애씨드로 산화된 정도를 측정한다.

④ 반응기 등 제조공정상 들어 갈 수 있는 철 성분을 측정한다.

⑤ 제2제인 산화제의 산화 능력을 측정한다.

해설

③ 치오글라이콜릭애씨드가 디치오디글라이콜릭애씨드로 산화된 정도를 측정한다. 산화가 되면 치오글라이콜릭애씨드 2분자가 결합되어 디치오디글라이콜릭애씨드로 변화되므로, 그 양을 측정함으로써 산화 정도를 확인할 수 있다.

14 다음 중 화장품 안전기준 등에 관한 규정상 퍼머넌트웨이브용 및 헤어스트레이트너 제품으로서 치오글라이콜릭애씨드 또는 그 염류를 주성분으로 하는 냉2욕식 퍼머넌트웨이브용 제품 제1제의 pH 기준으로 옳은 것은?

① pH 기준 3.0~9.0
② pH 기준 3.5~9.2
③ pH 기준 4.0~9.5
④ pH 기준 4.5~9.6
⑤ pH 기준 5.0~9.8

> **해설**
> ④ 치오글라이콜릭애씨드 또는 그 염류를 주성분으로 하는 냉2욕식 퍼머넌트웨이브용 제품은 실온에서 사용하는 것으로서 치오글라이콜릭애씨드 또는 그 염류를 주성분으로 하는 제1제 및 산화제를 함유하는 제2제로 구성된다. 그중 제1제의 pH 기준은 4.5~9.6이다(화장품 안전기준 등에 관한 규정 제6조 제8항 제1호 참조).

15 다음 중 화장품 안전기준 등에 관한 규정상 퍼머넌트웨이브용 및 헤어스트레이트너 제품으로서 치오글라이콜릭애씨드 또는 그 염류를 주성분으로 하는 냉2욕식 퍼머넌트웨이브용 제품 제2제의 중금속 허용 기준으로 옳은 것은?

① $10\mu g/g$ 이하
② $20\mu g/g$ 이하
③ $30\mu g/g$ 이하
④ $40\mu g/g$ 이하
⑤ $50\mu g/g$ 이하

> **해설**
> ② 퍼머넌트웨이브용 및 헤어스트레이트너 제품으로서 치오글라이콜릭애씨드 또는 그 염류를 주성분으로 하는 냉2욕식 퍼머넌트웨이브용 제품 제1제 및 제2제의 중금속 허용 기준은 공통적으로 $20\mu g/g$ 이하이다(화장품 안전기준 등에 관한 규정 제6조 제8항 제1호 참조).

16 다음 중 화장품 안전기준 등에 관한 규정상 시스테인, 시스테인염류 또는 아세틸시스테인을 주성분으로 하는 냉2욕식 퍼머넌트웨이브용 제품 제1제의 시스테인 함량 기준으로 옳은 것은?

① 3.0~7.5%
② 3.5~8.5%
③ 3.5~9.5%
④ 4.0~10.0%
⑤ 4.5~12.5%

> **해설**
> ① 시스테인, 시스테인염류 또는 아세틸시스테인을 주성분으로 하는 냉2욕식 퍼머넌트웨이브용 제품 제1제는 시스테인, 시스테인염류 또는 아세틸시스테인을 주성분으로 하고 불휘발성 무기알칼리를 함유하지 않은 액제이다. 이 액제의 함량 기준은 3.0~7.5%이다(화장품 안전기준 등에 관한 규정 제6조 제8항 제2호 참조).

17 다음 중 화장품 안전기준 등에 관한 규정상 시스테인, 시스테인염류 또는 아세틸시스테인을 주성분으로 하는 냉2욕식 퍼머넌트웨이브용 제품 제1제의 시스틴(환원 후의 환원성 물질) 허용 기준으로 옳은 것은?

① 0.45% 이하   ② 0.50% 이하
③ 0.55% 이하   ④ 0.60% 이하
⑤ 0.65% 이하

> **해설**
> ⑤ 퍼머넌트웨이브용 제품의 주성분 중 하나인 시스테인은 산화가 되면 시스테인 2분자가 결합되어 시스틴으로 변화하게 된다. 환원 후의 환원성 물질인 시스틴의 허용 기준은 0.65% 이하이다(화장품 안전기준 등에 관한 규정 제6조 제8항 제2호 참조).

18 다음 중 화장품 안전기준 등에 관한 규정상 치오글라이콜릭애씨드 또는 그 염류를 주성분으로 하는 가온2욕식 헤어스트레이트너 제품 제1제의 비소 허용 기준으로 옳은 것은?

① 20μg/g 이하   ② 10μg/g 이하
③ 5μg/g 이하   ④ 3μg/g 이하
⑤ 2μg/g 이하

> **해설**
> ③ 비소는 인체에 축적될 수 있고 배설이 잘되지 않으며, 피부 및 신경계를 비롯한 다른 장기에 독성을 일으킬 수 있고 적은 양의 비소라도 지속적으로 노출 시 발암원의 가능성이 있다. 화장품 안전기준 등에 관한 규정에서는 치오글라이콜릭애씨드 또는 그 염류를 주성분으로 하는 가온2욕식 헤어스트레이트너 제품 제1제의 비소 허용 기준을 5μg/g 이하로 규정하고 있다.

19 다음 중 화장품 안전의 일반사항에 대한 설명으로 가장 옳지 않은 것은?

① 화장품은 예측 가능한 사용 조건에 따라 사용하였을 때 인체에 안전하여야 한다.
② 화장품은 피부자극 및 감작이 우선적으로 고려될 수 있다.
③ 화장품 원료의 선정부터 사용기한까지 화장품의 전주기에 대한 전반적인 접근이 필요하다.
④ 개인별 화장품 사용에 관한 편차를 고려하여 최소 사용 환경에서 화장품 성분을 위해평가 한다.
⑤ 과학적 관점에서 모든 원료성분에 대해 독성자료가 필요한 것은 아니다.

> **해설**
> ④ 개인별 화장품 사용에 관한 편차를 고려하여 일반적으로 일어날 수 있는 최대 사용 환경에서 화장품 성분을 위해평가 한다.

20 다음 중 화장품 성분의 안전성에 대한 설명으로 옳지 않은 것은?

① 최종 제품의 안전성을 확보하기 위해서는 원료 성분의 안전성이 확보되어야 한다.

② 화장품 성분의 화학적 순도가 화장품의 효능 및 안전성에 영향을 미칠 수 있다.

③ 사용하고자 하는 성분은 식약처장이 화장품의 제조에 사용할 수 없는 원료로 지정 고시한 것이 아니어야 한다.

④ 오염물질이 존재할 경우 그 안전성은 노출량 등을 고려하여 사안별로 검토되어야 한다.

⑤ 위해평가는 예측 가능한 노출조건을 고려하되 고농도, 고용량의 최악의 노출조건까지 고려할 필요는 없다.

해설
⑤ 화장품 성분의 안전성은 노출조건에 따라 달라질 수 있다. 노출조건은 화장품의 형태, 농도, 접촉 빈도 및 기간, 관련 체표면적, 햇빛의 영향 등에 따라 달라질 수 있다. 위해평가는 예측 가능한 다양한 노출조건과 고농도, 고용량의 최악의 노출조건까지 고려할 필요가 있다.

21 다음 중 〈보기〉의 빈 칸에 들어갈 내용으로 가장 옳은 것은?

━●보기●━
화장품 위해평가에서 최종제품의 안전성 평가는 (   )가 원칙이지만, 제품의 제조, 유통 및 사용 시 발생할 수 있는 미생물의 오염에 대해 고려할 필요가 있다.

① 효능 평가 ② 성분 평가
③ 함량 평가 ④ 상태 평가
⑤ 기능성 평가

해설
화장품 위해평가에서 최종제품에 대한 평가
• 최종제품은 적절한 조건에서 보관할 때 사용기한 또는 유통기한 동안 안전하여야 한다.
• 제품의 안전성은 각 성분의 독성학적 특징과 유사한 조성의 제품을 사용한 경험, 신물질의 함유 여부 등을 참고하여 전반적으로 검토한다.
• 최종제품의 안전성 평가는 성분 평가가 원칙이지만, 제품의 제조, 유통 및 사용 시 발생할 수 있는 미생물의 오염에 대해 고려할 필요가 있다.

22 다음 중 우수화장품 제조 및 품질관리기준상 원자재의 입고관리에 대한 설명으로 가장 옳은 것은?

① 원자재의 입고 시 구매 요구서, 원자재 공급업체 성적서 및 현품이 서로 일치하여야 한다.
② 원자재 용기에 관리번호가 없는 경우에는 제조번호를 부여하여 보관하여야 한다.
③ 원자재 입고절차 중 육안확인만으로 물품의 결함이 확인된 경우에는 입고를 허용할 수 있다.
④ 입고된 원자재의 상태 표시는 '적합'과 '부적합'으로만 하여야 한다.
⑤ 입고된 원자재의 상태 표시는 이를 다른 시스템으로 대체할 수 없다.

> **해설**
> ① 우수화장품 제조 및 품질관리기준 제11조 제2항.
> ② 원자재 용기에 제조번호가 없는 경우에는 관리번호를 부여하여 보관하여야 한다(동 기준 제11조 제3항).
> ③ 원자재 입고절차 중 육안확인 시 물품에 결함이 있을 경우 입고를 보류하고 격리보관 및 폐기하거나 원자재 공급업자에게 반송하여야 한다(동 기준 제11조 제4항).
> ④·⑤ 입고된 원자재는 '적합', '부적합', '검사 중' 등으로 상태를 표시하여야 한다. 다만, 동일 수준의 보증이 가능한 다른 시스템이 있다면 대체할 수 있다(동 기준 제11조 제5항).

23 다음 중 우수화장품 제조 및 품질관리기준상 원자재의 입고관리에서 원자재 용기 및 시험기록서의 필수적인 기재 사항에 해당하는 것을 모두 고른 것은?

> ㄱ. 원자재 수령자명
> ㄴ. 원자재 공급자명
> ㄷ. 원자재 공급자가 정한 제품명
> ㄹ. 공급일자
> ㅁ. 수령일자
> ㅂ. 공급자가 부여한 제조번호 또는 관리번호

① ㄱ, ㄷ, ㅁ   ② ㄴ, ㄹ, ㅂ
③ ㄱ, ㄴ, ㄷ, ㄹ   ④ ㄴ, ㄷ, ㅁ, ㅂ
⑤ ㄱ, ㄴ, ㄷ, ㄹ, ㅁ, ㅂ

> **해설**
> **원자재 용기 및 시험기록서의 필수적인 기재 사항(우수화장품 제조 및 품질관리기준 제11조 제6항)**
> • 원자재 공급자가 정한 제품명(ㄷ)
> • 원자재 공급자명(ㄴ)
> • 수령일자(ㅁ)
> • 공급자가 부여한 제조번호 또는 관리번호(ㅂ)

24 다음 중 우수화장품 제조 및 품질관리기준상 보관관리에 대한 설명으로 옳지 않은 것은?

① 원자재, 반제품 및 벌크 제품은 품질에 나쁜 영향을 미치지 아니하는 조건에서 보관하여야 한다.
② 원자재, 반제품 및 벌크 제품은 바닥과 벽에 닿지 아니하도록 보관하여야 한다.
③ 원자재, 반제품 및 벌크 제품은 후입선출에 의하여 출고할 수 있도록 보관하여야 한다.
④ 원자재, 시험 중인 제품 및 부적합품은 원칙적으로 각각 구획된 장소에서 보관하여야 한다.
⑤ 설정된 보관기한이 지나면 사용의 적절성을 결정하기 위해 재평가시스템을 확립하여야 한다.

> **해설**
> ③ 원자재, 반제품 및 벌크 제품은 바닥과 벽에 닿지 아니하도록 보관하고, 선입선출에 의하여 출고할 수 있도록 보관하여야 한다(우수화장품 제조 및 품질관리기준 제13조 제2항).

25 다음 중 우수화장품 제조 및 품질관리기준상 물의 품질에 대한 설명으로 옳지 않은 것은?

① 물의 품질 적합기준은 사용 목적에 맞게 규정하여야 한다.
② 물의 품질은 정기적으로 검사해야 하고 필요시 미생물학적 검사를 실시하여야 한다.
③ 물 공급 설비는 물의 품질에 영향이 없어야 한다.
④ 물 공급 설비는 살균처리가 가능하여야 한다.
⑤ 물 공급 설비는 물의 정체가 이루어지도록 설치되어야 한다.

> **해설**
> 물 공급 설비의 기준(우수화장품 제조 및 품질관리기준 제14조 제3항)
> • 물의 정체와 오염을 피할 수 있도록 설치될 것
> • 물의 품질에 영향이 없을 것
> • 살균처리가 가능할 것

26 다음 중 우수화장품 제조 및 품질관리기준상 제조 및 품질관리의 적합성을 보장하는 기본 요건들을 충족하고 있음을 보증하기 위하여 작성 및 보관하여야 하는 기준서에 해당하지 않는 것은?

① 제품표준서　　　　　　　　　② 작업표준서
③ 품질관리기준서　　　　　　　④ 제조관리기준서
⑤ 제조위생관리기준서

> **해설**
> 기준서 등의 작성 · 보관(우수화장품 제조 및 품질관리기준 제15조 제1항)
> 제조 및 품질관리의 적합성을 보장하는 기본 요건들을 충족하고 있음을 보증하기 위하여 제품표준서, 제조관리기준서, 품질관리기준서 및 제조위생관리기준서를 작성하고 보관하여야 한다.

27 다음 중 우수화장품 제조 및 품질관리기준상 제품표준서에 품목별로 포함되어야 하는 사항을 올바르게 모두 고른 것은?

ㄱ. 보관조건	ㄴ. 변경이력
ㄷ. 사용기한 또는 개봉 후 사용기간	ㄹ. 원료명, 분량 및 제조단위당 기준량
ㅁ. 공정별 이론 생산량 및 수율관리기준	ㅂ. 작업 중 주의사항

① ㄱ, ㄷ, ㅁ
② ㄴ, ㄹ, ㅂ
③ ㄱ, ㄴ, ㄷ, ㄹ
④ ㄴ, ㄷ, ㅁ, ㅂ
⑤ ㄱ, ㄴ, ㄷ, ㄹ, ㅁ, ㅂ

해설

제품표준서에 품목별로 포함되어야 하는 사항(우수화장품 제조 및 품질관리기준 제15조 제2항)
- 제품명
- 작성연월일
- 효능 · 효과(기능성 화장품의 경우) 및 사용상의 주의사항
- 원료명, 분량 및 제조단위당 기준량(ㄹ)
- 공정별 상세 작업내용 및 제조공정흐름도
- 공정별 이론 생산량 및 수율관리기준(ㅁ)
- 작업 중 주의사항(ㅂ)
- 원자재 · 반제품 · 완제품의 기준 및 시험방법
- 제조 및 품질관리에 필요한 시설 및 기기
- 보관조건(ㄱ)
- 사용기한 또는 개봉 후 사용기간(ㄷ)
- 변경이력(ㄴ)
- 제조지시서 등

28 다음 중 우수화장품 제조 및 품질관리기준상 제조관리기준서에 포함되어야 하는 사항과 가장 거리가 먼 것은?

① 제조공정관리에 관한 사항
② 원자재 관리에 관한 사항
③ 완제품 관리에 관한 사항
④ 안정성시험에 관한 사항
⑤ 위탁제조에 관한 사항

해설

④ 안정성시험에 관한 사항은 품질관리기준서에 포함되어야 하는 사항에 해당한다.

제조관리기준서에 포함되어야 하는 사항(우수화장품 제조 및 품질관리기준 제15조 제3항 참조)
- 제조공정관리에 관한 사항
- 시설 및 기구 관리에 관한 사항
- 원자재 관리에 관한 사항
- 완제품 관리에 관한 사항
- 위탁제조에 관한 사항

29 다음 중 우수화장품 제조 및 품질관리기준상 공정관리에서 반제품을 보관하는 용기에 표시하여야 하는 사항과 가장 거리가 먼 것은?

① 명칭 또는 확인코드
② 제조번호
③ 제조자의 성명 또는 서명
④ 완료된 공정명
⑤ 보관조건(단, 필요한 경우)

> **해설**
>
> **반제품의 공정관리(우수화장품 제조 및 품질관리기준 제17조 제2항)**
> 반제품은 품질이 변하지 아니하도록 적당한 용기에 넣어 지정된 장소에서 보관해야 하며 용기에 다음 사항을 표시해야 한다.
> • 명칭 또는 확인코드
> • 제조번호
> • 완료된 공정명
> • 필요한 경우에는 보관조건

30 다음 중 우수화장품 제조 및 품질관리기준상 품질의 시험관리에 대한 설명으로 가장 옳은 것은?

① 시험결과 적합 또는 부적합인지 분명히 기록하여야 한다.
② 시험기록은 검토한 후 '적합', '부적합', '검사 중'으로 판정하여야 한다.
③ 정해진 보관 기간이 경과된 원자재 및 반제품은 반드시 폐기하여야 한다.
④ 적합판정이 된 원자재가 아니더라도 이를 사용할 수 있다.
⑤ 모든 표준품과 주요시약의 용기에는 반드시 제조자의 성명 또는 서명을 기재하여야 한다.

> **해설**
>
> ① 우수화장품 제조 및 품질관리기준 제20조 제3항
> ② 모든 시험이 적절하게 이루어졌는지 시험기록은 검토한 후 '적합', '부적합', '보류'를 판정하여야 한다(동 기준 제20조 제6항).
> ③ 정해진 보관 기간이 경과된 원자재 및 반제품은 재평가하여 품질기준에 적합한 경우 제조에 사용할 수 있다(동 기준 제20조 제5항).
> ④ 원자재, 반제품 및 완제품은 적합판정이 된 것만을 사용하거나 출고하여야 한다(동 기준 제20조 제4항).
> ⑤ 직접 제조한 경우에 한하여 표준품과 주요시약의 용기에 제조자의 성명 또는 서명을 기재하여야 한다(동 기준 제20조 제8항 참조).

31 다음 중 우수화장품 제조 및 품질관리기준상 검체의 채취 및 보관과 관련하여 〈보기〉의 빈 칸에 들어갈 내용을 순서대로 올바르게 나열한 것은?

> ●보 기●
>
> 완제품의 보관용 검체는 적절한 보관조건 하에 지정된 구역 내에서 제조단위별로 사용기한 경과 후 (㉠)간 보관하여야 한다. 다만, 개봉 후 사용기간을 기재하는 경우에는 제조일로부터 (㉡)간 보관하여야 한다.

	㉠	㉡
①	1년	2년
②	2년	1년
③	1년	3년
④	3년	1년
⑤	2년	3년

해설

완제품 보관용 검체의 보관(우수화장품 제조 및 품질관리기준 제21조 제3항)
완제품의 보관용 검체는 적절한 보관조건 하에 지정된 구역 내에서 제조단위별로 사용기한 경과 후 1년간 보관하여야 한다. 다만, 개봉 후 사용기간을 기재하는 경우에는 제조일로부터 3년간 보관하여야 한다.

32 다음 중 우수화장품 제조 및 품질관리기준상 제품의 폐기처리 등에서 재작업 여부의 판단요건과 가장 거리가 먼 것은?

① 병원미생물에 오염되지 아니하였을 것
② 변질 또는 변패되지 아니하였을 것
③ 제조일로부터 1년이 경과하지 아니하였을 것
④ 개봉일로부터 6개월이 경과하지 아니하였을 것
⑤ 사용기한이 1년 이상 남아있을 것

해설

폐기처리 등(우수화장품 제조 및 품질관리기준 제22조 제1항 및 제2항)
• 품질에 문제가 있거나 회수·반품된 제품의 폐기 또는 재작업 여부는 품질보증 책임자에 의해 승인되어야 한다.
• 재작업은 그 대상이 다음을 모두 만족한 경우에 할 수 있다.
– 변질·변패 또는 병원미생물에 오염되지 아니한 경우
– 제조일로부터 1년이 경과하지 않았거나 사용기한이 1년 이상 남아있는 경우

33 다음 중 우수화장품 제조 및 품질관리기준상 화장품 제조 및 품질관리에 있어서 공정 또는 시험의 위탁계약에 관한 내용으로 옳지 않은 것은?

① 제조업무를 위탁하고자 하는 자는 식품의약품안전처장으로부터 우수화장품 제조 및 품질관리기준 적합판정을 받은 업소에 위탁제조하여야 한다.

② 위탁업체는 수탁업체의 계약 수행능력을 평가하고 그 업체가 계약을 수행하는 데 필요한 시설 등을 갖추고 있는지 확인해야 한다.

③ 위탁업체는 수탁업체와 문서로 계약을 체결해야 하며 정확한 작업이 이루어질 수 있도록 수탁업체에 관련 정보를 전달해야 한다.

④ 위탁업체는 수탁업체에 대해 계약에서 규정한 감사를 실시해야 하며 수탁업체는 이를 수용하여야 한다.

⑤ 수탁업체에서 생성한 위·수탁 관련 자료는 유지되어 위탁업체에서 이용 가능해야 한다.

> **해설**
> ① 제조업무를 위탁하고자 하는 자는 식품의약품안전처장으로부터 우수화장품 제조 및 품질관리기준 적합판정을 받은 업소에 위탁제조하는 것을 권장한다. 즉, 이는 권장사항일 뿐 강제사항에 해당하지 않는다(우수화장품 제조 및 품질관리기준 제23조 제2항 참조).

34 다음 중 우수화장품 제조 및 품질관리기준상 우수화장품 제조 및 품질관리기준 적합판정을 받고자 하는 업소가 식품의약품안전처장에게 제출하여야 하는 서류에 해당하는 것을 올바르게 모두 고른 것은?

> ㄱ. 화장품 제조업 신고필증
> ㄴ. 제조소의 시설내역
> ㄷ. 제조관리현황
> ㄹ. 품질관리현황
> ㅁ. 화장품 제조 및 품질관리기준 운영조직
> ㅂ. 우수화장품 제조 및 품질관리기준에 따라 3회 이상 적용·운영한 자체평가표

① ㄱ, ㄷ, ㅁ   ② ㄴ, ㄹ, ㅂ

③ ㄱ, ㄴ, ㄷ, ㄹ   ④ ㄴ, ㄷ, ㄹ, ㅁ, ㅂ

⑤ ㄱ, ㄴ, ㄷ, ㄹ, ㅁ, ㅂ

> **해설**
> ㄱ. 화장품 제조업 신고필증(현, 화장품 제조업 등록필증)이 2012년 10월 16일 기준 개정에 따라 우수화장품 제조 및 품질관리기준 실시상황 평가신청(적합판정) 시 구비서류 항목에서 삭제되었다. 이는 행정자료 제출 요건의 감축에 따른 조치이다.

35 다음 중 우수화장품 제조 및 품질관리기준상 제품의 회수 책임자가 수행하는 역할 혹은 업무와 가장 거리가 먼 것은?

① 전체 회수과정에서 제조판매업자에 대한 지시·감독역할을 수행한다.
② 결함 제품을 회수하고 관련 기록을 보존한다.
③ 소비자 안전에 영향을 주는 회수의 경우 회수가 원활히 진행될 수 있도록 필요한 조치를 수행한다.
④ 회수된 제품을 확인한 후 제조소 내에 격리보관 조치한다.
⑤ 회수과정을 주기적으로 평가한다.

해설

회수 책임자의 역할 혹은 업무(우수화장품 제조 및 품질관리기준 제26조 제2항)
• 전체 회수과정에 대한 제조판매업자와의 조정역할
• 결함 제품의 회수 및 관련 기록 보존
• 소비자 안전에 영향을 주는 회수의 경우 회수가 원활히 진행될 수 있도록 필요한 조치 수행
• 회수된 제품은 확인 후 제조소 내 격리보관 조치(필요시에 한함)
• 회수과정의 주기적인 평가(필요시에 한함)

36 다음 중 우수화장품 제조 및 품질관리기준상 적합판정의 사후관리와 관련하여 〈보기〉의 빈 칸에 들어갈 내용으로 옳은 것은?

•보기•

식품의약품안전처장은 우수화장품 제조 및 품질관리기준 적합판정을 받은 업소에 대해 우수화장품 제조 및 품질관리기준 실시상황평가표에 따라 (   ) 실태조사를 실시하여야 한다.

① 5년에 1회 이상
② 4년에 1회 이상
③ 3년에 1회 이상
④ 격년으로
⑤ 매 년

해설

사후관리(우수화장품 제조 및 품질관리기준 제32조 제1항)
식품의약품안전처장은 우수화장품 제조 및 품질관리기준 적합판정을 받은 업소에 대해 우수화장품 제조 및 품질관리기준 실시상황평가표에 따라 3년에 1회 이상 실태조사를 실시하여야 한다.

37 다음 중 우수화장품 제조 및 품질관리에서 기준일탈 제품의 처리 과정을 순서대로 올바르게 나열한 것은?

> ㄱ. 격리보관 한다.
> ㄴ. 기준일탈을 처리한다.
> ㄷ. "시험, 검사, 측정이 틀림없음"을 확인한다.
> ㄹ. 기준일탈을 조사한다.
> ㅁ. 폐기처분, 재작업 혹은 반품을 한다.
> ㅂ. 기준일탈 제품에 불합격라벨을 첨부한다.

① ㄱ → ㄴ → ㄷ → ㄹ → ㅁ → ㅂ
② ㄱ → ㄹ → ㄴ → ㄷ → ㅂ → ㅁ
③ ㄱ → ㄹ → ㄷ → ㅂ → ㄴ → ㅁ
④ ㄹ → ㄱ → ㄷ → ㄴ → ㅁ → ㅂ
⑤ ㄹ → ㄷ → ㄴ → ㅂ → ㄱ → ㅁ

해설

기준일탈 제품의 처리 과정

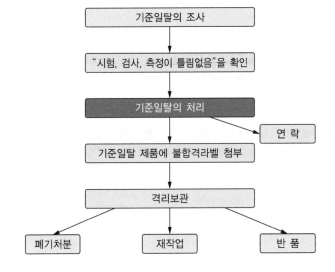

38 다음 중 화장품 안전성 정보관리 규정에 따른 중대한 유해사례(Serious AE)에 해당하지 않는 경우는?

① 사망을 초래하거나 생명을 위협하는 경우
② 입원 또는 입원기간의 연장이 필요한 경우
③ 초기 적응에 따라 이상 증상이 나타나는 경우
④ 지속적 기능저하를 초래하는 경우
⑤ 선천적 기형을 초래하는 경우

> **해설**
>
> 중대한 유해사례[Serious AE(Adverse Event / Adverse Experience)]
> • 사망을 초래하거나 생명을 위협하는 경우
> • 입원 또는 입원기간의 연장이 필요한 경우
> • 지속적 또는 중대한 불구나 기능저하를 초래하는 경우
> • 선천적 기형 또는 이상을 초래하는 경우
> • 기타 의학적으로 중요한 상황

39 다음 중 화장품 안전성 정보관리 규정상 화장품 안전성 정보 일람표에 포함되는 사항으로 옳지 않은 것은?

① 사용기간   ② 사용자 정보
③ 유해사례 정보   ④ 1회 사용한 량
⑤ 인과관계 평가

> **해설**
>
> 화장품 안전성 정보 일람표에 포함되는 사항
> • 정보의 출처
> • 사용자 정보(이름, 나이, 성별)(②)
> • 제품정보 – 화장품의 유형, 제품명, 제조번호
> • 제조원
> • 1일 사용한 량
> • 사용기간 또는 사용일시(①)
> • 유해사례 정보(증상 발현일, 증상 종료일, 유해 사례명, 유해사례 진행결과)(③)
> • 인과관계 평가(회사 의견, 의약전문가 의견)(⑤)
> • 사용상의 주의사항 반영 여부
> • 추가정보 등

40 다음 중 화장품법령상 위해화장품의 회수의무자가 작성하는 폐기확인서에 포함되는 사항으로 옳지 않은 것은?

① 폐기예정일자   ② 폐기량

③ 폐기사유   ④ 폐기방법

⑤ 폐기의뢰자

해설

① '폐기예정일자'가 아닌 '폐기일자'가 옳다.

폐기확인서에 포함되는 사항(화장품법 시행규칙 제14조의3 제7항 참조)

폐기의뢰자	상호(법인인 경우 법인의 명칭), 대표자, 전화번호
폐기현황	제품명, 제조번호 및 제조일자, 사용기한 또는 개봉 후 사용기한, 포장단위, 폐기량
폐기사유 등	폐기사유, 폐기일자, 폐기장소, 폐기방법

41 다음 중 화장품법령상 화장품제조업자, 화장품책임판매업자 또는 연구기관 등이 원료의 사용기준 지정 및 변경을 신청하려는 경우 식품의약품안전처장에게 제출하여야 하는 서류에 해당하는 것을 올바르게 모두 고른 것은?

> ㄱ. 제출자료 전체의 원본
> ㄴ. 원료의 기원에 관한 자료
> ㄷ. 원료의 개발 경위에 관한 자료
> ㄹ. 원료의 구입비용에 관한 자료
> ㅁ. 원료의 특성에 관한 자료
> ㅂ. 원료의 기준 및 시험방법에 관한 시험성적서

① ㄱ, ㄷ, ㅁ   ② ㄴ, ㄹ, ㅂ

③ ㄱ, ㄴ, ㄷ, ㄹ   ④ ㄴ, ㄷ, ㅁ, ㅂ

⑤ ㄱ, ㄴ, ㄷ, ㄹ, ㅁ, ㅂ

해설

원료의 사용기준 지정 및 변경 신청 등(화장품법 시행규칙 제17조의3 제1항)

화장품제조업자, 화장품책임판매업자 또는 연구기관 등은 법령에 따라 지정·고시되지 않은 원료의 사용기준을 지정·고시하거나 지정·고시된 원료의 사용기준을 변경해 줄 것을 신청하려는 경우에는 원료 사용기준 지정(변경지정) 신청서에 다음의 서류(전자문서를 포함)를 첨부하여 식품의약품안전처장에게 제출해야 한다.

• 제출자료 전체의 요약본
• 원료의 기원, 개발 경위, 국내·외 사용기준 및 사용현황 등에 관한 자료(ㄴ·ㄷ)
• 원료의 특성에 관한 자료(ㅁ)
• 안전성 및 유효성에 관한 자료(유효성에 관한 자료는 해당하는 경우에만 제출한다)
• 원료의 기준 및 시험방법에 관한 시험성적서(ㅂ)

42 다음 중 기능성화장품 심사에 관한 규정상 자외선A(UVA)의 파장을 나타낸 것으로 옳은 것은?

① 200~290nm

② 260~320nm

③ 320~400nm

④ 340~420nm

⑤ 360~430nm

자외선의 분류 및 파장 범위
- 자외선A(UVA) : 320~400nm
- 자외선B(UVB) : 290~320nm
- 자외선C(UVC) : 200~290nm

43 다음 중 기능성화장품 심사에 관한 규정상 〈보기〉의 빈 칸에 들어갈 내용으로 옳은 것은?

●보 기●

'최소홍반량(MED ; Minimum Erythema Dose)'이라 함은 UVB를 사람의 피부에 조사한 후 (   )의 범위 내에, 조사영역의 전 영역에 홍반을 나타낼 수 있는 최소한의 자외선 조사량을 말한다.

① 8~12시간

② 12~16시간

③ 14~18시간

④ 15~20시간

⑤ 16~24시간

최소홍반량(MED ; Minimum Erythema Dose)
피부에 홍반을 발생하게 하는 데 필요한 자외선량을 말하는 것으로, 중파장자외선(UVB)을 일정 시간 사람의 피부에 조사하고 24시간 후에 관찰하여 홍반이 발생하는 최저선량을 파악한다.

44 다음 중 화장품의 색소 종류와 기준 및 시험방법상 용어에 대한 설명으로 옳지 않은 것은?

① 타르색소 – 색소 중 콜타르, 그 중간생성물에서 유래되었거나 유기합성하여 얻은 색소 및 그 레이크, 염, 희석제와의 혼합물을 말한다.

② 순색소 – 중간체, 희석제, 기질 등을 포함하는 혼합색소를 말한다.

③ 기질 – 레이크 제조 시 순색소를 확산시키는 목적으로 사용되는 물질을 말한다.

④ 레이크 – 타르색소를 기질에 흡착, 공침 또는 단순한 혼합이 아닌 화학적 결합에 의하여 확산시킨 색소를 말한다.

⑤ 희석제 – 색소를 용이하게 사용하기 위하여 혼합되는 성분을 말한다.

② '순색소'라 함은 중간체, 희석제, 기질 등을 포함하지 아니한 순수한 색소를 말한다(화장품의 색소 종류와 기준 및 시험방법 제2조 제3호).

45 다음 중 화장품의 색소 종류와 기준 및 시험방법상 일반시험법으로서 속슬레추출기나 공통으로 사용할 수 있는 연속추출기를 이용하는 방법은?

① 레이크시험법 　　　　　　　　② 강열잔분시험법
③ 불용물시험법 　　　　　　　　④ 가용물시험법
⑤ 수은시험법

해설

가용물시험법

가용물시험법은 검체 중에 함유되어 있는 물 또는 유기용매에 녹을 수 있는 물질의 양을 시험하는 방법으로 속슬레추출기나 공통으로 사용할 수 있는 연속추출기를 이용한다.

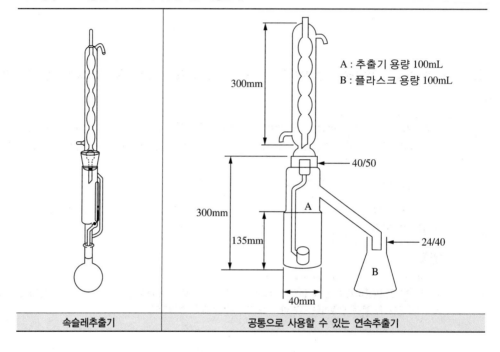

속슬레추출기	공통으로 사용할 수 있는 연속추출기

A : 추출기 용량 100mL
B : 플라스크 용량 100mL

300mm
300mm
135mm
40mm
40/50
24/40

01 다음 〈보기〉에서 원료와 포장재의 관리에 필요한 사항을 모두 고른 것은?

> ●보 기●
>
> | | |
> |---|---|
> | ㄱ. 정기적 재고관리 | ㄴ. 공급자 결정 |
> | ㄷ. 중요도 분류 | ㄹ. 보관 환경 설정 |
> | ㅁ. 사용기한 설정 | ㅂ. 관리자 설정 |
> | ㅅ. 재평가 | |

① ㄱ, ㄴ, ㄷ, ㄹ, ㅁ, ㅂ, ㅅ　　② ㄴ, ㄷ, ㄹ, ㅁ, ㅅ

③ ㄱ, ㄴ, ㄷ, ㄹ, ㅁ, ㅅ　　④ ㄷ, ㄹ, ㅁ, ㅂ, ㅅ

⑤ ㄱ, ㄴ, ㄹ, ㅂ, ㅅ

[해설]

포장재의 관리에 필요한 사항은 다음과 같다.
- 중요도 분류
- 공급자 결정
- 발주, 입고, 식별·표시, 합격·불합격, 판정, 보관, 불출
- 보관 환경 설정
- 사용기한 설정
- 정기적 재고관리
- 재평가
- 재보관

02 다음은 포장재의 입고에 관한 설명이다. 바르지 않은 것은?

① 포장재는 적합, 부적합에 따라 각각의 공간에 별도로 보관되어야 한다.

② 부적합 포장재를 보관하는 공간은 신속처리를 위해 잠금장치를 하지 않는다.

③ 포장재는 제조단위별로 각각 구분하여 관리하여야 한다.

④ 자동화창고와 같이 혼동을 방지할 수 있는 경우에는 해당 시스템을 통해 관리할 수 있다.

⑤ 포장재 선적 용기에 대하여 확실한 표기 오류, 용기 손상, 봉인 파손, 오염 등에 대해 육안으로 검사한다.

[해설]

부적합 포장재를 보관하는 공간은 잠금장치를 추가하여야 한다.

03 다음 중 포장재의 선정절차로 옳은 것은?

① 중요도 분류 → 공급자 선정 → 공급자 승인 → 품질 결정 → 품질계약서 공급계약 체결 → 정기적 모니터링

② 공급자 선정 → 공급자 승인 → 중요도 분류 → 품질 결정 → 품질계약서 공급계약 체결 → 정기적 모니터링

③ 공급자 선정 → 공급자 승인 → 품질 결정 → 중요도 분류 → 품질계약서 공급계약 체결 → 정기적 모니터링

④ 중요도 분류 → 품질 결정 → 공급자 선정 → 공급자 승인 → 품질계약서 공급계약 체결 → 정기적 모니터링

⑤ 중요도 분류 → 공급자 선정 → 공급자 승인 → 품질계약서 공급계약 체결 → 품질 결정 → 정기적 모니터링

04 원료 및 포장재의 확인 시 필요한 정보가 아닌 것은?

① 인도문서와 포장에 표시된 품목·제품명
② CAS번호(적용 가능한 경우)
③ 수령 일자와 수령확인번호
④ 사용자명
⑤ 배치 정보(Batch reference)

> **해설**
> 사용자명이 아닌 공급자명이 포함되어야 한다.

05 다음은 포장재 출고기준에 대한 설명이다. 옳지 않은 것은?

① 오직 승인된 자만이 불출 절차를 수행할 수 있다.
② 불출되기 전까지 사용을 금지하는 격리를 위해 특별한 절차가 이행되어야 한다.
③ 모든 보관소에서는 예외 없이 선입선출의 방법으로 출고한다.
④ 불출된 포장재만이 사용되고 있음을 확인하기 위한 적절한 시스템이 확립되어야 한다.
⑤ 사용기한(use by date)을 사례별로 결정하기 위해 적절한 시스템이 이행되어야 한다.

> **해설**
> 원칙적으로 선입선출 방법을 따르나, 나중에 입고된 물품이 사용(유효)기한이 짧은 경우 먼저 입고된 물품보다 먼저 출고할 수 있다.

06 다음 중 포장지시서에 포함되는 사항이 아닌 것은?

① 제품명
② 포장설비명
③ 포장재 리스트
④ 상세한 포장공정
⑤ 포장 생산자

> **해설**
> 포장작업(제18조 우수화장품 제조 및 품질관리기준)
> 포장작업은 제품명, 포장 설비명, 포장재 리스트, 상세한 포장공정, 포장생산수량이 포함된 포장지시서서에 의해 수행되어야 한다.

07 다음 중 포장 작업 문서에 포함되는 사항이 아닌 것은?

① 검증되고 사용되는 설비
② 포장 라인명 또는 확인 코드
③ 완제품 포장에 필요한 모든 포장재를 확인할 수 있는 개요
④ 포장 공정에 적용 가능한 특별 주의사항 및 예방조치
⑤ 시험방법 및 검체 채취 지시서

> **해설**
> 포장 라인명 또는 확인 코드는 포장라인 확인에 필요한 정보이다.

08 제품의 종류별 포장방법에 관한 기준에 따라 화장품류(인체 및 두발 세정용 제품류)의 포장공간 비율은 몇 % 이하인가?

① 10% 이하
② 15% 이하
③ 20% 이하
④ 25% 이하
⑤ 30% 이하

> **해설**
> 제품의 종류별 포장방법에 관한 기준에 따라 인체 및 두발 세정용 제품류의 경우 15% 이하 포장공간비율과 2차 이내 포장횟수를 규정하고 있다.

09 다음 〈보기〉의 우수화장품 제조 및 품질관리기준에서 기준일탈 제품의 폐기 처리 순서를 나열한 것으로 옳은 것은?

> **• 보기 •**
>
> ㄱ. 격리 보관
> ㄴ. 기준 일탈 조사
> ㄷ. 기준일탈의 처리
> ㄹ. 폐기처분 또는 재작업 또는 반품
> ㅁ. 기준일탈 제품에 불합격라벨 첨부
> ㅂ. 시험, 검사, 측정이 틀림없음을 확인
> ㅅ. 시험, 검사, 측정에서 기준 일탈 결과 나옴

① ㄷ → ㄴ → ㅂ → ㅅ → ㄹ → ㄱ → ㅁ
② ㅁ → ㄴ → ㅂ → ㄷ → ㅅ → ㄱ → ㄹ
③ ㅅ → ㄴ → ㄹ → ㄷ → ㅁ → ㅂ → ㄱ
④ ㅅ → ㄴ → ㅂ → ㄷ → ㅁ → ㄱ → ㄹ
⑤ ㅅ → ㄴ → ㅂ → ㄷ → ㅁ → ㄹ → ㄱ

10 회수 · 반품된 제품의 폐기 또는 재작업 여부의 승인권자는 누구인가?

① 사업장 대표　　　　　　　② 생산 책임자
③ 품질보증 책임자　　　　　④ 재활용 책임자
⑤ 최종 확인 책임자

해설
품질에 문제가 있거나 회수 · 반품된 제품의 폐기 또는 재작업 여부는 품질보증 책임자에 의해 승인되어야 한다(우수화장품 제조 및 품질관리기준 제22조 제1항).

11 포장재 입고 시 처리사항에 대한 설명 중 틀린 것은?

① 자재 담당자는 발주서와 거래명세표를 참고하여 청결 여부 등을 확인한다.
② 확인 후 이상이 없으면 업체의 포장재 성적서를 지참하여 품질보증팀에 검사의뢰를 한다.
③ 품질보증팀은 포장재 입고검사 절차에 따라 검체를 채취하고, 외관검사 및 기능검사를 실시한다.
④ 시험결과를 포장재 검사 기록서에 기록하여 별도의 승인 없이, 입고된 포장재에 적합라벨을 부착하고, 부적합 시에는 부적합라벨을 부착한 후 기준일탈조치서를 작성하여 해당부서에 통보한다.
⑤ 구매부서는 부적합포장재에 대한 기준일탈조치를 하고, 관련 내용을 기록하여 품질보증팀에 회신한다.

12 포장재의 보관 장소 및 보관방법에 관한 내용 중 옳지 않은 것은?

① 누구나 명확히 구분할 수 있게 혼동될 염려가 없도록 구분하여 보관한다.
② 보관 상태를 누가 언제든 확인할 수 있도록 장소를 개방한다.
③ 보관장소는 항상 청결하여야 하며, 출고 시에는 선입선출을 원칙으로 한다.
④ 방서·방충 시설을 갖춘 곳에서 보관한다.
⑤ 직사광선, 습기, 발열체를 피하여 보관한다.

해설

포장재의 보관 장소는 출입을 제한하여야 한다.

13 다음 중 포장재의 구매 시 고려해야 할 사항이 아닌 것은?

① 요구사항을 만족하는 품목과 서비스를 지속적으로 공급할 수 있는 능력평가
② 합격판정기준, 결함이나 일탈 발생 시의 조치 수립
③ 운송조건에 대한 구두화된 기술 조항의 수립
④ 회사와 공급자 간의 관계 및 상호작용의 정립
⑤ 공급자의 체계적 선정과 승인

해설

포장재 구매 시 고려 사항
• 요구사항을 만족하는 품목과 서비스를 지속적으로 공급할 수 있는 능력평가를 근거로 한 공급자의 체계적 선정과 승인
• 합격판정기준, 결함이나 일탈 발생 시의 조치 그리고 운송 조건에 대한 문서화된 기술 조항의 수립
• 협력이나 감사와 같은 회사와 공급자 간의 관계 및 상호 작용의 정립

14 다음 중 포장재의 검체채취 시 고려할 사항이 아닌 것은?

① "공급자가 실시한다."가 원칙이다.
② 미리 정해진 장소에서 실시한다.
③ 검체채취 절차를 정해 놓는다.
④ 배치를 대표하는 부분에서 검체채취를 한다.
⑤ 오염이 발생하지 않는 적절한 환경에서 실시한다.

해설

"시험자가 실시한다."가 원칙이다.

15 다음 중 포장재의 보관환경에 대한 설명으로 틀린 것은?

① 원료 및 포장재 보관소의 출입제한이 필요하다.

② 방충·방서 대책이 필요하다.

③ 온도·습도는 필수적으로 설정한다.

④ 오염방지 고려 시 동선관리가 필요하다.

⑤ 오염방지는 시설을 고려하여 대응을 한다.

> **해설**
> 포장재의 보관환경 고려 시 온도·습도는 필요시 설정한다.

16 다음 중 보관 및 출고 시 흐름으로 옳은 것은?

① 포장 공정 → 임시보관 → 시험 중 라벨 부착 → 보관 → 합격라벨 부착 → 출하

② 포장 공정 → 시험 중 라벨 부착 → 임시보관 → 합격라벨 부착 → 보관 → 출하

③ 포장 공정 → 제품시험 합격 → 시험 중 라벨 부착 → 보관 → 합격라벨 부착 → 출하

④ 포장 공정 → 시험 중 라벨 부착 → 제품시험 합격 → 보관 → 합격라벨 부착 → 출하

⑤ 포장 공정 → 제품시험 합격 → 임시보관 → 합격라벨 부착 → 보관 → 출하

4 과목

맞춤형화장품의 이해

선다형

1장 맞춤형화장품 개요

2장 피부 및 모발 생리구조

3장 관능평가 방법과 절차

4장 제품 상담

5장 제품 안내

6장 혼합 및 소분

7장 충진 및 포장

8장 재고관리

단답형

1장 맞춤형화장품의 개요

01 다음은 맞춤형화장품에 대한 설명이다. ㉠~㉢의 밑줄 친 부분 중 옳지 않은 것은?

> 맞춤형화장품이란 개인의 ㉠ <u>피부타입</u>, ㉡ <u>선호도</u> 등을 반영하여 ㉢ <u>판매장에서</u> ㉣ <u>즉석으로</u> 제품을 ㉤ <u>제조한</u> 제품을 말한다.

① ㉠
② ㉡
③ ㉢
④ ㉣
⑤ ㉤

해설

맞춤형화장품이란 개인의 피부타입, 선호도 등을 반영하여 판매장에서 즉석으로 제품을 혼합·소분한 제품을 말한다.

02 다음 맞춤형화장품의 설명으로 적절하지 않은 것은?

① 제조된 화장품의 내용물에 다른 화장품의 내용물이나 식품의약품안전처장이 정하는 원료를 추가하여 혼합한 화장품
② 수입된 화장품의 내용물에 다른 화장품의 내용물이나 식품의약품안전처장이 정하는 원료를 추가하여 혼합한 화장품
③ 동식물 및 그 유래 원료 등을 함유한 화장품으로서 식품의약품안전처장이 정하는 기준에 맞는 화장품
④ 제조된 화장품의 내용물을 소분(小分)한 화장품
⑤ 수입된 화장품의 내용물을 소분(小分)한 화장품

해설

③ 동식물 및 그 유래 원료 등을 함유한 화장품으로서 식품의약품안전처장이 정하는 기준에 맞는 화장품은 천연화장품을 의미한다.

> 정의(화장품법 제2조)
> 3의2. "맞춤형화장품"이란 다음 각 목의 화장품을 말한다.
> 가. 제조 또는 수입된 화장품의 내용물에 다른 화장품의 내용물이나 식품의약품안전처장이 정하는 원료를 추가하여 혼합한 화장품
> 나. 제조 또는 수입된 화장품의 내용물을 소분(小分)한 화장품

03 맞춤형화장품과 관련된 설명 중 옳은 것은?

① 맞춤형화장품판매업을 하려는 자는 대통령령으로 정하는 바에 따라 식품의약품안전처장에게 신고하여야 한다.

② 신고한 사항 중 대통령령으로 정하는 사항을 변경할 때에는 대통령령으로 정하는 바에 따라 식품의약품안전처장에게 신고하여야 한다.

③ 맞춤형화장품판매업을 신고한 자는 대통령령으로 정하는 바에 따라 맞춤형화장품의 혼합·소분 업무에 종사하는 자(이하 "맞춤형화장품조제관리사"라 한다)를 두어야 한다.

④ 맞춤형화장품조제관리사가 되려는 사람은 화장품과 원료 등에 대하여 식품의약품안전처장이 실시하는 자격시험에 합격하여야 한다.

⑤ 식품의약품안전처장의 권한을 위임받은 자는 자격시험 업무를 효과적으로 수행하기 위하여 필요한 전문인력과 시설을 갖춘 기관 또는 단체를 시험운영기관으로 지정하여 시험업무를 위탁할 수 있다.

> **해설**
> ①·② 맞춤형화장품판매업을 하려는 자는 총리령으로 정하는 바에 따라 식품의약품안전처장에게 신고하여야 한다. 신고한 사항 중 총리령으로 정하는 사항을 변경할 때에도 또한 같다(화장품법 제3조의2 제1항).
> ③ 맞춤형화장품판매업을 신고한 자(이하 "맞춤형화장품판매업자"라 한다)는 총리령으로 정하는 바에 따라 맞춤형화장품의 혼합·소분 업무에 종사하는 자(이하 "맞춤형화장품조제관리사"라 한다)를 두어야 한다(화장품법 제3조의2 제2항).
> ⑤ 식품의약품안전처장은 자격시험 업무를 효과적으로 수행하기 위하여 필요한 전문인력과 시설을 갖춘 기관 또는 단체를 시험운영기관으로 지정하여 시험업무를 위탁할 수 있다(화장품법 제3조의4 제3항).

04 다음 중 맞춤형화장품판매업의 신고를 할 수 없는 경우로 알맞지 않은 것은?

① 피성년후견인 또는 파산선고를 받고 복권되지 아니한 자

② 마약류 관리에 관한 법률 제2조 제1호에 따른 마약류의 중독자

③ 보건범죄 단속에 관한 특별조치법을 위반하여 금고 이상의 형을 선고받고 그 집행이 끝나지 아니하거나 그 집행을 받지 아니하기로 확정되지 아니한 자

④ 화장품법을 위반하여 금고 이상의 형을 선고받고 그 집행이 끝나지 아니하거나 그 집행을 받지 아니하기로 확정되지 아니한 자

⑤ 화장품법 제24조에 따라 등록이 취소되거나 영업소가 폐쇄된 날부터 1년이 지나지 아니한 자

> **해설**
> 화장품제조업 또는 화장품책임판매업의 등록이나 맞춤형화장품판매업의 신고를 할 수 없는 결격사유 중 마약류 관리에 관한 법률 제2조 제1호에 따른 마약류의 중독자는 화장품제조업의 경우에만 해당한다.

05 다음 중 맞춤형화장품조제관리사 자격시험에 대한 설명으로 옳은 것은?

① 맞춤형화장품조제관리사가 되려는 사람은 화장품과 원료 등에 대하여 식품의약품안전처장이 실시하는 자격시험에 합격하여야 한다.

② 식품의약품안전처장은 맞춤형화장품조제관리사가 거짓이나 그 밖의 부정한 방법으로 시험에 합격한 경우에는 자격을 취소할 수 있다.

③ 자격이 취소된 사람은 취소된 날부터 2년간 자격시험에 응시할 수 없다.

④ 자격시험의 시기, 절차, 방법, 시험과목, 자격증의 발급, 시험운영기관의 지정 등 자격시험에 필요한 사항은 대통령령으로 정한다.

⑤ 보건복지부장관은 자격시험 업무를 효과적으로 수행하기 위하여 필요한 전문인력과 시설을 갖춘 기관 또는 단체를 시험운영기관으로 지정하여 시험업무를 위탁할 수 있다.

해설
② 식품의약품안전처장은 맞춤형화장품조제관리사가 거짓이나 그 밖의 부정한 방법으로 시험에 합격한 경우에는 자격을 취소하여야 한다(화장품법 제3조의4 제2항).
③ 자격이 취소된 사람은 취소된 날부터 3년간 자격시험에 응시할 수 없다(화장품법 제3조의4 제2항).
④ 자격시험의 시기, 절차, 방법, 시험과목, 자격증의 발급, 시험운영기관의 지정 등 자격시험에 필요한 사항은 총리령으로 정한다(화장품법 제3조의4 제4항).
⑤ 식품의약품안전처장은 제1항에 따른 자격시험 업무를 효과적으로 수행하기 위하여 필요한 전문인력과 시설을 갖춘 기관 또는 단체를 시험운영기관으로 지정하여 시험업무를 위탁할 수 있다(화장품법 제3조의4 제3항).

06 다음 중 맞춤형화장품판매업의 신고 시 필요한 서류로 옳지 않은 것은?

① 맞춤형화장품판매업 신고서
② 맞춤형화장품조제관리사의 자격증
③ 책임판매업자와 맞춤형화장품판매업자가 동일한 경우 계약서 사본
④ 소비자피해 보상을 위한 보험계약서 사본
⑤ 맞춤형화장품의 혼합 또는 소분에 사용되는 내용물 및 원료를 제공하는 책임판매업자와 체결한 계약서 사본

맞춤형화장품의 혼합 또는 소분에 사용되는 내용물 및 원료를 제공하는 책임판매업자와 체결한 계약서 사본의 경우, 책임판매업자와 맞춤형화장품판매업자가 동일한 경우에는 계약서 제출을 생략할 수 있다.

07 다음 중 맞춤형화장품판매업 신고대장에 포함되어야 할 내용을 모두 고르면?

ㄱ. 신고번호 및 신고연월일
ㄴ. 맞춤형화장품판매업자의 상호(법인인 경우에는 법인의 명칭)
ㄷ. 맞춤형화장품판매업소의 소재지
ㄹ. 맞춤형화장품조제관리사의 성명 및 생년월일
ㅁ. 맞춤형화장품판매업자의 허가 번호

① ㄱ, ㄴ, ㄷ   ② ㄴ, ㄷ, ㄹ
③ ㄷ, ㄹ, ㅁ   ④ ㄱ, ㄴ, ㄷ, ㄹ
⑤ ㄴ, ㄷ, ㄹ, ㅁ

맞춤형화장품판매업 신고대장에 포함되어야 할 내용에는 맞춤형화장품판매업자의 허가 번호가 아니라 맞춤형화장품 조제관리사의 자격증 번호가 포함되어야 한다.

08 맞춤형화장품판매업의 신고 방법에 대한 설명으로 옳은 것은?

① 맞춤형화장품판매업 신고를 하려는 자는 소재지별로 맞춤형화장품판매업 신고서(전자문서로 된 신고서는 제외한다)에 규정된 일정한 서류(전자문서는 제외한다)를 첨부한다.
② 신고서와 규정된 일정 서류를 첨부하여 식품의약품안전처장에게 제출하여야 한다.
③ 신고서를 받은 식품의약품안전처장은 전자정부법 제36조 제1항에 따른 행정정보의 공동이용을 통하여 법인 등기사항증명서(법인인 경우만 해당한다)를 확인하여야 한다.
④ 식품의약품안전처장은 신고가 요건을 갖춘 경우에는 맞춤형화장품판매업 신고대장에 규정된 사항을 적고, 맞춤형화장품판매업 신고필증을 발급하여야 한다.
⑤ 신고대장에는 신고번호 및 신고연월일, 맞춤형화장품판매업자(맞춤형화장품판매업을 신고한 자)의 성명 및 생년월일(법인인 경우에는 대표자의 성명 및 생년월일), 맞춤형화장품판매업자의 상호(법인인 경우에는 법인의 명칭) 등의 사항을 적는다.

① 맞춤형화장품판매업 신고를 하려는 자는 소재지별로 맞춤형화장품판매업 신고서(전자문서로 된 신고서를 포함한다)에 일정 서류(전자문서를 포함한다)를 첨부한다.
② 신고서(전자문서로 된 신고서를 포함한다)에 일정 서류(전자문서를 포함한다)를 첨부하여 맞춤형화장품판매업소의 소재지를 관할하는 지방식품의약품안전청장에게 제출하여야 한다.
③ 신고서를 받은 지방식품의약품안전청장은 전자정부법 제36조 제1항에 따른 행정정보의 공동이용을 통하여 법인 등기사항증명서(법인인 경우만 해당한다)를 확인하여야 한다.
④ 지방식품의약품안전청장은 제2항에 따른 신고가 요건을 갖춘 경우에는 맞춤형화장품판매업 신고대장에 다음 각 호의 사항을 적고, 별지 제4호의2서식의 맞춤형화장품판매업 신고필증을 발급하여야 한다.

09 다음 중 맞춤형화장품판매업자의 변경신고를 해야 하는 경우가 아닌 것은?

① 맞춤형화장품판매업자의 변경(법인인 경우에는 대표자의 변경)
② 맞춤형화장품판매업자의 상호 변경(법인인 경우에는 법인의 명칭 변경)
③ 맞춤형화장품조제관리사의 주소 변경
④ 맞춤형화장품조제관리사의 변경
⑤ 맞춤형화장품 사용 계약을 체결한 책임판매업자의 변경

> **해설**
> 맞춤형화장품판매업자의 변경신고를 해야 하는 경우에는 맞춤형화장품조제관리사의 주소 변경이 아니라 맞춤형화장품판매업소의 소재지 변경의 경우가 해당된다.

10 다음은 맞춤형화장품판매업자의 변경신고 방법에 대한 설명이다. 밑줄 친 ①~⑤ 내용 중 옳은 것은?

> 맞춤형화장품판매업자는 변경신고를 하는 경우에는 ① 변경 사유가 있음을 안 날로부터 ② 20일 이내(다만, 행정구역 개편에 따른 소재지 변경의 경우에는 ③ 70일 이내)에 맞춤형화장품판매업 변경신고서(④ 전자문서로 된 신고서를 포함한다)에 맞춤형화장품판매업 신고필증과 해당 서류(전자문서를 포함한다)를 첨부하여 ⑤ 식품의약품안전처장에게 제출하여야 한다. 이 경우 신고 관청을 달리하는 맞춤형화장품판매업소의 소재지 변경의 경우에는 새로운 소재지를 관할하는 지방식품의약품안전청장에게 제출하여야 한다.

> **해설**
> 맞춤형화장품판매업자는 변경신고를 하는 경우에는 변경 사유가 발생한 날부터 30일 이내(다만, 행정구역 개편에 따른 소재지 변경의 경우에는 90일 이내)에 맞춤형화장품판매업 변경신고서(전자문서로 된 신고서를 포함한다)에 맞춤형화장품판매업 신고필증과 해당 서류(전자문서를 포함한다)를 첨부하여 지방식품의약품안전청장에게 제출하여야 한다. 이 경우 신고 관청을 달리하는 맞춤형화장품판매업소의 소재지 변경의 경우에는 새로운 소재지를 관할하는 지방식품의약품안전청장에게 제출하여야 한다.

11 맞춤형화장품판매업자가 맞춤형화장품조제관리사를 변경하는 경우에 제출해야 되는 서류로 알맞은 것은?

① 맞춤형화장품조제관리사의 자격증
② 소비자피해 보상을 위한 보험계약서 사본
③ 양도·양수의 경우에는 이를 증명하는 서류
④ 책임판매업자와 체결한 계약서 사본
⑤ 상속의 경우에는 가족관계의 등록 등에 관한 법률 제15조 제1항 제1호의 가족관계증명서

맞춤형화장품판매업자가 맞춤형화장품조제관리사를 변경하는 경우에 제출해야 되는 서류에는 맞춤형화장품판매업 변경신고서에 맞춤형화장품판매업 신고필증과 맞춤형화장품조제관리사의 자격증(2명 이상의 맞춤형화장품조제관리사를 두는 경우 대표하는 1명의 자격증만 제출할 수 있다)을 첨부하여 지방식품의약품안전청장에게 제출하여야 한다.

12 맞춤형화장품조제관리사 자격시험 등에 대한 설명으로 옳지 않은 것은?

① 식품의약품안전처장은 일정한 기관 또는 단체를 시험운영기관으로 지정하여 맞춤형화장품 조제관리사 자격시험 업무를 위탁할 수 있다.

② 지정받은 시험운영기관은 매년 1월 31일까지 전년도 자격증 발급 실적을 식품의약품안전처장에게 보고하여야 하며, 이를 증명할 수 있는 자료를 보관하여야 한다.

③ 시험운영기관은 매년 시험의 시기, 절차, 방법, 시험과목과 자격증 발급에 관한 세부 내용을 포함한 시험 시행계획을 전년도 10월 30일까지 식품의약품안전처장에게 제출하여야 한다.

④ 식품의약품안전처장은 시험운영기관이 제출한 시행계획의 보완을 요구할 수 있다. 이 경우 시험운영기관은 이를 보완하여야 한다.

⑤ 식품의약품안전처장은 매년 1회 이상 맞춤형화장품조제관리사 자격시험을 실시하여야 한다.

시험운영기관은 매년 시험의 시기, 절차, 방법, 시험과목과 자격증 발급에 관한 세부 내용을 포함한 시험 시행계획을 전년도 11월 30일까지 식품의약품안전처장에게 제출하여야 한다.

13 맞춤형화장품조제관리사 자격시험의 시험방법 및 시험과목에 대한 설명으로 옳은 것은?

① 시험운영기관의 장은 자격시험을 실시하려는 경우 미리 식품의약품처장의 승인을 받아 시험일시, 시험장소, 응시원서 제출기간, 응시수수료의 금액 및 납부방법, 그 밖에 자격시험의 실시에 필요한 사항을 시험 실시 60일 전까지 공고하여야 한다.

② 자격시험은 필기시험과 실기시험으로 나누어 실시한다.

③ 시험과목은 화장품법의 이해, 화장품 제조 및 관리, 화장품의 안전관리, 맞춤형화장품의 이해로 구성되어 있다.

④ 자격시험 합격자는 전 과목 총점의 70퍼센트 이상, 매 과목 만점의 50퍼센트 이상을 득점하여야 한다.

⑤ 대리시험 등 부정한 방법으로 자격시험에 응시한 사람이나 자격시험에서 부정행위를 한 사람에 대해서는 그 시험의 응시를 정지시키고 시험을 무효로 한다.

① 시험운영기관의 장은 자격시험을 실시하려는 경우 미리 식품의약품처장의 승인을 받아 시험일시, 시험장소, 응시원서 제출기간, 응시수수료의 금액 및 납부방법, 그 밖에 자격시험의 실시에 필요한 사항을 시험 실시 90일 전까지 공고하여야 한다.
② 자격시험은 필기시험으로 실시한다.
③ 시험과목은 화장품법의 이해, 화장품 제조 및 품질관리, 유통화장품의 안전관리, 맞춤형화장품의 이해로 구성되어 있다.
④ 자격시험 합격자는 전 과목 총점의 60퍼센트 이상, 매 과목 만점의 40퍼센트 이상을 득점하여야 한다.

14 다음 중 맞춤형화장품판매업자가 준수하여야 할 사항으로 가장 알맞은 것은?

① 맞춤형화장품판매업소마다 맞춤형화장품조제관리사를 둘 것
② 셋 이상의 책임판매업자와 계약하는 경우 사전에 각각의 책임판매업자에게 고지한 후 계약을 체결하여야 하며 맞춤형화장품 혼합·소분 시 책임판매업자와 계약한 사항을 준수할 것
③ 맞춤형화장품 판매내역(전자문서 형식은 제외한다)을 작성·보관할 것
④ 보건위생상 위해가 없도록 맞춤형화장품 혼합·소분에 필요한 장소, 시설 및 기구를 수시로 점검하여 작업에 지장이 없도록 위생적으로 관리·유지할 것
⑤ 혼합·소분한 화장품을 판매할 때 오염방지를 위하여 안전관리기준을 준수할 것

> **해설**
> ② 둘 이상의 책임판매업자와 계약하는 경우 사전에 각각의 책임판매업자에게 고지한 후 계약을 체결하여야 하며 맞춤형화장품 혼합·소분 시 책임판매업자와 계약한 사항을 준수할 것
> ③ 맞춤형화장품 판매내역(전자문서 형식을 포함한다)을 작성·보관할 것
> ④ 보건위생상 위해가 없도록 맞춤형화장품 혼합·소분에 필요한 장소, 시설 및 기구를 정기적으로 점검하여 작업에 지장이 없도록 위생적으로 관리·유지할 것
> ⑤ 혼합·소분 시 오염방지를 위하여 안전관리기준을 준수할 것

15 맞춤화장품의 혼합·소분 시 오염을 방지하기 위하여 준수하여야 하는 안전관리기준으로 옳지 않은 것은?

① 혼합·소분 전에는 손을 소독 또는 세정하거나 일회용 장갑을 착용한다.
② 혼합·소분에 사용되는 장비 또는 기기 등은 사용 전에 세척한다.
③ 혼합·소분에 사용되는 장비 또는 기기 등은 사용 중에 세척한다.
④ 혼합·소분된 제품을 담을 용기의 오염여부를 사전에 확인한다.
⑤ 보건위생상 위해가 없도록 맞춤형화장품 혼합·소분에 필요한 장소, 시설 및 기구를 작업에 지장이 없도록 위생적으로 관리·유지할 것

> **해설**
> 혼합·소분에 사용되는 장비 또는 기기 등은 사용 전·후에 세척하여 오염을 방지한다.

16 맞춤형화장품판매업자가 작성하고 보관해야 하는 맞춤형화장품 판매내역에 포함되는 것을 모두 고르면?

> ㄱ. 맞춤형화장품 식별번호(식별번호는 맞춤형화장품의 혼합 또는 소분에 사용되는 내용물 및 원료의 제조번호와 혼합·소분 기록을 포함하여 맞춤형화장품판매업자가 부여한 번호를 말한다)
> ㄴ. 판매일자·판매량
> ㄷ. 위해성 등급
> ㄹ. 판매가격
> ㅁ. 사용기한 또는 개봉 후 사용기간(맞춤형화장품의 사용기한 또는 개봉 후 사용기간은 맞춤형화장품의 혼합 또는 소분에 사용되는 내용물의 사용기한 또는 개봉 후 사용기간을 초과할 수 없다)

① ㄱ, ㄴ, ㄷ   ② ㄱ, ㄴ, ㅁ
③ ㄴ, ㄷ, ㄹ   ④ ㄷ, ㄹ, ㅁ
⑤ ㄱ, ㄴ, ㄹ, ㅁ

해설

맞춤형화장품 식별번호(식별번호는 맞춤형화장품의 혼합 또는 소분에 사용되는 내용물 및 원료의 제조번호와 혼합·소분 기록을 포함하여 맞춤형화장품판매업자가 부여한 번호를 말한다), 판매일자·판매량, 사용기한 또는 개봉 후 사용기간 등의 판매내역을 작성하여 보관해야 한다.

17 맞춤형화장품판매업과 관련된 설명으로 알맞지 않은 것은?

① 맞춤형화장품판매업자는 맞춤형화장품과 관련하여 안전성 정보(부작용 발생 사례를 포함한다)에 대하여 신속히 책임판매업자에게 보고할 것
② 맞춤형화장품판매업자는 맞춤형화장품 판매 시 해당 맞춤형화장품의 혼합 또는 소분에 사용되는 내용물 및 원료, 사용 시의 주의사항에 대하여 소비자에게 설명할 것
③ 맞춤형화장품판매업자는 판매 중인 맞춤형화장품이 회수 대상 화장품에 해당함을 알게 된 경우 신속히 책임판매업자에게 보고하고, 회수대상 맞춤형화장품을 구입한 소비자에게 적극적으로 회수조치를 취할 것
④ 맞춤형화장품판매업소마다 맞춤형화장품조제관리사를 두 명 이상 둘 것
⑤ 둘 이상의 책임판매업자와 계약하는 경우 사전에 각각의 책임판매업자에게 고지한 후 계약을 체결하여야 하며, 맞춤형화장품 혼합·소분 시 책임판매업자와 계약한 사항을 준수할 것

해설

맞춤형화장품판매업자는 맞춤형화장품판매업소마다 맞춤형화장품조제관리사를 두어야 하지만 두 명 이상이라고 규정되어 있지는 않다.

18 맞춤형화장품과 관련하여 위해화장품의 회수에 대한 설명으로 옳은 것은?

① 맞춤형화장품의 경우 맞춤형화장품판매업자와 사용 계약을 체결한 맞춤형화장품조제관리사를 회수의무자로 본다.

② 화장품을 회수하거나 회수하는 데에 필요한 조치를 하려는 영업자는 해당 화장품이 유통 중인 사실을 알게 된 경우 판매중지 등의 조치를 가능한 한 빨리 실시하여야 한다.

③ 회수의무자는 그가 제조 또는 수입하거나 유통·판매한 화장품이 회수대상화장품으로 구체적 의심이 확정된 경우에는 지체없이 규정된 기준에 따라 해당 화장품에 대한 위해성 등급을 평가하여야 한다.

④ 회수의무자는 회수계획서 작성 시 회수종료일을 정하여야 하지만 해당 등급별 회수기한 이내에 회수종료가 곤란하다고 판단되는 경우에는 식품의약품안전처장에게 그 사유를 밝히고 그 회수기한을 초과하여 정할 수 있다.

⑤ 회수의무자가 회수계획을 보고하기 전에 맞춤형화장품판매업자가 위해맞춤형화장품을 구입한 소비자로부터 회수조치를 완료한 경우 회수의무자는 규정된 조치를 생략할 수 있다.

해설

① 맞춤형화장품의 경우 맞춤형화장품판매업자와 사용 계약을 체결한 책임판매업자를 회수의무자로 본다.

② 화장품을 회수하거나 회수하는 데에 필요한 조치를 하려는 영업자는 해당 화장품이 유통 중인 사실을 알게 된 경우 판매중지 등의 조치를 즉시 실시하여야 한다.

③ 회수의무자는 그가 제조 또는 수입하거나 유통·판매한 화장품이 회수대상화장품으로 의심되는 경우에는 지체없이 규정된 기준에 따라 해당 화장품에 대한 위해성 등급을 평가하여야 한다.

④ 회수의무자는 회수계획서 작성 시 회수종료일을 정하여야 하지만 해당 등급별 회수기한 이내에 회수종료가 곤란하다고 판단되는 경우에는 지방식품의약품안전청장에게 그 사유를 밝히고 그 회수기한을 초과하여 정할 수 있다.

19 소비자 요구에 따른 맞춤형화장품 혼합·판매 시 주의할 사항으로 알맞지 않은 것은?

① 기존 화장품 제조는 공급자의 결정에 따라 일방적으로 생산되지만 맞춤형화장품의 경우에는 소비자의 요구에 따라 기존 화장품의 특정 성분의 혼합이 이루어진다.

② 기본 제형의 변화가 없는 범위 내에서 특정 성분의 혼합이 이루어져야 한다.

③ 원칙적으로 안전성 및 품질관리에 대한 일차적인 검증이 된 성분을 사용한다.

④ 제조판매업자가 특정 성분의 혼합 범위를 규정하고 있는 경우에는 그 범위 내에서 특정 성분의 혼합이 이루어져야 한다.

⑤ 타사 브랜드에 특정 성분을 혼합하여 새로운 브랜드로 판매하는 것이 가능하다.

해설

타사 브랜드에 특정 성분을 혼합하여 새로운 브랜드로 판매하는 것을 금지한다.

20 다음 〈보기 1〉은 맞춤형화장품에 대한 설명을 그림으로 나타낸 것이다. 내용이 바르게 연결된 것은?

- ●보기 1●
(가)

내용물(벌크제품)   ÷   맞춤형화장품

(나)

내용물   +   내용물   또는   내용물   +   원료

- ●보기 2●

맞춤형화장품이란 개인의 피부타입, 선호도 등을 반영하여 판매장에서 즉석으로 제품을 혼합·소분한 제품을 말한다. 판매장에서 고객 개인별 피부 특성이나 색·향 등의 기호·요구를 반영하여 맞춤형화장품조제관리사 자격을 가진 자가
Ⓐ 화장품의 내용물을 소분하거나
Ⓑ 화장품의 내용물에 다른 화장품의 내용물 또는
Ⓒ 식품의약품안전처장이 정하는 원료를 혼합한 화장품

① (가) – Ⓐ
② (가) – Ⓑ
③ (나) – Ⓑ
④ (나) – Ⓒ
⑤ (가) – Ⓐ, Ⓑ

[해설]
〈보기 1〉과 〈보기 2〉의 내용을 연결하면 (가) – Ⓐ, (나) – Ⓑ, Ⓒ로 나타낼 수 있다.

01 표피의 구조 중 가장 바깥에 위치하며 무핵 세포로 구성된 것은?

① 기저층
② 각질층
③ 유극층
④ 투명층
⑤ 과립층

> **해설**
> 표피의 구조는 가장 바깥쪽에 위치한 각질층부터 투명층, 과립층, 유극층, 기저층으로 이루어져 있다.

02 다음 중 피부의 기능으로 잘못된 것은?

① 분비작용
② 호흡기능
③ 순환작용
④ 감각기능
⑤ 체온조절기능

> **해설**
> 피부의 기능
> 보호기능, 체온조절기능, 비타민 D 합성기능, 호흡기능, 흡수기능, 분비작용, 감각기능, 저장기능

03 성인에게 있어서 피부의 중량은 체중의 몇 %를 차지하는가?

① 5~10%
② 10~12%
③ 13~14%
④ 15~17%
⑤ 18~22%

> **해설**
> 피부의 면적은 개인에 따라 차이가 있으나 성인의 경우 보통 체중의 15~17% 정도의 비중을 차지한다.

04 다음 중 피지의 기능으로 틀린 것은?

① 면역세포 형성
② 피부표면 보호
③ 세균 증식 억제
④ 수분증발 억제
⑤ 미생물의 침투 억제

피지의 기능
피부표면의 보호, 수분증발 억제, 약산성으로 세균·곰팡이 등 미생물의 증식과 침투 억제

05 사춘기 이후에 주로 분비되며, 모공을 통하여 분비되어 독특한 체취를 발생시키는 것은?

① 소한선　　　　　　　　　② 피지선
③ 대한선　　　　　　　　　④ 갑상선
⑤ 피하지방

아포크린샘(대한선)
배출 통로가 모낭에 붙어 있어 모공을 통해 유백색 물질을 피부로 내보낸다. 또한 냄새가 있고 특정 부분에 분포하며, 사춘기 이후에 발달한다.

06 피부 분석 시 사용되는 방법으로 가장 거리가 먼 것은?

① 고객 스스로 느끼는 피부 상태를 물어본다.
② 스패튤러를 이용하여 피부에 자극을 주어 본다.
③ 세안 전에 우드 램프를 사용하여 측정한다.
④ 유·수분 분석기 등을 이용하여 피부를 분석한다.
⑤ 피부유형분석은 문진, 촉진, 견진, 피부분석기기 등의 방법으로 실시한다.

피부 분석은 클렌징을 한 후 실시한다.

07 다음 중 진피의 구성세포는 무엇인가?

① 멜라닌세포　　　　　　　② 메르켈세포
③ 각질세포　　　　　　　　④ 랑게르한스세포
⑤ 섬유아세포

⑤ 섬유아세포는 진피층에 존재한다.
① 멜라닌세포는 표피의 기저층에 위치한다.
② 메르켈세포는 표피에 있는 촉각세포이다.
③ 각질세포는 표피의 가장 바깥쪽인 각질층에 위치한다.
④ 랑게르한스세포는 표피의 유극층에 위치하는 면역세포이다.

08 자외선의 영향으로 인한 부정적인 효과는?

① 홍반반응   ② 면역 강화

③ 살균 효과   ④ 비타민 D 형성

⑤ 혈액순환 촉진

해설

- 자외선의 장점 : 혈액순환을 촉진하고 면역을 강화하며 비타민 D를 생성한다. 살균과 소독효과가 있다(UV-C).
- 자외선의 단점 : 홍반과 일광화상을 일으키며(UV-B), 기미 · 주근깨 등 색소침착과 주름을 유발하고 광노화현상을 일으킨다.

09 피부의 면역에 관한 설명으로 맞는 것은?

① 세포성 면역에는 보체, 항체 등이 있다.

② T림프구는 항원전달세포에 해당한다.

③ B림프구는 면역글로불린이라고 불리는 항체를 생성한다.

④ 투명층에서 랑게르한스세포가 면역을 담당한다.

⑤ 표피에 존재하는 각질형성세포는 면역 조절에 작용하지 않는다.

해설

① 세포성 면역에는 T림프구가 있으며 면역글로불린이 생성되지 않는다. 세포성 면역의 T림프구는 항원(세균이나 바이러스)이 침투하면 무력화시킨다.

② T림프구는 항체생산을 조절한다.

④ 유극층에서 랑게르한스세포가 면역을 담당한다.

⑤ 표피의 다층구조는 이물질과 세균이 쉽게 침투하지 못하도록 한다.

10 피지와 땀의 분비 저하로 유 · 수분의 균형이 정상적이지 못하고, 피부결이 얇으며 탄력이 저하되고 주름이 쉽게 형성되는 피부는?

① 건성피부   ② 지성피부

③ 복합성피부   ④ 민감성피부

⑤ 중성피부

해설

② 지성피부는 유분이 과다하게 분비되어 모공이 크고 피부가 두껍다.

③ 복합성피부는 피지 분비량이 불균형하여 얼굴에 2가지 이상의 피부 상태가 나타난다.

④ 민감성피부는 온도, 열, 기온 등에 쉽게 얼굴이 예민해지고 달아오르며 가려움을 느끼는 피부를 말한다.

⑤ 중성피부는 가장 이상적인 피부로 피지량이 적당하며 윤기가 있다.

11 비듬이나 때처럼 박리현상을 일으키는 피부층은?

① 표피의 과립층   ② 표피의 기저층

③ 진피의 유두층   ④ 표피의 각질층

⑤ 진피의 유극층

해설

박리현상이란 표피에 있는 각질층에서 피부가 떨어져 나가는 현상이다.

12 다음 중 피지선이 분포되어 있지 않은 부위는 어디인가?

① 발바닥   ② 코

③ 이 마   ④ 가 슴

⑤ 두 피

해설

피지선은 손바닥과 발바닥을 제외한 신체 대부분에 분포되어 있다.

13 다음 중 땀샘의 역할이 아닌 것은?

① 노폐물 배출   ② 체온 조절

③ 피지 분비   ④ 땀 분비

⑤ 세균 침입 방지

해설

③ 피지는 피지선에서 분비된다.

14 진피조직에 있는 섬유로 자외선으로부터 어느 정도 피부를 보호하며, 피부주름 및 처짐과 관계된 것은?

① 콜라겐섬유   ② 뮤코다당류

③ 엘라스틴섬유   ④ 식이섬유

⑤ 멜라닌섬유

해설

② 뮤코다당류 : 진피 내의 수분을 함유하며 콜라겐섬유와 엘라스틴섬유 사이를 채우는 점액 물질이다.

③ 엘라스틴섬유 : 피부의 탄력과 관계가 있다.

④ 식이섬유 : 7대 영양소 중 하나로 장의 연동운동을 활발히 하여 변비를 예방한다.

15 피부의 각화과정(Keratinization)이란 무엇인가?

① 피부가 손톱, 발톱으로 딱딱하게 변하는 것을 말한다.

② 피부세포가 기저층에서 각질층까지 분열되어 올라와 가죽이 각질세포로 되는 현상을 말한다.

③ 기저세포 중의 멜라닌색소가 많아져서 피부가 검게 되는 것을 말한다.

④ 피부가 거칠어져서 주름이 생겨 늙는 것을 말한다.

⑤ 피부가 일시적으로 알칼리가 되더라도 다시 약산성으로 돌아오는 중화능력을 말한다.

> **해설**
>
> 각화과정(Keratinization)
> 기저층에서 기저세포의 분열과정 → 유극층에서 유극세포의 합성과정 → 과립층에서 케라토하이알린 과립 형성과정
> → 각질층에서의 각질세포 변화과정 → 각질층 형성

16 피부가 느끼는 오감 중에서 가장 감각이 둔감한 기능은 무엇인가?

① 통각(痛覺)
② 온각(溫覺)
③ 냉각(冷覺)
④ 촉각(觸覺)
⑤ 압각(壓覺)

> **해설**
>
> 감각기능의 분포는 피부면적 1cm^{2}당 통각점은 100~200개, 촉각점은 25개, 냉각점은 12개, 압각점은 6~8개, 온각점은 1~2개이다. 여기에서 온각점은 감각기관 중 가장 둔화되어 있다.

17 다음 중 피부유형을 결정하는 요인이 아닌 것은?

① 피지 분비량
② 모 공
③ 보습 상태
④ 얼굴형
⑤ 피부 조직

> **해설**
>
> 피부 유형을 결정하는 요인으로는 피지 분비량, 모공의 크기, 보습 상태(수분량), 색소침착, 혈액순환, 피부 조직 등이 있다.

18 모발의 색은 흑색, 적색, 갈색, 금발색, 백색 등 여러 가지 색이 있다. 다음 중 주로 검은 모발의 색을 나타나게 하는 멜라닌은 무엇인가?

① 타이로신(Tyrosine)
② 멜라노사이트(Melanocyte)
③ 셀룰로스(Cellulose)
④ 유멜라닌(Eumelanin)
⑤ 페오멜라닌(Pheomelanin)

해설

페오멜라닌은 노란색이며, 유멜라닌은 검은색이다.

19 건강모발의 pH 범위는?

① pH 1~2
② pH 3~4
③ pH 4.5~5.5
④ pH 6.5~7.5
⑤ pH 8.5~9.5

해설

건강모발의 범위는 pH 4.5~5.5로 약산성이다.

20 다음의 모발의 구조와 성질에 대한 내용 중 잘못된 것은?

① 케라틴은 다른 단백질에 비하여 유황의 함유량이 많은데, 황(S)은 시스틴(Cystine)에 함유되어 있다.
② 두발은 주요 부분을 구성하고 있는 모표피, 모피질, 모수질 등으로 이루어졌으며, 주로 탄력성이 풍부한 단백질로 이루어져 있다.
③ 시스틴 결합(-S-S)은 알칼리에는 강한 저항력을 갖고 있으나 물, 알코올, 약산성, 소금류에 대해서 약하다.
④ 케라틴의 폴리펩타이드는 쇠사슬 구조로서, 두발의 장축방향(長軸方向)으로 배열되어 있다.
⑤ 동양인은 주로 직모, 흑인은 주로 구상모, 백인은 주로 파상모의 형태를 가진다.

해설

③ 시스틴 결합은 약산성에는 저항력이 있으나, 알칼리에는 약하여 알칼리 작용을 받으면 결합이 단절된다.

21 모발의 결합 중 수분에 의해 일시적으로 변형되며, 드라이어의 열을 가하면 다시 재결합되어 형태가 만들어지는 결합은 무엇인가?

① -S-S 결합 ② 펩타이드 결합
③ 멜라닌 결합 ④ 염 결합
⑤ 수소 결합

해설

수소 결합은 수분에 의해 일시적으로 변형되며 드라이어의 열을 가하면 다시 재결합되어 형태가 만들어지는 결합이다.

22 다음 중 모발의 성장단계로 옳은 것은?

① 성장기 → 휴지기 → 퇴행기
② 퇴행기 → 성장기 → 발생기
③ 휴지기 → 발생기 → 퇴행기
④ 발생기 → 성장기 → 휴지기
⑤ 성장기 → 퇴행기 → 휴지기

해설

모발의 성장단계는 성장기 → 퇴행기 → 휴지기 순서이다.

23 다음의 모발의 구조에 대한 설명 중 잘못된 것은?

① 모간 : 피부표면 바깥으로 나온 체모로 비닐층과 섬유층으로 구성되어 있다.
② 모낭 : 털주머니 모양으로 모근을 보호하며 감싼다.
③ 모근 : 피부 내부에 위치하고 모발 성장의 근원이 된다.
④ 모구 : 모근의 뿌리 부분으로 털의 성장이 시작되는 부분이다.
⑤ 모유두 : 세포분열과 증식에 관여하며 새로운 모발을 만든다.

해설

⑤ 모유두 : 모구 중심의 우묵한 곳으로 영양을 관장하는 모세혈관과 신경세포가 분포되어 있다.
세포분열과 증식에 관여하며 새로운 모발을 만드는 것은 모모세포이다.

24 모발의 구성 중 피부 밖으로 나와 있는 부분은 어디인가?

① 피지선　　　　　　　　　② 모표피

③ 모피질　　　　　　　　　④ 모수질

⑤ 모수선

해설

모발의 모간 부분에서 밖으로 나와 있는 부분은 모표피이다.

25 맞춤형화장품 조제관리사인 지영이 고객 피부의 상태 분석을 진행하고 있다. 지영이 대화 속 고객에게 안내할 수 있는 피부 관리 방법 중 잘못된 것은?

> 〈대화〉
> 고객 : 요즘 피지가 점점 심해지고 있어요. 그것 때문에 여드름도 생기고 모공도 커져서 화장을 해
> 　　　도 잘 커버가 안 되는 것 같아요.
> 지영 : 고객님 같은 경우, 지속적으로 관리를 해주시지 않으면 피지가 모공 속에 축적되어 화농성
> 　　　피부가 될 수 있습니다. 또 피지분비 과다가 되면 얼굴이 번들거려서 화장도 잘 먹지 않죠.
> 고객 : 음, 그럼 어떻게 관리를 해야 할까요?

① 피지흡착관리를 통해 과다한 피지를 조절해야 합니다.

② 정기적으로 각질제거를 해주는 것이 좋습니다.

③ 영양크림을 충분히 사용하여 수분증발을 막고 탄력관리에 힘써야 해요.

④ 피지조절제품과 수렴제를 사용하여 확장된 모공을 축소하세요.

⑤ 주기적으로 딥 클렌징을 사용하여 모공을 청소해 주세요.

해설

③ 영양크림을 사용하여 수분증발을 막는 것은 건성피부의 관리방법이다. 대화 속 고객의 피부는 지성피부로 피부 속에 유분이 많기 때문에 불필요한 유분과 피지를 조절하는 방법이 적당하다.

01 다음 중 관능검사 평가 방법에 대한 설명으로 옳지 않은 것은?

① 검사 30분 전에 껌이나 음식물 섭취를 제한하다.
② 감기 및 기타 병에 걸려 있는 패널원은 사용하지 않는다.
③ 검사하고자 하는 시료에 대하여 최대한 많은 정보를 미리 제공한다.
④ 관능검사 평가 방법 중 기호형은 좋고 싫음을 주관적으로 판단하는 방법이다.
⑤ 분석형은 표준품 및 한도품 등 기준과 비교하여 합격품, 불량품을 객관적으로 평가, 선별하거나, 사람의 식별력 등을 조사하는 방법이다.

> **해설**
> ③ 패널원이 자극에 대하여 어떤 선입견을 가지고 있을 때 그것이 판단에 영향을 끼치는 경우가 있으므로 검사하고자 하는 시료에 대한 정보를 최소한으로 주도록 한다.

02 다음 중 관능평가의 활용 범위가 아닌 것은?

① 저장수명연구
② 가격의 결정
③ 제품 매칭
④ 규격과 품질관리
⑤ 제품의 재공식화

> **해설**
> 관능평가는 저장수명연구, 제품 매칭(matching), 제품 매핑(mapping), 규격(specification)과 품질관리, 제품의 재공식화(reformulation), 오염과 냄새 제거 잠재력(off odour potential), 제품 품질 등에 적용된다.

03 다음 중 관능검사에 영향을 주는 요인에 대한 설명으로 옳은 것은?

① 환경변화는 패널요원의 심리에 영향을 줄 수 있어 패널요원이 관능검사에 객관적 자세를 유지하는 마음을 갖도록 해야 한다.
② 외부의 온도는 관능평가에 영향을 미치지 않는다.
③ 검사하고자 하는 시료가 계절이나 온도에 관련된 제품이라면 그 영향을 최소화할 수는 없다.
④ 식사 전 배가 고플 때와 식사 직후 배부를 때의 예민도는 차이가 없다.
⑤ 검사 요일 중 월요일이나 주말이 집중력이 좋다.

② 감각기관의 예민도는 온도에 의해 달라지기 때문에 외부의 온도는 관능평가에 많은 영향을 준다.

③ 반복된 검사와 검사자의 객관적 유지로 그 영향을 최소화할 수 있다.

④ 식사 전 배가 고플 때와 식사 직후 배부를 때의 예민도는 큰 차이가 있다. 식사 전 30분이 예민도가 가장 높은 시간이고, 식사 후 1시간 이내에 예민도는 크게 감소한다.

⑤ 업무가 시작되는 월요일이나 주말은 심신상태가 분산되어 있어 관능검사를 실시하는 데 집중력이 감소한다.

04 다음 중 화장품 관능평가의 핵심 품질 요소가 아닌 것은?

① 탁 도
② 변 취
③ 분 리
④ 점/경도 변화
⑤ 유해성

⑤ 유해성은 화장품 관능평가의 핵심 품질 요소에 포함이 되지 않으며 핵심 품질 요소로 침전, 탁도, 변취, 분리(입도), 점/경도 변화, 증발/표면굳음이 있다.

05 다음 중 관능평가 시험 방법에 대한 설명으로 옳지 않은 것은?

① 현미경을 사용하거나 육안으로 유화상태, 분리(입도)를 관찰할 수 있다.

② 적당량을 손등에 펴 바른 다음 냄새를 맡으며, 원료의 베이스 냄새를 중점으로 하고 표준품과 비교하여 변취 여부를 확인한다.

③ 탁도 측정용 10mL 바이알에 액상제품을 담은 후 탁도계를 이용하여 현탁도를 측정한다.

④ 시료를 얼린 후 점도 측정용기에 시료를 넣고 시료의 점도 범위에 적합한 스핀들을 사용하여 점도를 측정한다.

⑤ 시료를 실온으로 식힌 후 시료 보관 전/후의 무게 차이를 측정하여 증발의 정도를 알 수 있다.

④ 시료를 실온이 되도록 둔 후 점도 측정용기에 시료를 넣고 시료의 점도 범위에 적합한 스핀들을 사용하여 점도를 측정한다.

06 다음 〈보기〉에서 설명하는 차이식별검사로 옳은 것은?

• 보기 •

- 종합적 차이식별검사이다.
- 두 검사물 간의 차이 유무를 판단한다.
- 세 개의 시료(표준 시료, 표준 시료와 동일 시료, 시험 시료)를 제시한다.
- 표준 시료를 시험한 후 제시된 두 개의 시료를 순서대로 검사하고 표준품과 동일한 시료를 지적한다.
---

① 단일 시료 제시법　　　　　　② 1.2점 검사
③ 3점 검사　　　　　　　　　　④ 단순 비교 검사
⑤ 차이 비교 검사

해설

① 단일 시료 제시법 : 한 개의 시료를 제시, 전문가가 감정할 때 사용한다. 머릿속에 설정된 기억표준과 비교하여 차이를 식별한다.
③ 3점 검사 : 세 개의 시료(두 개는 동일한 시료, 하나는 다른 시료) 중 홀수 시료를 지적케 하는 검사로 ABB, BAB, BBA, ABA, AAB 등 무작위로 제시한다.
④, ⑤ 2점 비교 검사 : 두 개의 시료를 동시에 제시하여 차이 유무를 비교・식별하는 것으로 신구 가공방법의 비교, 품질관리, 소비자기호 시험에 사용한다. 두 개의 시료가 같은지 다른지를 묻는 단순 비교 검사와 두 검사물 간의 측정 관능 특성이 서로 어떻게 다른지 차이를 식별하는 차이 비교 검사가 있다.

07 다음 중 묘사분석 방법에 대한 설명으로 옳지 않은 것은?

① 제품의 관능적 특성을 질적, 양적으로 표현하는 방법이다.
② 향미와 조직감에 대한 특성과 강도 등을 묘사한다.
③ 전문가 또는 훈련된 패널 4~6명으로 구성한다.
④ 둘러앉아서 제시된 시료에 대하여 토의 기록한다.
⑤ 소비자 접촉을 통해 소비자 반응 태도를 구체적으로 파악한다.

해설

⑤는 묘사분석 방법이 아닌 소비자 검사에 대한 설명이다.

소비자 검사
- 제품의 어떤 특성에 관한 소비자의 반응을 알기 위하여 실시한다.
- 소비자의 필요를 충족시켜야 한다.
- 소비자 접촉을 통해 소비자 반응 태도를 구체적으로 파악한다.
- 기존 제품의 품질유지, 품질향상, 신상품 개발, 판매가능성 분석에 유효하다.

08 다음 중 관능검사 시 시료에 대한 설명으로 옳지 않은 것은?

① 관능검사하고자 하는 시료에 대한 자료를 패널요원들에게 최소한으로 알려주어야 한다.
② 시료에 관하여는 제품의 어떤 특성을 평가하는지, 평가하는 요령은 무엇인지 등 검사에 필요한 사항만을 알려준다.
③ 다양성을 위해 매번 제공되는 시료의 크기는 패널마다 다르게 하여 평가하여야 한다.
④ 시료의 수는 감각의 둔화나 정신적인 피로를 일으키지 않는 범위에서 정한다.
⑤ 시료의 온도는 일반적으로 상온이 적절하며 검사가 반복 진행되어도 일정하게 제시되어야 하며 필요한 경우 보온 용기, 냉장고 등을 사용할 수 있다.

해설
③ 텍스쳐 특성을 평가할 때는 시료의 크기가 영향을 주므로 크기는 동일해야 하며, 매번 제공되는 시료 역시 동일한 크기를 유지해야 한다.

09 다음 중 소비자 검사에 대한 설명으로 옳지 않은 것은?

① 검사 목적에 따라 목표집단을 명확하게 설정하여야 한다.
② 질문표는 목적에 부합되는 정보를 얻을 수 있도록 작성한다.
③ 소비자 검사방법 및 절차를 확립한다.
④ 질적 소비자 검사와 양적 소비자 검사로 나눌 수 있다.
⑤ '어느 제품을 사용하겠다'는 기호도 검사, '많이 사용하겠다' 등은 선호도 검사에 해당한다.

해설
⑤ '어느 제품을 사용하겠다'는 선호도 검사, '많이 사용하겠다' 등은 기호도 검사에 해당한다. 또 '이 제품을 얼마나 좋아합니까?'는 기호 척도 검사에 해당한다.

10 다음 중 관능검사 시 주의사항으로 옳지 않은 것은?

① 검사에 직접 관련된 사람은 배제시킨다.
② 검사 전 향기가 없는 비누로 손을 씻도록 한다.
③ 향이 강한 화장품이나 입안세척제 사용을 금지한다.
④ 시료와 코 사이는 거의 붙여서 가까이 향을 맡게 한다.
⑤ 검사물의 평가방법 및 평가속도를 명확히 이해시키고 동일한 방법으로 각 시료를 평가하도록 한다.

해설
④ 코와의 거리에 따라 휘발성 성분을 느끼는 강도가 다르기 때문에 시료와 코 사이는 일정한 거리를 유지한다.

11 다음 〈보기〉에서 설명하는 다시료 비교 검사 방법으로 옳은 것은?

•보기•

• 하나 또는 그 이상의 시료를 각 채널에 무작위 순서로 제시한다.
• 어떤 일정 특성을 기준으로 시료의 등급을 나타내는 특정 척도에 따라 시료를 평가한다.
  – 대단히 강하다 = 1
  – 보통 강하다 = 2
  – 약간 강하다 = 3
  – 약간 약하다 = 4
  – 보통 약하다 = 5
  – 대단히 약하다 = 6
---

① 차이척도 검사　　　　　　　　② 다중 2점 비교 검사
③ 순위 비교법　　　　　　　　　④ 채점 척도 시험법
⑤ 최소감량 검사

해설

① 차이척도 검사 : 대조 시료와 두 개 또는 그 이상의 시험 시료와 비교할 경우 쓰이는 검사로 표준 시료와 차이가 있으면 그 정도를 표시한다.
② 다중 2점 비교 검사 : 두 개 이상의 시료일 경우 비교적 덜 훈련된 패널이 비교적 복잡한 단일 특성을 비교할 때 쓰는 방법으로, 한 번에 한 쌍씩 시료를 제시하여 차이의 크기를 질문하여 다수 검사물의 차이 크기 순위를 평가한다.
③ 순위 비교법 : 동시에 대조 시료를 포함한 여러 개 시료를 제시하여 한 가지 특성을 기준으로 그 강도 또는 기호도에 따라 순위를 정하게 하는 방법이다.
⑤ 최소감량 검사 : 최소 감별량, 최소 감미량, 한계 감미량을 평가한다.

01 맞춤형화장품의 효과가 아닌 것은?

① 피부의 미백
② 피부의 주름개선
③ 피부를 곱게 태워주거나 자외선으로부터 피부를 보호
④ 피부 상처를 낫게 해주는 기능
⑤ 모발의 색상 변화·제거 또는 영양공급

해설

맞춤형화장품의 효과로는 ①, ②, ③, ⑤ 외에 피부나 모발의 기능 약화로 인한 건조함, 갈라짐, 빠짐, 각질화 등을 방지하거나 개선한다.

02 피부 미용의 기능이 아닌 것은?

① 피부보호
② 피부문제 개선
③ 피부질환 치료 및 관리
④ 심리적 안정
⑤ 피부 정돈

해설

피부질환의 치료는 의료분야이다.

03 화장품의 보관 및 취급상의 주의사항에 관한 설명으로 옳지 않은 것은?

① 사용부위가 붉은 반점이 생기면 전문의와 상의한다.
② 유·소아의 손이 닿지 않는 곳에 둔다.
③ 상처가 있는 부위에는 조심해서 바른다.
④ 직사광선이 닿지 않는 곳에 보관한다.
⑤ 사용 후에는 반드시 마개를 닫아둔다.

해설

③ 상처가 있는 부위에는 사용을 자제하여야 한다.

04 다음 화장품 유형 중 퍼머넌트 웨이브 제품 및 헤어스트레이트너 제품에 관한 주의 사항으로 옳은 것은?

① 섭씨 25도 이하의 어두운 장소에 보존한다.

② 두피·얼굴·눈·목·손 등에 약액이 묻지 않도록 유의한다.

③ 개봉한 제품은 10일 이내에 사용한다.

④ 주성분이 과산화수소인 제품은 머리카락이 하얗게 변할 수 있다.

⑤ 색이 변하거나 침전된 경우는 흔들어서 사용한다.

해설

① 섭씨 15도 이하의 어두운 장소에 보존한다.

③ 개봉한 제품은 7일 이내에 사용한다.

④ 제2단계 퍼머액 중 그 주성분이 과산화수소인 제품은 머리카락이 갈색으로 변할 수 있어 유의한다.

⑤ 색이 변하거나 침전된 경우에는 사용하지 않는다.

05 다음 〈보기〉 중 외음부 세정제에 관한 주의 사항으로 옳은 것을 모두 고르면?

┌─── **• 보기 •** ───────────────────────────────────┐
│ ㄱ. 정해진 용법과 용량을 잘 지켜 사용할 것   │
│ ㄴ. 임신 중에는 절대 사용하지 않는다.   │
│ ㄷ. 과민하거나 알레르기 병력이 있는 사람에게는 신중히 사용한다.   │
│ ㄹ. 만 5세 이하 어린이에게는 사용하지 않는다.   │
└───┘

① ㄱ, ㄴ   ② ㄴ, ㄷ

③ ㄱ, ㄷ   ④ ㄱ, ㄹ

⑤ ㄷ, ㄹ

해설

ㄴ. 임신 중에는 사용하지 않는 것이 바람직하며, 분만 직전의 외음부 주위에는 사용하지 않는다.

ㄹ. 만 3세 이하 어린이에게는 사용하지 말아야 한다.

06 다음 화장품 유형 중 고압가스를 사용하는 에어로졸 제품의 사용 주의사항으로 옳은 것은?

① 같은 부위에 연속해서 5초 이상 분사하지 말아야 한다.

② 가능하면 인체에서 30cm 이상 떨어져서 사용한다.

③ 섭씨 30도 이상의 장소 또는 밀폐된 장소에 보관한다.

④ 밀폐된 실내에서 사용한 후에는 반드시 환기를 한다.

⑤ 불꽃길이시험에 의한 화염이 인지되는 제품을 취급한다.

① 같은 부위에 연속해서 3초 이상 분사하지 말아야 한다.
② 가능하면 인체에서 20cm 이상 떨어져서 사용한다.
③ 섭씨 40도 이상의 장소 또는 밀폐된 장소에 보관한다.
⑤ 불꽃길이시험에 의한 화염이 인지되지 않는 것으로서 가연성 가스를 사용하지 않는 제품을 취급한다.

07 맞춤 화장품의 부작용 중 접촉 피부염에 관한 사항으로 옳지 않은 것은?

① 피부를 자극하거나 알레르기 반응을 일으키는 물질에 노출되었을 때 나타나는 피부 염증이다.
② 염증의 원인에 따라 자극성 접촉 피부염, 알레르기성 접촉 피부염으로 나뉜다.
③ 소아에서 가장 흔한 자극성 접촉 피부염은 '기저귀 발진'이다.
④ 알레르기 접촉 피부염은 어떤 화학 제품에 선천적으로 매우 민감한 일부 사람에서 나타난다.
⑤ 알레르기성 접촉 피부염의 특징은 산이나 알칼리와 같은 자극 물질이 직접 닿았던 부위에만 국한되어 발생한다.

해설
⑤ 자극성 접촉 피부염의 특징은 산이나 알칼리와 같은 자극 물질이 직접 닿았던 부위에만 국한되어 발생하는데 손, 발, 얼굴, 귀, 가슴 등 우리 몸 어디에서나 발생할 수 있다.

08 다음 〈보기〉에서 맞춤형화장품의 부작용 종류를 모두 고르면?

●보기●
ㄱ. 발 진   ㄴ. 홍 반
ㄷ. 부 종   ㄹ. 표피탈락
ㅁ. 화 상

① ㄱ, ㄴ   ② ㄴ, ㄷ
③ ㄱ, ㄴ, ㄷ   ④ ㄱ, ㄴ, ㄷ, ㄹ
⑤ ㄱ, ㄴ, ㄷ, ㄹ, ㅁ

해설
맞춤형화장품의 부작용의 종류에는 접촉성 피부염, 발진, 홍반, 부종, 통증, 가려움증, 표피탈락, 열감, 여드름이나 아토피 악화, 피부탈변색, 화상, 물집 등이 있다.

09 화장품 원료 등의 위해평가를 실시할 때 확인·결정·평가 등의 과정을 거쳐 실시한다. 다음 중 과정에 해당하지 않는 것은?

① 위해요소의 인체 내 독성을 확인하는 위험성 확인과정
② 위해요소의 원료의 특성에 관한 자료확인과정
③ 위해요소의 인체노출 허용량을 산출하는 위험성 결정과정
④ 위해요소가 인체에 노출된 양을 산출하는 노출평가과정
⑤ 인체에 미치는 위해 영향을 판단하는 위해도 결정과정

> **해설**
>
> 화장품 원료 등의 위해평가(화장품법 시행규칙 제17조 제1항)
> 위해평가는 다음의 확인·결정·평가 등의 과정을 거쳐 실시한다.
> • 위해요소의 인체 내 독성을 확인하는 위험성 확인과정
> • 위해요소의 인체노출 허용량을 산출하는 위험성 결정과정
> • 위해요소가 인체에 노출된 양을 산출하는 노출평가과정
> • 위의 결과를 종합하여 인체에 미치는 위해 영향을 판단하는 위해도 결정과정

10 화장품 제형의 정의가 올바르게 된 경우를 모두 고르면?

> ㄱ. 로션제란 화장품에 사용되는 성분을 용제 등에 녹여서 액상으로 만든 것을 말한다.
> ㄴ. 크림제란 유화제 등을 넣어 유성성분과 수성성분을 균질화하여 반고형상으로 만든 것을 말한다.
> ㄷ. 겔제란 액체를 침투시킨 분자량이 큰 유기분자로 이루어진 반고형상을 말한다.
> ㄹ. 분말제란 균질하게 분말상 또는 미립상으로 만든 것을 말하며, 부형제 등을 사용할 수 있다.

① ㄱ, ㄴ, ㄷ
② ㄴ, ㄷ, ㄹ
③ ㄱ, ㄴ, ㄹ
④ ㄴ, ㄷ, ㄹ
⑤ ㄱ, ㄴ, ㄷ, ㄹ

> **해설**
>
> ㄱ. 로션제란 유화제 등을 넣어 유성성분과 수성성분을 균질화하여 점액상으로 만든 것을 말한다. 화장품에 사용되는 성분을 용제 등에 녹여서 액상으로 만든 것은 액제이다.

11 피부 미백에 도움을 주는 기능성화장품의 재료가 아닌 것은?

① 닥나무추출물
② 유용성감초추출물
③ 알부틴
④ 에칠아스코빌에텔
⑤ 덱스판테놀

⑤는 탈모 증상의 완화에 도움을 주는 기능성화장품 원료이다.

피부의 미백에 도움을 주는 기능성화장품 각조
나이아신아마이드, 닥나무추출물, 아스코빌글루코사이드, 아스코빌테트라이소팔미테이트, 알부틴, 알파-비사보롤, 에칠아스코빌에텔, 유용성감초추출물

12 화장품 안전기준 등에 관한 규정상 화장품에 사용할 수 없는 원료가 아닌 것은?

① 금 염
② 니켈 설파이드
③ 만수국꽃 추출물 또는 오일
④ 니트로톨루엔
⑤ 미네랄 울

③ 만수국꽃 추출물 또는 오일은 사용상의 제한이 필요한 원료에 속한다(화장품 안전기준 등에 관한 규정 별표 2).
① · ② · ④ · ⑤는 사용할 수 없는 화장품 원료에 속한다(화장품 안전기준 등에 관한 규정 별표 1).

13 사용상의 제한이 필요한 원료 중 보존제 성분의 사용한도에 관한 내용으로 옳은 것은?

	원료명	사용한도(%)
①	글루타랄(펜탄-1,5-디알)	0.1
②	2, 4-디클로로벤질알코올	0.2
③	디아졸리디닐우레아	0.6
④	메텐아민	0.5
⑤	벤제토늄클로라이드	0.3

사용상의 제한이 필요한 원료(화장품 안전기준 등에 관한 규정 별표2)

원료명	사용한도(%)
글루타랄(펜탄-1,5-디알)	0.1%
2, 4-디클로로벤질알코올	0.15%
디아졸리디닐우레아	0.5%
메텐아민(헥사메칠렌테트라아민)	0.15%
벤제토늄클로라이드	0.1%

14 사용상의 제한이 필요한 원료 중 자외선 차단성분에 대한 내용으로 옳지 않은 것은?

원료명	사용한도(%)
① 드로메트리졸	1.0
② 디에칠헥실부타미도트리아존	10
③ 벤조페논-4	0.5
④ 시녹세이트	5
⑤ 옥토크릴렌	10

해설

자외선 차단성분(화장품 안전기준 등에 관한 규정 별표2)

원료명	사용한도(%)
드로메트리졸	1.0
디에칠헥실부타미도트리아존	10
벤조페논-4	5
시녹세이트	5
옥토크릴렌	10

15 화장품에 사용할 수 없는 원료가 아닌 것은?

① 나프탈렌
② 금 염
③ 돼지폐추출물
④ 글리세린
⑤ 노르아드레날린 및 염류

해설

나프탈렌, 금염, 돼지폐추출물, 노르아드레날린 및 염류는 화장품에 사용할 수 없는 원료이다. 글리세린은 맞춤형화장품의 전성분 항목이다.

맞춤형화장품의 전성분
정제수, 글리세린, 다이프로필렌글라이콜, 토코페릴아세테이트, 다이메티콘/비닐다이메티콘크로스폴리머, C12-14파레스-3, 향료

16 자외선 차단성분 중 사용상의 제한이 필요한 원료와 사용한도가 올바르게 짝지어진 것은?

	원료명	사용한도(%)
①	디갈로일트리올리에이트	1.0
②	호모살레이트	1.0
③	드로메트리졸	1.0
④	벤조페논-3	1.0
⑤	옥토크릴렌	1.0

해설

디갈로일트리올리에이트(5%), 호모살레이트(10%), 드로메트리졸(1.0%), 벤조페논-3(5%), 옥토크릴렌(10%)

17 〈보기〉에서 화장품 전성분 표기 중 사용상의 제한이 필요한 염모제 성분만을 모두 고른 것은?

┌─● 보 기 ●─────────────────────────────┐
ㄱ. 다이프로필렌글라이콜   ㄴ. 과산화수소수
ㄷ. 다이메티콘   ㄹ. m-아미노페놀
ㅁ. 토코페릴아세테이트
└──────────────────────────────────────┘

① ㄱ, ㄴ   ② ㄷ, ㅁ
③ ㄴ, ㄹ   ④ ㄱ, ㄹ
⑤ ㄴ, ㅁ

해설

사용상의 제한이 필요한 염모제 성분(화장품 안전 기준 등에 관한 규정 별표2)

원료명	사용할 때 농도상한(%)
과산화수소수	염모제(탈염·탈색 포함)에서 과산화수소로서 12.0%
m-아미노페놀	산화염모제에 2.0%

18 맞춤형화장품에 혼합 가능한 화장품 원료로 옳은 것은?

① 천수국꽃 추출물 또는 오일   ② 안트라센오일
③ 글리사이클아미드   ④ 금 염
⑤ 라벤더오일

해설

①·②·③·④는 사용할 수 없는 화장품 원료에 속한다(화장품 안전기준 등에 관한 규정 별표 1).

19 화장품 안전기준 등에 관한 규정에서 에어로졸 제품에 사용을 금지한 원료는?

① 클로로부탄올   ② 메칠이소치아졸리논

③ 벤제토늄클로라이드   ④ 살리실릭애씨드 및 그 염류

⑤ p-클로로-m-크레졸

해설

- 메칠이소치아졸리논 : 기타 제품에는 사용금지
- 벤제토늄클로라이드 : 점막에 사용되는 제품에는 사용금지
- 살리실릭애씨드 및 그 염류 : 영유아용 제품류 또는 만 13세 이하 어린이가 사용할 수 있음을 특정하여 표시하는 제품에는 사용금지(다만, 샴푸는 제외)
- p-클로로-m-크레졸 : 점막에 사용되는 제품에는 사용금지

20 사용상의 제한이 필요한 원료 중 영유아용 제품류 또는 만 13세 이하 어린이가 사용할 수 있음을 특정하여 표시하는 제품에서 사용금지 원료는?

① 벤질헤미포름알

② 아이오도프로피닐부틸카바메이트(아이피비씨)

③ 메칠이소치아졸리논

④ 징크피리치온

⑤ 헥세티딘

해설

벤질헤미포름알, 메칠이소치아졸리논, 징크피리치온, 헥세티딘 : 기타 제품에는 사용금지 원료이다.

01 화장품의 포장에는 누가 정하는 바에 따라 해당 사항을 기재·표시하여야 하는가?

① 대통령령   ② 총리령
③ 행정안전부령   ④ 기획재정부령
⑤ 보건복지부령

해설

화장품의 1차 포장 또는 2차 포장에는 총리령으로 정하는 바에 따라 해당 사항을 기재·표시하여야 한다.

02 화장품의 기재사항 중 1차 포장에 표시하여야 하는 내용으로 옳은 것은?

① 영업자의 상호
② 해당 화장품 제조에 사용된 모든 성분
③ 내용물의 용량 또는 중량
④ 가 격
⑤ 사용할 때의 주의사항

해설

1차 포장에 표시하여야 하는 내용은 '화장품의 명칭, 영업자의 상호, 제조번호, 사용기한 또는 개봉 후 사용기간'이다.

03 '화장품의 함유 성분별 사용 시의 주의사항 표시 문구' 중 그 짝이 옳지 않은 것은?

① 과산화수소 및 과산화수소 생성물질 함유 제품
     → 눈에 접촉을 피하고 눈에 들어갔을 때는 즉시 씻어낼 것
② 살리실릭애씨드 및 그 염류 함유 제품(샴푸 등 사용 후 바로 씻어내는 제품 제외)
     → 만 3세 이하 어린이에게는 사용하지 말 것
③ 실버나이트레이트 함유 제품
     → 눈에 접촉을 피하고 눈에 들어갔을 때는 즉시 씻어낼 것
④ 알루미늄 및 그 염류 함유 제품(체취방지용 제품류에 한함)
     → 신장 질환이 있는 사람은 사용 전에 의사, 약사, 한의사와 상의할 것
⑤ 벤잘코늄클로라이드, 벤잘코늄브로마이드 및 벤잘코늄사카리네이트 함유 제품
     → 사용 시 흡입되지 않도록 주의할 것

해설

벤잘코늄클로라이드, 벤잘코늄브로마이드 및 벤잘코늄사카리네이트 함유 제품
→ 눈에 접촉을 피하고 눈에 들어갔을 때는 즉시 씻어낼 것

04 화장품의 포장에 기재·표시하여야 하는 사항으로 옳지 않은 것은?

① 총리령으로 정하는 바코드
② 성분명을 제품 명칭의 일부로 사용한 경우 그 성분명과 함량(방향용 제품은 제외한다)
③ 인체 세포·조직 배양액이 들어있는 경우 그 함량
④ 화장품에 어린이용 제품임을 특정하여 표시·광고하려는 경우
⑤ 화장품에 천연 또는 유기농으로 표시·광고하려는 경우에는 원료의 함량

해설
식품의약품안전처장이 정하는 바코드

05 화장품의 기재·표시 사항에 대한 설명 중 옳지 않은 것은?

① 기재사항을 화장품의 용기 또는 포장에 표시할 때 제품의 명칭, 영업자의 상호는 시각장애인을 위한 점자 표시를 병행할 수 있다.
② 가격은 소비자에게 화장품을 간접 판매하는 자가 판매하려는 가격을 표시하여야 한다.
③ 기재·표시는 다른 문자 또는 문장보다 쉽게 볼 수 있는 곳에 하여야 한다.
④ 한자 또는 외국어를 함께 기재할 수 있다.
⑤ 영업자 또는 판매자는 의약품으로 잘못 인식할 우려가 있는 표시 또는 광고를 하여서는 아니 된다.

해설
② 가격은 소비자에게 화장품을 직접 판매하는 자가 판매하려는 가격을 표시하여야 한다.

06 화장품의 제조 등에 사용할 수 없는 원료를 지정하여 고시하는 사람은 누구인가?

① 대통령　　　　　　　　　　② 총 리
③ 행정안전부장관　　　　　　④ 보건복지부장관
⑤ 식품의약품안전처장

해설
식품의약품안전처장은 화장품의 제조 등에 사용할 수 없는 원료를 지정하여 고시하여야 하며 지정·고시된 원료의 사용기준의 안전성을 정기적으로 검토하여야 하고, 그 결과에 따라 지정·고시된 원료의 사용기준을 변경할 수 있다(화장품법 제8조)

07 다음 중 화장품 안전기준의 주요사항으로 옳지 않은 것은?

① 갈라민트리에치오다이드, 갈란타민 등은 화장품에 사용할 수 없는 원료이다.

② 고압가스를 사용하지 않는 분무형 자외선 차단제는 얼굴에 직접 분사해야 한다.

③ 사용 후 피부나 신체가 과민상태로 되거나 피부이상반응(부종, 염증 등)이 일어난다면 염모제(산화염모제와 비산화염모제)를 사용하지 말아야 한다.

④ 면도 직후에는 염색하지 말아야 한다.

⑤ 두피, 얼굴, 목덜미에 부스럼, 상처, 피부병이 있는 경우 탈염·탈색제를 사용하지 말아야 한다.

> **해설**
> ② 고압가스를 사용하지 않는 분무형 자외선 차단제는 얼굴에 직접 분사하지 말고 손에 덜어 얼굴에 발라야 한다.

08 사용상의 제한이 필요한 원료에 대한 설명 중 옳지 않은 것은?

① 글루타랄(펜탄-1,5-디알)의 사용한도는 0.1%이다.

② 메칠이소치아졸리논의 사용한도는 사용 후 씻어내는 제품에 0.0015%이다.

③ 벤질알코올의 사용한도는 1.0%(다만, 두발 염색용 제품류에 용제로 사용할 경우에는 0.5%)이다.

④ 소듐라우로일사코시네이트는 사용 후 씻어내는 제품에 허용한다.

⑤ 소듐아이오데이트는 사용 후 씻어내는 제품에 0.1%를 허용한다.

> **해설**
> ③ 벤질알코올의 사용한도는 1.0%(다만, 두발 염색용 제품류에 용제로 사용할 경우에는 10%)이다.

09 화장품을 제조하면서 비의도적으로 유래된 사실이 객관적인 자료로 확인되고 기술적으로 완전한 제거가 불가능한 경우 해당 물질의 검출 허용 한도 중 미생물 한도에 대한 설명으로 옳지 않은 것은?

① 총호기성생균수는 영·유아용 제품류 및 눈화장용 제품류의 경우 500개/g(mL) 이하

② 물휴지의 경우 세균 및 진균수는 각각 100개/g(mL) 이하

③ 기타 화장품의 경우 1,000개/g(mL) 이하

④ 대장균(Escherichia Coli), 녹농균(Pseudomonas aeruginosa) 검출

⑤ 황색포도상구균(Staphylococcus aureus) 불검출

> **해설**
> ④ 대장균(Escherichia Coli), 녹농균(Pseudomonas aeruginosa) 불검출

10 인체 세포·조직 배양액 안전기준 중 일반사항의 내용으로 옳지 않은 것은?

① 누구든지 세포나 조직을 주고받으면서 금전 또는 재산상의 이익을 취할 수 없다.
② 누구든지 공여자에 관한 정보를 제공하거나 광고 등을 통해 특정인의 세포 또는 조직을 사용하였다는 내용의 광고를 할 수 없다.
③ 인체 세포·조직 배양액을 제조하는 데 필요한 세포·조직은 채취 혹은 보존에 필요한 위생상의 관리가 가능한 의료기관에서 채취된 것만을 사용한다.
④ 세포·조직을 채취하는 의료기관 및 인체 세포·조직 배양액을 제조하는 자는 업무수행에 필요한 문서화된 절차를 수립하고 유지하여야 하며 그에 따른 기록을 보존하여야 한다.
⑤ 식품의약품안전처장은 세포·조직의 채취, 검사, 배양액 제조 등을 실시한 기관에 대하여 안전하고 품질이 균일한 인체 세포·조직 배양액이 제조될 수 있도록 관리·감독을 철저히 하여야 한다.

> **해설**
> ⑤ 화장품 제조판매업자는 세포·조직의 채취, 검사, 배양액 제조 등을 실시한 기관에 대하여 안전하고 품질이 균일한 인체 세포·조직 배양액이 제조될 수 있도록 관리·감독을 철저히 하여야 한다.

11 화장품의 유형 중 만 3세 이하의 어린이용인 영·유아용 제품류로 옳지 않은 것은?

① 영·유아용 샴푸, 린스
② 영·유아용 로션, 크림
③ 영·유아용 오일
④ 영·유아 인체 세정용 제품
⑤ 영·유아 액체 비누(liquid soaps)

> **해설**
> ⑤ 액체 비누(liquid soaps)는 인체 세정용 제품류에 속한다(화장품법 시행규칙 별표 3 참조).

12 화장품 유형에 대한 설명으로 옳지 않은 것은?

① 목욕용 제품류에는 목욕용 소금류도 속한다.
② 시중에서 파는 모든 물티슈는 인체 세정용 제품류에 속한다.
③ 화장 비누(고체 형태의 세안용 비누)는 인체 세정용 제품류에 속한다.
④ 손·발의 피부연화 제품은 기초화장용 제품류에 속한다.
⑤ 애프터셰이브 로션(aftershave lotions)은 면도용 제품류에 속한다.

② 위생용품 관리법 제2조 제1호 라목 2)에서 말하는 식품위생법 제36조 제1항 제3호에 따른 식품접객업의 영업소에서 손을 닦는 용도 등으로 사용할 수 있도록 포장된 물티슈와 장사 등에 관한 법률 제29조에 따른 장례식장 또는 의료법 제3조에 따른 의료기관 등에서 시체(屍體)를 닦는 용도로 사용되는 물휴지는 제외한다.

13 두발 염색용 제품류에 속하지 않는 것은?

① 포마드(pomade)
② 헤어 컬러스프레이(hair color sprays)
③ 헤어 틴트(hair tints)
④ 염모제
⑤ 탈염·탈색용 제품

① 포마드(pomade)는 두발용 제품류에 속한다.

14 애프터셰이브 로션(aftershave lotions), 프리셰이브 로션(preshave lotions) 등은 어느 제품류에 속하는가?

① 체취 방지용 제품류
② 체모 제거용 제품류
③ 면도용 제품류
④ 기초화장용 제품류
⑤ 목욕용 제품류

① 체취 방지용 제품류에는 데오도런트 등이 있다.
② 체모 제거용 제품류에는 제모제, 제모왁스 등이 있다.
④ 기초화장용 제품류에는 수렴·유연·영양 화장수, 마사지 크림, 에센스, 오일 등이 있다.
⑤ 목욕용 제품류에는 목욕용 오일·정제·캡슐, 목욕용 소금류, 버블 배스 등이 있다.

15 세안용 화장품의 구비조건으로 부적당한 것은?

① 안정성 – 물이 묻거나 건조해지면 형과 질이 잘 변해야 한다.
② 용해성 – 냉수나 온탕에 잘 풀려야 한다.
③ 기포성 – 거품이 잘나고 세정력이 있어야 한다.
④ 자극성 – 피부를 자극시키지 않고 쾌적한 방향이 있어야 한다.
⑤ 모두 옳은 내용이다.

① 안정성은 제품이 변색, 변질, 변취, 미생물 오염이 되지 않아야 한다.

16 W/O 타입의 화장품보다는 수분공급에 효과적인 화장품을 선택하여 사용하고, 알코올 함량이 많아 피지 제거 기능과 모공수축 효과가 뛰어난 화장수를 사용하여야 할 피부유형으로 가장 적합한 것은?

① 모세혈관 확장 피부　　　　　② 민감성 피부
③ 색소침착 피부　　　　　　　　④ 지성 피부
⑤ 건성 피부

해설

지성 피부 관리
피지분비가 많아 모공이 넓고 피부 트러블 및 염증성, 비염증성 여드름으로의 진행이 되기 쉬운 피부이므로 수분공급, 피지제거, 각질제거의 관리가 이루어져야 한다.

17 레몬 아로마 에센셜 오일에 대한 내용으로 맞지 않은 것은?

① 무기력한 기분을 상승시킨다.
② 색소가 있는 피부에 좋다.
③ 여드름, 지성피부에 사용된다.
④ 진정작용이 뛰어나다.
⑤ 살균 효과가 있다.

해설

④ 진정작용에는 라벤더가 효과적이다.

18 화장품의 원료로서 알코올의 작용에 대한 설명으로 틀린 것은?

① 다른 물질과 혼합해서 그것을 녹이는 성질이 있다.
② 소독작용이 있어 화장수, 양모제 등에 사용된다.
③ 흡수작용이 강하기 때문에 건조의 목적으로 사용한다.
④ 피부에 자극을 줄 수도 있다.
⑤ 소독효과가 있다.

해설

③ 알코올은 수렴효과, 살균효과, 소독효과가 있으며 단점은 너무 자주 사용할 경우 피부건조를 유발한다.

19 맞춤형화장품 조제관리사인 윤주는 매장을 방문한 고객과 다음과 같은 〈대화〉를 나누었다. 윤주가 고객에게 추천할 제품으로 다음 〈보기〉 중 옳은 것을 모두 고르면?

〈대화〉
고객 : 이유는 모르겠는데, 최근에 얼굴이 간지럽고 뭐가 나는 것 같아요.
윤주 : 아, 그러신가요? 그럼 고객님 피부 상태를 측정해보도록 할까요?
고객 : 그럴까요? 지난번 방문 시와 비교해 주시면 좋겠네요.
윤주 : 네, 이쪽에 앉으시면 저희 측정기로 측정을 해드리겠습니다.

피부 측정 후
윤주 : 고객님은 1달 전 측정 시보다 얼굴에 유분이 많이 생기고 그로 인해 여드름이 많이 생겼네요.
고객 : 그럼 어떤 제품을 쓰는 것이 좋을지 추천 부탁드려요.

• 보 기 •

ㄱ. 살리실산 함유 제품
ㄴ. 티트리 함유 제품
ㄷ. 아줄렌 함유 제품
ㄹ. 알부틴 함유 제품

① ㄱ
② ㄱ, ㄴ
③ ㄱ, ㄴ, ㄷ
④ ㄱ, ㄴ, ㄷ, ㄹ
⑤ ㄱ, ㄷ

해설
ㄹ. 알부틴은 미백제이다.

01 화장품 제형의 유형과 정의를 연결한 것 중 옳지 않은 것은?

① 로션제 : 유화제 등을 넣어 유성성분과 수성성분을 균질화하여 점액상으로 만든 것
② 액제 : 원액을 같은 용기 또는 다른 용기에 충전한 분사제
③ 침적마스크제 : 액제, 로션제, 크림제, 겔제 등을 부직포 등의 지지체에 침적하여 만든 것
④ 겔제 : 액체를 침투시킨 분자량이 큰 유기분자로 이루어진 반고형상
⑤ 분말제 : 균질하게 분말상 또는 미립상으로 만든 것

해설

액제란 화장품에 사용되는 성분을 용제 등에 녹여서 액상으로 만든 것을 말한다.

02 착색제 중 식품의약품안전처장이 지정하는 색소를 배합하는 경우에 기재할 수 있는 성분명은?

① 식약처장지정색소   ② 화장품법지정색소
③ 기능성색소   ④ 식약원료색소
⑤ KC색소

해설

착색제 중 식품의약품안전처장이 지정하는 색소(황색4호 제외)를 배합하는 경우에는 성분명을 '식약처장지정색소'라고 기재할 수 있다.

03 자외선으로부터 피부를 보호하는 데 도움을 주는 제품의 자외선차단지수(SPF)가 50 이상인 경우의 표기로 옳은 것은?

① SPF50   ② SPF+50
③ SPF50.0   ④ SPF50up
⑤ SPF50+

해설

자외선차단지수(SPF)는 측정결과에 근거하여 평균값으로부터 −20% 이하 범위 내 정수로 표시하되, SPF 50 이상은 'SPF50+'로 표시한다.

04 머스크케톤을 배합하여 향수류를 만들 때 향료 원액을 8% 초과하여 함유하는 향수류에 넣을 수 있는 머스크케톤의 배합한도는 얼마인가?

① 1.0%   ② 1.2%
③ 1.3%   ④ 1.4%
⑤ 1.5%

향수류를 만들 때 머스크케톤의 배합한도
- 향료원액을 8% 초과하여 함유하는 제품 : 1.4%
- 향료원액을 8% 이하로 함유하는 제품 : 0.56%
- 기타제품 : 0.042%

05 맞춤형화장품 원료로 사용하고자 할 때, 사용상 제한이 필요한 원료 중 보존제에 해당하는 것은?

① 글루타랄 ② 드로메트리졸
③ 옥토크릴렌 ④ m-아미노페놀
⑤ 피크라민산

②・③은 자외선 차단제 중 사용상 제한이 필요한 원료이고, ④・⑤는 염모제 중 사용상 제한이 필요한 원료이다.

06 다음 중 피부의 미백 및 주름개선에 동시에 도움을 주는 원료는 무엇인가?

① 살리실릭애씨드 ② 피크로톡신
③ 피크릭애씨드 ④ 프시로시빈
⑤ 알파-비사보롤・아데노신

①은 여드름성 피부를 완화하는 데 도움을 주는 원료이고, ②・③・④는 화장품에 사용할 수 없는 원료이다.

07 피부의 미백에 도움을 주는 원료 중 다음은 무엇에 대한 설명인가?

- 이 원료는 백색의 결정 또는 결정성 가루로 냄새는 없다.
- 이 원료의 수용액은 중성이다.

① 알파-비사보롤 ② 닥나무추출물
③ 알부틴 ④ 나이아신아마이드
⑤ 에칠아스코빌에텔

나이아신아마이드는 백색의 결정 또는 결정성 가루로 냄새가 없고, 수용액은 중성이다. 알파-비사보롤은 무색의 오일 상이고, 에칠아스코빌에텔, 닥나무추출물, 알부틴은 특이한 냄새가 있다.

08 피부의 주름개선에 도움을 주는 원료 중 다음은 무엇에 대한 설명인가?

> • 이 원료는 다당류, 단백질 등을 포함하는 각종 고분자물질로 안정화시킨 것 또는 이들의 혼합물에 안정도, 제조용이성 등을 향상시키기 위해 희석제, 안정제, 점증제 등 기타 원료를 첨가하여 얻은 것이다.
> • 이 원료는 엷은 황색~엷은 주황색의 가루 또는 점성이 있는 액 또는 겔상의 물질로 냄새는 없거나 특이한 냄새가 있다.

① 멘틸안트라닐레이트
② 디갈로일트리올리에이트
③ 아데노신
④ 치오글리콜산
⑤ 레티놀

해설

피부의 주름개선에 도움을 주는 원료로는 레티놀, 아데노신 등이 있으며, 이중 엷은 황색이나 엷은 주황색의 가루 또는 점성이 있는 액 또는 겔상의 물질로, 특이한 냄새가 있는 것은 레티놀이다. ④는 체모를 없애는 데 도움을 주는 원료이고, ①·②는 자외선으로부터 피부를 보호하는 원료이다.

09 다음은 무엇에 대한 설명인가?

> UVB를 사람의 피부에 조사한 후 16~24시간의 범위 내에, 조사영역의 전 영역에 홍반을 나타낼 수 있는 최소한의 자외선 조사량을 말한다.

① 자외선차단지수
② 자외선A차단지수
③ 최소홍반량
④ 최소지속형즉시흑화량
⑤ 자외선A 차단등급

해설

최소홍반량(Minimum Erythema Dose ; MED)에 대한 설명이다.
• 자외선차단지수(Sun Protection Factor ; SPF) : UVB를 차단하는 제품의 차단효과를 나타내는 지수
• 자외선A차단지수(Protection Factor of UVA ; PFA) : UVA를 차단하는 제품의 차단효과를 나타내는 지수
• 최소지속형즉시흑화량(Minimal Persistent Pigment darkening Dose ; MPPD) : UVA를 사람의 피부에 조사한 후 2~24시간의 범위 내에, 조사영역의 전 영역에 희미한 흑화가 인식되는 최소 자외선 조사량
• 자외선A 차단등급(Protection grade of UVA) : UVA 차단효과의 정도를 나타내며 약칭은 피·에이(PA)이다.

10 다음은 어떤 화장품 제형에 대한 설명인가?

> 액제, 로션제, 크림제, 겔제 등을 부직포 등의 지지체에 침적하여 만든 것을 말한다.

① 침적마스크제   ② 크림제
③ 겔 제   ④ 에어로젤
⑤ 분말제

해설
액제, 로션제, 크림제, 겔제 등을 부직포 등의 지지체에 침적하여 만든 것은 침적마스크제이다.

11 화장품 제조 또는 보관 과정 중에 비의도적으로 유래된 비소의 검출 허용 한도로 맞는 것은?

① 50μg/g 이하   ② 35μg/g 이하
③ 20μg/g 이하   ④ 10μg/g 이하
⑤ 30μg/g 이하

해설
화장품을 제조하면서 인위적으로 첨가하지 않았으나, 제조 또는 보관 과정 중 포장재로부터 이행되는 등 비의도적으로 유래된 사실이 객관적인 자료로 확인되고 기술적으로 완전한 제거가 불가능한 경우 비소의 검출 허용 한도는 10μg/g 이하이다.

12 화장품 제조 또는 보관 과정 중에 비의도적으로 유래된 점토를 원료로 사용한 납의 분말제품의 검출 허용 한도로 맞는 것은?

① 50μg/g 이하   ② 35μg/g 이하
③ 20μg/g 이하   ④ 10μg/g 이하
⑤ 30μg/g 이하

해설
납의 경우 점토를 원료로 사용한 분말제품은 50μg/g 이하, 그 밖의 제품은 20μg/g 이하가 검출 허용 한도이다.

13 다음 중 맞춤형화장품 원료로 사용하고자 할 때, 사용상 제한이 필요한 원료 중 자외선 차단제에 해당하는 것으로만 짝지은 것은?

> ㄱ. 시녹세이트 ㄴ. 레조시놀
> ㄷ. 옥토크릴렌 ㄹ. 피로갈롤

① ㄱ, ㄴ   ② ㄱ, ㄷ
③ ㄷ, ㄹ   ④ ㄴ, ㄷ
⑤ ㄱ, ㄹ

> **해설**
> ㄴ, ㄹ은 사용상 제한이 필요한 염모제의 원료이다.

14 호모 믹서에 대한 설명으로 옳은 것을 모두 고른 것은?

> ㄱ. 유화효과가 있는 교반기이다.
> ㄴ. 운동자와 고정자로 구성되어 있다.
> ㄷ. 고정자 내벽에서 운동자가 고속 회전하는 장치이다.
> ㄹ. 물과 오일의 입자를 미세하고 불균일한 입자 크기로 분쇄해준다.

① ㄱ, ㄴ   ② ㄱ, ㄷ
③ ㄴ, ㄷ   ④ ㄱ, ㄴ, ㄷ
⑤ ㄴ, ㄷ, ㄹ

> **해설**
> ㄹ. 물과 오일의 입자를 미세하고 균일한 입자 크기로 분쇄해준다.

15 혼합·소분에 사용되는 기구의 이름과 용도가 옳게 짝지어진 것은?

① 전자저울 – 용량 체크   ② 융점 측정기 – 점도 측정
③ 점도계 – 경도 측정   ④ 비중계 – 녹는점 측정
⑤ pH meter – 비중 측정

> **해설**
> ② 융점 측정기 – 녹는점 측정
> ③ 점도계 – 점도 측정
> ④ 비중계 – 비중 측정
> ⑤ pH meter – pH 측정

16 맞춤형화장품의 혼합·소분 시 주의사항으로 옳지 않은 것은?

① 혼합·소분 전에는 손을 소독 또는 세정한다.
② 혼합·소분 시 장갑과 마스크를 반드시 착용한다.
③ 혼합·소분에 사용되는 기기는 사용 전·후에 세척한다.
④ 혼합·소분된 제품을 담을 때는 용기의 오염여부를 사전에 확인한다.
⑤ 혼합·소분에 필요한 장소, 시설 및 기구를 정기적으로 점검한다.

> **해설**
> 혼합·소분 시 장갑과 마스크의 착용이 필수인 것은 아니다.

17 표준품을 건조 상태로 유지하면서 보관할 때 사용하는 기구로 옳은 것은?

① 냉장고   ② 항온조
③ 데시케이터   ④ 가열 교반기
⑤ 항온수조

> **해설**
> 표준품을 건조 상태로 유지하면서 보관할 때 사용하는 기구는 데시케이터이다.

18 화장품의 교반 작업과 관련이 없는 기구는?

① 호모믹서   ② 디스퍼
③ 핸드블렌더   ④ 가열식 교반기
⑤ 스텐 스파츌라

> **해설**
> 스텐 스파츌라는 화장품을 위생적으로 덜어내거나 계량할 때 사용한다.

19 맞춤형화장품의 혼합·소분에 필요한 도구 중 유리재질이 사용되지 않는 것은?

① 메스실린더   ② 비이커
③ 온도계   ④ 샘플병
⑤ 시약스푼

> **해설**
> 시약스푼은 주로 스텐으로 된 스푼을 사용한다.

20 맞춤형화장품의 판매내역에 포함해야 하는 사항이 아닌 것은?

① 판매량
② 판매일자
③ 맞춤형화장품 식별번호
④ 맞춤형화장품 제조자명
⑤ 사용기한 또는 개봉 후 사용기간

> **해설**
>
> 맞춤형화장품 제조자명은 맞춤형화장품 판매내역에 포함해야 하는 사항이 아니다.

21 맞춤형화장품 조제관리사인 서현은 매장을 방문한 고객과 다음과 같은 대화를 나누었다. 서현이가 고객에게 혼합하여 추천할 제품으로 다음 〈보기〉 중 옳은 것을 모두 고르면?

〈대화〉

고객 : 최근 갑자기 주름이 늘어서 고민이에요. 게다가 요즘 밖에서 운동을 하는 시간이 길어져서
      피부가 상하지 않을까 고민이에요.
서현 : 피부 상태를 측정해 보고 말씀드릴까요?
고객 : 네. 그게 좋겠네요.

피부측정 후
서현 : 고객님의 현재 피부상태와 생활환경을 보았을 때, 주름을 개선하고 자외선을 차단할 수 있
      는 제품을 쓰시는 게 좋을 것 같아요.

• 보기 •

ㄱ. 치오클리콜산 함유제　　　　　　ㄴ. 레티놀 함유제
ㄷ. 드로메트리졸 함유제　　　　　　ㄹ. 덱스판테놀 함유제

---

① ㄱ, ㄴ　　　　　　　　② ㄱ, ㄷ
③ ㄴ, ㄷ　　　　　　　　④ ㄴ, ㄹ
⑤ ㄷ, ㄹ

> **해설**
>
> 레티놀은 주름개선에 도움을 주는 성분이고 드로메트리졸은 자외선으로부터 피부를 보호하는 성분이다. 치오클리콜산은 체모 제거, 덱스판테놀은 탈모증상 완화에 도움을 주는 성분이다.

22 맞춤형화장품 조제관리사인 지영은 매장을 방문한 고객과 다음과 같은 대화를 나누었다. 지영이가 고객에게 혼합하여 추천할 제품으로 다음 〈보기〉 중 옳은 것을 모두 고르면?

〈대화〉

고객 : 요즘 얼굴에 색소가 침착되어서 고민이에요.

지영 : 피부상태를 측정해보는 게 좋겠네요.

피부측정 후

지영 : 정말 색소가 침착된 상태이시네요.

고객 : 색소 침착도 걱정이구요, 몸에 털이 많아서 꾸준히 관리를 하고 싶어요. 어떤 제품이 좋을까요?

━● 보 기 ●━

ㄱ. 나이아신아마이드 함유제품
ㄴ. 치오글리콜산 함유제품
ㄷ. 레티놀 함유제품
ㄹ. 비오틴 함유제품

① ㄱ, ㄴ
② ㄱ, ㄷ
③ ㄴ, ㄷ
④ ㄴ, ㄹ
⑤ ㄱ, ㄹ

해설

나이아신아마이드는 피부미백, 치오글리콜산은 체모제거에 도움을 주는 성분이다. 레티놀은 주름개선, 비오틴은 탈모에 도움을 주는 성분이다.

23 맞춤형화장품 조제관리사인 나영은 매장을 방문한 고객과 다음과 같은 대화를 나누었다. 지영이가 고객에게 혼합하여 추천할 제품으로 다음 〈보기〉 중 옳은 것을 모두 고르면?

〈대화〉

고객 : 요즘 스트레스 때문인지 머리 감을 때마다 머리가 많이 빠져서 걱정이에요. 스트레스를 받아서인지 여드름도 자꾸 올라오고요.

나영 : 탈모를 예방하는 제품과 여드름을 완화시켜줄 수 있는 제품을 써보시면 좋을 것 같네요. 피부측정 후 좀 더 자세히 도와드릴게요.

━● 보 기 ●━

ㄱ. 아데노신 함유제품
ㄴ. 징크피리치온 함유제품
ㄷ. 알부틴 함유제품
ㄹ. 살리실릭애씨드 함유제품

① ㄱ, ㄴ
② ㄱ, ㄷ
③ ㄴ, ㄷ
④ ㄴ, ㄹ
⑤ ㄷ, ㄹ

징크피리치온은 탈모, 살리실릭애씨드는 여드름 완화에 도움을 주는 성분이다. 아데노신은 주름개선, 알부틴은 피부미백에 도움을 주는 성분이다.

24 맞춤형화장품 조제관리사인 윤진은 매장을 방문한 고객과 다음과 같은 대화를 나누었다. 지영이가 고객에게 혼합하여 추천할 제품으로 옳지 않은 것은?

〈대화〉

고객 : 피부미백과 주름개선에 효과가 있는 화장품을 좀 추천해 주세요. 그런데 두 가지 기능이 한꺼번에 있는 제품이었으면 좋겠는데 혹시 있을까요?

윤진 : 피부미백과 주름개선, 둘 다에 도움을 주는 성분이 있어요. 피부측정 후 정확하게 말씀드리겠습니다.

•보기•

ㄱ. 알부틴 · 아데노신 함유제품

ㄴ. 유용성감초추출물 · 아데노신 함유제품

ㄷ. 알부틴 · 레티놀 함유제품

ㄹ. 나이아신아마이드 · 아데노신 함유제품

ㅁ. 알파-비사보롤 · 징크옥사이드 함유제품

① ㄱ   ② ㄴ

③ ㄷ   ④ ㄹ

⑤ ㅁ

징크옥사이드는 자외선으로부터 피부를 보호하는 데 도움을 주는 성분이다. 피부미백과 주름개선에 도움을 주는 것은 알파-비사보롤 · 아데노신이 주로 쓰인다.

25 아래와 같은 증상을 가진 고객에게 맞춤형화장품 조제관리사인 혜정은 각각 화장품을 추천하였다. 〈보기〉의 성분 중에서 고객에게 필요하거나 빼야 할 성분을 맞게 짝지은 것은?

〈고객 증상〉
• 색소침착으로 미백 기능이 필요함
• 주름개선에 도움을 주는 성분을 원함
• 민감한 체질로 화장품에 알레르기 반응을 가끔 보임

━━●보기●━━
나이아신아마이드, 알부틴, 닥나무추출물, 아스코빌글루코사이드, 레티놀, 아데노신, α-나프톨, 드로메트리졸, 신남알, 쿠마린, 파네솔, 리모넨

① 나이아신아마이드 함유 – 드로메트리졸 함유 – 신남알 함유
② 알부틴 함유 – 레티놀 함유 – 신남알 제외
③ 닥나무추출물 함유 – 아데노신 함유 – 리모넨 함유
④ 아스코빌글루코사이드 함유 – 드로메트리졸 함유 – 파네솔 제외
⑤ 나이아신아마이드 함유 – 레티놀 함유 – 쿠마린 함유

해설
• 피부미백에 도움을 주는 성분 : 나이아신아마이드, 알부틴, 닥나무추출물, 아스코빌글루코사이드
• 주름개선에 도움을 주는 성분 : 레티놀, 아데노신
• 착향제 중 알레르기 유발 성분 : 신남알, 쿠마린, 파네솔, 리모넨
α-나프톨은 모발 색상을 변화시키는 데 도움을 주는 성분이고, 드로메트리졸은 자외선으로부터 피부를 보호하는 데 도움을 주는 성분으로, 고객의 요구에 맞는 성분이 아니다. 따라서 피부미백과 주름개선에 도움을 주는 성분을 함유하고, 알레르기 유발 성분을 제외한 ②가 옳다.

26 아래와 같은 증상을 가진 고객에게 맞춤형화장품 조제관리사인 은선은 각각 화장품을 추천하였다. 올바르게 추천한 항목으로 짝지어진 것은?

〈고객 증상〉
• 탈모가 있음
• 자외선에 많이 노출되는 생활환경임
• 민감한 체질로 화장품에 알레르기 반응을 가끔 보임

아데노신, 살리실릭애씨드, 덱스판테놀, 비오틴, 엘-멘톨, 징크피리치온, 드로메트리졸, 신남알, 쿠마린, 파네솔, 리모넨

① 덱스판테놀 함유 – 드로메트리졸 함유 – 신남알 제외
② 아데노신 함유 – 드로메트리졸 함유 – 쿠마린 제외
③ 엘-멘톨 함유 – 드로메트리졸 함유 – 파네솔 함유
④ 징크피리치온 함유 – 드로메트리졸 함유 – 쿠마린 함유
⑤ 살리실릭애씨드 함유 – 드로메트리졸 함유 – 파네솔 제외

> **해설**
> • 탈모에 도움을 주는 성분 : 덱스판테놀, 비오틴, 엘-멘톨, 징크피리치온
> • 자외선으로부터 피부를 보호해주는 성분 : 드로메트리졸
> • 착향제 중 알레르기 유발 성분 : 신남알, 쿠마린, 파네솔, 리모넨
> 아데노신은 주름개선, 살리실릭애씨드는 여드름 완화에 도움을 주는 성분으로 고객의 증상과는 관련이 없다. 따라서 탈모와 자외선 예방에 도움을 주는 성분을 함유하고, 알레르기 유발 성분을 제외한 ①이 옳다.

27 다음은 맞춤형화장품 판매업을 하는 소모임에서 나온 대화 내용이다. 대화의 내용 중 옳게 말한 사람을 고른 것은?

• 지은 – 맞춤형화장품 판매 시 해당 맞춤형화장품의 혼합 또는 소분에 사용되는 내용물 및 원료, 사용 시의 주의사항에 대하여 소비자에게 설명할 필요는 없어.
• 나연 – 맞춤형화장품의 사용기한 또는 개봉 후 사용기간은 맞춤형화장품의 혼합 또는 소분에 사용되는 내용물의 사용기간 또는 개봉 후 사용기간을 초과해서는 안 돼.
• 민주 – 맞춤형화장품 혼합·소분에 필요한 장소, 시설 및 기구는 보건위생상 위해가 없도록 위생적으로 관리·유지를 해야 해.

① 민주
② 지은, 나연
③ 나연, 민주
④ 지은, 민주
⑤ 지은, 나연, 민주

맞춤형화장품 판매 시 해당 맞춤형화장품의 혼합 또는 소분에 사용되는 내용물 및 원료, 사용 시의 주의사항에 대하여 소비자에게 설명해야 한다.

28 다음은 맞춤형화장품 판매업 준수사항에 대한 설명이다. 아래 설명의 Ⅰ~ Ⅲ에 들어갈 내용을 옳게 짝지은 것을 〈보기〉에서 모두 고른 것은?

- 맞춤형화장품 판매업소마다 (Ⅰ)를 두어야 한다.
- 판매 중인 맞춤형화장품이 (Ⅱ)의 기준에 해당함을 알게 된 경우 신속히 책임판매업자에게 보고하고, 해당 화장품을 구입한 소비자에게 적극적으로 회수조치를 취해야 한다.
- 맞춤형화장품과 관련하여 안전성 정보(부작용 발생 사례를 포함한다)에 대하여 신속히 책임판매 업자에게 보고한다.
- 맞춤형화장품의 내용물 및 원료의 입고 시 품질관리 여부를 확인하고 책임판매업자가 제공하는 (Ⅲ)를 구비한다(다만, 책임판매업자와 맞춤형화장품판매업자가 동일한 경우에는 제외한다).

━━● 보 기 ●━━
ㄱ. Ⅰ- 맞춤형화장품조제관리사
ㄴ. Ⅱ- 회수 대상 화장품
ㄷ. Ⅲ- 품질성적서

① ㄱ
② ㄱ, ㄴ
③ ㄱ, ㄷ
④ ㄴ, ㄷ
⑤ ㄱ, ㄴ, ㄷ

- 맞춤형화장품 판매업소마다 맞춤형화장품조제관리사를 두어야 한다.
- 판매 중인 맞춤형화장품이 회수 대상 화장품의 기준에 해당함을 알게 된 경우 신속히 책임판매업자에게 보고하고, 해당 화장품을 구입한 소비자에게 적극적으로 회수조치를 취해야 한다.
- 맞춤형화장품의 내용물 및 원료의 입고 시 품질관리 여부를 확인하고 책임판매업자가 제공하는 품질성적서를 구비한다(다만, 책임판매업자와 맞춤형화장품판매업자가 동일한 경우에는 제외한다).

01 방향제를 포함한 화장품류(인체 및 두발 세정용 제품류 제외, 향수 제외)의 포장공간비율은?

① 10% 이하

② 15% 이하

③ 20% 이하

④ 25% 이하

⑤ 30% 이하

> **해설**
>
> 화장품류(인체 및 두발 세정용 화장품 제외)의 포장공간비율은 10% 이하이다(제품의 포장재질·포장방법에 관한 기준 등에 관한 규칙 별표 1).

02 내용량이 소량인 화장품의 포장에 기재·표시할 사항이 아닌 것은?

① 화장품의 명칭

② 가 격

③ 제조번호

④ 영업자의 주소

⑤ 맞춤형화장품판매업자의 상호

> **해설**
>
> 내용량이 소량인 화장품의 포장 등 총리령으로 정하는 포장에는 화장품의 명칭, 화장품책임판매업자 및 맞춤형화장품 판매업자의 상호, 가격, 제조번호와 사용기한 또는 개봉 후 사용기간(개봉 후 사용기간을 기재할 경우에는 제조연월일을 병행 표기하여야 한다)만을 기재·표시할 수 있다(화장품법 제10조 제1항).

03 화장품의 포장에 기재·표시하여야 하는 사항 중 총리령으로 정한 사항이 아닌 것은?

① 식품의약품안전처장이 정하는 바코드

② 기능성화장품의 경우 심사받거나 보고한 효능·효과, 용법·용량

③ 인체 세포·조직 배양액이 들어있는 경우 그 함량

④ 방향용 제품 중 성분명을 제품 명칭의 일부로 사용한 경우 그 성분명과 함량

⑤ 화장품에 천연 또는 유기농으로 표시·광고하려는 경우에는 원료의 함량

> **해설**
>
> 성분명을 제품 명칭의 일부로 사용한 경우 그 성분명과 함량을 화장품의 포장에 기재·표시하여야 하지만 방향용 제품은 제외한다(화장품법 시행규칙 제19조 제4항 제3호).

04 내용량이 10밀리리터 초과 50밀리리터 이하 화장품의 포장인 경우 기재·표시를 생략할 수 있는 성분은?

① 금 박
② 과일산(AHA)
③ 샴푸와 린스에 들어 있는 인산염의 종류
④ 기능성화장품의 경우 그 효능·효과가 나타나게 하는 원료
⑤ 제조과정 중에 제거되어 최종 제품에는 남아 있지 않은 성분

> **해설**
>
> 제조과정 중에 제거되어 최종 제품에는 남아 있지 않은 성분, 원료 자체에 들어 있는 부수 성분으로서 그 효과가 나타나게 하는 양보다 적은 양이 들어 있는 성분 등의 경우 화장품 포장의 기재·표시를 생략할 수 있다(화장품법 시행규칙 제19조 제2항).

05 맞춤형화장품판매업자가 화장품을 판매할 때 어린이가 화장품을 잘못 사용하여 인체에 위해를 끼치는 사고가 발생하지 아니하도록 안전용기·포장을 사용하여야 하는 품목이 아닌 것은?

① 아세톤을 함유하는 네일 에나멜 리무버
② 아세톤을 함유하는 네일 폴리시 리무버
③ 용기 입구 부분이 펌프 또는 방아쇠로 작동되는 분무용기 제품
④ 개별포장당 메틸 살리실레이트를 5퍼센트 이상 함유하는 액체상태의 제품
⑤ 어린이용 오일 등 개별포장당 탄화수소류를 10퍼센트 이상 함유하고 운동점도가 21센티스톡스(섭씨 40도 기준) 이하인 비에멀젼 타입의 액체상태의 제품

> **해설**
>
> **안전용기·포장 대상 품목 및 기준(화장품법 시행규칙 제18조 제1항)**
> 화장품법에 따른 안전용기·포장을 사용하여야 하는 품목은 다음 각 호와 같다. 다만, 일회용 제품, 용기 입구 부분이 펌프 또는 방아쇠로 작동되는 분무용기 제품, 압축 분무용기 제품(에어로졸 제품 등)은 제외한다.
> 1. 아세톤을 함유하는 네일 에나멜 리무버 및 네일 폴리시 리무버
> 2. 어린이용 오일 등 개별포장당 탄화수소류를 10퍼센트 이상 함유하고 운동점도가 21센티스톡스(섭씨 40도 기준) 이하인 비에멀젼 타입의 액체상태의 제품
> 3. 개별포장당 메틸 살리실레이트를 5퍼센트 이상 함유하는 액체상태의 제품

06 다음 〈보기〉의 ⊙과 ⓒ에 들어갈 숫자를 차례대로 적은 것은?

●보기●

다음의 제품을 제조하는 자는 그 포장용기를 재사용할 수 있는 제품의 생산량이 해당 제품 총생산량에서 차지하는 비율이 다음의 구분에 따른 비율 이상이 되도록 노력해야 한다.
1. 화장품 중 색조화장품(화장·분장)류 : (⊙)%
2. 두발용 화장품 중 샴푸·린스류 : (ⓒ)%

	⊙	ⓒ
①	10	25
②	25	50
③	55	60
④	60	70
⑤	70	85

해설

화장품 중 색조화장품류의 포장용기 재사용 비율은 100분의 10 이상, 두발용 화장품 중 샴푸·린스류의 포장용기 재사용 비율은 100분의 25 이상이 되도록 노력해야 한다(제품의 포장재질·포장방법에 관한 기준 등에 관한 규칙 제10조 제1항).

07 화장품법 시행규칙에 따라 화장품의 제조에 사용된 성분의 기재·표시를 생략하려는 경우, 생략된 성분을 확인할 수 있도록 취하는 방법으로 옳은 것을 모두 고른 것은?

ㄱ. 모든 성분을 즉시 확인할 수 있도록 포장에 전화번호를 적을 것
ㄴ. 모든 성분이 적힌 책자를 판매업소에 늘 갖추어 둘 것
ㄷ. 모든 성분을 즉시 확인할 수 있도록 포장에 홈페이지 주소를 적을 것
ㄹ. 모든 성분을 즉시 확인할 수 있도록 제품 생산 동영상을 갖추어 둘 것

---

① ㄱ, ㄴ, ㄷ   ② ㄱ, ㄴ, ㄹ
③ ㄱ, ㄷ, ㄹ   ④ ㄴ, ㄷ, ㄹ
⑤ ㄱ, ㄴ, ㄷ, ㄹ

해설

화장품의 제조에 사용된 성분의 기재·표시를 생략하려는 경우에는 소비자가 모든 성분을 즉시 확인할 수 있도록 포장에 전화번호나 홈페이지 주소를 적어두거나 모든 성분이 적힌 책자 등의 인쇄물을 판매업소에 늘 갖추어 두어 생략된 성분을 확인할 수 있도록 하여야 한다(화장품법 시행규칙 제19조 제5항).

08 화장품 포장의 기재·표시상의 주의사항을 잘못 설명한 것은?

① 한글로 읽기 쉽게 표시한다.

② 한자 또는 외국어를 함께 적을 수도 있다.

③ 화장품의 성분을 표시하는 경우에는 표준화된 일반명을 사용한다.

④ 수출용 제품 등의 경우라도 수출 대상국의 언어로 적지 않는다.

⑤ 화장품의 기재사항과 가격표시는 다른 문자보다 쉽게 볼 수 있는 곳에 표시한다.

해설

화장품 포장에 표시할 때 수출용 제품 등의 경우에는 그 수출 대상국의 언어로 적을 수 있다(화장품법 시행규칙 제21조).

09 화장품 가격의 표시에 대해 잘못 설명한 것은?

① 판매가격의 표시는 일반소비자에게 판매되는 실제 거래가격을 표시하여야 한다.

② 판매가격의 표시는 유통단계에서 쉽게 훼손되지 않도록 스티커 또는 꼬리표를 표시하여야 한다.

③ 판매가격이 변경되었을 경우에는 기존의 가격표시가 보이지 않도록 변경 표시하여야 한다.

④ 판매가격의 표시는 『판매가 ○○원』 등으로 소비자가 알아보기 쉽도록 선명하게 표시하여야 한다.

⑤ 개별 제품으로 구성된 종합제품으로서 분리하여 판매하지 않는 경우에도 판매가격은 개별 제품에 스티커 등을 부착하여야 한다.

해설

판매가격은 개별 제품에 스티커 등을 부착하여야 한다. 다만, 개별 제품으로 구성된 종합제품으로서 분리하여 판매하지 않는 경우에는 그 종합제품에 일괄하여 표시할 수 있다(화장품 가격표시제실시요령 제6조 제3항).

01 화장품 재고관리 방법으로 볼 수 없는 것은?

① 제조 지시서를 통해 물량을 확인한다.
② 원료를 수급할 수 있는 기간을 확인한다.
③ 새로운 개발 기획서를 작성한다.
④ 기존 원료 재고량을 확인한다.
⑤ 신규 원료의 경우 거래처를 파악한다.

해설

개발 기획서는 새로운 제품이나 프로그램 등을 제작·개발하기 위해 기획한 내용을 작성하는 문서로, 원료 및 내용물의 재고를 파악하기 위해 고려할 사항과는 거리가 멀다.

02 화장품의 재고관리가 필요한 이유로 볼 수 없는 것은?

① 화장품의 경우 소비자의 기호가 다양하다.
② 화장품은 유행에 민감하다.
③ 화장품류의 수명이 비교적 길다.
④ 화장품은 보관온도 관리가 이루어져야 한다.
⑤ 보관용기의 파손에 따른 주의가 필요하다.

해설

화장품은 제품 수명이 비교적 짧다는 특징이 있다.

03 우수화장품 제조 및 품질관리기준에서 원자재 용기 및 시험기록서에 필수적으로 기재할 사항이 아닌 것은?

① 수령일자
② 원자재 공급자명
③ 원자재 공급자가 정한 제품명
④ 원자재의 "적합", "부적합", "검사 중" 등 상태 표시
⑤ 공급자가 부여한 제조번호 또는 관리번호

해설

원자재 용기 및 시험기록서의 필수적인 기재 사항은 원자재 공급자가 정한 제품명, 원자재 공급자명, 수령일자, 공급자가 부여한 제조번호 또는 관리번호이다(우수화장품 제조 및 품질관리기준 제11조 제6항).

04 원자재를 보관하는 방법을 잘못 설명한 것은?

① 품질에 나쁜 영향을 미치지 아니하는 조건에서 보관하여야 한다.
② 원자재, 반제품 및 벌크 제품은 바닥과 벽에 닿도록 보관해야 한다.
③ 원자재, 시험 중인 제품 및 부적합품은 각각 구획된 장소에서 보관하여야 한다.
④ 설정된 보관기한이 지나면 사용의 적절성을 결정하기 위해 재평가시스템을 확립하여야 한다.
⑤ 재평가시스템을 통해 보관기한이 경과한 경우 사용하지 않도록 규정하여야 한다.

해설

원자재, 반제품 및 벌크 제품은 바닥과 벽에 닿지 아니하도록 보관하고, 선입선출에 의하여 출고할 수 있도록 보관하여야 한다(우수화장품 제조 및 품질관리기준 제13조).

05 화장품 보관 및 출고에 대해 잘못 설명한 것은?

① 완제품은 적절한 조건하의 정해진 장소에서 보관하여야 한다.
② 완제품은 주기적으로 재고 점검을 수행해야 한다.
③ 완제품은 시험결과 적합으로 판정되고 품질보증부서 책임자가 출고 승인한 것만을 출고하여야 한다.
④ 화장품 출고는 반드시 선입선출방식만을 취해야 한다.
⑤ 출고할 제품은 부적합품 및 반품된 제품 등과 구획된 장소에서 보관하여야 한다.

해설

출고는 선입선출방식으로 하되, 타당한 사유가 있는 경우에는 그러지 아니할 수 있다(우수화장품 제조 및 품질관리기준 제19조 제3항).

06 화장품법 시행규칙을 볼 때 〈보기〉의 ㉠에 들어갈 알맞은 말은?

┌─ **● 보 기 ●** ─────────────────────────────┐
(㉠)은(는) 원료 및 자재의 입고(入庫)부터 완제품의 출고에 이르기까지 필요한 시험·검사
또는 검정에 대한 업무를 수행한다.
└──┘

① 화장품책임판매업자　　　　② 책임판매관리자
③ 화장품제조업자　　　　　　④ 맞춤형화장품판매업자
⑤ 대한화장품협회

해설

화장품제조업자는 원료 및 자재의 입고부터 완제품의 출고에 이르기까지 필요한 시험·검사 또는 검정을 해야 한다(화장품법 시행규칙 제12조 제1항).

1장 맞춤형화장품 개요

01 다음 〈보기〉는 맞춤형화장품에 관련된 설명이다. 괄호 안에 들어갈 알맞은 말을 쓰시오.

> ●보기●
>
> 2020년 3월 14일부터 맞춤형화장품 판매업이 시행되면서 맞춤형화장품 판매업자는 판매장마다 혼합·소분 등을 담당하는 국가자격시험을 통과한 (   )을/를 두어야 한다.

해설
맞춤형화장품의 조제관리사란 맞춤형화장품 판매장에서 맞춤형화장품의 내용물이나 원료의 혼합·소분 업무를 담당하는 자를 말한다.

정답 ▶ **조제관리사**

02 다음 〈보기〉는 맞춤형화장품의 정의이다. ㉠, ㉡에 들어갈 알맞은 말을 차례대로 쓰시오.

> ●보기●
>
> 가. 제조 또는 수입된 화장품의 내용물에 다른 화장품의 내용물이나 (㉠)이 정하는 원료를 추가하여 혼합한 화장품
> 나. 제조 또는 수입된 화장품의 내용물을 (㉡)한 화장품

해설
맞춤형화장품의 정의(화장품법 제2조 제3의2)
맞춤형화장품이란 다음 각 목의 화장품을 말한다.
가. 제조 또는 수입된 화장품의 내용물에 다른 화장품의 내용물이나 식품의약품안전처장이 정하는 원료를 추가하여 혼합한 화장품
나. 제조 또는 수입된 화장품의 내용물을 소분(小分)한 화장품

정답 ▶ ㉠ **식품의약품안전처장**, ㉡ **소분(小分)**

03 다음 〈보기〉 설명 중 틀린 부분을 찾아 바르게 고치시오.

─●보기●─

맞춤형화장품판매업자는 맞춤형화장품 판매장 ㉠ 시설·기구의 관리 방법, 혼합·소분 ㉡ 안전관리기준의 준수 의무, 혼합·소분되는 내용물 및 원료에 대한 ㉢ 설명 의무 등에 관하여 ㉣ 대통령령으로 정하는 사항을 준수하여야 한다.

 맞춤형화장품판매업자는 맞춤형화장품 판매장 시설·기구의 관리 방법, 혼합·소분 안전관리기준의 준수 의무, 혼합·소분되는 내용물 및 원료에 대한 설명 의무 등에 관하여 총리령으로 정하는 사항을 준수하여야 한다(화장품법 제5조 제3항).

정답》 ㉣ 대통령령 → 총리령

04 식품의약품안전처장은 다음 〈보기〉의 기관 또는 단체를 시험운영기관으로 지정하여 맞춤형화장품조제관리사 자격시험 업무를 위탁할 수 있다. 괄호 안에 공통으로 들어갈 알맞은 말을 쓰시오.

─●보기●─

1. 정부가 설립하거나 운영비용의 일부를 출연한 (　　)
2. 자격시험에 관한 조사·연구를 통하여 자격시험에 관한 전문적인 능력을 갖춘 (　　)

 1. 정부가 설립하거나 운영비용의 일부를 출연한 비영리법인
2. 자격시험에 관한 조사·연구를 통하여 자격시험에 관한 전문적인 능력을 갖춘 비영리법인

정답》 비영리법인

05 다음 〈보기〉 중 식품의약품안전처장이 지방식품의약품안전청장에게 위임하는 권한 중 맞춤형화장품과 거리가 먼 것의 기호를 쓰시오.

─●보기●─

ㄱ. 맞춤형화장품판매업의 신고
ㄴ. 맞춤형화장품판매업의 변경신고의 수리
ㄷ. 맞춤형화장품판매업자에 대한 교육명령
ㄹ. 개수명령 및 시설의 전부 또는 일부의 사용금지명령

 화장품법 제22조에 따른 개수명령 및 시설의 전부 또는 일부의 사용금지명령은 화장품제조업에만 해당하는 내용으로 맞춤형화장품, 맞춤형화장품판매업자 및 맞춤형화장품조제관리사와 관련된 것으로 보기 어렵다.

정답》 ㄹ

06 다음은 맞춤형화장품판매업의 변경신고에 대한 설명이다. ⊙, ⓒ에 들어갈 숫자를 차례대로 쓰시오.

> 맞춤형화장품판매업자는 변경신고를 하는 경우에는 변경 사유가 발생한 날부터 (⊙)일 이내(다만, 행정구역 개편에 따른 소재지 변경의 경우에는 (ⓒ)일 이내)에 맞춤형화장품판매업 변경신고서(전자문서로 된 신고서를 포함한다)에 맞춤형화장품판매업 신고필증과 해당 서류(전자문서를 포함한다)를 첨부하여 지방식품의약품안전청장에게 제출하여야 한다.

맞춤형화장품판매업자는 변경신고를 하는 경우에는 변경 사유가 발생한 날부터 30일 이내(다만, 행정구역 개편에 따른 소재지 변경의 경우에는 90일 이내)에 맞춤형화장품판매업 변경신고서(전자문서로 된 신고서를 포함한다)에 맞춤형화장품판매업 신고필증과 해당 서류(전자문서를 포함한다)를 첨부하여 지방식품의약품안전청장에게 제출하여야 한다.

정답》 ⊙ 30, ⓒ 90

07 맞춤형화장품판매업자의 변경 시 제출해야 하는 서류 중 상속의 경우에 반드시 제출해야 하는 서류는 무엇인지 쓰시오.

상속의 경우 가족관계의 등록 등에 관한 법률 제15조 제1항 제1호의 가족관계증명서를 제출해야 한다.

정답》 가족관계증명서

08 다음 〈보기〉에서 괄호 안에 들어갈 알맞은 말을 쓰시오.

> ●보 기●
>
> 맞춤형화장품 ( )은/는 맞춤형화장품의 혼합 또는 소분에 사용되는 내용물 및 원료의 제조번호와 혼합·소분 기록을 포함하여 맞춤형화장품판매업자가 부여한 번호를 말한다.

맞춤형화장품 식별번호는 맞춤형화장품의 혼합 또는 소분에 사용되는 내용물 및 원료의 제조번호와 혼합·소분 기록을 포함하여 맞춤형화장품판매업자가 부여한 번호를 말한다.

정답》 식별번호

09 맞춤형화장품판매업자는 맞춤형화장품의 내용물 및 원료의 입고 시 품질관리 여부를 확인하고 책임판매업자가 제공하는 품질성적서를 구비해야 하지만 제외되는 경우가 있다. 구체적으로 어떤 경우인지 쓰시오.

> 해설 맞춤형화장품의 내용물 및 원료의 입고 시 품질관리 여부를 확인하고 책임판매업자가 제공하는 품질성적서를 구비해야 하지만, 책임판매업자와 맞춤형화장품판매업자가 동일한 경우에는 제외한다.
>
> 정답》 책임판매업자와 맞춤형화장품판매업자가 동일한 경우

10 맞춤형화장품조제관리사 자격시험에서 시험운영기관의 장은 자격시험을 실시하려는 경우 미리 식품의약품안전처장의 승인을 받아 시험일시, 시험장소, 응시원서 제출기간, 응시수수료의 금액 및 납부방법, 그 밖에 자격시험의 실시에 필요한 사항을 시험 실시 몇 일 전까지 공고하여야 하는지를 쓰시오.

> 해설 맞춤형화장품조제관리사 자격시험에서 시험운영기관의 장은 자격시험을 실시하려는 경우 미리 식품의약품안전처장의 승인을 받아 시험일시, 시험장소, 응시원서 제출기간, 응시수수료의 금액 및 납부방법, 그 밖에 자격시험의 실시에 필요한 사항을 시험 실시 90일 전까지 공고하여야 한다.
>
> 정답》 90일

01 다음 〈보기〉에서 ⊙에 적합한 용어를 쓰시오.

─●보기●─

피부색상을 결정짓는 데 주요한 요인이 되는 멜라닌 색소를 만들어 내는 피부층은 (⊙)이다.

해설 기저층에서 멜라닌 형성세포와 각질 형성세포를 만든다.

정답〉 **기저층**

02 ( ) 안에 들어갈 적합한 용어를 쓰시오.

( )은/는 기저층에서 형성된 세포가 각질층까지 올라와 피부의 각질이 떨어져 나가는 현상으로 정상적인 성인은 28일(4주), 어린이는 7일(1주), 노인은 42일 이상 걸린다.

정답〉 **박리현상**

03 피부는 크게 3층 구조인 (⊙), (ⓛ), (ⓒ)으로 구성되어 있다.

해설 피부는 피부의 가장 바깥쪽에 위치한 표피, 피부의 90%를 차지하는 실질적인 피부로 표피와 피하지방 사이에 위치한 진피, 진피 아래의 지방조직인 피하지방으로 구성되어 있다.

정답〉 ⊙ **표피**, ⓛ **진피**, ⓒ **피하지방**

04 〈보기〉의 ( ) 안에 공통적으로 들어갈 적합한 용어를 쓰시오.

─●보기●─

표피의 구조에서 ( )층은 손바닥과 발바닥에만 존재하며, 수분침투를 방지하고 피부를 윤기 있게 해주는 엘라이딘이라는 단백질을 함유하고 있다. 학자에 따라서 ( )층을 표피층 구조에 포함시키거나 포함시키지 않을 때도 있다.

해설
• 표피를 4층 구조로 나눌 때 : 기저층, 유극층, 과립층, 각질층
• 표피를 5층 구조로 나눌 때 : 기저층, 유극층, 과립층, 투명층, 각질층

정답〉 **투 명**

05 〈보기〉의 ㉠과 ㉡에 적합한 용어를 쓰시오.

> ● 보 기 ●
>
> 피부는 호흡기능을 가지고 있어서 (㉠)를 흡수하고 (㉡)를 배출한다.

 피부는 호흡기능, 보호기능, 체온 조절기능, 비타민 D 합성기능, 흡수기능, 분비작용, 감각기능, 저장기능 등을 가지고 있다.

정답 ㉠ 산소, ㉡ 이산화탄소

06 〈보기〉의 괄호 안에 공통적으로 들어갈 단어를 쓰시오.

> ● 보 기 ●
>
> 땀샘의 종류에는 아포크린샘과 ( )이 있다. ( )은 실뭉치 모양으로 배출 통로가 피부로 직접 연결되며 입술, 음부, 손톱을 제외한 전신에 분포한다.

구 분	아포크린샘(Apocrine Gland : 대한선)	에크린샘(Eccrine Gland : 소한선, 땀샘)
위 치	겨드랑이, 유두 주위, 배꼽 주위, 성기 주위, 귀 주위 등 특정부위에 존재	• 입술, 음부, 손톱 제외한 전신에 분포 • 손바닥, 발바닥, 이마, 뺨, 몸통, 팔, 다리의 순서로 분포
특 징	• 모공과 연결 • pH 5.5~6.5로 단백질 함유가 많고 특유의 독특한 체취를 발생(암내, 액취증) • 사춘기 이후에 주로 발달(젊은 여성에게 많이 발생) • 성 · 인종을 결정짓는 물질 함유(흑인이 가장 많이 함유) • 정신적 스트레스에 반응	• 실뭉치 모양으로 진피 깊숙이 위치 • 피부에 직접 연결 • pH 3.8~5.6의 약산성인 무색, 무취 • 체온조절 • 온열성 발한, 정신성 발한, 미각성 발한

정답 에크린샘(소한선)

07 〈보기〉의 괄호 안에 들어갈 적합한 용어를 쓰시오.

> ● 보 기 ●
>
> ( )는 피하지방층이 혈관이나 림프관을 눌러 혈액순환과 림프액의 순환이 원활하지 못해 피부 표면이 귤껍질처럼 울퉁불퉁해지는 현상으로 주로 엉덩이, 허벅지, 팔 등에 잘 발생한다.

셀룰라이트(Cellulite)
- 오돌토돌한 피부로 주로 허벅지, 팔, 엉덩이 등에 나타나고, 운동으로도 연소되지 않으며 수분과 노폐물만 빠진다.
- 노폐물 등이 정체되어 생긴다.
- 피하지방이 축적되어 뭉쳐지거나 비대해져 정체된 것이다.
- 소성결합조직이 경화되어 뭉쳐진 것이다.

정답 〉 셀룰라이트(Cellulite)

08 다음 〈보기〉에서 괄호 안에 들어갈 용어를 쓰시오.

─● 보 기 ●─

각질형성세포는 각화세포라고도 하며, 피부의 각질인 (   )을/를 만들어낸다.

케라틴은 머리털, 손톱, 피부 등 상피구조의 주성분이 되는 단백질로 각질이라고도 한다.

정답 〉 케라틴

09 성인이 하루에 분비하는 피지의 양은 약 몇 g인지 쓰시오.

1일 평균 피지의 양은 1~2g이다.

정답 〉 1~2g

10 다음 〈보기〉에서 괄호 안에 들어갈 용어를 쓰시오.

─● 보 기 ●─

표피 중 (   )은 각화과정이 시작되는 단계의 층으로, 수분저지막이 존재하여 피부로부터 수분이 증발하는 것과 이물질이 침투하는 것을 막는다.

과립층(Granular Layer)
- 죽어있는 세포와 살아있는 세포가 공존하고, 2~5개의 편평세포로 구성되었으며 각화과정이 시작되는 단계의 층이다.
- 유극층에서 과립층으로 올라올수록 세포들은 수분과 탄력을 잃어가며 점차 납작하게 변하고 세포의 핵을 잃어간다. 이때 세포가 파괴되면서 케라토하이알린(Keratohyalin)이라는 과립으로 채워진다. 케라토하이알린은 빛을 산란시키며 자외선을 흡수한다.
- 수분저지막(레인방어막)으로 이루어져 있어 외부로부터의 이물질과 수분침투를 막는다.

정답 〉 과립층

11 다음 〈보기〉는 모발의 성장에 관여하는 호르몬에 대한 설명이다. 〈보기〉에서 ㉠, ㉡, ㉢에 해당하는 적합한 단어를 차례대로 작성하시오.

> **●보기●**
>
> 모발의 성장에 관여하는 호르몬으로 털의 성장을 촉진하는 성호르몬인 (㉠)과/와 털의 성장을 촉진하는 부신호르몬인 (㉡), 모발에 윤기를 부여하는 갑상선호르몬인 (㉢)가/이 있다.

 모발의 성장에 관여하는 호르몬 : 안드로젠, 아드레날린, 티록신
- 성호르몬 : 안드로젠(Androgen)은 털의 성장을 촉진한다.
- 부신호르몬 : 아드레날린(Adrenalin)은 털의 성장을 촉진한다.
- 갑상선호르몬 : 티록신(Thyroxine)은 모발에 윤기를 부여한다.

정답》 ㉠ 안드로젠, ㉡ 아드레날린, ㉢ 티록신

12 다음 〈보기〉에서 괄호 안에 들어갈 용어를 쓰시오.

> **●보기●**
>
> 섬유아세포에서 만들어진 섬유로 피부의 탄력과 관계가 있고 신축성이 있어 원래의 길이보다 1.5배 정도 늘어나는 것은 ( )섬유이다.

 엘라스틴섬유(Elastic Fiber : 탄력섬류)
- 섬유아세포에서 만들어지며 약 90%의 탄력소(Elastin)로 구성
- 신축성, 탄력성(Elasticity)이 우수함

정답》 엘라스틴

13 다음 〈보기〉에서 괄호 안에 들어갈 용어를 쓰시오.

> **●보기●**
>
> 모발의 성장 단계 중 세포들의 증식 및 케라틴 세포와 멜라닌 세포의 생성이 멈추며, 약 3주간 지속되는 시기는 ( )이다.

- 성장기(Anagen, 생장기) : 모발의 지속적인 성장시기로 기간은 3~6년이고, 모발 전체의 85~95%를 차지한다. 또한 모구 부분의 모모세포 분열은 모발 성장의 역할을 하며, 멜라닌 세포는 케라틴을 염색하기 위해 멜라닌을 만든다.
- 퇴행기(Catagen, 쇠퇴기) : 세포들의 증식은 멈추고, 케라틴세포와 멜라닌 세포의 생성도 멈추며 체모의 성장도 멈추는 시기로 약 3주간 지속된다. 모유두와 모구가 분리되는 시기이다.
- 휴지기(Telogen) : 모낭이 수축되고 모근이 위로 올라가며 탈락하는 시기로 약 3개월 정도 지속되며, 전체 모발의 10% 정도이고 하루 평균 50~100개 정도의 모발이 탈락한다. 새로운 모낭주기가 시작된다고 할 수 있다.

정답 **퇴행기(쇠퇴기)**

14 다음 〈보기〉에서 괄호 안에 들어갈 용어를 쓰시오.

● 보 기 ●

(   )은 모낭에 부착된 평활근으로, 자율신경계에 영향을 받으며 외부의 자극에 의해 수축한다. 속눈썹, 눈썹, 겨드랑이를 제외한 대부분의 모발에 존재한다.

기모근(입모근)
모낭에 부착된 평활근으로 자율신경의 영향을 받고, 외부자극이나 추울 때 또는 공포를 느낄 때 근육이 수축되어 체모를 곤두서게 한다.

정답 **기모근**

15 다음 〈보기〉에서 괄호 안에 들어갈 용어를 쓰시오.

● 보 기 ●

(   )란 두발의 간충물질(間充物質)이 소실되어 보습작용이 적어져서 두발이 건조해지기 쉬운 손상모를 말한다.

다공성모(多孔性毛)
극손상모로 큐티클층이 전혀 없고, 모발 속의 간충물질 등이 유출되어 비어 있는 상태이다.

정답 **다공성모**

01 다음 〈보기〉에서 ㉠에 적합한 용어를 작성하시오.

> **•보기•**
>
> 여러 가지 품질을 인간의 오감에 의하여 평가하는 제품검사로, 화장품 (㉠)란 화장품의 적합한 관능품질을 확보하기 위한 외관·색상 검사, 향취 검사, 사용감 검사 평가 방법이다.

정답》 관능검사

02 다음 〈보기〉 중 관능검사 시 관능요원에서 제외되어야 할 사람을 모두 고르시오.

> **•보기•**
>
> ㄱ. 감기환자, 신경계에 이상이 있는 자
> ㄴ. 치아나 잇몸 위생에 이상이 있는 자
> ㄷ. 관능검사 2시간 전에 흡연한 자
> ㄹ. 관능검사 2시간 전에 진한 커피를 마신 자
> ㅁ. 심리적으로 시간적 여유가 없는 자

> **해설** ㄷ. 흡연자의 경우 관능검사 전 30~60분 정도 흡연을 금한다.
> ㄹ. 진한 커피는 관능검사 전 한 시간 동안 금한다.

정답》 ㄱ, ㄴ, ㅁ

03 다음 〈보기〉의 외관·색상 검사에 대한 관능평가절차를 순서대로 나열하시오.

> **•보기•**
>
> ㄱ. 외관·색상을 검사하기 위한 표준품을 선정한다.
> ㄴ. 시험 결과에 따라 적합유무를 판정하고 기록·관리한다.
> ㄷ. 외관·색상 시험 방법에 따라 시험한다.
> ㄹ. 원자재 시험검체와 제품의 공정 단계별 시험검체를 채취하고 각각의 기준과 평가척도를 마련한다.

04 다음 〈보기〉에서 ㉠에 적합한 심리적 오차를 작성하시오.

●보 기●

(㉠)는 패널원이 검사 시 척도의 중간 범위 점수를 주려는 경향으로 훈련되지 않은 패널에서 잘 나타나서 실제로는 제품 간에 큰 차이가 있음에도 불구하고 차이가 적은 것으로 나타난다.

 해설 심리적 오차
- 순위오차(order error or time error) : 관능검사 시 시료의 제시순서나 제시 위치에 따라 일어나는 오차
- 기대오차(error or expectation) : 실제로 제품 간에 품질차이가 없는데도 있을 것이라고 기대하고 관능검사에 임할 때 생기는 오차
- 습관오차(error of habitation) : 시료 간의 차이가 완만하게 증가하거나 감소할 경우 동일한 시료인 것처럼 느껴지는 경향에서 생기는 오차
- 자극오차(stimulus error) : 시료 자체의 차이는 없으나 시료를 담은 용기의 재질과 색, 무늬, 그리고 조명 등이 평가에 잘못을 일으키는 오차
- 논리적 오차(logical error) : 식품의 두 가지 품질 특성이 논리적으로 관련이 있다고 생각하여 한 가지 특성이 같으면 다른 특성이 다르더라도 동일하다고 평가하는 오차
- 근사오차(proximity error) : 비슷한 품질 특성을 전혀 다른 품질 특성에 비하여 유사하게 평가되는 오차
- 대조오차(contrast error) : 품질이 우수한 식품 뒤에 좋지 않은 식품을 평가할 때 각각 따로 검사할 때 보다 대조가 심하게 나타나는 현상
- 연상오차(association error) : 과거의 인상을 반복하는 경향으로 자극에 대한 반응이 과거 연상 때문에 감소하거나 증가하는 현상
- 제1종 오차와 제2종 오차(error of the first kind, error of the second kind) : 실제로 존재하는 자극을 감지하지 못하는 경우(제1종)와 존재하지 않는 자극을 존재하는 것처럼 판단하는 경우(제2종)

정답 중앙경향오차

01 다음 〈보기〉는 기능성화장품의 범위이다. 〈보기〉에서 ㉠, ㉡에 해당하는 적합한 단어를 각각 작성하시오.

● 보기 ●

ㄱ. 피부에 (㉠   )이/가 침착하는 것을 방지하며, 기미·주근깨 등의 생성을 억제함으로써 피부의 미백에 도움을 주는 기능을 가진 화장품

ㄴ. (㉡   )을/를 차단 또는 산란시켜 자외선으로부터 피부를 보호하는 기능을 가진 화장품

해설

기능성화장품의 범위(화장품법 시행규칙 제2조)
- 피부에 멜라닌색소가 침착하는 것을 방지하여 기미·주근깨 등의 생성을 억제함으로써 피부의 미백에 도움을 주는 기능을 가진 화장품
- 피부에 침착된 멜라닌색소의 색을 엷게 하여 피부의 미백에 도움을 주는 기능을 가진 화장품
- 피부에 탄력을 주어 피부의 주름을 완화 또는 개선하는 기능을 가진 화장품
- 강한 햇볕을 방지하여 피부를 곱게 태워주는 기능을 가진 화장품
- 자외선을 차단 또는 산란시켜 자외선으로부터 피부를 보호하는 기능을 가진 화장품
- 모발의 색상을 변화[탈염(脫染)·탈색(脫色)을 포함한다]시키는 기능을 가진 화장품. 다만, 일시적으로 모발의 색상을 변화시키는 제품은 제외한다.
- 체모를 제거하는 기능을 가진 화장품. 다만, 물리적으로 체모를 제거하는 제품은 제외한다.
- 탈모 증상의 완화에 도움을 주는 화장품. 다만, 코팅 등 물리적으로 모발을 굵게 보이게 하는 제품은 제외한다.
- 여드름성 피부를 완화하는 데 도움을 주는 화장품. 다만, 인체세정용 제품류로 한정한다.
- 아토피성 피부로 인한 건조함 등을 완화하는 데 도움을 주는 화장품
- 튼살로 인한 붉은 선을 엷게 하는 데 도움을 주는 화장품

정답 ▶ ㉠ 멜라닌색소, ㉡ 자외선

02 다음 〈보기〉에서 (   )에 적합한 용어를 작성하시오.

● 보기 ●

염모제 사용 전의 주의 사항 중 염색 전 2일 전(48시간 전)에는 순서에 따라 매회 반드시 (   )을/를 실시하여야 한다.

해설

패취테스트는 염모제에 부작용이 있는 체질인지 아닌지를 조사하는 테스트이다.

정답 ▶ 패취테스트(patch test)

03 다음 〈보기〉에서 화장품 보관 및 취급상의 주의사항의 내용이다. (　　　)에 적합한 단어를 작성하시오.

> **• 보기 •**
>
> 제모제(치오글라이콜릭애씨드 함유 제품에만 표시함) 제품을 사용하는 동안 (　　　), 향수, (　　　)은/는 제모제 사용 후 24시간 후에 사용하여야 한다.

 제모제(치오글라이콜릭애씨드 함유 제품에만 표시함) 제품을 사용하는 동안 땀발생억제제(Antiperspirant), 향수, 수렴로션(Astringent Lotion)은 이 제품 사용 후 24시간 후에 사용하여야 한다.

정답▶ **땀발생억제제(Antiperspirant), 수렴로션(Astringent Lotion)**

04 화장품 부작용 중 화장품을 바른 후 손상이나 염증이 나타나는 경우인 자극반응을 일으킬 수 있는 화장품 성분 2가지 작성하시오.

 화장품 부작용 중 자극반응은 화장품을 바른 후 손상이나 염증이 나타나는 경우를 말하는데 자극반응을 일으킬 수 있는 화장품 성분은 계면활성제, 방부제, 색소, 인공향료 등이다.

정답▶ **계면활성제, 방부제 등**

05 제모제에서 pH조정 목적으로 사용되는 경우 최종 제품의 pH는 12.7 이하의 사용한도를 지닌 화장품 원료는 무엇인지 작성하시오.

 칼슘하이드록사이드는 제모제에서 pH조정 목적으로 사용되는 경우 최종 제품의 pH는 12.7 이하의 사용한도이며 헤어스트레이트너 제품에는 7%가 사용한도이다.

정답▶ **칼슘하이드록사이드**

06 다음 〈보기〉 괄호 안에 적절한 내용을 작성하시오.

●보기●

(　　　)는 영유아용 제품류 또는 만 13세 이하 어린이가 사용할 수 있음을 특정하여 표시하는 제품에는 사용금지 원료로 인체세정용 제품류에는 사용한도가 2%, 사용 후 씻어내는 두발용 제품류에는 사용한도가 3%이다.

해설 살리실릭애씨드 및 그 염류는 기능성화장품의 유효성분으로 사용하는 경우에 한하며 기타 제품에는 사용금지한다.

정답》 **살리실릭애씨드 및 그 염류**

07 화장품 안전기준 등에 관한 규정에서 '화장품에 사용상의 제한이 필요한 원료에 대한 사용기준'의 별표 2의 원료 외의 (㉠), (㉡) 등은 사용할 수 없다. ㉠, ㉡에 들어갈 내용을 작성하시오.

해설 화장품안전기준 등에 관한 규정 제4조 별표 2 참조

정답》 ㉠ **보존제**, ㉡ **자외선 차단제**

08 다음 〈보기〉의 괄호 안에 적절한 내용을 작성하시오.

●보기●

다음의 원료를 제외한 원료는 맞춤형화장품 원료로 사용할 수 있다.
1. 별표 1의 화장품에 (㉠)
2. 별표 2의 화장품에 (㉡)
3. 식품의약품안전처장이 고시한 (㉢)의 효능·효과를 나타내는 원료

해설 다음 각 호의 원료를 제외한 원료는 맞춤형화장품에 사용할 수 있다(화장품 안전기준 등에 관한 규정 제5조).
1. 별표 1의 화장품에 사용할 수 없는 원료
2. 별표 2의 화장품에 사용상의 제한이 필요한 원료
3. 식품의약품안전처장이 고시한 기능성화장품의 효능·효과를 나타내는 원료(다만, 맞춤형화장품판매업자에게 원료를 공급하는 화장품책임판매업자가 화장품법 제4조에 따라 해당 원료를 포함하여 기능성화장품에 대한 심사를 받거나 보고서를 제출한 경우는 제외한다)

정답》 ㉠ **사용할 수 없는 원료**, ㉡ **사용상의 제한이 필요한 원료**, ㉢ **기능성화장품**

01 다음 〈보기〉는 '내용량이 소량인 화장품의 포장에 기재·표시할 수 있는 사항'을 나열한 것이다. 〈보기〉의 ㉠, ㉢에 들어갈 내용으로 알맞은 것을 쓰시오.

> **●보 기●**
> ㉠ (   )
> ㉡ 화장품책임판매업자 및 맞춤형화장품판매업자의 상호
> ㉢ (   )
> ㉣ 제조번호와 사용기한 또는 개봉 후 사용기간

> 해설 내용량이 소량인 화장품의 포장에는 '화장품의 명칭, 화장품책임판매업자 및 맞춤형화장품판매업자의 상호, 가격, 제조번호와 사용기한 또는 개봉 후 사용기간(개봉 후 사용기간을 기재할 경우에는 제조연월일을 병행 표기하여야 한다)만을 기재·표시할 수 있다.
>
> 정답〉〉 ㉠ 화장품의 명칭, ㉢ 가격

02 화장품의 포장에 기재·표시하여야 하는 '사용할 때의 주의사항' 중 다음 〈보기〉에서 제시한 주의사항에 해당하는 제품을 쓰시오.

> **●보 기●**
> ㉠ 햇빛에 대한 피부의 감수성을 증가시킬 수 있으므로 자외선 차단제를 함께 사용할 것(씻어내는 제품 및 두발용 제품은 제외한다)
> ㉡ 일부에 시험 사용하여 피부 이상을 확인할 것
> ㉢ 고농도의 성분이 들어 있어 부작용이 발생할 우려가 있으므로 전문의 등에게 상담할 것(성분이 10퍼센트를 초과하여 함유되어 있거나 산도가 3.5 미만인 제품만 표시한다)

> 해설 알파-하이드록시애시드(α-hydroxyacid, AHA) 함유제품에 대한 주의사항이며 이때 0.5퍼센트 이하의 AHA가 함유된 제품은 제외한다.
>
> 정답〉〉 알파-하이드록시애시드 함유제품

03 다음 〈보기〉는 사용상의 제한이 필요한 원료에 대한 내용이다. 〈보기〉의 ⓛ, ⓒ에 들어갈 내용으로 알맞은 것은?

> **• 보기 •**
>
> ㉠ 알킬이소퀴놀리늄브로마이드 : 사용 후 씻어내지 않는 제품에 0.05%
>
> ⓛ 징크피리치온 : 사용 후 씻어내는 제품에 (　　)
>
> ⓒ 페녹시이소프로판올(1-페녹시프로판-2-올) : 사용 후 씻어내는 제품에 (　　)
>
> ㉣ 헥세티딘 : 사용 후 씻어내는 제품에 0.1%

 해설
　화장품 안전기준 등에 관한 규정 별표 2(사용상의 제한이 필요한 원료) 참조

　　　　　　　　　　　　　　　　　　　　　　　　　　정답 ⓛ 0.5%, ⓒ 1.0%

04 부유입자 및 미생물이 유입되거나 잔류하는 것을 통제하여 일정 수준 이하로 유지되도록 관리하는 구역의 관리수준을 정한 등급을 가리키는 용어를 작성하시오.

 해설
　화장품 안전기준 등에 관한 규정 별표 3(인체 세포·조직 배양액 안전기준) 참조

　　　　　　　　　　　　　　　　　　　　　　　　　　　　정답 청정등급

05 색조 화장용 제품류를 3가지 이상 쓰시오.

 해설
　화장품법 시행규칙 별표 3 참조

　정답 볼연지, 페이스 파우더(face powder), 페이스 케이크(face cakes), 리퀴드(liquid)·크림·케이크 파운데이션(foundation), 메이크업 베이스(make-up bases), 메이크업 픽서티브(make-up fixatives), 립스틱, 립라이너(lip liner), 립글로스(lip gloss), 립밤(lip balm), 바디페인팅(body painting), 페이스페인팅(face painting), 분장용 제품 등

06 향수, 분말향, 향낭(香囊), 콜롱(cologne) 등은 어느 제품류에 속하는지 쓰시오.

해설 화장품법 시행규칙 별표 3 참조

정답 ▷ **방향용 제품류**

 07 다음 〈보기〉에서 설명하는 화장품의 종류는 무엇인지 쓰시오.

━━● 보 기 ●━━

• 일광에 노출 전에 바르는 것이 효과적이다.
• 피부 병변이 있는 부위에 사용하여서는 안 된다.
• 사용 후 시간이 경과하면 다시 덧바른다.

해설 자외선차단제는 SPF지수가 높을수록 차단효과가 높고, 2~3시간마다 덧바르는 것이 효과적이다.

정답 ▷ **자외선차단제**

 08 피부 상재균의 증식을 억제하는 항균기능을 가지고 있고, 발생한 체취를 억제하는 기능을 하는 것은 무엇인지 작성하시오.

해설 데오도런트는 에틸알코올을 함유하여 항균기능을 하고 겨드랑이의 체취를 제거한다.

정답 ▷ **데오도런트**

01 다음은 화장품 제형 중 무엇에 대한 설명인지 쓰시오.

> 유화제 등을 넣어 유성성분과 수성성분을 균질화하여 반고형상으로 만든 것을 말한다.

 화장품 제형의 종류에는 로션제, 액제, 크림제, 침적마스크제, 겔제, 에어로졸제, 분말제가 있으며, 이 중 크림제는 유화제 등을 넣어 유성성분과 수성성분을 균질화하여 반고형상으로 만든 것을 말한다.

정답 》 크림제

02 〈보기〉는 화장품 성분 검사에 관한 설명이다. (   )에 들어갈 말을 쓰시오.

> •보기•
>
> 일반시험법에 쓰이는 시약, 시액, 표준액, 용량분석용표준액, 계량기 및 용기는 따로 규정이 없는 한 일반시험법에서 규정하는 것을 쓴다. 또한 시험에 쓰는 물은 따로 규정이 없는 한 (   )로 한다.

 따로 규정이 없는 한 일반시험법에 규정되어 있는 시약을 쓰고 시험에 쓰는 물은 '정제수'이다.

정답 》 정제수

03 다음 〈보기〉는 맞춤형화장품의 전성분 항목이다. 이중 사용상의 제한이 필요한 보존제에 해당하는 성분을 〈보기〉에서 골라 쓰시오.

> •보기•
>
> 정제수, 글리세린, 토코페릴아세테이트, 벤질알코올, 다이프로필렌글라이콜, 다이메티콘/비닐다이메티콘크로스폴리머, C12-14파레스-3, 향료

해설 벤질알코올은 사용한도 1.0%(다만, 두발 염색용 제품류에 용제로 사용할 경우에는 10%)인 보존제이다.

정답 》 벤질알코올

04 다음은 아데노신 로션제에 대한 설명이다. 괄호 안에 들어갈 말을 쓰시오.

아데노신 로션제는 정량할 때 표시량의 (　　) 이상에 해당하는 아데노신을 함유한다.

 아데노신 로션제는 아데노신을 주성분(기능성성분)으로 하는 로션제로, 정량할 때 표시량의 90.0% 이상에 해당하는 아데노신($C_{10}H_{13}N_5O_4$: 267.24)을 함유한다. 또한 이 제품은 안정성 및 유용성을 높이기 위해 안정제, 습윤제, 유화제, 보습제, pH조정제, 착색제, 착향제 등을 첨가할 수 있다.

정답 ▶ **90.0%**

05 다음 〈보기〉의 괄호 안에 들어갈 말을 쓰시오.

ー● 보 기 ●ー

제제를 만들 경우에는 따로 규정이 없는 한 그 보존 중 성상 및 품질의 기준을 확보하고 그 유용성을 높이기 위하여 부형제, 안정제, 보존제, 완충제 등 적당한 첨가제를 넣을 수 있다. 다만, (　　)는 해당 제제의 안전성에 영향을 주지 않아야 하며, 또한 기능을 변하게 하거나 시험에 영향을 주어서는 아니된다.

 첨가제는 해당 제제의 안전성에 영향을 주지 않아야 하며, 또한 기능을 변하게 하거나 시험에 영향을 주어서는 안 된다.

정답 ▶ **첨가제**

06 다음 중 맞춤형화장품의 원료로 사용할 수 없는 것을 모두 골라 쓰시오.

클로로탈로닐, 아데노신, 요오드, 알부틴, 레티놀

 클로로탈로닐과 요오드는 맞춤형화장품 원료로 사용할 수 없는 원료이다.

정답 ▶ **클로로탈로닐, 요오드**

07 다음은 착향제의 구성 성분 중 알레르기 유발 성분에 관한 설명이다. 괄호 안에 알맞은 말을 쓰시오.

> 착향제의 구성 성분 중 알레르기 유발 성분은 사용 후 씻어내는 제품에는 (㉠) 초과, 사용 후 씻어내지 않는 제품에는 (㉡) 초과 함유하는 경우에 한한다.

 착향제의 구성 성분 중 알레르기 유발성분은 25가지가 있으며, 사용 후 씻어내는 제품에는 0.01% 초과, 사용 후 씻어내지 않는 제품에는 0.001% 초과 함유하는 경우에 한한다.

정답 ㉠ 0.01%, ㉡ 0.001%

08 다음은 자외선으로부터 피부를 보호하는 어떤 원료의 특성에 관한 설명이다. 어떤 원료인지 작성하시오.

> • 이 원료는 엷은 황백색의 가루로 냄새는 거의 없다.
> • 사용상 제한이 필요한 원료로 사용한도는 1.0%이다.

 자외선으로부터 피부를 보호하는 원료인 드로메트리졸은 엷은 황백색의 가루로 냄새는 거의 없다. 또한 드로메트리졸은 사용상 제한이 필요한데 사용한도는 1.0%이다.

정답 드로메트리졸

09 다음에서 설명하는 기기는 무엇인지 쓰시오.

> • 간단히 두 물질을 혼합할 때 주로 이용한다.
> • 주로 스킨과 같은 점도가 낮은 가용화 제품을 제조할 때 사용한다.

 간단히 두 물질을 혼합할 때 주로 이용하며, 스킨과 같은 점도가 낮은 가용화 제품을 제조할 때 사용하는 기기는 디스퍼이다.

정답 디스퍼

10 다음에서 설명하는 유화 기기는 무엇인지 쓰시오.

> • 크림이나 로션 타입의 제조에 주로 사용된다.
> • 터빈형의 회전날개를 원통으로 둘러싼 구조이다.
> • 균일하고 미세한 유화입자가 만들어진다.

11 맞춤형화장품의 혼합 · 소분에 필요한 기기 중 다음에서 설명하는 기구를 쓰시오.

> 온도제어장치를 붙여 일정한 온도범위가 유지되도록 한 수조이다.

12 다음 설명에 해당하는 용어를 쓰시오.

> 맞춤형화장품의 혼합 또는 소분에 사용되는 내용물 및 원료의 제조번호와 혼합 · 소분 기록을 포함하여 맞춤형화장품 판매업자가 부여한 번호이다.

01 다음 〈보기〉의 화장품 포장과 관련된 내용 중 맞는 것을 모두 고르시오.

> **•보기•**
>
> ㄱ. '안전용기·포장'이란 만 6세 미만의 어린이가 개봉하기 어렵게 설계·고안된 용기나 포장을 말한다.
> ㄴ. '1차 포장'이란 화장품 제조 시 내용물과 직접 접촉하는 포장용기를 말한다.
> ㄷ. '2차 포장'이란 1차 포장을 수용하는 1개 또는 그 이상의 포장과 보호재 및 표시의 목적으로 한 포장을 말한다.

'안전용기·포장'이란 만 5세 미만의 어린이가 개봉하기 어렵게 설계·고안된 용기나 포장을 말한다(화장품법 제2조 제4호).

정답 ㄴ, ㄷ

02 인체 및 두발 세정용 화장품류의 포장공간비율은 (㉠)% 이하이고, 포장횟수는 (㉡)차 이내이다. ㉠과 ㉡에 들어갈 알맞은 숫자를 쓰시오.

인체 및 두발 세정용 화장품의 포장공간비율은 15% 이하이고, 포장횟수는 2차 이내이다(제품의 포장재질·포장 방법에 관한 기준 등에 관한 규칙 별표 1).

정답 ㉠ 15, ㉡ 2

03 다음 〈보기〉의 화장품 포장의 표시기준 및 표시방법에 대해 바르게 설명한 것을 모두 고르시오.

> **•보기•**
>
> ㄱ. 화장품 성분은 화장품 제조에 사용된 함량이 적은 것부터 표시한다.
> ㄴ. 화장품 제조에 사용된 성분을 표시할 때 글자의 크기는 7포인트 이상으로 한다.
> ㄷ. 내용물의 용량 또는 중량은 화장품의 1차 포장 또는 2차 포장의 무게가 포함되지 않은 용량 또는 중량을 표시해야 한다.
> ㄹ. 사용기한은 "사용기한" 또는 "까지" 등의 문자와 "연월일"을 소비자가 알기 쉽도록 표시해야 한다.
> ㅁ. 화장품의 명칭은 다른 제품과 구별할 수 있도록 표시된 것으로서 같은 화장품책임판매업자의 여러 제품에서 공통으로 사용하는 명칭을 포함한다.

04 화장품은 (㉠)품종 (㉡)량의 보관 특성이 있어 엄격한 재고관리가 필요하다. ㉠과 ㉡에 들어갈 말을 〈보기〉에서 골라 차례대로 쓰시오.

● 보 기 ●

소, 다

05 화장품 원자재 출고관리에 대한 다음 설명 중 괄호 안에 들어갈 알맞은 말로, 먼저 들어온 것부터 순차로 불출하는 것을 의미하는 말을 쓰시오.

원자재는 시험결과 적합판정된 것만을 (   )방식으로 출고해야 하고 이를 확인할 수 있는 체계가 확립되어 있어야 한다.

기출복원문제

맞춤형화장품조제관리사 제1회 시험 복원문제(시행 2020. 2. 22.)

▶ 본 내용은 수험생의 기억을 바탕으로 복원된 문제로, 시험을 치루기 전 어떤 문제들이 출제되는지, 어떤 방식으로 출제되는지 등을 파악하기 위해 수록합니다. 실제 출제된 문제와 다를 수 있으니 이점 양해바랍니다.

선다형

01 다음 중 맞춤형화장품판매업을 신고할 수 있는 자로 적합한 것을 모두 고르시오.

> ㄱ. 정신건강증진 및 정신질환자 복지서비스 지원에 관한 법률 제3조 제1호에 따른 정신질환자
> ㄴ. 피성년후견인 또는 파산선고를 받고 복권되지 아니한 자
> ㄷ. 마약류관리에 관한 법률 제2조 마약류 중독자
> ㄹ. 이 법 또는 보건범죄 단속에 관한 특별조치법을 위반하여 금고 이상의 형을 선고받고 그 집행이 끝나지 아니한 자
> ㅁ. 등록이 취소되거나 영업소가 폐쇄된 날로부터 1년이 지나지 아니한 자

① ㄱ, ㄴ   ② ㄱ, ㄷ
③ ㄴ, ㄷ   ④ ㄷ, ㄹ
⑤ ㄹ, ㅁ

해설

결격사유(화장품법 제3조의3)
다음의 어느 하나에 해당하는 자는 화장품제조업 또는 화장품책임판매업의 등록이나 맞춤형화장품판매업의 신고를 할 수 없다. 다만, 제1호 및 제3호는 화장품제조업만 해당한다.
1. 「정신건강증진 및 정신질환자 복지서비스 지원에 관한 법률」 제3조 제1호에 따른 정신질환자. 다만, 전문의가 화장품제조업자(제3조 제1항에 따라 화장품제조업을 등록한 자를 말한다)로서 적합하다고 인정하는 사람은 제외한다.
2. 피성년후견인 또는 파산선고를 받고 복권되지 아니한 자
3. 「마약류 관리에 관한 법률」 제2조 제1호에 따른 마약류의 중독자
4. 이 법 또는 「보건범죄 단속에 관한 특별조치법」을 위반하여 금고 이상의 형을 선고받고 그 집행이 끝나지 아니하거나 그 집행을 받지 아니하기로 확정되지 아니한 자
5. 등록이 취소되거나 영업소가 폐쇄된 날부터 1년이 지나지 아니한 자

02 다음 중 회수 대상 화장품이 아닌 것은?

① 전부 또는 일부가 변패(變敗)된 화장품
② 안전용기·포장 등에 관한 규칙에 위반되는 화장품
③ 의약품으로 잘못 인식할 우려가 있게 기재·표시된 화장품
④ 맞춤형화장품조제관리사를 두고 판매한 맞춤형화장품
⑤ 사용기한 또는 개봉 후 사용기간을 위조·변조한 화장품

해설

회수 대상 화장품(화장품법 제16조 및 시행규칙 제14조의2)
• 안전용기·포장 등에 위반되는 화장품
• 전부 또는 일부가 변패(變敗)된 화장품 또는 병원미생물에 오염된 화장품
• 이물이 혼입되었거나 부착된 화장품 중 보건위생상 위해를 발생할 우려가 있는 화장품
• 화장품에 사용할 수 없는 원료를 사용하였거나 유통화장품 안전관리기준에 적합하지 아니한 화장품
• 사용기한 또는 개봉 후 사용기간(병행 표기된 제조연월일을 포함)을 위조·변조한 화장품
• 그 밖에 화장품제조업자 또는 화장품책임판매업자 스스로 국민보건에 위해를 끼칠 우려가 있어 회수가 필요하다고
  판단한 화장품
• 등록을 하지 아니한 자가 제조한 화장품 또는 제조·수입하여 유통·판매한 화장품
• 신고를 하지 아니한 자가 판매한 맞춤형화장품
• 맞춤형화장품조제관리사를 두지 아니하고 판매한 맞춤형화장품
• 미리 소비자가 시험·사용하도록 제조 또는 수입된 화장품 중 소비자에게 판매하는 화장품
• 화장품의 포장 및 기재·표시 사항을 훼손(맞춤형화장품 판매를 위하여 필요한 경우 제외) 또는 위조·변조한 것
• 화장품 또는 의약품으로 잘못 인식할 우려가 있게 기재·표시된 화장품

03 화장품 내용물이 갖추어야 할 주요 품질요소들을 모두 고르시오.

ㄱ. 안전성	ㄴ. 안정성
ㄷ. 생산성	ㄹ. 판매성
ㅁ. 사용성	

① ㄱ, ㄴ, ㄷ　　　② ㄱ, ㄴ, ㅁ
③ ㄴ, ㄷ, ㄹ　　　④ ㄷ, ㄹ, ㅁ
⑤ ㄴ, ㄹ, ㅁ

해설

화장품의 품질 요소
• 안전성 : 화장품을 사용하여 피부자극, 알레르기, 독성 등 인체에 대한 부작용이 없어야 한다.
• 안정성 : 사용기간 중이나 보관 중에 변색, 변질, 변취거나 미생물의 오염도 없어야 한다.
• 사용성 : 흡수감이나 촉촉함이 우수하고 퍼짐성이 좋고 피부에 쉽게 흡수되어야 한다.
• 유효성 : 목적에 적합한 기능을 충분히 나타낼 수 있는 원료 및 제형을 사용하여 목적하는 효과를 나타내야 한다(피부
  보습, 노화지연, 자외선차단, 미백, 청결, 색채효과).

04 개인정보의 수집·이용의 범위에 해당하지 않는 것은?

① 정보주체의 동의를 받은 경우
② 공공기관의 업무관리를 위한 경우
③ 법률에 특별한 규정이 있거나 법령상 의무를 준수하기 위하여 불가피한 경우
④ 명백히 정보주체 또는 제3자의 급박한 생명, 신체, 재산의 이익을 위하여 필요하다고 인정되는 경우
⑤ 개인정보처리자의 정당한 이익을 달성하기 위하여 필요한 경우로서 명백하게 정보주체의 권리보다 우선하는 경우

> **해설**
>
> 개인정보의 수집·이용(개인정보보호법 제15조)
> • 정보주체의 동의를 받은 경우
> • 법률에 특별한 규정이 있거나 법령상 의무를 준수하기 위하여 불가피한 경우
> • 공공기관이 법령 등에서 정하는 소관 업무의 수행을 위하여 불가피한 경우
> • 정보주체와의 계약의 체결 및 이행을 위하여 불가피하게 필요한 경우
> • 정보주체 또는 그 법정대리인이 의사표시를 할 수 없는 상태에 있거나 주소불명 등으로 사전 동의를 받을 수 없는 경우로서 명백히 정보주체 또는 제3자의 급박한 생명, 신체, 재산의 이익을 위하여 필요하다고 인정되는 경우
> • 개인정보처리자의 정당한 이익을 달성하기 위하여 필요한 경우로서 명백하게 정보주체의 권리보다 우선하는 경우(개인정보처리자의 정당한 이익과 관련 있고 합리적인 범위를 초과하지 아니하는 경우에 한함)

05 화장품 유형이 올바로 연결된 것은?

① 메이크업 베이스 – 기초화장용
② 마사지 크림 – 목욕용
③ 데오도런트 – 체모 제거용
④ 마스카라 – 색조 화장용
⑤ 손·발의 피부연화 제품 – 기초화장용

> **해설**
>
> ① 메이크업 베이스 – 색조 화장용 제품류
> ② 마사지 크림 – 기초화장용 제품류
> ③ 데오도런트 – 체취 방지용 제품류
> ④ 마스카라 – 눈 화장용 제품류

06 다음 중 개인정보 보호 원칙으로 옳지 않은 것은?

① 개인정보의 익명처리가 가능해도 반드시 실명으로 처리해야 한다.

② 최소한의 개인정보만을 적법하고 정당하게 수집한다.

③ 개인정보의 정확성, 완전성 및 최신성이 보장되게 한다.

④ 정보주체의 사생활 침해를 최소화하는 방법으로 개인정보를 처리한다.

⑤ 정보주체의 권리가 침해받을 가능성과 그 위험 정도를 고려하여 개인정보를 안전하게 관리한다.

해설

개인정보 보호 원칙(개인정보보호법 제3조)

• 개인정보처리자는 개인정보의 처리 목적을 명확하게 하여야 하고 그 목적에 필요한 범위에서 최소한의 개인정보만을 적법하고 정당하게 수집하여야 한다.

• 개인정보처리자는 개인정보의 처리 목적에 필요한 범위에서 적합하게 개인정보를 처리하여야 하며, 그 목적 외의 용도로 활용하여서는 아니 된다.

• 개인정보처리자는 개인정보의 처리 목적에 필요한 범위에서 개인정보의 정확성, 완전성 및 최신성이 보장되도록 하여야 한다.

• 개인정보처리자는 개인정보의 처리 방법 및 종류 등에 따라 정보주체의 권리가 침해받을 가능성과 그 위험 정도를 고려하여 개인정보를 안전하게 관리하여야 한다.

• 개인정보처리자는 개인정보 처리방침 등 개인정보의 처리에 관한 사항을 공개하여야 하며, 열람청구권 등 정보주체의 권리를 보장하여야 한다.

• 개인정보처리자는 정보주체의 사생활 침해를 최소화하는 방법으로 개인정보를 처리하여야 한다.

• 개인정보처리자는 개인정보를 익명 또는 가명으로 처리하여도 개인정보 수집목적을 달성할 수 있는 경우 익명처리가 가능한 경우에는 익명에 의하여, 익명처리로 목적을 달성할 수 없는 경우에는 가명에 의하여 처리될 수 있도록 하여야 한다.

• 개인정보처리자는 이 법 및 관계 법령에서 규정하고 있는 책임과 의무를 준수하고 실천함으로써 정보주체의 신뢰를 얻기 위하여 노력하여야 한다.

07 다음 중 화장품의 정의로 옳지 않은 것은?

① 인체를 청결·미화하여 매력을 더하고 용모를 밝게 변화시키는 물품이다.

② 피부·모발·구강의 건강을 유지 또는 증진하기 위하는 물품이다.

③ 인체에 바르고 문지르거나 뿌리는 등 이와 유사한 방법으로 사용되는 물품이다.

④ 인체에 대한 작용이 경미한 것을 말한다.

⑤ 사람의 처치 목적으로 사용하는 물품 중 기구가 아닌 것은 제외한다.

해설

화장품의 정의(화장품법 제2조 제1호)

인체를 청결·미화하여 매력을 더하고 용모를 밝게 변화시키거나 피부·모발의 건강을 유지 또는 증진하기 위하여 인체에 바르고 문지르거나 뿌리는 등 이와 유사한 방법으로 사용되는 물품으로서 인체에 대한 작용이 경미한 것을 말한다. 다만, 「약사법」 제2조 제4호의 의약품에 해당하는 물품은 제외한다.

08 다음 〈보기〉에 제시된 맞춤형화장품의 전성분 항목 중 사용상의 제한이 필요한 보존제에 해당하는 성분을 모두 고르시오.

> **• 보 기 •**
>
> 정제수, 글리세린, 다이프로필렌글라이콜, 토코페릴아세테이트, 벤질알코올, 다이메티콘/비닐다이메티콘크로스폴리머, C12-14파레스-3, 페녹시에탄올, 향료

① 글리세린, 토코페릴아세테이트
② 벤질알코올, 페녹시에탄올
③ 다이프로필렌글라이콜, C12-14파레스-3
④ 벤질알코올, 토코페릴아세테이트
⑤ 페녹시에탄올, 향료

> **해설**
>
> 사용상의 제한이 필요한 원료에는 글루타랄, 엠디엠하이단토인, 디메칠옥사졸리딘, 메텐아민, 벤질알코올, 소듐아이오데이트, 징크피리치온, 클로로부탄올, 살리실릭애씨드, 트리클로산, 페녹시에탄올, 헥세티딘 등이 있다.

09 다음 괄호에 들어갈 말로 알맞은 것은?

> 사용 후 씻어내는 제품에는 0.01% 초과, 사용 후 씻어내지 않는 제품에는 (   )% 초과하여 들어있는 알레르기 유발 착향제 성분은 그 명칭을 기재·표시하여야 한다.

① 0.01% 초과
② 0.02% 초과
③ 0.03% 초과
④ 0.001% 초과
⑤ 0.002% 초과

> **해설**
>
> 알레르기를 유발하는 착향제가 사용 후 씻어내는 제품에 0.01% 초과, 사용 후 씻어내지 않는 제품에 0.001% 초과하여 들어있는 경우에는 착향제의 성분명을 기재·표시하여야 한다.

10 퍼머넌트 웨이브 제품 및 헤어스트레이트너 제품 사용 시 주의 사항으로 옳지 않은 것은?

① 두피·얼굴·눈·목·손 등에 약액이 묻지 않도록 유의하고, 얼굴 등에 약액이 묻었을 때는 즉시 물로 씻어낼 것

② 머리카락 손상 등을 피하기 위하여 용법·용량을 지켜야 하며, 가능하면 일부에 시험적으로 사용하여 볼 것

③ 섭씨 15도 이하의 어두운 장소에 보존하고, 색이 변하거나 침전된 경우 사용하지 말 것

④ 개봉한 제품은 7일 이내에 사용할 것(에어로졸 제품이나 사용 중 공기유입이 차단되는 용기는 표시하지 않음)

⑤ 제1단계 퍼머액 중 그 주성분이 과산화수소인 제품은 검은 머리카락이 갈색으로 변할 수 있으므로 유의하여 사용할 것

> **해설**
> ⑤ 제2단계 퍼머액 중 그 주성분이 과산화수소인 제품은 검은 머리카락이 갈색으로 변할 수 있으므로 유의하여 사용해야 한다. 또한 특이체질, 생리 또는 출산 전후이거나 질환이 있는 사람 등은 사용을 피해야 한다(화장품법 시행규칙 별표 3).

11 화장품 제조에 사용된 성분 및 내용물의 중량을 표시하는 방법으로 옳은 것은?

① 산성도(pH) 조절 목적으로 사용되는 성분은 중화반응에 따른 생성물로 표시할 수 있다.

② 착향제의 구성 성분 중 알레르기 유발성분이 있는 경우에는 향료로 표시할 수 있다.

③ 비누화 반응을 거치는 성분은 비누화 반응에 따른 생성물로 기재·표시할 수 없다.

④ 혼합원료는 혼합된 개별 성분의 명칭을 표시할 수 없다.

⑤ 화장비누의 경우 수분을 포함한 중량만을 표시해야 한다.

> **해설**
> ② 착향제의 구성 성분 중 식품의약품안전처장이 정하여 고시한 알레르기 유발성분이 있는 경우에는 향료로 표시할 수 없고, 해당 성분의 명칭을 기재·표시해야 한다(화장품법 시행규칙 별표 4).
> ③ 비누화 반응을 거치는 성분은 비누화 반응에 따른 생성물로 기재·표시할 수 있다(화장품법 시행규칙 별표 4).
> ④ 혼합원료는 혼합된 개별 성분의 명칭을 기재·표시한다(화장품법 시행규칙 별표 4).
> ⑤ 화장비누(고체 형태의 세안용 비누를 말한다)의 경우에는 수분을 포함한 중량과 건조중량을 함께 기재·표시해야 한다(화장품법 시행규칙 별표 4).

12 다음 설명 중 옳은 것은?

① 계면활성제는 수분의 증발을 억제하고 사용 감촉을 향상시키는 등의 목적으로 사용된다.

② 고분자화합물은 제품의 점성을 높이고 사용감 개선 및 피막형성을 위해 사용된다.

③ 유성원료는 피부의 홍반, 그을림, 흑화 등을 완화하는 데 도움을 주며 화장품 내용물 변화를 방어하는 목적으로 사용된다.

④ 자외선 차단제는 화장품에 배합하여 색을 나타나게 하거나 피복력을 부여하고 자외선을 방어하기도 하는 성분으로 사용된다.

⑤ 금속이온봉쇄제는 한 분자 내에서 친수기와 친유기를 동시에 갖는 물질로 화장품 안정성에 도움을 주는 물질이다.

> **해설**
>
> ① 계면활성제는 친수기와 친유기가 함께 있어서 화장품의 안정성을 돕는다.
> ③ 유성원료는 수분의 증발을 억제하고 사용 감촉을 향상시키는 등의 목적으로 사용된다.
> ④ 자외선 차단제는 피부의 홍반, 그을림, 흑화 등을 완화하는 데 도움을 준다. 화장품 내용물의 변화를 방어하는 목적으로 사용되는 것은 보존제이다.
> ⑤ 금속이온봉쇄제는 금속이온과의 결합 혹은 반응으로 화장품의 안정성 및 성상 유지에 도움을 준다.
>
> 고분자화합물
> • 보습 등 특수한 기능을 하게 하기 위해 화장품에 쓰이기도 하지만, 대부분은 화장품의 점성을 높이고 피막을 형성하게 하며 사용감을 개선하기 위해 쓰인다.
> • 특히 고분자를 유화 제품에서 적당히 사용하면 유화 안전성을 높일 수 있다.

13 중대한 유해사례 또는 이와 관련하여 식품의약품안전처장이 보고를 지시한 경우 누가 언제까지 보고해야 하는가?

① 화장품 제조판매업자가 그 정보를 알게 된 날로부터 10일 이내

② 화장품 제조판매업자가 그 정보를 알게 된 날로부터 15일 이내

③ 화장품 제조판매업자가 그 정보를 알게 된 날로부터 20일 이내

④ 화장품 유통업자가 그 정보를 알게 된 날로부터 10일 이내

⑤ 화장품 유통업자가 그 정보를 알게 된 날로부터 15일 이내

> **해설**
>
> 화장품 안전성 정보의 신속보고(화장품 안전성 정보관리 규정 제5조)
> • 화장품 제조판매업자는 다음의 화장품 안전성 정보를 알게 된 때는 그 정보를 알게 된 날로부터 15일 이내에 식품의약품안전처장에게 신속히 보고하여야 한다.
>   – 중대한 유해사례 또는 이와 관련하여 식품의약품안전처장이 보고를 지시한 경우
>   – 판매중지나 회수에 준하는 외국정부의 조치 또는 이와 관련하여 식품의약품안전처장이 보고를 지시한 경우
> • 안전성 정보의 신속보고는 식품의약품안전처 홈페이지를 통해 보고하거나 우편·팩스·정보통신망 등의 방법으로 할 수 있다.

14 다음 중 화장품 보존제의 사용한도로 옳은 것은?

① 클로페네신 0.2% ② 살리실릭애씨드 1.0%

③ 페녹시에탄올 1.0% ④ 디엠디엠하이단토인 0.1%

⑤ 징크피리치온 1.0%

> **해설**
>
> ① 클로페네신 0.3%
> ② 살리실릭애씨드 0.5%
> ④ 디엠디엠하이단토인 0.6%
> ⑤ 징크피리치온 0.5%

15 위해성 등급이 다른 경우는 어느 것인가?

① 포름알데하이드 2,000ppm 이상인 화장품

② 미생물에 오염된 화장품

③ 신고를 하지 아니한 자가 판매한 맞춤형화장품

④ 이물이 혼입되었거나 부착된 것에 해당하는 화장품

⑤ 화장품 또는 의약품으로 잘못 인식할 우려가 있게 기재·표시된 화장품

> **해설**
>
> 위해성 등급의 분류기준(화장품법 시행규칙 제14조의2 제2항)
> • 위해성 등급이 가등급인 화장품 : 화장품에 사용할 수 없는 원료를 사용한 화장품
> • 위해성 등급이 나등급인 화장품
> – 법 제9조(안전용기·포장)에 위반되는 화장품
> – 유통화장품 안전관리 기준(내용량의 기준에 관한 부분은 제외)에 적합하지 아니한 화장품
> • 위해성 등급이 다등급인 화장품
> – 전부 또는 일부가 변패(變敗)된 화장품 또는 병원미생물에 오염된 화장품
> – 이물이 혼입되었거나 부착된 것에 해당하는 화장품 중 보건위생상 위해를 발생할 우려가 있는 화장품
> – 유통화장품 안전관리 기준(내용량의 기준에 관한 부분은 제외한다)에 적합하지 아니한 화장품
> – 사용기한 또는 개봉 후 사용기간(병행 표기된 제조연월일을 포함한다)을 위조·변조한 화장품(기능성화장품의 기능성을 나타나게 하는 주원료 함량이 기준치에 부적합한 경우는 제외)
> – 그 밖에 화장품제조업자 또는 화장품책임판매업자 스스로 국민보건에 위해를 끼칠 우려가 있어 회수가 필요하다고 판단한 화장품
> – 등록을 하지 아니한 자가 제조한 화장품 또는 제조·수입하여 유통·판매한 화장품
> – 신고를 하지 아니한 자가 판매한 맞춤형화장품
> – 맞춤형화장품조제관리사를 두지 아니하고 판매한 맞춤형화장품
> – 화장품 또는 의약품으로 잘못 인식할 우려가 있게 기재·표시된 화장품
> – 판매의 목적이 아닌 제품의 홍보·판매촉진 등을 위하여 미리 소비자가 시험·사용하도록 제조 또는 수입된 화장품
> – 화장품의 포장 및 기재·표시 사항을 훼손(맞춤형화장품 판매를 위하여 필요한 경우는 제외한다) 또는 위조·변조한 것

16 다음은 기능성 효능과 효과를 나타내는 물질의 성분명과 화장품에 사용될 때의 최대함량을 연결한 것이다. 옳은 것은?

① 징크옥사이드 10%
② 옥토크릴렌 5%
③ 닥나무추출물 2%
④ 알파-비사보롤 2%
⑤ 살리실릭애씨드 0.5%

해설

고시된 기능성화장품의 성분과 최대함량
• 징크옥사이드 25%
• 옥토크릴렌 10%
• 알파-비사보롤 0.5%
• 살리실릭애씨드 : 여드름용 기능성화장품으로 고시된 함량은 0.5%이지만, 인체세정용 제품류에는 2%, 사용 후 씻어 내는 두발용 제품류에는 3%까지 사용할 수 있음

17 화장품 원료의 특성에 대한 설명 중 옳은 것은?

① 알코올은 R-OH 화학식의 물질로 탄소수가 1~3개인 알코올에는 스테아릴알코올이 있다.
② 고급지방산은 R-COOH 화학식의 물질로 글라이콜릭애씨드가 여기 해당된다.
③ 왁스는 고급지방산과 고급알코올의 에테르결합으로 구성되어 있고 팔미틱산이 여기 해당된다.
④ 점증제는 에멀전의 안정성을 높이고 점도를 증가시키기 위해 사용되며 카보머가 여기 해당된다.
⑤ 실리콘오일은 철, 질소로 구성되어 있고 펴발림성이 우수하며, 다이메치콘이 여기 해당된다.

해설

① 스테아릴알코올의 탄소수는 18개이다.
② 글라이콜릭애씨드는 하이드록시기와 카복시기를 가지고 있는 하이드록시산이다.
③ 팔미틱산은 고급지방산 중 하나이다. 왁스의 예로는 밀랍, 라놀린 등이 있다.
⑤ 실리콘오일에는 철과 질소가 아니라 실리콘(규소)이 함유되어 있다.

18 다음 중 자외선 차단 성분과 최대 함량이 바르게 짝지어진 것은?

① 4-메칠벤질리덴캠퍼 8%
② 시녹세이트 25%
③ 옥토크릴렌 10%
④ 에칠헥실살리실레이트 10%
⑤ 징크옥사이드 30%

> **해설**
> ① 4-메칠벤질리덴캠퍼 4%
> ② 시녹세이트 5%
> ④ 에칠헥실살리실레이트 5%
> ⑤ 징크옥사이드 25%

19 다음 중 탈모증상의 완화에 도움을 주는 기능성 원료가 아닌 것은?

① 비오틴
② L-멘톨
③ 징크피리치온
④ 치오글리콜산
⑤ 덱스판테놀

> **해설**
> 탈모증상의 완화에 도움을 주는 기능성 원료로는 비오틴, L-멘톨, 징크피리치온, 징크피리치온액 50%, 덱스판테놀이 있다. 치오글리콜산은 체모 제거에 도움을 주는 기능성 원료이다.

20 다음 중 화장품의 색소 종류와 기준 및 시험방법상 용어에 대한 설명으로 옳지 않은 것은?

① 타르색소 : 색소 중 콜타르, 그 중간생성물에서 유래되었거나 유기합성하여 얻은 색소 및 그 레이크, 염, 희석제와의 혼합물을 말한다.
② 순색소 : 중간체, 희석제, 기질 등을 포함하지 아니한 순수한 색소를 말한다.
③ 기질 : 레이크 제조 시 순색소를 확산시키는 목적으로 사용되는 물질을 말한다.
④ 레이크 : 화장품이나 피부에 색을 띄게 하는 것을 주요 목적으로 하는 성분을 말한다.
⑤ 희석제 : 색소를 용이하게 사용하기 위하여 혼합되는 성분을 말한다.

> **해설**
> '레이크'라 함은 타르색소를 기질에 흡착, 공침 또는 단순한 혼합이 아닌 화학적 결합에 의하여 확산시킨 색소를 말한다 (화장품의 색소 종류와 기준 및 시험방법 제2조 제4호).

21 맞춤형화장품 조제관리사인 서현은 매장을 방문한 고객과 다음과 같은 대화를 나누었다. 서현이 고객에게 혼합하여 추천할 제품으로 다음 〈보기〉 중 옳은 것을 모두 고르면?

〈대화〉
고객 : 최근 피부가 많이 건조해져서 푸석한 느낌이에요. 게다가 눈가에 주름이 많아 웃을 때마다 신경이 쓰여요.
서현 : 피부 상태를 측정해 보고 말씀드릴까요?
고객 : 네. 그게 좋겠네요.

피부측정 후

서현 : 색소침착도는 그대로인데, 말씀하신 대로 주름이 지난번보다 많이 보이고 피부 보습도도 떨어진 상태이시네요.
고객 : 그럼 어떤 제품을 쓰는 것이 좋을까요?

● 보 기 ●
ㄱ. 소듐하이알루로네이트 함유 제품
ㄴ. 아데노신 함유 제품
ㄷ. 드로메트리졸 함유 제품
ㄹ. 덱스판테놀 함유 제품

① ㄱ, ㄴ   ② ㄱ, ㄷ
③ ㄴ, ㄷ   ④ ㄴ, ㄹ
⑤ ㄷ, ㄹ

해설
소듐하이알루로네이트는 피부 보습을 도와주는 성분이고 아데노신은 주름 개선에 도움을 주는 성분이므로 추천하는 것이 맞다. 드로메트리졸은 자외선으로부터 피부를 보호하는 데 도움을 주는 성분이고, 덱스판테놀은 탈모증상 완화에 도움을 주는 성분이므로, 고객의 증상과는 관계가 없다.

22 다음 설명 중 옳지 않은 것은?
① 유해사례는 당해 화장품과 반드시 인과관계를 가져야 한다.
② 입원 또는 입원기간의 연장이 필요한 경우는 중대한 유해사례에 해당한다.
③ 지속적 또는 중대한 불구나 기능저하를 초래하는 경우 중대한 유해사례에 해당한다.
④ 선천적 기형 또는 이상을 초래하는 경우 중대한 유해사례에 해당한다.
⑤ 안전성 정보는 화장품과 관련하여 국민보건에 직접 영향을 미칠 수 있는 안전성·유효성에 관한 새로운 자료, 유해사례 정보 등을 말한다.

• 유해사례(Adverse Event/Adverse Experience ; AE) : 화장품의 사용 중 발생한 바람직하지 않고 의도되지 아니한 징후, 증상 또는 질병을 말하며, 당해 화장품과 반드시 인과관계를 가져야 하는 것은 아니다.
• 실마리 정보(Signal) : 유해사례와 화장품 간의 인과관계 가능성이 있다고 보고된 정보로서 그 인과관계가 알려지지 아니하거나 입증자료가 불충분한 것을 말한다.

23 다음에서 설명하는 화장품 혼합 기기로 옳은 것은?

> • 균일하고 미세한 유화입자가 만들어진다.
> • 고정자 내벽에서 운동자가 고속 회전하는 장치이다.
> • 화장품 제조 시 가장 많이 사용하는 기기로, O/W 및 W/O 제형 모두 제조 가능하다.

① 디스퍼(Disper)
② 호모믹서(Homo mixer)
③ 아지믹서(Agi mixer)
④ 핫 플레이트(Hot Plate)
⑤ 호모게나이져(Homogenizer)

균일하고 미세한 유화입자가 만들어지며, 화장품 제조 시 가장 많이 사용하는 기기는 호모 믹서(Homo mixer)로, 크림 이나 로션 타입의 제조에 주로 사용된다.

24 천연원료에서 석유화학 용제를 이용하여 추출하는 원료 중 천연화장품에만 사용할 수 있는 것은?

① 안나토
② 오리자놀
③ 라놀린
④ 피토스테롤
⑤ 앱솔루트

안나토, 오리자놀, 피토스테롤, 라놀린, 앱솔루트, 콘크리트, 레지노이드는 모두 천연원료에서 석유화학 용제를 이용하여 추출하는 기타 허용 원료이다. 이 중에서 앱솔루트, 콘크리트, 레지노이드는 천연화장품에만 사용할 수 있으며, 다른 원료들은 천연화장품과 유기농화장품에서 모두 사용할 수 있다.

25 맞춤형화장품조제관리사의 교육에 관한 내용으로 옳지 않은 것은?

① 맞춤형화장품조제관리사는 화장품의 안전성 확보 및 품질관리에 관한 교육을 매년 받아야 한다.
② 교육시간은 4시간 이상, 8시간 이하로 한다.
③ 교육내용은 화장품 관련 법령 및 제도에 관한 사항, 화장품의 안전성 확보 및 품질관리에 관한 사항 등으로 한다.
④ 교육내용에 관한 세부 사항은 식품의약품안전처장의 승인을 받아야 한다.
⑤ 교육의 실시 기관, 내용, 대상 및 교육비 등에 관하여 필요한 사항은 대통령령으로 정한다.

> **해설**
> ⑤ 교육의 실시 기관, 내용, 대상 및 교육비 등에 관하여 필요한 사항은 총리령으로 정한다.

26 화장품법의 용어 중 다음 〈보기〉에 해당하는 용어는?

> **• 보기 •**
>
> 화장품이 제조된 날부터 적절한 보관 상태에서 제품이 고유의 특성을 간직한 채 소비자가 안정적으로 사용할 수 있는 최소한의 기한

① 보관기간　　　　　　　　　② 사용기한
③ 개봉 후 유효기간　　　　　 ④ 처리기간
⑤ 개봉기간

> **해설**
> 사용기한이란 화장품이 제조된 날부터 적절한 보관 상태에서 제품이 고유의 특성을 간직한 채 소비자가 안정적으로 사용할 수 있는 최소한의 기한을 말한다(화장품법 제2조 제5호).

27 다음 중 안전용기를 사용하여야 하는 품목은?

① 일회용 제품
② 압축 분무용기 제품
③ 아세톤을 함유하는 네일 에나멜 리무버
④ 용기 입구 부분이 펌프로 작동되는 분무용기 제품
⑤ 용기 입구 부분이 방아쇠로 작동되는 분무용기 제품

> **해설**
> 안전용기 · 포장 대상 품목(화장품법 시행규칙 제18조 제1항)
> 안전용기 · 포장을 사용하여야 하는 품목은 다음과 같다. 다만, 일회용 제품, 용기 입구 부분이 펌프 또는 방아쇠로 작동되는 분무용기 제품, 압축 분무용기 제품(에어로졸 제품 등)은 제외한다.
> • 아세톤을 함유하는 네일 에나멜 리무버 및 네일 폴리시 리무버
> • 어린이용 오일 등 개별포장 당 탄화수소류를 10퍼센트 이상 함유하고 운동점도가 21센티스톡스(섭씨 40도 기준) 이하인 비에멀전 타입의 액체상태의 제품
> • 개별포장당 메틸 살리실레이트를 5퍼센트 이상 함유하는 액체상태의 제품

28 화장품 작업장 내 직원의 위생에 대해 잘못 설명한 것은?

① 신규 직원에 대하여 위생교육을 실시하고, 기존 직원에 대해서도 정기적으로 교육을 실시한다.
② 작업복은 목적과 오염도에 따라 세탁을 하고 필요에 따라 소독한다.
③ 작업 전 복장을 점검하고 적절하지 않을 경우는 시정한다.
④ 음식, 음료수 등은 제조 및 보관 지역과 분리된 지역에서만 섭취한다.
⑤ 노출된 피부에 상처가 있는 직원은 증상이 회복된 후 3일 이후부터 제품과 직접적인 접촉을 할 수 있다.

> **해설**
> ⑤ 노출된 피부에 상처가 있는 직원은 증상이 회복되거나 의사가 제품 품질에 영향을 끼치지 않을 것이라고 진단할 때까지 제품과 직접적인 접촉을 하여서는 안 된다.

29 우수화장품 제조 및 품질관리 기준 보관구역의 위생기준에 대한 설명으로 맞는 것은?

① 바닥의 폐기물은 모아두었다가 한 번에 처리한다.
② 손상된 팔레트는 폐기하지 말고 수선하여 쓴다.
③ 통로는 가능한 좁게 만드는 것이 좋다.
④ 사람과 물건이 이동하는 경로인 통로는 교차오염의 위험이 없어야 한다.
⑤ 용기들은 뚜껑을 개봉한 상태로 보관한다.

> **해설**
> ① 바닥의 폐기물은 매일 치워야 한다.
> ② 손상된 팔레트는 수거하여 수선 또는 폐기한다.
> ③ 통로는 사람과 물건의 이동에 불편함을 초래해서는 안 된다.
> ⑤ 용기(저장조 등)들은 닫아서 깨끗하고 정돈된 방법으로 보관한다.

30 다음 중 완제품 보관용 검체에 대해 바르게 설명한 것을 모두 고른 것은?

> ㄱ. 뱃치가 두 개인 경우 한 개의 뱃치 검체를 대표로 보관할 수 있다.
> ㄴ. 일반적으로는 각 뱃치별로 제품 시험을 3번 실시할 수 있는 양을 보관한다.
> ㄷ. 제품이 가장 안정한 조건에서 보관한다.
> ㄹ. 사용기한 경과 후 1년간 보관한다.
> ㅁ. 개봉 후 사용기간을 기재하는 경우에는 제조일로부터 1년간 보관한다.

① ㄱ, ㄷ
② ㄷ, ㄹ
③ ㄱ, ㄷ, ㅁ
④ ㄱ, ㄴ, ㄷ, ㄹ
⑤ ㄱ, ㄴ, ㄷ, ㄹ, ㅁ

ㄱ. 각 뱃치를 대표하는 검체를 보관한다.
ㄴ. 일반적으로는 각 뱃치별로 제품 시험을 2번 실시할 수 있는 양을 보관한다.
ㅁ. 개봉 후 사용기간을 기재하는 경우에는 제조일로부터 3년간 보관한다.

31 제품의 적절한 보관관리를 위해 고려할 사항을 잘못 설명한 것은?

① 보관 조건은 각각의 원료와 포장재에 적합하여야 한다.
② 과도한 열기, 추위, 햇빛 또는 습기에 노출되어 변질되는 것을 방지할 수 있어야 한다.
③ 물질의 특징 및 특성에 맞도록 보관, 취급되어야 한다.
④ 원료와 포장재가 재포장될 경우, 원래의 용기와 다르게 표시되어야 한다.
⑤ 물리적 격리(Quarantine) 등의 방법을 통해 원료 및 포장재의 관리는 의심스러운 물질의 허가되지 않은 사용을 방지할 수 있어야 한다.

④ 원료와 포장재가 재포장될 경우, 원래의 용기와 동일하게 표시되어야 한다.

32 유통화장품의 안전관리기준 중 pH 3.0~9.0에 해당하는 제품을 모두 고르시오.

ㄱ. 영유아용 샴푸	ㄴ. 셰이빙 크림
ㄷ. 헤어젤	ㄹ. 바디로션
ㅁ. 클렌징 크림	

① ㄱ, ㄴ   ② ㄱ, ㅁ
③ ㄴ, ㄷ   ④ ㄷ, ㄹ
⑤ ㄹ, ㅁ

영·유아용 제품류(영·유아용 샴푸, 영·유아용 린스, 영·유아 인체 세정용 제품, 영·유아 목욕용 제품 제외), 눈화장용 제품류, 색조 화장용 제품류, 두발용 제품류(샴푸, 린스 제외), 면도용 제품류(셰이빙 크림, 셰이빙 폼 제외), 기초화장용 제품류(클렌징 워터, 클렌징 오일, 클렌징 로션, 클렌징 크림 등 메이크업 리무버 제품 제외) 중 액, 로션, 크림 및 이와 유사한 제형의 액상제품은 pH 기준이 3.0~9.0이어야 한다. 다만, 물을 포함하지 않는 제품과 사용한 후 곧바로 물로 씻어 내는 제품은 제외한다(화장품 안전기준 등에 관한 규정 제6조 제6항).

33 다음 중 화장품법에 따라 100만원의 과태료가 부과되는 경우에 해당하는 것은?

① 화장품의 생산실적 또는 수입실적을 보고하지 않은 경우
② 폐업 등의 신고를 하지 않은 경우
③ 화장품의 판매 가격을 표시하지 않은 경우
④ 기능성 화장품에 대한 변경심사를 받지 않은 책임판매업자
⑤ 매년 화장품의 안전성 확보 및 품질관리에 관한 교육을 받지 않은 경우

해설

①·②·③·⑤는 50만원의 과태료를 부과하는 경우이다.

100만원의 과태료를 부과하는 경우
• 기능성화장품에 대한 변경심사를 받지 않은 책임판매업자 등
• 동물실험을 실시한 화장품 또는 동물실험을 실시한 화장품 원료를 사용하여 제조 또는 수입한 화장품을 유통·판매한 경우
• 화장품법 제18조에 따라 식품의약품안전처장이 필요하다고 인정하여 명한 명령을 위반하여 보고를 하지 않은 경우

34 다음 중 위해성 평가의 수행에 대한 내용으로 옳은 것은?

① 동물 실험결과, 동물대체 실험결과 등의 불확실성 등을 보정하여 인체노출 허용량을 결정하는 것은 노출평가에 해당한다.
② 인체노출 안전기준의 설정이 어려울 경우 위해요소의 인체 내 독성 등 확인과 인체의 위해요소 노출 정도만으로 위해성을 예측할 수 있다.
③ 특정집단에 노출 가능성이 클 경우 어린이 및 임산부 등 민감집단 및 고위험집단을 대상으로 위해성평가를 실시할 수 없다.
④ 보건복지부 장관은 위해성평가 결과에 대한 교차검증을 위하여 위원회의 자문을 받을 수 있다.
⑤ 미생물적 위해요소에 대한 위해성은 물질의 특성에 따라 위해지수, 안전역 등으로 표현하고 국내·외 위해성평가 결과 등을 종합적으로 비교·분석하여 최종 판단한다.

해설

① 동물 실험결과, 동물대체 실험결과 등의 불확실성 등을 보정하여 인체노출 허용량을 결정하는 것은 위험성 결정에 해당한다.
③ 특정집단에 노출 가능성이 클 경우 어린이 및 임산부 등 민감집단 및 고위험집단을 대상으로 위해성평가를 실시할 수 있다.
④ 식품의약품안전처장은 위해성평가 결과에 대한 교차검증을 위하여 위원회의 자문을 받을 수 있다.
⑤ 화학적 위해요소에 대한 위해성은 물질의 특성에 따라 위해지수, 안전역 등으로 표현하고 국내·외 위해성평가 결과 등을 종합적으로 비교·분석하여 최종 판단한다.

35 맞춤형화장품조제관리사 자격시험에 관한 설명으로 옳지 않은 것을 모두 고르시오.

> ㄱ. 맞춤형화장품조제관리사가 되려는 사람은 화장품과 원료 등에 대하여 식품의약품안전처장이 실시하는 자격시험에 합격하여야 한다.
> ㄴ. 식품의약품안전처장은 맞춤형화장품조제관리사가 거짓이나 그 밖의 부정한 방법으로 시험에 합격한 경우에는 자격을 취소하여야 한다.
> ㄷ. 자격이 취소된 사람은 취소된 날부터 5년간 자격시험에 응시할 수 없다.
> ㄹ. 자격시험에 필요한 사항은 대통령령으로 정한다.
> ㅁ. 자격시험 업무를 효과적으로 수행하기 위하여 필요한 전문인력과 시설을 갖춘 기관 또는 단체를 시험운영기관으로 지정하여 시험업무를 위탁할 수 있다.

① ㄱ, ㄴ   ② ㄱ, ㅁ
③ ㄴ, ㄷ   ④ ㄷ, ㄹ
⑤ ㄹ, ㅁ

해설
ㄷ. 자격이 취소된 사람은 취소된 날부터 3년간 자격시험에 응시할 수 없다.
ㄹ. 자격시험의 시기, 절차, 방법, 시험과목, 자격증의 발급, 시험운영기관의 지정 등 자격시험에 필요한 사항은 총리령으로 정한다.

36 호수별로 착색제가 다르게 사용된 경우 모든 착색제 성분을 함께 기재·표시할 수 있는 제품류가 아닌 것은?

① 색조 화장용 제품류   ② 눈 화장용 제품류
③ 두발염색용 제품류   ④ 손발톱용 제품류
⑤ 목욕용 제품류

해설
색조 화장용 제품류, 눈 화장용 제품류, 두발염색용 제품류 또는 손발톱용 제품류에서 호수별로 착색제가 다르게 사용된 경우 '± 또는 +/−'의 표시 다음에 사용된 모든 착색제 성분을 함께 기재·표시할 수 있다(화장품법 시행규칙 별표 4).

37 다음 중 과태료 부과기준에 해당하지 않는 것은?

① 화장품에 의약품으로 잘못 인식할 우려가 있게 기재·표시한 경우
② 맞춤형화장품조제관리사가 화장품의 안전성 확보 및 품질관리에 대한 교육을 매년 받아야 하는 명령을 위반한 경우
③ 화장품의 생산실적, 수입실적, 화장품 원료의 목록 등을 보고하지 아니한 경우
④ 폐업 또는 휴업 등의 신고를 하지 아니한 경우
⑤ 화장품의 판매 가격을 표시하지 아니한 경우

100만원 이하 과태료(화장품법 제40조)
- 기능성화장품의 변경심사를 받지 아니한 경우
- 화장품의 생산실적 또는 수입실적 또는 화장품 원료의 목록 등을 보고하지 아니한 경우
- 맞춤형화장품조제관리사가 화장품의 안전성 확보 및 품질관리에 대한 교육을 매년 받아야 하는 명령을 위반한 경우
- 폐업 등의 신고를 하지 아니한 경우
- 화장품의 판매 가격을 표시하지 아니한 경우
- 보고와 검사 명령을 위반하여 보고를 하지 아니한 경우
- 동물실험을 실시한 화장품 또는 동물실험을 실시한 화장품 원료를 사용하여 제조(위탁제조를 포함한다) 또는 수입한 화장품을 유통·판매한 경우

38 우수화장품 제조 및 품질관리기준상 다음에 해당하는 용어는?

> 하나의 공정이나 일련의 공정으로 제조되어 균질성을 갖는 화장품의 일정한 분량을 말한다.

① 벌크 제품　　　　　　　② 반제품
③ 완제품　　　　　　　　④ 소모품
⑤ 뱃 치

뱃치에 대한 설명이다. 제품의 경우 어떠한 그룹을 같은 제조단위 또는 뱃치로 하기 위해서는 그 그룹이 균질성을 갖는다는 것을 나타내는 과학적 근거가 있어야 한다. 과학적 근거란 몇 개의 소(小) 제조단위를 합하여 같은 제조단위로 할 경우에는 동일한 원료와 자재를 사용하고 제조조건이 동일하다는 것을 나타내는 근거를 말하며, 또 동일한 제조공정에 사용되는 기계가 복수일 때에는 그 기계의 성능과 조건이 동일하다는 것을 나타내는 것을 말한다.

39 다음 중 해당하는 성분을 0.5% 이상 함유하는 제품의 경우 해당 품목의 안정성시험 자료를 최종 제조된 제품의 사용기한이 만료되는 날부터 1년간 보존하지 않아도 되는 성분은?

① 레티놀(비타민 A) 및 그 유도체
② 아스코빅애시드(비타민 C) 및 그 유도체
③ 토코페롤(비타민 E)
④ 피리독신(비타민 B) 및 그 유도체
⑤ 과산화화합물

다음의 어느 하나에 해당하는 성분을 0.5퍼센트 이상 함유하는 제품의 경우에는 해당 품목의 안정성시험 자료를 최종 제조된 제품의 사용기한이 만료되는 날부터 1년간 보존할 것(화장품법 시행규칙 제12조 제11호)
- 레티놀(비타민 A) 및 그 유도체
- 아스코빅애시드(비타민 C) 및 그 유도체
- 토코페롤(비타민 E)
- 과산화화합물
- 효 소

40 기능성 화장품의 심사에서 식품의약품안전평가원장에게 심사를 신청하기 위해 필요한 자료 중 〈보기〉에서 안전성 관련 자료를 모두 고른 것은?

> **◆ 보 기 ◆**
> ㄱ. 다회 투여 독성시험 자료
> ㄴ. 2차 피부 자극시험 자료
> ㄷ. 안(眼)점막 자극 또는 그 밖의 점막 자극시험 자료
> ㄹ. 피부 감작성시험(感作性試驗) 자료
> ㅁ. 동물 첩포시험(貼布試驗) 자료

① ㄱ, ㄴ   ② ㄱ, ㅁ

③ ㄴ, ㄷ   ④ ㄷ, ㄹ

⑤ ㄹ, ㅁ

[해설]
기능성 화장품의 심사 자료 중 안전성에 관한 자료
• 단회 투여 독성시험 자료
• 1차 피부 자극시험 자료
• 안(眼)점막 자극 또는 그 밖의 점막 자극시험 자료
• 피부 감작성시험(感作性試驗) 자료
• 광독성(光毒性) 및 광감작성 시험 자료
• 인체 첩포시험(貼布試驗) 자료

41 치오글라이콜릭애씨드 또는 그 염류를 주성분으로 하는 냉2욕식 퍼머넌트웨이브용 제품 중 제1제 기준에 대한 내용으로 옳은 것은?

① 알칼리 : 0.1N염산의 소비량은 검체 7mL에 대하여 1mL 이하

② pH : 4.5~9.6

③ 중금속 : 30μg/g 이하

④ 비소 : 20μg/g 이하

⑤ 철 : 5μg/g 이하

[해설]
① 알칼리 : 0.1N염산의 소비량은 검체 1mL에 대하여 7.0mL 이하
③ 중금속 : 20μg/g 이하
④ 비소 : 5μg/g 이하
⑤ 철 : 2μg/g 이하

42 다음 〈보기〉는 안전관리 기준 중 비누의 내용량 기준에 관한 설명이다. 〈보기〉에서 ㉠, ㉡, ㉢에 해당하는 내용으로 옳게 나열된 것은?

┌──● 보 기 ●──────────────────────────────────────┐
│ • 제품 (㉠)개를 가지고 시험할 때 그 평균 내용량이 표기량에 대하여 (㉡)% 이상 │
│ • 화장비누의 경우 (㉢)을/를 내용량으로 함   │
└───┘

① ㉠ : 2, ㉡ : 90, ㉢ : 건조중량
② ㉠ : 2, ㉡ : 95, ㉢ : 총중량
③ ㉠ : 3, ㉡ : 97, ㉢ : 건조중량
④ ㉠ : 4, ㉡ : 97, ㉢ : 총중량
⑤ ㉠ : 4, ㉡ : 98, ㉢ : 건조중량

해설

유통화장품의 안전관리 기준 중 내용량의 기준(화장품 안전기준 등에 관한 규정 제6조 제5항)
• 제품 3개를 가지고 시험할 때 그 평균 내용량이 표기량에 대하여 97% 이상(다만, 화장 비누의 경우 건조중량을 내용량으로 한다)
• 위의 기준치를 벗어날 경우 : 6개를 더 취하여 시험할 때 9개의 평균 내용량이 97% 이상
• 그 밖의 특수한 제품 : 「대한민국약전」(식품의약품안전처 고시)을 따를 것

43 원자재 용기 및 시험기록서의 필수적인 기재 사항이 아닌 것은?

① 수령일자
② 원자재 제조일자
③ 원자재 공급자명
④ 공급자가 부여한 관리번호
⑤ 원자재 공급자가 정한 제품명

해설

원자재 용기 및 시험기록서의 필수적인 기재 사항(우수화장품 제조 및 품질관리기준 제11조 제6항)
• 원자재 공급자가 정한 제품명
• 원자재 공급자명
• 수령일자
• 공급자가 부여한 제조번호 또는 관리번호

44 다음 중 맞춤형화장품조제관리사가 혼합할 수 있는 원료는?

ㄱ. 우레아	ㄴ. 알지닌
ㄷ. 트리클로산	ㄹ. 파이틱애씨드
ㅁ. 징크피리치온	ㅂ. 에틸헥실글리세린

① ㄱ, ㄷ, ㅁ   ② ㄴ, ㄹ, ㅂ

③ ㄱ, ㄴ, ㅂ   ④ ㄴ, ㄷ, ㅂ

⑤ ㄷ, ㄹ, ㅁ

해설

우레아는 10%, 트리클로산은 사용 후 씻어내는 제품류에 0.3%(기능성화장품의 유효성분으로 사용하는 경우에 한하며 기타 제품에는 사용금지), 징크피리치온은 사용 후 씻어내는 제품에 0.5%(기타 제품에는 사용금지)의 사용제한이 있다. 따라서 이 원료들은 사용제한을 지킨 함유제품의 형태로만 혼합가능하고, 원료로서는 혼합할 수 없다.

45 유통화장품의 안전관리 기준 중 미생물 한도로 맞는 것은?

① 눈 주변에 사용하는 화장품 – 1,000개/g(mL) 이하

② 물휴지 – 50개/g(mL) 이하

③ 기타 화장품 – 500개/g(mL) 이하

④ 영유아용 제품류 – 100개/g(mL) 이하

⑤ 기초화장품 – 2,000개/g(mL) 이하

해설

① 눈 주변에 사용하는 화장품은 눈화장용 제품류가 아니라 기초 화장품으로, 유통화장품의 안전관리 기준 중 기타 화장품에 속한다.

유통화장품의 안전관리 기준 중 미생물 한도(화장품 안전기준 등에 관한 규정 제6조 제4항)
• 총호기성생균수는 영·유아용 제품류 및 눈화장용 제품류의 경우 500개/g(mL) 이하
• 물휴지의 경우 세균 및 진균수는 각각 100개/g(mL) 이하
• 기타 화장품의 경우 1,000개/g(mL) 이하
• 대장균(Escherichia Coli), 녹농균(Pseudomonas aeruginosa), 황색포도상구균(Staphylococcus aureus)은 불검출

46 화장품의 가격 기재·표시 사항으로 옳지 않은 것은?

① 화장품의 가격 기재·표시는 미관상 나쁘지 않다면 어디에 해도 상관없다.

② 총리령으로 정하는 바에 따라 읽기 쉽고 이해하기 쉬운 한글로 정확히 기재·표시하여야 한다.

③ 한자 또는 외국어를 함께 기재할 수 있다.

④ 수출용 제품 등의 경우 그 수출 대상국의 언어로 적을 수 있다.

⑤ 화장품의 성분을 표시하는 경우 표준화된 일반명을 사용해야 한다.

해설

① 화장품의 가격 기재·표시는 다른 문자 또는 문장보다 쉽게 볼 수 있는 곳에 하여야 한다(화장품법 제12조).

47 다음 중 유통화장품 허용기준치 안에 해당하지 않은 것으로 짝지어진 것은?

> ㄱ. 디옥산 50마이크로그램
> ㄴ. 6가 크롬 10마이크로그램
> ㄷ. 황색포도상구균 30개
> ㄹ. 카드뮴 3마이크로그램
> ㅁ. 수은 1마이크로그램

① ㄱ, ㄴ   ② ㄱ, ㅁ
③ ㄴ, ㄷ   ④ ㄷ, ㄹ
⑤ ㄹ, ㅁ

해설

6가 크롬은 검출 허용 한도에 포함되지 않는 물질이며, 황색포도상구균의 경우는 불검출이다.

48 다음은 제품의 입고·보관·출하 과정을 설명한 것이다. 순서대로 바르게 나열한 것은?

> ㄱ. 포장 공정   ㄴ. 시험 중 라벨 부착
> ㄷ. 임시 보관   ㄹ. 제품시험 합격
> ㅁ. 합격라벨 부착   ㅂ. 보 관
> ㅅ. 출 하

① ㄱ → ㄴ → ㄷ → ㄹ → ㅁ → ㅂ → ㅅ
② ㄱ → ㄴ → ㄷ → ㅁ → ㄹ → ㅂ → ㅅ
③ ㄱ → ㄴ → ㄹ → ㅁ → ㄷ → ㅂ → ㅅ
④ ㄱ → ㄷ → ㄹ → ㄴ → ㅁ → ㅂ → ㅅ
⑤ ㄱ → ㄷ → ㅁ → ㄴ → ㄹ → ㅂ → ㅅ

해설

제품의 입고·보관·출하 과정
포장 공정 → 시험 중 라벨 부착 → 임시 보관 → 제품시험 합격 → 합격라벨 부착 → 보관 → 출하

49 유통화장품 안전관리 시험방법 중 〈보기〉에 해당하는 성분을 분석할 때 공통으로 사용할 수 있는 시험방법은?

> **• 보 기 •**
>
> 납, 니켈, 비소, 안티몬, 카드뮴

① 유도결합 플라즈마 질량분석법
② 디티존법
③ 원자흡광광도법
④ 비색법
⑤ 크로마토그래프법

해설

유도결합 플라즈마 질량분석법(ICP-MS)은 원자의 고유한 질량의 차이를 이용한 극미량 원소 분석 장비로 화장품 안전기준 등에 관한 규정 별표 4에 규정된 납, 니켈, 비소, 안티몬, 카드뮴의 성분을 분석할 때 사용하는 시험방법이다.

50 다음 〈보기〉는 기준일탈 제품의 처리과정을 설명한 것이다. ㉠~㉢에 들어갈 내용을 순서대로 적은 것은?

> **• 보 기 •**
>
> ㄱ. 시험, 검사, 측정에서 기준일탈 결과 나옴
> ㄴ. (㉠)
> ㄷ. "시험, 검사, 측정이 틀림없음"을 확인
> ㄹ. (㉡)
> ㅁ. 기준일탈 제품에 불합격라벨 첨부
> ㅂ. (㉢)
> ㅅ. 폐기처분, 재작업, 반품

① ㉠ : 격리보관, ㉡ : 기준일탈의 처리, ㉢ : 기준일탈의 조사
② ㉠ : 기준일탈의 처리, ㉡ : 격리보관, ㉢ : 기준일탈의 조사
③ ㉠ : 격리보관, ㉡ : 기준일탈의 조사, ㉢ : 기준일탈의 처리
④ ㉠ : 기준일탈의 조사, ㉡ : 격리보관, ㉢ : 기준일탈의 처리
⑤ ㉠ : 기준일탈의 조사, ㉡ : 기준일탈의 처리, ㉢ : 격리보관

해설

기준일탈 제품의 처리
시험, 검사, 측정에서 기준일탈 결과 나옴 → 기준일탈의 조사 → "시험, 검사, 측정이 틀림없음"을 확인 → 기준일탈의 처리 → 기준일탈 제품에 불합격라벨 첨부 → 격리보관 → 폐기처분, 재작업, 반품

51 염모제에 부작용이 있는 체질인지 아닌지를 조사하는 테스트는?

① hair test
② hairdye test
③ chemical test
④ skin test
⑤ patch test

> **해설**
>
> 패취테스트(patch test) 순서(화장품법 시행규칙 별표 3)
> - 먼저 팔 안쪽 또는 귀 뒤쪽 머리카락이 난 주변 피부를 비눗물로 잘 씻고 탈지면으로 가볍게 닦는다.
> - 다음에 이 제품 소량을 취해 정해진 용법대로 혼합하여 실험액을 준비한다.
> - 실험액을 앞서 세척한 부위에 동전 크기로 바르고 자연 건조시킨 후 그대로 48시간 방치한다(시간을 잘 지켜야 함).
> - 테스트 부위의 관찰은 테스트액을 바른 후 30분 그리고 48시간 후 총 2회를 반드시 행한다.
> - 그때 도포 부위에 발진, 발적, 가려움, 수포, 자극 등의 피부 등의 이상이 있는 경우에는 손 등으로 만지지 말고 바로 씻어내고 염모는 하지 말아야 한다.
> - 테스트 도중, 48시간 이전이라도 위와 같은 피부 이상을 느낀 경우에는 바로 테스트를 중지하고 테스트액을 씻어내고 염모는 하지 말아야 한다.
> - 48시간 이내에 이상이 발생하지 않는다면 바로 염모한다.

52 청정도 등급에 따른 작업실과 관리기준을 바르게 설명한 것은?

① 원료 칭량실 – 낙하균 : 10개/hr 또는 부유균 20개/m^2
② 제조실 – 낙하균 : 10개/hr 또는 부유균 20개/m^2
③ 내용물 보관소 – 낙하균 : 30개/hr 또는 부유균 200개/m^2
④ 포장실 – 낙하균 : 30개/hr 또는 부유균 200개/m^2
⑤ 일반 시험실 – 낙하균 : 30개/hr 또는 부유균 200개/m^2

> **해설**
>
> ① 원료 칭량실 – 낙하균 : 30개/hr 또는 부유균 200개/m^2
> ② 제조실 – 낙하균 : 30개/hr 또는 부유균 200개/m^2
> ④ 포장실 – 갱의, 포장재의 외부 청소 후 반입
> ⑤ 일반 시험실 – 관리기준 없음

53 제조위생관리기준서의 제조시설 세척 및 평가에 포함되는 사항이 아닌 것은?

① 책임자 지정
② 세척 및 소독 계획
③ 제조시설의 분해 및 조립 방법
④ 작업복장의 세탁방법 및 착용규정
⑤ 작업 전 청소상태 확인방법

제조위생관리기준서의 포함 사항(우수화장품 제조 및 품질관리기준 제15조 제5항)
- 작업원의 건강관리 및 건강상태의 파악 · 조치방법
- 작업원의 수세, 소독방법 등 위생에 관한 사항
- 작업복장의 규격, 세탁방법 및 착용규정
- 작업실 등의 청소(필요한 경우 소독을 포함) 방법 및 청소주기
- 청소상태의 평가방법
- 제조시설의 세척 및 평가
  - 책임자 지정
  - 세척 및 소독 계획
  - 세척방법과 세척에 사용되는 약품 및 기구
  - 제조시설의 분해 및 조립 방법
  - 이전 작업 표시 제거방법
  - 청소상태 유지방법
  - 작업 전 청소상태 확인방법
- 곤충, 해충이나 쥐를 막는 방법 및 점검주기

54 천연화장품 및 유기농화장품의 제조에서 금지되는 공정이 아닌 것은?

① 유전자 변형 원료 배합
② 니트로스아민류 배합 및 생성
③ 공기, 산소, 질소, 이산화탄소, 아르곤 가스 외의 분사제 사용
④ 이온교환(Ionic Exchange) 공정
⑤ 수은화합물을 사용한 처리

④ 이온교환(Ionic Exchange) 공정은 천연화장품 및 유기농화장품의 제조에 쓸 수 있는 공정 중 화학적 · 생물학적 공정의 하나이다.
①· ②· ③· ⑤는 천연화장품 및 유기농화장품의 기준에 관한 규정에서 금지하고 있는 제조공정들이다.

55 다음 착향제 중 향료로 기재 · 표시할 수 있는 성분은?

① 신남알   ② 리모넨
③ 벤질알코올   ④ 티트리
⑤ 참나무 이끼 추출물

착향제는 향료로 표시할 수 있다. 다만, 착향제의 구성 성분 중 식품의약품안전처장이 정하여 고시한 알레르기 유발성분이 있는 경우에는 향료로 표시할 수 없고, 해당 성분의 명칭을 기재 · 표시해야 한다. ①· ②· ③· ⑤는 식품의약품안전처장이 고시한 알레르기를 유발하는 착향제의 구성 성분이다.

56 다음 중 자외선과 자외선 관련 용어에 대한 설명으로 옳은 것은?

① 자외선차단지수(SPF)는 UVA를 차단하는 제품의 차단효과를 나타내는 지수이다.

② 홍반은 주로 UVB에 의해 발생한다.

③ 최소홍반량(MED)은 UVB를 조사한 후 10시간의 범위 내에 홍반을 나타낼 수 있는 최소한의 자외선 조사량이다.

④ 자외선 중에서 파장이 가장 긴 것은 UVC이다.

⑤ 최소지속형즉시흑화량(MPPD)은 UVB를 조사한 후 2~24시간의 범위 내에 희미한 흑화가 인식되는 최소 자외선 조사량이다.

> **해설**
> ① 자외선차단지수(SPF)는 UVB를 차단하는 제품의 차단효과를 나타내는 지수이다.
> ③ 최소홍반량(MED)은 UVB를 조사한 후 16~24시간의 범위 내에, 조사 영역의 전 영역에 홍반을 나타낼 수 있는 최소한의 자외선 조사량이다.
> ④ 자외선 중에서 파장이 가장 긴 것은 UVA(320~400nm)이다. UVC는 파장이 200~290nm로 가장 짧다.
> ⑤ 최소지속형즉시흑화량(MPPD)은 UVB가 아니라 UVA를 쬐어 조사한다. UVA를 조사한 후 2~24시간의 범위 내에 조사영역의 전 영역에서 희미한 흑화가 인식되는 최소 자외선조사량이다.

57 내용량이 10밀리리터 초과 50밀리리터 이하 또는 중량이 10그램 초과 50그램 이하 화장품의 포장에서 기재·표시를 생략할 수 있는 성분은?

① 금 박

② 타르색소

③ 과일산(AHA)

④ 기능성화장품의 경우 그 효과가 나타나게 하는 원료

⑤ 샴푸와 린스를 제외한 제품에 들어 있는 인산염의 종류

> **해설**
> 화장품 포장의 기재·표시를 생략할 수 있는 성분(화장품법 시행규칙 제19조 제2항)
> • 제조과정 중에 제거되어 최종 제품에는 남아 있지 않은 성분
> • 안정화제, 보존제 등 원료 자체에 들어 있는 부수 성분으로서 그 효과가 나타나게 하는 양보다 적은 양이 들어 있는 성분
> • 내용량이 10밀리리터 초과 50밀리리터 이하 또는 중량이 10그램 초과 50그램 이하 화장품의 포장인 경우에는 다음의 성분을 제외한 성분
> – 타르색소
> – 금 박
> – 샴푸와 린스에 들어 있는 인산염의 종류
> – 과일산(AHA)
> – 기능성화장품의 경우 그 효능·효과가 나타나게 하는 원료
> – 식품의약품안전처장이 사용 한도를 고시한 화장품의 원료

58 다음 중 천연고분자 점증제가 아닌 것은?

① 카라기난(Carrageenan)　　　　② 전 분
③ Quince seed gum(천연검)　　④ 카르복실 비닐폴리머
⑤ Xanthan gum(잔탄검)

해설

카르복실 비닐폴리머(Carbomer)는 합성고분자 점증제이다.
천연고분자 점증제 : 카라기난(Carrageenan), 펙틴, 전분, Quince seed gum(천연검), Xanthan gum(잔탄검) 등

59 화장품을 제조할 때 비의도적으로 유래된 사실이 객관적인 자료로 확인되고 기술적으로 완전한 제거가 불가능한 경우 해당 물질의 검출 허용 한도로 옳은 것은?

① 니켈 : 눈 화장용 제품은 $30\mu g/g$ 이하, 색조 화장용 제품은 $35\mu g/g$ 이하, 그 밖의 제품은 $10\mu g/g$ 이하
② 납 : 점토를 원료로 사용한 분말제품 $500\mu g/g$ 이하, 그 밖의 제품은 $200\mu g/g$ 이하
③ 비소 : $1\mu g/g$ 이하
④ 디옥산 : $10\mu g/g$ 이하
⑤ 카드뮴 : $10\mu g/g$ 이하

해설

① 니켈 : 눈 화장용 제품은 $35\mu g/g$ 이하, 색조 화장용 제품은 $30\mu g/g$ 이하, 그 밖의 제품은 $10\mu g/g$ 이하
③ 비소 : $10\mu g/g$ 이하
④ 디옥산 : $100\mu g/g$ 이하
⑤ 카드뮴 : $5\mu g/g$ 이하

60 다음 중 화장품 배합에 사용할 수 없는 원료에 해당하는 것으로 옳은 것은?

① 글리세린　　　　　　　　② 토코페릴아세테이트
③ 다이프로필렌글라이콜　　④ 진세노사이드
⑤ 페닐파라벤

해설

화장품에 사용할 수 없는 원료(화장품 안전기준 등에 관한 규정 별표 1)
갈라민트리에치오다이드, 갈란타민, 구아이페네신, 글리사이클아미드, 나프탈렌, 니켈, 니트로벤젠, 다이우론, 도딘, 디메칠설페이트, 디옥산, 디클로로펜, 디페닐아민, 리도카인, 페닐부타존, 페닐파라벤 등

61 화장품 사용 시의 주의 사항 중 모든 화장품에 적용되는 공통 사항으로 옳지 않은 것은?

① 화장품 사용 시 사용부위에 붉은 반점이 생기면 사용하지 말고 하루 정도 기다릴 것
② 화장품 사용 후 사용부위에 가려움증 등의 이상 증상이 있는 경우 전문의 등과 상담할 것
③ 직사광선을 피해서 보관할 것
④ 상처가 있는 부위 등에는 사용을 자제할 것
⑤ 어린이의 손이 닿지 않는 곳에 보관할 것

해설

화장품 사용 시 주의 사항 중 공통 사항(화장품법 시행규칙 별표 3)
• 화장품 사용 시 또는 사용 후 직사광선에 의하여 사용부위가 붉은 반점, 부어오름 또는 가려움증 등의 이상 증상이나 부작용이 있는 경우 전문의 등과 상담할 것
• 상처가 있는 부위 등에는 사용을 자제할 것
• 보관 및 취급 시의 주의사항
  – 어린이의 손이 닿지 않는 곳에 보관할 것
  – 직사광선을 피해서 보관할 것

62 비중이 0.8인 액체 300ml를 채울 때(100% 채움)의 중량은?

① 240g
② 260g
③ 300g
④ 360g
⑤ 375g

해설

비중 = $\dfrac{중량}{부피}$ 이므로, 중량 = 비중 $\times$ 부피이다.

따라서 중량 = 0.8 $\times$ 300 = 240g이다.

63 다음 〈보기〉 중 화장품의 물리적 변화를 모두 고른 것은?

┌─●보 기●─────────────────────────
ㄱ. 내용물의 색상이 변했을 때
ㄴ. 내용물에서 불쾌한 냄새가 날 때
ㄷ. 내용물의 층이 분리되었을 때
ㄹ. 내용물이 한군데에 엉겨서 뭉쳐있을 때
ㅁ. 내용물 속 작은 고체 물질이 가라앉아 있을 때
└────────────────────────────────

① ㄱ, ㄴ, ㄷ
② ㄱ, ㄹ, ㅁ
③ ㄴ, ㄷ, ㄹ
④ ㄴ, ㄷ, ㅁ
⑤ ㄷ, ㄹ, ㅁ

64 천연화장품 및 유기농 화장품의 기준에 관한 규정이다. 〈보기〉에서 ㉠, ㉡, ㉢에 해당하는 것을 차례대로 나열한 것으로 옳은 것은?

─● 보 기 ●─

- 천연화장품은 중량 기준으로 천연 함량이 전체 제품에서 (㉠)% 이상으로 구성하여야 한다.
- 유기농화장품은 중량 기준으로 유기농 함량이 전체 제품에서 (㉡)% 이상이어야 하며, 유기농 함량을 포함한 천연 함량이 전체 제품에서 (㉢)% 이상으로 구성되어야 한다.

① ㉠ : 80, ㉡ : 5, ㉢ : 80
② ㉠ : 90, ㉡ : 5, ㉢ : 90
③ ㉠ : 95, ㉡ : 10, ㉢ : 95
④ ㉠ : 95, ㉡ : 15, ㉢ : 95
⑤ ㉠ : 85, ㉡ : 15, ㉢ : 95

65 다음 중 각질층의 각질간 지질에 많은 성분을 고르시오.

① 세라마이드, 피지선, 지방산
② 세라마이드, 피지선, 콜레스테롤
③ 세라마이드, 콜레스테롤, 지방산
④ 케라틴, 콜레스테롤, 지방산
⑤ 케라틴, 피지선, 콜레스테롤

66 다음 중 기능성화장품의 종류가 아닌 것은?

① 피부의 주름 개선에 도움을 주는 화장품
② 자외선으로부터 피부를 보호해주는 화장품
③ 일시적으로 모발의 색상을 변화시키는 기능을 가진 화장품
④ 피부의 미백에 도움을 주는 화장품
⑤ 여드름성 피부를 완화하는 데 도움을 주는 화장품

해설

탈염·탈색을 포함하여 모발의 색상을 변화시키는 기능을 가진 화장품은 기능성화장품이 맞지만, '일시적으로 모발의 색상을 변화시키는 제품'은 제외된다.

67 천연화장품에서 사용가능한 보존제로 옳은 것은?

① 디아졸리디닐우레아   ② 소르빅애씨드 및 그 염류
③ 페녹시에탄올   ④ 디엠디엠하이단 토인
⑤ 소듐아이오데이트

해설

'천연화장품 및 유기농 화장품의 기준에 관한 규정' 별표 4에는 허용 합성 보존제 및 변성제로 벤조익애씨드 및 그 염류, 벤질알코올, 살리실릭애씨드 및 그 염류, 소르빅애씨드 및 그 염류, 데하이드로아세틱애씨드 및 그 염류, 데나토늄벤조에이트, 3급부틸알코올, 기타 변성제(프탈레이트류 제외), 이소프로필알코올, 테트라소듐글루타메이트디아세테이트가 제시되어 있다.

68 인체적용시험과 인체첩포시험의 차이에 대한 설명으로 옳은 것은?

① 인체적용시험은 인체사용시험이다.
② 인체적용시험은 독성시험법 중 하나이다.
③ 인체첩포시험은 patch 제거에 의한 일과성의 홍반의 소실을 기다려 관찰·판정한다.
④ 인체첩포시험은 화장품의 표시·광고 내용을 증명할 목적하는 연구이다.
⑤ 인체첩포시험은 해당 화장품의 효과 및 안전성을 확인하기 위하여 실시한다.

해설

인체 적용시험(화장품 표시·광고 실증에 관한 규정 제2조)
화장품의 표시·광고 내용을 증명할 목적으로 해당 화장품의 효과 및 안전성을 확인하기 위하여 사람을 대상으로 실시하는 시험 또는 연구를 말한다.
인체첩포시험(기능성화장품 심사에 관한 규정 별표 1 독성시험법)
원칙적으로 첩포 24시간 후에 patch를 제거하고 제거에 의한 일과성의 홍반의 소실을 기다려 관찰·판정하는 인체사용시험으로, 독성시험법 중 하나이다.

69 맞춤형화장품에 관한 사항으로 옳지 않은 것은?

① 맞춤형화장품판매업을 하려는 자는 식품의약품안전처장에게 등록하여야 한다.
② 맞춤형화장품은 식품의약품안전처장이 정하는 원료를 추가하여 혼합한 화장품을 말한다.
③ 제조 또는 수입된 화장품의 내용물을 소분(小分)한 화장품을 말한다.
④ 맞춤형화장품은 제조 또는 수입된 화장품의 내용물에 다른 화장품의 내용물을 말한다.
⑤ 맞춤형화장품판매업을 하려는 자는 맞춤형화장품조제관리사를 두어야 한다.

해설
맞춤형화장품판매업의 신고(화장품법 제3조의2)
• 맞춤형화장품판매업을 하려는 자는 식품의약품안전처장에게 신고하여야 한다. 신고한 사항 중 총리령으로 정하는 사항을 변경할 때에도 또한 같다.
• 맞춤형화장품판매업을 신고한 자(맞춤형화장품판매업자)는 맞춤형화장품의 혼합·소분 업무에 종사하는 자(맞춤형화장품조제관리사)를 두어야 한다.

70 0.5퍼센트 이상 함유할 때 꼭 표시해야 할 성분은?

① 글리세린   ② 세라마이드
③ 토코페롤   ④ 글리콜린산
⑤ 소듐하이알루로네이트

해설
③ 토코페롤은 사용한도가 20%로 정해진 원료이다(화장품 안전기준 등에 관한 규정 별표 2).

71 포장재의 입고에 관한 설명이다. 바르지 못한 것은?

① 포장재는 적합, 부적합에 따라 각각의 공간에 별도로 보관되어야 한다.
② 포장재 선적 용기에 대하여 확실한 표기 오류, 용기 손상, 봉인 파손, 오염 등에 대해 육안으로 검사한다.
③ 포장재는 제조단위별로 각각 구분하여 관리하여야 한다.
④ 자동화 창고와 같이 혼동을 방지할 수 있는 경우에는 해당 시스템을 통해 관리할 수 있다.
⑤ 부적합 포장재를 보관하는 공간은 신속처리를 위해 잠금장치를 하지 않는다.

해설
부적합 포장재를 보관하는 공간은 잠금장치를 추가하여야 한다.

72 원자재 출고 · 보관 관리에 대한 다음 설명 중 틀린 것은?

① 시험결과 적합판정된 것만을 출고해야 한다.

② 제품을 보관할 때에는 보관기한을 설정하여야 한다.

③ 제품은 바닥과 벽에 닿지 아니하도록 보관한다.

④ 제품은 후입선출에 의하여 출고할 수 있도록 한다.

⑤ 원자재, 부적합품은 각각 구획된 장소에서 보관하여야 한다.

> **해설**
>
> 원자재, 반제품 및 벌크 제품은 바닥과 벽에 닿지 아니하도록 보관하고, 선입선출에 의하여 출고할 수 있도록 보관하여야 한다(우수화장품 제조 및 품질관리기준 제13조 제2항).

73 다음 중 우수화장품 제조 및 품질관리기준상 적합판정의 사후관리와 관련하여 〈보기〉의 빈 칸에 들어갈 내용으로 옳은 것은?

> **•보 기•**
>
> 식품의약품안전처장은 우수화장품 제조 및 품질관리기준 적합판정을 받은 업소에 대해 우수화장품 제조 및 품질관리기준 실시상황평가표에 따라 (   ) 실태조사를 실시하여야 한다.

① 5년에 1회 이상   ② 4년에 1회 이상

③ 3년에 1회 이상   ④ 격년으로

⑤ 매 년

> **해설**
>
> 사후관리(우수화장품 제조 및 품질관리기준 제32조 제1항)
> 식품의약품안전처장은 우수화장품 제조 및 품질관리기준 적합판정을 받은 업소에 대해 우수화장품 제조 및 품질관리기준 실시상황평가표에 따라 3년에 1회 이상 실태조사를 실시하여야 한다.

74 화장품의 폐기처리에 대한 설명 중 옳지 않은 것은?

① 폐기 대상은 따로 보관하고 규정에 따라 신속하게 폐기하여야 한다.

② 변질 및 변패 또는 병원미생물에 오염되지 않고 사용기한이 6개월 이상 남은 화장품은 재작업을 할 수 있다.

③ 변질 및 변패 또는 병원미생물에 오염되지 않고 제조일로부터 1년이 경과하지 않은 화장품은 재작업을 할 수 있다.

④ 회수 반품된 제품의 폐기는 품질보증 책임자에 의해 승인되어야 한다.

⑤ 변질 및 변패 또는 병원미생물에 오염되지 않고 사용기한이 1년이 경과하지 않은 화장품은 재작업을 할 수 있다.

② 재작업은 변질·변패 또는 병원 미생물에 오염되지 아니하였으며 제조일로부터 1년이 경과하지 않았거나 사용기한이 1년 이상 남아 있는 경우에 가능하다.

폐기처리 등(우수화장품제조 및 품질관리기준 제22조)
• 품질에 문제가 있거나 회수·반품된 제품의 폐기 또는 재작업 여부는 품질보증 책임자에 의해 승인되어야 한다.
• 재작업은 그 대상이 다음을 모두 만족한 경우에 할 수 있다.
  – 변질·변패 또는 병원미생물에 오염되지 아니한 경우
  – 제조일로부터 1년이 경과하지 않았거나 사용기한이 1년 이상 남아 있는 경우
• 재입고할 수 없는 제품의 폐기처리규정을 작성하여야 하며 폐기 대상은 따로 보관하고 규정에 따라 신속하게 폐기하여야 한다.

75 다음 중 화장품 광고에 사용할 수 있는 문구는?

① 의사, 한의사가 사용하고 추천하는 제품이라는 문구
② '최고' 또는 '최상'이라는 문구
③ 멸종위기종의 가공품이 함유된 화장품임을 광고하는 문구
④ 기준을 분명히 밝혀 객관적으로 확인될 수 있는 경쟁상품과의 비교 광고 문구
⑤ 외국과의 기술제휴를 하지 않고 외국과의 기술제휴 등을 표현하는 광고 문구

① 의사·치과의사·한의사·약사·의료기관이 공인·추천 등을 하였다는 내용은 표시·광고하지 말아야 한다.
② 배타성을 띤 '최고' 또는 '최상' 등의 절대적 표현의 표시·광고를 하지 말아야 한다.
③ 국제적 멸종위기종의 가공품이 함유된 화장품임을 표현하거나 암시하는 내용은 표시·광고하지 말아야 한다.
⑤ 외국과의 기술제휴를 하지 않고 외국과의 기술제휴 등을 표현하는 표시·광고는 하지 말아야 한다.

76 다음 중 피부의 구조와 역할에 대하여 올바르게 쓴 것은?

① 랑게르한스섬 : 체온 유지를 담당하는 세포로 유극층에 존재한다.
② 진피층 : 섬유아세포에서 콜라겐을 합성한다.
③ 각질층 : 박리현상이 일어나며 표피의 가장 안쪽에 위치한다.
④ 피하조직 : 피부의 90%를 차지하는 실질적인 피부이다.
⑤ 기저층 : 자외선을 흡수하는 케라토하이알린이 존재한다.

① 랑게르한스섬은 면역을 담당한다.
③ 각질층은 표피의 가장 바깥쪽에 위치한다.
④ 피부의 90%를 차지하는 실질적인 피부는 진피이다.
⑤ 케라토하이알린은 과립층에서 빛을 산란시키고 자외선을 흡수한다.

77 광노화를 일으키는 자외선의 파장 범위는?

① 0~100nm

② 100~190nm

③ 190~250nm

④ 250~300nm

⑤ 320~400nm

> **해설**
>
> UVA(320~400nm) : 장파장으로 광노화 유발, 피부의 진피층까지 침투하여 콜라겐을 파괴하며 피부탄력 감소·잔주름 유발, 선탠 반응

78 영유아 또는 어린이 사용 화장품의 관리에 관한 설명으로 옳지 않은 것은?

① 화장품책임판매업자는 영유아 또는 어린이가 사용할 수 있는 화장품임을 표시·광고하려는 경우에는 제품별로 안전과 품질을 입증할 수 있는 자료를 작성하여야 한다.

② 제품별 안전성 자료에는 제품 및 제조방법에 대한 설명 자료, 화장품의 안전성 평가 자료, 제품의 효능·효과에 대한 증명자료가 있다.

③ 식품의약품안전처장은 소비자가 화장품을 안전하게 사용할 수 있도록 교육 및 홍보를 할 수 있다.

④ 영유아 또는 어린이의 연령 기준은 영유아는 만 3세 이하, 어린이는 만 4세 이상부터 만 12세 이하까지이다.

⑤ 식품의약품안전처장은 화장품에 대하여 제품별 안전성 자료, 소비자 사용실태, 사용 후 이상사례 등에 대하여 주기적으로 실태조사를 실시하여야 한다.

> **해설**
>
> 영유아 또는 어린이의 연령 기준
> • 영유아 : 만 3세 이하
> • 어린이 : 만 4세 이상부터 만 13세 이하까지

79 맞춤형화장품판매업자가 안전용기·포장 등의 사용의무와 기준에 대해 확인할 내용으로 옳지 않은 것은?

① 만 5세 미만 어린이가 개봉하기 어렵게 설계되고 고안된 용기나 포장인가를 확인한다.

② 어린이가 화장품을 잘못 사용하여 인체에 위해를 끼치는 사고가 발생하지 않도록 한 용기인가를 확인해야 한다.

③ 개별포장당 메틸살리실레이트를 5퍼센트 이상 함유하는 액체상태의 제품이 안전용기에 들어 있는지 확인한다.

④ 용기·포장이 성인이나 어린이에게 개봉하기 어렵게 되어 안전하게 된 것인지 확인한다.

⑤ 아세톤을 함유하는 네일 에나멜 리무버 및 네일 폴리시 리무버가 안전용기·포장이 되어 있는지 확인한다.

> **해설**
> ④ 안전용기·포장은 성인이 개봉하기는 어렵지 아니하나 만 5세 미만의 어린이가 개봉하기는 어렵게 된 것이어야 한다.

80 다음 중 맞춤형화장품을 제대로 판매한 것만 옳게 고른 것은?

> ㄱ. 맞춤형화장품조제관리사가 일반 화장품을 판매하였다.
> ㄴ. 향수 200ml를 40ml로 소분하여 판매하였다.
> ㄷ. 아데노신 함유 제품과 알파-비사보롤 함유 제품을 혼합·소분하여 판매하였다.
> ㄹ. 원료를 공급하는 화장품책임판매업자가 기능성 화장품에 대한 심사받은 원료와 내용물을 혼합하였다.

① ㄱ

② ㄱ, ㄴ

③ ㄱ, ㄹ

④ ㄱ, ㄷ

⑤ ㄱ, ㄴ, ㄷ

> **해설**
> 기능성화장품 심사를 받은 원료와 내용물을 혼합하여 판매하려면 맞춤형화장품조제관리사 자격을 갖춰야 한다.

01 다음 내용 중 ( ) 안에 들어갈 말을 쓰시오.

- ( )의 예 : 소듐, 포타슘, 칼슘, 마그네슘, 암모늄, 에탄올아민, 클로라이드, 브로마이드, 설페이트, 아세테이트, 베타인 등
- 에스텔류 : 메칠, 에칠, 프로필, 이소프로필, 부틸, 이소부틸, 페닐

화장품 안전기준 등에 관한 규정 [별표 2]의 사용상의 제한이 필요한 원료에서 염류(염기성과 산성의 화합물)와 에스텔류(산과 알코올의 탈수반응으로 생긴 화합물)에 대해 제시하고 있다.

정답 **염류**

02 화장품책임판매업자는 영유아 또는 어린이가 사용할 수 있는 화장품임을 표시·광고하려는 경우에는 제품별로 안전과 품질을 입증할 수 있는 다음의 자료들을 작성 및 보관해야 한다. ( ) 안에 들어갈 말을 쓰시오.

1. 제품 및 제조방법에 대한 설명 자료
2. 화장품의 ( ) 평가 자료
3. 제품의 효능·효과에 대한 증명 자료

영유아 또는 어린이 사용 화장품의 관리(화장품법 제4조의2 제1항)
① 화장품책임판매업자는 영유아 또는 어린이가 사용할 수 있는 화장품임을 표시·광고하려는 경우에는 제품별로 안전과 품질을 입증할 수 있는 다음의 자료(이하 "제품별 안전성 자료"라 한다)를 작성 및 보관하여야 한다.
1. 제품 및 제조방법에 대한 설명 자료
2. 화장품의 안전성 평가 자료
3. 제품의 효능·효과에 대한 증명 자료

정답 **안전성**

03 다음은 위해평가의 방법을 순서대로 나열한 것이다. ㉠과 ㉡에 들어갈 말을 쓰시오.

> 위해평가 방법 및 절차 등에 관한 규정 제8조 제1항
> 1. 위험성 확인 : 위해요소에 노출됨에 따라 발생할 수 있는 독성의 정도와 영향의 종류 등을 파악한다.
> 2. 위험성 결정 : 동물 실험결과, 동물대체 실험결과 등의 불확실성 등을 보정하여 인체노출 허용량을 결정한다.
> 3. (㉠) : 화장품의 사용을 통하여 노출되는 위해요소의 양 또는 수준을 정량적 또는 정성적으로 산출한다.
> 4. (㉡) : 위해요소 및 이를 함유한 화장품의 사용에 따른 건강상영향, 인체노출 허용량 또는 수준 및 화장품 이외의 환경 등에 의하여 노출되는 위해요소의 양을 고려하여 사람에게 미칠 수 있는 위해의 정도와 발생빈도 등을 정량적 또는 정성적으로 예측한다.

위해평가의 방법(위해평가 방법 및 절차 등에 관한 규정 제8조 제1항)
① 화장품의 위해평가 방법은 다음 각 호와 같다.
 1. 위험성 확인 : 위해요소에 노출됨에 따라 발생할 수 있는 독성의 정도와 영향의 종류 등을 파악한다.
 2. 위험성 결정 : 동물 실험결과, 동물대체 실험결과 등의 불확실성 등을 보정하여 인체노출 허용량을 결정한다.
 3. 노출평가 : 화장품의 사용을 통하여 노출되는 위해요소의 양 또는 수준을 정량적 또는 정성적으로 산출한다.
 4. 위해도 결정 : 위해요소 및 이를 함유한 화장품의 사용에 따른 건강상영향, 인체노출 허용량 또는 수준 및 화장품 이외의 환경 등에 의하여 노출되는 위해요소의 양을 고려하여 사람에게 미칠 수 있는 위해의 정도와 발생빈도 등을 정량적 또는 정성적으로 예측한다.

정답 ㉠ : **노출평가**, ㉡ : **위해도 결정**

04 다음은 화장품법에서 정의한 내용이다. ㉠과 ㉡에 들어갈 용어를 순서대로 쓰시오.

> (㉠)이란 (㉡)을 수용하는 1개 또는 그 이상의 포장과 보호재 및 표시의 목적으로 한 포장으로 첨부문서 등을 포함한다. (㉡)은 화장품 제조 시 내용물과 직접 접촉하는 포장용기를 말한다.

용어의 정의(화장품법 제2조)
• 1차 포장 : 화장품 제조 시 내용물과 직접 접촉하는 포장용기
• 2차 포장 : 1차 포장을 수용하는 1개 또는 그 이상의 포장과 보호재 및 표시의 목적으로 한 포장(첨부문서 등을 포함)

정답 ㉠ : **2차 포장**, ㉡ : **1차 포장**

05 다음은 우수화장품 제조 및 품질관리기준에서 정의한 내용이다. (   ) 안에 들어갈 용어를 쓰시오.

> (   ) 제품이란 충전 이전의 제조 단계까지 끝낸 제품을 말한다.

용어의 정의(우수화장품 제조 및 품질관리기준 제2조)
- 원료 : 벌크 제품의 제조에 투입하거나 포함되는 물질
- 원자재 : 화장품 원료 및 자재
- 반제품 : 제조공정 단계에 있는 것으로서 필요한 제조공정을 더 거쳐야 벌크 제품이 되는 것
- 벌크 제품 : 충전(1차 포장) 이전의 제조 단계까지 끝낸 제품
- 완제품 : 출하를 위해 제품의 포장 및 첨부문서에 표시공정 등을 포함한 모든 제조공정이 완료된 화장품
- 재작업 : 적합 판정기준을 벗어난 완제품, 벌크 제품 또는 반제품을 재처리하여 품질이 적합한 범위에 들어오도록 하는 작업

정답 > **벌크**

06 다음은 화장품 사용 시 주의사항을 기재한 것이다. 이러한 주의사항을 표시해야 하는 (   ) 안의 성분명을 쓰시오.

> 가) 햇빛에 대한 피부의 감수성을 증가시킬 수 있으므로 자외선 차단제를 함께 사용할 것(씻어내는 제품 및 두발용 제품은 제외한다.)
> 나) 일부에 시험 사용하여 피부 이상을 확인할 것
> 다) 고농도의 (   ) 성분이 들어 있어 부작용이 발생할 우려가 있으므로 전문가 등에게 상담할 것(성분이 10퍼센트를 초과하여 함유되어 있거나 산도가 3.5 미만인 제품만 표시한다)

화장품 유형과 사용 시의 주의사항(화장품법 시행규칙 별표 3)
알파-하이드록시애시드(α-hydroxyacid, AHA)(이하 "AHA"라 한다) 함유제품(0.5퍼센트 이하의 AHA가 함유된 제품은 제외한다)
- 햇빛에 대한 피부의 감수성을 증가시킬 수 있으므로 자외선 차단제를 함께 사용할 것(씻어내는 제품 및 두발용 제품은 제외한다)
- 일부에 시험 사용하여 피부 이상을 확인할 것
- 고농도의 AHA 성분이 들어 있어 부작용이 발생할 우려가 있으므로 전문의 등에게 상담할 것(AHA 성분이 10퍼센트를 초과하여 함유되어 있거나 산도가 3.5 미만인 제품만 표시한다)

정답 > **알파-하이드록시애시드(AHA)**

07 ( ) 안에 들어갈 말을 쓰시오.

> ( )은/는 제1호의 색소 중 콜타르, 그 중간생성물에서 유래되었거나 유기합성하여 얻은 색소 및 그 레이크, 염, 희석제와의 혼합물을 말한다.

용어의 정의(화장품의 색소 종류와 기준 및 시험방법 제2조)
1. "색소"라 함은 화장품이나 피부에 색을 띄게 하는 것을 주요 목적으로 하는 성분을 말한다.
2. "타르색소"라 함은 제1호의 색소 중 콜타르, 그 중간생성물에서 유래되었거나 유기합성하여 얻은 색소 및 그 레이크, 염, 희석제와의 혼합물을 말한다.

정답 》 **타르색소**

08 ( ) 안에 들어갈 말을 쓰시오.

> 기능성화장품의 심사를 받기 위해서는 여러 자료들을 제출해야 한다. 유효성 또는 기능에 관한 자료 중 인체적용시험자료를 제출하는 경우 ( ) 제출을 면제할 수 있다. 다만, 이 경우에는 ( )의 제출을 면제받은 성분에 대해서는 효능·효과를 기재·표시할 수 없다.

제출자료의 면제 등(기능성화장품 심사에 관한 규정 제6조 제2호)
유효성 또는 기능에 관한 자료 중 인체적용시험자료를 제출하는 경우 효력시험자료 제출을 면제할 수 있다. 다만, 이 경우에는 효력시험자료의 제출을 면제받은 성분에 대해서는 효능·효과를 기재·표시할 수 없다.

정답 》 **효력시험자료**

09 ( ) 안에 들어갈 말을 쓰시오.

> 유통화장품 안전관리 기준에서 화장 비누의 유리 알칼리는 ( ) 이하여야 한다.

화장품 안전기준 등에 관한 규칙 제6조 제9항 및 별표 4
유리알칼리 0.1% 이하(화장 비누에 한함)

정답 》 **0.1%**

10 ( ) 안에 들어갈 말을 쓰시오.

> 착향제는 "향료"로 표시할 수 있다. 다만, 착향제의 구성 성분 중 식품의약품안전처장이 정하여 고시한 ( ) 유발 성분이 있는 경우에는 향료로 표시할 수 없고, 해당 성분의 명칭을 기재·표시해야 한다.

화장품법 시행규칙 별표4 제3호
마. 착향제는 "향료"로 표시할 수 있다. 다만, 착향제의 구성 성분 중 식품의약품안전처장이 정하여 고시한 알레르기 유발 성분이 있는 경우에는 향료로 표시할 수 없고, 해당 성분의 명칭을 기재·표시해야 한다.

정답 **알레르기**

11 다음은 화장품 제조에 사용된 성분을 표시하는 방법을 설명한 것이다. ㉠과 ㉡에 들어갈 알맞은 숫자를 차례대로 쓰시오.

> ㄱ. 글자의 크기는 (㉠)포인트 이상으로 한다.
> ㄴ. 화장품 제조에 사용된 함량이 많은 것부터 기재·표시한다. 다만, (㉡)퍼센트 이하로 사용된 성분, 착향제 또는 착색제는 순서에 상관없이 기재·표시할 수 있다.
> ㄷ. 색조 화장용 제품류, 눈 화장용 제품류, 두발염색용 제품류 또는 손발톱용 제품류에서 호수별로 착색제가 다르게 사용된 경우 '± 또는 +/−'의 표시 다음에 사용된 모든 착색제 성분을 함께 기재·표시할 수 있다.

화장품 제조에 사용된 성분 표시방법(화장품법 시행규칙 별표 4)
• 글자의 크기는 5포인트 이상으로 한다.
• 화장품 제조에 사용된 함량이 많은 것부터 기재·표시한다. 다만, 1퍼센트 이하로 사용된 성분, 착향제 또는 착색제는 순서에 상관없이 기재·표시할 수 있다.
• 혼합원료는 혼합된 개별 성분의 명칭을 기재·표시한다.
• 색조 화장용 제품류, 눈 화장용 제품류, 두발염색용 제품류 또는 손발톱용 제품류에서 호수별로 착색제가 다르게 사용된 경우 '± 또는 +/−'의 표시 다음에 사용된 모든 착색제 성분을 함께 기재·표시할 수 있다.

정답 ㉠ 5, ㉡ 1

12 다음은 화장품의 1차 포장에 반드시 표시할 사항을 나열한 것이다. (　　　) 안에 알맞은 말을 쓰시오.

> ㄱ. 화장품의 명칭
> ㄴ. 영업자의 상호
> ㄷ. (　　　)
> ㄹ. 사용기한 또는 개봉 후 사용기간

화장품 1차 포장에 표시할 사항(화장품법 제10조 제2항)
- 화장품의 명칭
- 영업자의 상호
- 제조번호
- 사용기한 또는 개봉 후 사용기간

정답 〉 **제조번호**

13 (　　　) 안에 들어갈 말을 쓰시오.

> (　　　)은 실험실의 배양접시, 인체로부터 분리한 모발 및 피부, 인공피부 등 인위적 환경에서 시험물질과 대조물질 처리 후 결과를 측정하는 것을 말한다.

"인체 외 시험"은 실험실의 배양접시, 인체로부터 분리한 모발 및 피부, 인공피부 등 인위적 환경에서 시험물질과 대조물질 처리 후 결과를 측정하는 것을 말한다(화장품 표시·광고 실증에 관한 규정 제2조 제4호).

정답 〉 **인체 외 시험**

14 피부 각질층의 지질 성분 중 가장 많은 양을 차지하고, 피부 장벽을 만들어주는 성분명을 쓰시오.

세라마이드는 피부 각질층의 지질 성분으로 피부 보호막을 강화해주고 수분 증발을 막으며, 피부에 수분과 보습 성분을 보급해주는 성분이다.

정답 〉 **세라마이드**

15 다음 대화를 읽고 보기에서 나열된 성분 중 맞춤형화장품 조제관리사가 추전하기에 적합한 제품을 골라 쓰시오.

〈대화〉

고객 : 저는 피부 미백을 원하는데, 피부가 민감한 편이예요. 그래서 미백을 하면서 민감한 피부에 적당한 제품을 찾고 있는데, 혹시 있을까요?

조제관리사 : 피부 미백에 도움을 주면서 민감한 피부에 적당한 제품이 있습니다. 피부측정을 한 후에 좀 더 정확하게 말씀드리겠습니다.

━●보기●━

• 징크피리치온 함유제품
• 알파-비사보롤 함유제품
• 아데노신 함유제품
• 알부틴 함유제품

 알파-비사보롤은 무색의 오일상으로, 피부 미백에 도움을 주는 성분이다. 알부틴도 피부 미백에 도움을 주는 성분이지만, '인체적용시험'에서 구진과 경미한 가려움이 보고된 예가 있으므로 피하는 것이 좋다. 징크피리치온은 탈모 방지에 도움을 주는 성분이고, 아데노신은 주름 개선에 도움을 주는 성분이다.

정답 **알파-비사보롤 함유제품**

16 다음은 화장품 용기에 대한 설명이다. (　　　) 안에 들어갈 용어를 쓰시오.

화장품에 사용하는 용기 중에서 (　　　) 용기는 광선의 투과를 방지하는 용기 또는 투과를 방지하는 포장을 한 용기를 말한다.

 화장품 용기(기능성화장품 기준 및 시험방법 별표 1)

• 밀폐용기 : 일상의 취급 또는 보통 보존상태에서 외부로부터 고형의 이물이 들어가는 것을 방지하고 고형의 내용물이 손실되지 않도록 보호할 수 있는 용기로, 밀폐용기로 규정되어 있는 경우에는 기밀용기도 쓸 수 있음
• 기밀용기 : 일상의 취급 또는 보통 보존상태에서 액상 또는 고형의 이물 또는 수분이 침입하지 않고 내용물을 손실, 풍화, 조해 또는 증발로부터 보호할 수 있는 용기로, 기밀용기로 규정되어 있는 경우에는 밀봉용기도 쓸 수 있음
• 밀봉용기 : 일상의 취급 또는 보통의 보존상태에서 기체 또는 미생물이 침입할 염려가 없는 용기
• 차광용기 : 광선의 투과를 방지하는 용기 또는 투과를 방지하는 포장을 한 용기

정답 **차광**

17 안전성 정보 중 유해사례와 화장품 간의 인과관계 가능성이 있다고 보고된 정보로서 그 인과관계가 알려지지 아니하거나 입증자료가 불충분한 것을 무엇이라고 하는지 쓰시오.

18 ( ) 안에 들어갈 말을 쓰시오.

> 모발은 모표피, ( ), 모수질 3개의 구조로 이루어진다.

19 다음은 맞춤형 화장품의 성분표이다. 고객에게 설명할 내용 중 ㉠과 ㉡에 들어갈 말을 쓰시오.

> 〈성분표〉
> 정제수, 글리세린, 다이프로필렌글라이콜, 토코페릴아세테이트, 다이메티콘/비닐다이메티콘크로스폴리머, C12-14파레스-3, 벤질알코올, 향료
>
> 조제관리사 : 여기에 사용한 보존제는 (㉠)로서, (㉡)% 이하로 사용되어 기준에 적합합니다.

20 다음 내용 중 ㉠과 ㉡에 들어갈 알맞은 말을 쓰시오.

> 멜라닌은 표피의 기저층에 존재하는 (㉠)에서 만들어지는데, 이를 만들어내는 소기관을 (㉡)
> 이라고 한다.

 멜라노사이트는 멜라닌을 생성하는 세포로 표피의 기저층에 존재하며, 피부 색소 합성에 관여한다. 이때 멜라노
사이트의 세포질에 존재하는 소기관이 멜라노좀이며, 타원체 모양의 색소 과립이다.

정답 〉 ㉠ 멜라노사이트, ㉡ 멜라노좀

부록

맞춤형화장품 조제관리사 특별시험 기출복원문제

▸ 본 내용은 수험생의 기억을 바탕으로 복원된 문제로, 시험을 치루기 전 어떤 문제들이 출제되는지, 어떤 방식으로 출제되는지 등을 파악하기 위해 수록합니다. 실제 출제된 문제와 다를 수 있으니 이점 양해바랍니다.

객관식

01 화장품법 시행규칙에서 정한 회수대상 화장품과 그 위해성 등급을 바르게 짝지은 것은?

① 병원미생물에 오염된 화장품 : 나등급
② 영업자 스스로 국민보건에 위해를 끼칠 우려가 있어 회수가 필요하다고 판단한 화장품 : 가등급
③ 기능성화장품의 기능성 원료 함량이 기준치에 부적합한 화장품 : 다등급
④ 안전용기・포장 관련 법령을 위반한 화장품 : 다등급
⑤ 사용할 수 없는 원료를 사용한 화장품 : 다등급

해설

①・② 다등급, ④ 나등급, ⑤ 가등급에 해당한다.

회수대상화장품의 위해성 등급(화장품법 시행규칙 제14조의2 제2항)

회수대상화장품의 위해성 등급은 그 위해성이 높은 순서에 따라 가등급, 나등급 및 다등급으로 구분하며, 해당 위해성 등급의 분류기준은 다음의 구분에 따른다.

위해성 등급	등급의 분류기준
가등급	화장품에 사용할 수 없는 원료를 사용한 화장품
나등급	• 안전용기・포장 관련 법령에 위반되는 화장품 • 식품의약품안전처장이 확정・고시한 유통화장품 안전관리 기준에 적합하지 아니한 화장품 　– 내용량의 기준에 관한 부분은 제외 　– 기능성화장품의 기능성을 나타나게 하는 주원료 함량이 기준치에 부적합한 경우는 제외
다등급	• 영업 금지 법령 위반되는 화장품으로 다음의 어느 하나에 해당하는 것 　– 전부 또는 일부가 변패(變敗)된 화장품 　– 병원미생물에 오염된 화장품 　– 이물이 혼입되었거나 부착된 것에 해당하는 화장품 중 보건위생상 위해를 발생할 우려가 있는 화장품 • 식품의약품안전처장이 확정・고시한 유통화장품 안전관리 기준에 적합하지 아니한 화장품 　– 내용량의 기준에 관한 부분은 제외 　– 기능성화장품의 기능성을 나타나게 하는 주원료 함량이 기준치에 부적합한 경우만 해당 • 화장품법에 따른 사용기한 또는 개봉 후 사용기간(병행 표기된 제조연월일을 포함)을 위조・변조한 화장품 • 영업자 스스로 국민보건에 위해를 끼칠 우려가 있어 회수가 필요하다고 판단한 화장품

- 다음의 어느 하나에 해당하는 화장품을 판매하거나 판매할 목적으로 보관 또는 진열한 경우
  - 등록을 하지 아니한 자가 제조한 화장품 또는 제조·수입하여 유통·판매한 화장품
  - 신고를 하지 아니한 자가 판매한 맞춤형화장품
  - 맞춤형화장품조제관리사를 두지 아니하고 판매한 맞춤형화장품
  - 화장품법에 따른 화장품 기재·표시상의 주의에 위반되는 화장품 또는 의약품으로 잘못 인식할 우려가 있게 기재·표시된 화장품
  - 판매의 목적이 아닌 제품의 홍보·판매촉진 등을 위하여 미리 소비자가 시험·사용하도록 제조 또는 수입된 화장품(소비자에게 판매하는 화장품에 한함)
  - 화장품의 포장 및 기재·표시 사항을 훼손(맞춤형화장품 판매를 위하여 필요한 경우는 제외) 또는 위조·변조한 것

02 맞춤형화장품판매업의 변경신고를 하지 않은 경우 처분 기준으로 바른 것은?

① 맞춤형화장품판매업자의 변경신고를 하지 않은 경우 – 1차 위반 : 판매업무정지 5일
② 맞춤형화장품판매업자의 변경신고를 하지 않은 경우 – 2차 위반 : 판매업무정지 30일
③ 맞춤형화장품판매업소 소재지의 변경신고를 하지 않은 경우 – 1차 위반 : 판매업무정지 1개월
④ 맞춤형화장품판매업소 소재지의 변경신고를 하지 않은 경우 – 2차 위반 : 판매업무정지 1개월
⑤ 맞춤형화장품조제관리사의 변경신고를 하지 않은 경우 – 1차 위반 : 판매업무정지 1개월

해설

맞춤형화장품판매업의 변경신고를 하지 않은 경우 처분 기준(화장품법 시행규칙 별표 7)

위반 내용	1차 위반	2차 위반
맞춤형화장품판매업자의 변경신고를 하지 않은 경우	시정명령	판매업무정지 5일
맞춤형화장품판매업소 상호의 변경신고를 하지 않은 경우	시정명령	판매업무정지 5일
맞춤형화장품판매업소 소재지의 변경신고를 하지 않은 경우	판매업무정지 1개월	판매업무정지 2개월
맞춤형화장품조제관리사의 변경신고를 하지 않은 경우	시정명령	판매업무정지 5일

03 영·유아용 및 어린이용 화장품은 제품별 안전성 자료를 보관해야 하는데, 그와 관련하여 다음 〈보기〉의 ㉠, ㉡, ㉢에 들어갈 말로 가장 적절한 것은?

> **●보기●**
>
> 화장품의 1차 포장에 개봉 후 사용기간을 표시하는 경우 안전성 자료는 영유아 또는 어린이가 사용할 수 있는 화장품임을 표시·광고한 날부터 마지막으로 제조한 제품의 (㉠), 마지막으로 수입한 제품의 (㉡) 이후 (㉢)간 보관한다.

① ㉠ : 출하일자, ㉡ : 통관일자, ㉢ : 3년
② ㉠ : 제조일자, ㉡ : 통관일자, ㉢ : 3년
③ ㉠ : 포장일자, ㉡ : 통관일자, ㉢ : 2년
④ ㉠ : 포장일자, ㉡ : 수입일자, ㉢ : 2년
⑤ ㉠ : 생산일자, ㉡ : 수입일자, ㉢ : 1년

> **해설**
> 제품별 안전성 자료의 보관기간(화장품법 시행규칙 제10조의3 제2항)
> • 화장품의 1차 포장에 사용기한을 표시하는 경우 : 영유아 또는 어린이가 사용할 수 있는 화장품임을 표시·광고한 날부터 마지막으로 제조·수입된 제품의 사용기한 만료일 이후 1년까지의 기간. 이 경우 제조는 화장품의 제조번호에 따른 제조일자를 기준으로 하며, 수입은 통관일자를 기준으로 한다.
> • 화장품의 1차 포장에 개봉 후 사용기간을 표시하는 경우 : 영유아 또는 어린이가 사용할 수 있는 화장품임을 표시·광고한 날부터 마지막으로 제조·수입된 제품의 제조연월일 이후 3년까지의 기간. 이 경우 제조는 화장품의 제조번호에 따른 제조일자를 기준으로 하며, 수입은 통관일자를 기준으로 한다.

04 일반화장품에서 실증자료인 인체적용시험자료가 있으면 표시·광고할 수 있는 표현으로 옳지 않은 것은?

① 여드름성 피부에 사용하기 적합하다.
② 인체세정용 제품에 한하여 항균 기능이 있다.
③ 붓기, 다크서클 완화에 도움이 된다.
④ 일시적 셀룰라이트 감소에 도움이 된다.
⑤ 콜라겐 증가, 감소 또는 활성화에 도움이 된다.

> **해설**
> ⑤ 기능성화장품에서 해당 기능을 실증한 자료 제출 시 표시·광고할 수 있다.

05 다음 중 안전용기포장 대상 품목에 해당하는 것은?

① 개별포장당 메틸 살리실레이트를 3퍼센트 이상 함유하는 액체상태의 제품
② 개별포장당 메틸 살리실레이트를 5퍼센트 이상 함유하는 고체상태의 제품
③ 아세톤을 함유하지 않은 네일 폴리시 리무버
④ 아세톤을 함유하는 네일 에나멜 리무버
⑤ 개별포장당 탄화수소류를 5퍼센트 이상 함유하고 고체상태의 제품

해설

안전용기·포장 대상 품목 및 기준(화장품법 시행규칙 제18조)
• 아세톤을 함유하는 네일 에나멜 리무버 및 네일 폴리시 리무버
• 어린이용 오일 등 개별포장당 탄화수소류를 10퍼센트 이상 함유하고 운동점도가 21센티스톡스(섭씨 40도 기준) 이하인 비에멀전 타입의 액체상태의 제품
• 개별포장당 메틸 살리실레이트를 5퍼센트 이상 함유하는 액체상태의 제품

06 화장품의 위해평가는 인체가 화장품의 위해요소에 노출되었을 경우 발생 가능한 유해 영향 및 발생확률을 과학적으로 예측하는 과정이며 위험성 확인, 위험성 결정, 노출 평가, (   ) 등의 단계를 거친다. 이때 괄호 안에 들어갈 말은?

① 위험성 평가
② 노출 결정
③ 유해성 평가
④ 위해도 보고
⑤ 위해도 결정

해설

위해평가의 4단계
1. 위험성 확인 : 위해요소에 노출됨에 따라 발생할 수 있는 독성의 정도와 영향의 종류 등을 파악하는 단계
2. 위험성 결정 : 동물 실험결과 등으로부터 독성 기준값을 결정하여 인체노출 안전기준을 설정하는 단계
3. 노출 평가 : 화장품의 사용으로 인해 위해요소에 노출되는 양 또는 노출수준을 정량적 또는 정성적으로 산출하는 단계
4. 위해도 결정 : 위해요소 및 이를 함유한 화장품의 사용에 따른 건강상 영향을 인체노출허용량(독성기준값) 및 노출수준을 고려하여 사람에게 미칠 수 있는 위해의 정도와 발생빈도 등을 정량적으로 예측하고 종합적으로 판단하는 단계

07 개인정보처리자는 개인정보 수집 목적 범위 내에서 정보주체의 동의를 받아 제3자에게 개인정보를 제공할 수 있다. 정보주체의 동의를 받을 때의 고지 의무사항으로 바르지 않은 것은?

① 제공받는 자의 개인정보 파기 일정
② 개인정보를 제공받는 자
③ 제공받는 자의 개인정보 이용 목적
④ 제공하는 개인정보의 항목
⑤ 제공받는 자의 개인정보 보유 및 이용 기간

해설

개인정보의 수집 · 이용(개인정보 보호법 제17조)
- 개인정보처리자는 다음의 경우 정보주체의 개인정보를 제3자에게 제공(공유 포함)할 수 있다.
  - 정보주체의 동의를 받은 경우
  - 법률에 특별한 규정이 있거나 법령상 의무를 준수하기 위하여 불가피한 경우, 공공기관이 법령 등에서 정하는 소관 업무의 수행을 위하여 불가피한 경우, 정보주체 또는 그 법정대리인이 의사표시를 할 수 없는 상태에 있거나 주소불명 등으로 사전 동의를 받을 수 없는 경우로서 명백히 정보주체 또는 제3자의 급박한 생명, 신체, 재산의 이익을 위하여 필요하다고 인정되는 경우, 정보통신서비스의 제공에 따른 요금정산을 위하여 필요한 경우, 다른 법령에 특별한 규정이 있는 경우에 따라 개인정보를 수집한 목적 범위에서 개인정보를 제공하는 경우
- 개인정보처리자는 동의를 받을 때에는 다음의 사항을 정보주체에게 알려야 한다. 이 중 어느 하나의 사항을 변경하는 경우에도 이를 알리고 동의를 받아야 한다.
  - 개인정보를 제공받는 자
  - 개인정보를 제공받는 자의 개인정보 이용 목적
  - 제공하는 개인정보의 항목
  - 개인정보를 제공받는 자의 개인정보 보유 및 이용 기간
  - 동의를 거부할 권리가 있다는 사실 및 동의 거부에 따른 불이익이 있는 경우에는 그 불이익의 내용

08 다음 〈보기〉는 우수화장품 제조 및 품질관리기준(CGMP) 제10조 유지관리의 내용이다. 괄호에 들어갈 말로 바른 것은?

• 보기 •

건물, 시설 및 주요 설비는 정기적으로 점검하여 화장품의 제조 및 품질관리에 지장이 없도록 유지 · 관리 · (　　　)해야 한다.

① 점 검　　　　　　　　　② 수 리
③ 변 경　　　　　　　　　④ 기 록
⑤ 교 체

해설

유지관리(우수화장품 제조 및 품질관리기준 제10조)
- 건물, 시설 및 주요 설비는 정기적으로 점검하여 화장품의 제조 및 품질관리에 지장이 없도록 유지 · 관리 · 기록하여야 한다.
- 결함 발생 및 정비 중인 설비는 적절한 방법으로 표시하고, 고장 등 사용이 불가할 경우 표시하여야 한다.
- 세척한 설비는 다음 사용 시까지 오염되지 아니하도록 관리하여야 한다.
- 모든 제조 관련 설비는 승인된 자만이 접근 · 사용하여야 한다.
- 제품의 품질에 영향을 줄 수 있는 검사 · 측정 · 시험장비 및 자동화장치는 계획을 수립하여 정기적으로 교정 및 성능 점검을 하고 기록해야 한다.
- 유지관리 작업이 제품의 품질에 영향을 주어서는 안 된다.

09 다음의 화장품 원료 중에서 사용상의 제한이 필요한 원료가 아닌 것은?

① 메칠이소치아졸리논　　　　② 천수국꽃 추출물
③ 메텐아민　　　　　　　　　④ 징크피리치온
⑤ 헥세티딘

해설
② 천수국꽃 추출물은 사용할 수 없는 원료이다.

10 유통화장품 안전관리 시험방법에서 규정한 방법 가운데 안티몬과 니켈을 분석할 수 있는 방법만 짝지은 것은?

① 푹신아황산법, AAS, ICP
② ICP-MS, AAS, 비색법
③ ICP-MS, AAS, ICP
④ ICP-MS, AAS, 디티존법
⑤ ICP-MS, 액체크로마토그래프법, ICP

해설
유통화장품 안전관리 시험방법(화장품 안전기준 등에 관한 규정 별표 4)
• 푹신아황산법 : 메탄올
• 비색법 : 비소
• 디티존법 : 납
• 액체크로마토그래프법 : 포름알데하이드

11 화장품법에서 정하고 있는 맞춤형화장품판매업에 관한 사항으로 옳지 않은 것은?

① 맞춤형화장품판매업자는 맞춤형화장품 판매장 시설·기구의 관리방법, 혼합·소분 안전관리 기준의 준수 의무, 혼합·소분되는 내용물 및 원료에 대한 설명 의무 등에 관해 총리령으로 정하는 사항을 준수해야 한다.
② 식품의약품안전처장은 국민 건강상 위해를 방지하기 위하여 필요하다고 인정하면 맞춤형화장품판매업자에게 화장품 관련 법령 및 제도에 관한 교육을 받을 것을 명할 수 있다.
③ 맞춤형화장품판매업자가 둘 이상의 장소에서 맞춤형화장품판매업을 하는 경우에는 종업원 중에서 총리령으로 정하는 자를 책임자로 지정하여 교육을 받게 할 수 있다.
④ 맞춤형화장품판매업을 하려는 자는 총리령으로 정하는 바에 따라 보건복지부장관에게 등록하여야 한다.
⑤ 맞춤형화장품판매업자는 변경사유가 발생한 날부터 30일 이내에 지방식품의약품안전청장에게 신고하여야 한다.

해설
④ 맞춤형화장품판매업을 하려는 자는 총리령으로 정하는 바에 따라 식품의약품안전처장에게 신고하여야 한다.

12 화장품 안전기준 등에 관한 규정에서 정한 인체세포 · 조직 배양액 안전기준으로 옳지 않은 것은?

① 누구든지 세포나 조직을 주고받으면서 재산상의 이익을 취할 수 없다.

② 식품의약품안전처장은 세포 · 조직의 채취, 검사, 배양액 제조 등을 실시한 기관에 대하여 안전하고 품질이 균일한 인체세포 · 조직 배양액이 제조될 수 있도록 관리 · 감독을 철저히 해야 한다.

③ 인체 세포 · 조직 배양액 제조에 필요한 세포 · 조직은 채취 또는 보존에 필요한 위생상의 관리가 가능한 의료기관에서 채취한 것만을 사용한다.

④ 누구든지 공여자에 관한 정보를 제공하거나 광고 등을 통해 특정인의 세포 또는 조직을 사용하였다는 내용의 광고를 할 수 없다.

⑤ 세포 · 조직을 채취하는 의료기관 및 인체세포 · 조직 배양액을 제조하는 자는 업무수행에 필요한 문서화된 절차를 수립하고 유지하여야 하며 그에 따른 기록을 보존하여야 한다.

> **해설**
> ② 화장품 제조판매업자는 세포 · 조직의 채취, 검사, 배양액 제조 등을 실시한 기관에 대하여 안전하고 품질이 균일한 인체 세포 · 조직 배양액이 제조될 수 있도록 관리 · 감독을 철저히 하여야 한다.

13 화장품의 영업과 그 내용이 틀린 것은?

① 화장품제조업 : 화장품 제조를 위탁받아 제조하는 영업

② 화장품책임판매업 : 화장품의 포장(1차 포장만 해당)을 하는 영업

③ 화장품책임판매업 : 화장품을 직접 제조하여 유통 · 판매하는 영업

④ 맞춤형화장품판매업 : 제조 또는 수입된 화장품의 내용물에 다른 화장품의 내용물이나 식품의약품안전처장이 정하여 고시하는 원료를 추가하여 혼합한 화장품을 판매하는 영업

⑤ 맞춤형화장품판매업 : 제조 또는 수입된 화장품의 내용물을 소분(小分)한 화장품을 판매하는 영업

> **해설**
> 화장품책임판매업(화장품법 시행령 제2조)
> • 화장품제조업자가 화장품을 직접 제조하여 유통 · 판매하는 영업
> • 화장품제조업자에게 위탁하여 제조된 화장품을 유통 · 판매하는 영업
> • 수입된 화장품을 유통 · 판매하는 영업
> • 수입대행형 거래를 목적으로 화장품을 알선 · 수여(授與)하는 영업

14 다음 〈보기〉는 어떤 화장품의 전성분이다. 이 화장품을 사용할 때 주의사항으로 맞는 것은?

┌─● 보기 ●──┐
│ • 화장품의 명칭 : 뷰티앤소프트 핸드크림(손·발의 피부연화 제품)   │
│ • 전성분 : 정제수, 글리세린, 세테아릴알코올, 소듐벤조에이트, 스테아릭애씨드, 글루코오스, 벤질 │
│   알코올, 헥실신남알, 향료, 장미꽃 추출물, 프로필렌 글리콜   │
└──┘

① 털을 제거한 직후에는 사용하지 말 것
② 만 3세 이하 어린이에게는 사용하지 말 것
③ 정해진 용법과 용량을 잘 지켜 사용할 것
④ 눈에 들어갔을 때에는 즉시 씻어낼 것
⑤ 눈, 코 또는 입 등에 닿지 않도록 주의하여 사용할 것

해설
손·발의 피부연화 제품(요소제제의 핸드크림 및 풋크림)
• 눈, 코 또는 입 등에 닿지 않도록 주의하여 사용할 것
• 프로필렌 글리콜(Propylene glycol)을 함유하고 있으므로 이 성분에 과민하거나 알레르기 병력이 있는 사람은 신중히 사용할 것(프로필렌 글리콜 함유제품만 표시한다)

15 우수화장품 제조 및 품질관리기준에서 정한 기준일탈 제품의 폐기 처리 과정을 바르게 나열한 것은?

┌──┐
│ ㉠ "시험, 검사, 측정이 틀림없음"을 확인   │
│ ㉡ 기준일탈 제품에 불합격라벨 첨부   │
│ ㉢ 격리보관   │
│ ㉣ 시험, 검사, 측정에서 기준일탈 결과 나옴   │
│ ㉤ 기준일탈의 조사   │
│ ㉥ 기준일탈의 처리   │
│ ㉦ 폐기 처분이나 재작업 또는 반품   │
└──┘

① ㉠, ㉢, ㉣, ㉡, ㉦, ㉤, ㉥
② ㉡, ㉣, ㉤, ㉢, ㉥, ㉠, ㉦
③ ㉢, ㉠, ㉤, ㉣, ㉡, ㉦, ㉥
④ ㉣, ㉤, ㉠, ㉥, ㉡, ㉢, ㉦
⑤ ㉥, ㉦, ㉡, ㉣, ㉢, ㉠, ㉤

해설
기준일탈 제품의 처리
시험, 검사, 측정에서 기준일탈 결과 나옴(㉣) → 기준일탈의 조사(㉤) → "시험, 검사, 측정이 틀림없음"을 확인(㉠) → 기준일탈의 처리(㉥) → 기준일탈 제품에 불합격라벨 첨부(㉡) → 격리보관(㉢) → 폐기 처분이나 재작업 또는 반품(㉦)

16 기능성화장품 심사에 관한 규정에서 정한 미백 성분과 주름 개선 성분을 짝지은 것으로 옳은 것은?

① 아스코빌테트라이소팔미테이트 – 아데노신
② 드로메트리졸 – 닥나무추출물
③ 닥나무추출물 – 옥토크릴렌
④ 징크옥사이드 – 레티놀
⑤ 레티닐팔미테이트 – 옥토크릴렌

> **해설**
>
> 드로메트리졸, 옥토크릴렌, 징크옥사이드는 피부를 곱게 태워주거나 자외선으로부터 피부를 보호하는 데 도움을 주는 제품의 성분에 해당한다.
>
> | 미백 성분 | 주름 개선 성분 |
> | :---: | :---: |
> | 닥나무추출물 | 레티놀 |
> | 알부틴 | 레티닐팔미테이트 |
> | 에칠아스코빌에텔 | 아데노신 |
> | 유용성감초추출물 | 폴리에톡실레이티드레틴아마이드 |
> | 아스코빌글루코사이드 | |
> | 마그네슘아스코빌포스페이트 | |
> | 나이아신아마이드 | |
> | 알파-비사보롤 | |
> | 아스코빌테트라이소팔미테이트 | |

17 화장품 안전기준 등에 관한 규정에서 정한 '자외선 차단 성분'의 사용 한도로 바르지 않은 것은?

① 드로메트리졸트리실록산 : 15%
② 벤조페논-8(디옥시벤존) : 3%
③ 디갈로일트리올리에이트 : 7%
④ 옥토크릴렌 : 10%
⑤ 부틸메톡시디벤조일메탄 : 5%

> **해설**
>
> ③ 디갈로일트리올리에이트 : 5%

18 우수화장품 제조 및 품질관리기준(CGMP) 해설서에서 설명하는 화장품 제조설비 세척의 원칙으로 바른 것은?

① 브러시 등으로 문질러 지우는 방법은 좋지 않다.
② 증기 세척은 좋은 방법이다.
③ 반드시 분해하지 않고 세척해야 한다.
④ 계면활성제가 들어간 세제만 사용한다.
⑤ 물은 세정력이 약하므로 사용하지 않는다.

> **해설**
> 설비 세척의 원칙
> • 위험성 없는 용제(물이 최적)로 세척
> • 가능한 한 세제를 사용하지 않기
> • 증기 세척은 좋은 방법
> • 브러시 등으로 문질러 지우는 것을 고려
> • 분해할 수 있는 설비는 분해해서 세척
> • 세척 후는 반드시 "판정"
> • 판정 후 설비는 건조 · 밀폐해서 보존
> • 세척의 유효기간을 설정

19 다음 중 우수화장품 제조 및 품질관리기준(CGMP)에서 규정한 화장품의 재작업에 대한 설명으로 틀린 것은?

① 재작업은 적합 판정기준을 벗어난 완제품 · 벌크제품 · 반제품을 재처리하여 품질이 적합한 범위에 들어오도록 하는 작업을 말한다.
② 기준일탈 제품은 폐기하는 것이 가장 바람직하나 폐기하면 큰 손해가 되므로 재작업을 고려한다.
③ 폐기 대상은 따로 보관하고 규정에 따라 신속하게 폐기하여야 한다.
④ 재작업은 제조 책임자가 승인하여야 한다.
⑤ 재작업은 해당 재작업의 절차를 상세하게 작성한 절차서를 준비해서 실시한다.

> **해설**
> ④ 품질에 문제가 있거나 회수 · 반품된 제품의 폐기 또는 재작업 여부는 품질보증 책임자에 의해 승인되어야 한다.

20 영유아 또는 어린이가 사용할 수 있는 화장품임을 표시·광고하는 제품의 안전성 자료로 옳지 않은 것은?

① 제조관리기준서
② 제품표준서
③ 수입품인 경우 수입관리기록서
④ 제조확인서
⑤ 제품 안전성 평가 결과

> **해설**
> 화장품책임판매업자는 영유아 또는 어린이가 사용할 수 있는 화장품임을 표시·광고하려는 경우에는 제품별로 안전과 품질을 입증할 수 있는 다음의 자료(제품별 안전성 자료)를 작성 및 보관하여야 한다.
> • 제품 및 제조방법에 대한 설명 자료 : 제조관리기준서, 제품표준서, 수입관리기록서
> • 화장품의 안전성 평가 자료 : 제조 시 사용된 원료의 독성 평가 등 안전성 평가 보고서, 사용 후 이상 사례 정보의 수집·검토·평가 및 조치 관련 자료
> • 제품의 효능·효과에 대한 증명 자료 : 제품의 표시·광고와 관련된 효능·효과에 대한 실증자료

21 우수화장품 제조 및 품질관리기준(CGMP) 해설서에서 설명하고 있는 원자재 입출고에 대한 설명으로 옳은 것은?

① 원자재의 입고 시 구매 요구서, 원자재 공급업체 성적서 및 현품이 서로 일치하여야 한다.
② 원자재 용기에 제조번호가 없는 경우에는 관리번호를 부여하지 말고 나중에 처리해야 한다.
③ 원자재 입고절차 중 육안 확인 시 물품에 결함이 있으면 반드시 폐기하여야 한다.
④ 입고된 원자재는 어떠한 경우에도 "적합", "부적합", "검사 중" 등으로 상태를 표시하여야 한다.
⑤ 제조업자가 부여한 제조번호를 반드시 기재하여야 한다.

> **해설**
> ② 원자재 용기에 제조번호가 없는 경우에는 관리번호를 부여하여 보관하여야 한다.
> ③ 원자재 입고절차 중 육안확인 시 물품에 결함이 있을 경우 입고를 보류하고 격리보관 및 폐기하거나 원자재 공급업자에게 반송하여야 한다.
> ④ 입고된 원자재는 "적합", "부적합", "검사 중" 등으로 상태를 표시하여야 한다. 다만, 동일 수준의 보증이 가능한 다른 시스템이 있다면 대체할 수 있다.
> ⑤ 원자재 용기 및 시험기록서의 필수적인 기재 사항 : 원자재 공급자가 정한 제품명, 원자재 공급자명, 수령일자, 공급자가 부여한 제조번호 또는 관리번호

22 기능성화장품 중 자외선 차단 기능에 대한 설명으로 틀린 것은?

① UVB 차단 효과를 나타내는 지수를 자외선 차단 지수라고 한다.

② 자외선차단지수는 제품을 바르고 얻은 최소홍반량을 제품을 바르지 않고 얻은 최소홍반량으로 나누어 구한다.

③ 자외선A차단지수가 16 이상이면 PA++++로 나타낸다.

④ 자외선차단제를 바르면 MED 자체를 감소시킬 수 있다.

⑤ 최소홍반량은 피부에 UVB를 조사한 후 16~24시간 내에 조사의 전 영역에 홍반이 생기게 할 수 있는 최소 자외선 조사량이다.

해설

④ MED는 개인의 차이를 보여주는 것으로 자외선차단제를 바른다고 해서 MED 자체를 감소시킬 수는 없다.

23 다음 중 위생관리에 대한 내용으로 바르지 않은 것은?

① 규정된 작업복 착용

② 직원의 근태

③ 질병에 걸린 직원 격리

④ 제품의 오염방지 주의

⑤ 음식물 반입 금지

해설

직원의 위생(우수화장품 제조 및 품질관리기준 제6조)

• 적절한 위생관리 기준 및 절차를 마련하고 제조소 내의 모든 직원은 이를 준수해야 한다.

• 작업소 및 보관소 내의 모든 직원은 화장품의 오염을 방지하기 위해 규정된 작업복을 착용해야 하고 음식물 등을 반입해서는 아니 된다.

• 피부에 외상이 있거나 질병에 걸린 직원은 건강이 양호해지거나 화장품의 품질에 영향을 주지 않는다는 의사의 소견이 있기 전까지는 화장품과 직접적으로 접촉되지 않도록 격리되어야 한다.

• 제조구역별 접근권한이 없는 작업원 및 방문객은 가급적 제조, 관리 및 보관구역 내에 들어가지 않도록 하고, 불가피한 경우 사전에 직원 위생에 대한 교육 및 복장 규정에 따르도록 하고 감독하여야 한다.

24 다음 중 립스틱을 제조할 때 사용할 수 있는 색소는?

① 적색 220호

② 적색 405호

③ 적색 225호

④ 적색 219호

⑤ 적색 504호

해설

②·③·④·⑤는 눈 주위 및 입술에 사용할 수 없는 색소이다(화장품의 색소 종류와 기준 및 시험방법 별표 1 참조).

25 다음 중 자외선으로부터 피부를 보호하는 데 도움을 주는 성분이 아닌 것은?

① 과붕산나트륨일수화물
② 에칠헥실메톡시신나메이트
③ 에칠헥실살리실레이트
④ 에칠헥실트리아존
⑤ 이소아밀 p-메톡시신나메이트

해설
① 과붕산나트륨일수화물은 모발의 색상을 변화시키는 데 도움을 주는 성분이다.

26 다음 중 작업소의 위생에 관한 설명으로 옳지 않은 것은?

① 곤충, 해충이나 쥐를 막을 수 있는 대책을 마련하고 정기적으로 점검·확인하여야 한다.
② 제조, 관리 및 보관 구역 내의 바닥, 벽, 천장 및 창문은 항상 청결하게 유지되어야 한다.
③ 제조시설이나 설비는 적절한 방법으로 청소하여야 하며, 필요한 경우 위생관리 프로그램을 운영하여야 한다.
④ 소독제는 살균하고자 하는 대상물에 확실한 영향을 끼쳐야 한다.
⑤ 소독제는 성분이 유사하기 때문에 효능 입증과 관계없이 시중에 판매하는 것을 사용하면 된다.

해설
⑤ 제조시설이나 설비의 세척에 사용되는 세제 또는 소독제는 효능이 입증된 것을 사용하고 잔류하거나 적용하는 표면에 이상을 초래하지 아니하여야 한다.

27 기능성화장품 기준 및 시험방법에서는 '시험 또는 저장할 때의 온도는 원칙적으로 구체적인 수치를 기재한다'라고 규정하고 있는데, 여기서 규정한 각각의 온도를 바르게 기재한 것은?

	상 온	실 온	미 온
①	15~25℃	1~50℃	30~40℃
②	15~25℃	1~30℃	30~50℃
③	15~25℃	1~30℃	30~40℃
④	20~45℃	1~30℃	30~50℃
⑤	20~45℃	1~50℃	40~60℃

해설
표준온도는 20℃, 상온은 15~25℃, 실온은 1~30℃, 미온은 30~40℃로 한다. 냉소는 따로 규정이 없는 한 1~15℃ 이하의 곳을 말하며, 냉수는 10℃ 이하, 미온탕은 30~40℃, 온탕은 60~70℃, 열탕은 약 100℃의 물을 뜻한다.

28 화장품법에서 화장품을 제조할 때 사용할 수 없다고 규정한 성분은?

① 벤질알코올
② 엠디엠하이단토인
③ 페녹시에탄올
④ 글루타랄
⑤ 붕 산

해설

①・②・③・④는 사용상의 제한이 필요한 원료이다.

29 액성을 구체적으로 표시할 때 약산성의 pH로 올바른 것은?

① 약 5~6.5pH
② 약 7.5~9pH
③ 약 9~11pH
④ 약 3pH 이하
⑤ 약 3~5pH

해설

• 액성을 산성, 알칼리성 또는 중성으로 나타낸 것은 따로 규정이 없는 한 리트머스지를 써서 검사한다.
• 액성을 구체적으로 표시할 때에는 pH값을 쓴다.
• 미산성, 약산성, 강산성, 미알칼리성, 약알칼리성, 강알칼리성 등으로 기재한 것은 산성 또는 알칼리성의 정도의 개략을 뜻하는 것이다.
• pH의 범위

미산성	약 5~6.5pH	미알칼리성	약 7.5~9pH
약산성	약 3~5pH	약알칼리성	약 9~11pH
강산성	약 3pH 이하	강알칼리성	약 11pH 이상

30 다음 중 재작업을 할 수 있는 화장품은?

① 변질・변패 또는 병원미생물에 오염되지 아니한 경우, 사용기한이 1년 이상 남아있는 경우
② 변질・변패 또는 병원미생물에 오염되지 아니한 경우, 제조일로부터 1년을 경과한 경우
③ 변질・변패 또는 병원미생물에 오염되었어도 그 상태가 양호한 경우
④ 약간의 변질이 있으나 재작업으로 원 상태를 회복할 수 있는 경우
⑤ 병원미생물에 미세하게 오염되었으나 오염된 부분을 제거할 수 있는 경우

해설

폐기처리 등(우수화장품 제조 및 품질관리기준 제22조 제2항)
재작업은 그 대상이 다음을 모두 만족한 경우에 할 수 있다.
• 변질・변패 또는 병원미생물에 오염되지 아니한 경우
• 제조일로부터 1년이 경과하지 않았거나 사용기한이 1년 이상 남아있는 경우

31 유통화장품 안전관리 시험방법에서 규정하고 있는 원자흡광광도법(AAS)의 설명으로 옳은 것은?

① 조작조건으로 지연성가스는 아세칠렌 또는 수소를 사용한다.
② 조작조건으로 가연성가스는 공기를 사용한다.
③ 메칠이소부틸케톤층을 여취하고 필요하면 여과하여 검액으로 한다.
④ 검체 약 0.2g을 정밀하게 달아 석영 또는 테트라플루오로메탄제의 극초단파분해용 용기의 기벽에 닿지 않도록 조심하여 넣는다.
⑤ 납 표준원액(1000 μg/mL)에 0.5% 질산을 넣어 농도가 다른 3가지 이상의 검량선용 표준액을 만든다.

> **해설**
> ① 조작조건으로 지연성가스는 공기를 사용한다.
> ② 조작조건으로 가연성가스는 아세칠렌 또는 수소를 사용한다.
> ④·⑤는 유도결합플라즈마분광기를 이용하는 방법에 대한 설명이다.

32 화장품의 함유 성분별 사용 시 주의사항으로 틀린 것은?

① 포름알데하이드 0.05% 이상 검출된 제품 : 포름알데하이드 성분에 과민한 사람은 신중히 사용할 것
② 스테아린산아연 함유 제품(기초화장용 제품류 중 파우더 제품 제외) : 알레르기가 있으면 신중히 사용할 것
③ 과산화수소 및 과산화수소 생성물질 함유 제품 : 눈에 접촉을 피하고 눈에 들어갔을 때는 즉시 씻어낼 것
④ 알부틴 2% 이상 함유 제품 : 알부틴은 인체적용시험자료에서 구진과 경미한 가려움이 보고된 예가 있음
⑤ 살리실릭애씨드 및 그 염류 함유 제품(샴푸 등 사용 후 바로 씻어내는 제품 제외) : 만 3세 이하 어린이에게는 사용하지 말 것

> **해설**
> ② 스테아린산아연 함유 제품(기초화장용 제품류 중 파우더 제품에 한함) : 사용 시 흡입되지 않도록 주의할 것

33 기능성화장품 기준 및 시험방법에서 피부의 미백에 도움을 주는 원료인 나이아신아마이드에 대한 설명으로 옳은 것은?

① 이 원료는 백색의 결정 또는 결정성 가루로 달콤한 냄새가 난다.

② 이 원료 20mg에 수산화나트륨시액 5mL를 넣어 조심하여 끓일 때 나는 가스는 적색리트머스시험지를 청색으로 변화시킨다.

③ 이 원료 5mg에 2,4-디니트로클로로벤젠 10mg을 섞어 5~6초간 가만히 가열하여 융해시키고 식힌 다음 수산화칼륨·에탄올시액 4mL를 넣을 때 액은 황색을 나타낸다.

④ 이 원료의 가루로서 50mg에 해당하는 양을 달아 에탄올을 넣어 녹여 100mL로 한 액 10mL을 취하여 에탄올을 넣어 100mL로 한 액을 검액으로 한다.

⑤ 이 원료를 건조하여 적외부흡수스펙트럼측정법의 브롬화칼륨정제법에 따라 측정할 때 $3,300cm^{-1}$, $1,700cm^{-1}$, $1,110cm^{-1}$, $1,060cm^{-1}$ 부근에서 특성흡수를 나타낸다.

> **해설**
> ① 이 원료는 백색의 결정 또는 결정성 가루로 냄새는 없다.
> ③ 이 원료 5mg에 2,4-디니트로클로로벤젠 10mg을 섞어 5~6초간 가만히 가열하여 융해시키고 식힌 다음 수산화칼륨·에탄올시액 4mL를 넣을 때 액은 적색을 나타낸다.
> ④ 닥나무추출물에 대한 설명이다.
> ⑤ 아스코빌글루코사이드에 대한 설명이다.

34 화장품 제조설비 중 터빈형의 회전날개가 원통으로 둘러싸여 있고 크림이나 로션 형태를 조제하는 데 많이 사용하며 미세하고 균일한 유화입자를 조제하는 데 사용하는 설비는?

① 호모게나이저/호모믹서   ② 교반기

③ 디스퍼   ④ 헨셀믹서

⑤ 아지믹서

> **해설**
> 균질기인 호모게나이저/호모믹서는 유상 및 수상 원료를 유화시킴으로써 미세하고 균일한 입자를 만드는 설비로, 분산력이 교반기보다 더 강력하다.

35 기능성화장품의 주성분과 그 기능을 설명한 것으로 틀린 것은?

① 마그네슘아스코빌포스페이트 - 피부 미백

② 레티닐팔미테이트 - 자외선으로부터 피부 보호

③ 아데노신 - 피부의 주름개선

④ 시녹세이트 - 자외선으로부터 피부 보호

⑤ 살리실릭애씨드 - 여드름성 피부 완화

> **해설**
> ② 레티닐팔미테이트 - 피부의 주름개선

36 우수화장품 제조 및 품질관리기준에서 규정한 물의 품질을 바르게 설명한 것은?

① 물의 품질과 관련하여 정기적으로 미생물학적 검사를 해야 한다.

② 물 공급 설비는 살균처리가 가능해야 한다.

③ 물 공급 설비는 제품의 품질에 영향이 없어야 한다.

④ 물의 품질은 필요 시 검사해야 한다.

⑤ 물의 품질 적합기준은 수질에 맞게 규정하여야 한다.

> **해설**
>
> 물의 품질
> • 물의 품질 적합기준은 사용 목적에 맞게 규정하여야 한다.
> • 물의 품질은 정기적으로 검사해야 하고 필요시 미생물학적 검사를 실시하여야 한다.
> • 물 공급 설비는 다음의 기준을 충족해야 한다.
> – 물의 정체와 오염을 피할 수 있도록 설치될 것
> – 물의 품질에 영향이 없을 것
> – 살균처리가 가능할 것

37 우수화장품 제조 및 품질관리기준의 원자재 입고관리에서 원자재 용기 및 시험기록서의 필수적인 기재 사항으로 볼 수 없는 것은?

① 원자재 공급자가 정한 제품명

② 공급자가 부여한 제조번호 또는 관리번호

③ 원자재 공급자명

④ 원자재 수령자명

⑤ 수령일자

> **해설**
>
> 원자재 용기 및 시험기록서의 필수적인 기재 사항(우수화장품 제조 및 품질관리기준 제11조 제6항)
> • 원자재 공급자가 정한 제품명
> • 원자재 공급자명
> • 수령일자
> • 공급자가 부여한 제조번호 또는 관리번호

38 우수화장품 제조 및 품질관리기준에서 정한 공기조절의 4대 요소로 틀린 것은?

① 밀 도
② 청정도
③ 실내온도
④ 습 도
⑤ 기 류

해설

공기조절의 4대 요소 및 대응설비

4대 요소	대응설비
청정도	공기정화기
실내온도	열교환기
습 도	가습기
기 류	송풍기

39 다음은 우수화장품 제조 및 품질관리기준(CGMP) 해설서에서 규정한 일탈 처리의 흐름이다. 빈칸에 들어갈 말을 순서대로 바르게 나열한 것은?

> 일탈의 발견 및 초기 (　　　) → 즉각적인 수정조치 → SOP에 따른 조사, 원인 분석 및 예방 조치 → 후속조치/(　　　) → 문서작성/문서 (　　　) 및 경향분석

① 보고, 종결, 수정
② 보고, 수정, 추적
③ 수정, 종결, 보고
④ 평가, 종결, 추적
⑤ 평가, 수정, 보고

해설

일탈 처리의 흐름
- 일탈의 발견 및 초기평가 : 일탈 발견자는 의심되는 사항을 확인한다.
- 즉각적인 수정조치 : 각 부서 책임자는 일탈에 의해 영향을 받은 모든 제품이 회사의 통제하에 있는지 확인한다.
- SOP에 따른 조사, 원인분석 및 예방조치 : 각 부서 책임자는 조사를 실시하고 각 부서는 일탈이 언제, 어디서, 어떻게 발생했는지를 파악한다.
- 후속조치/종결 : 각 부서 책임자는 실행사항에 대한 평가에 필요한 유효성 확인사항을 도출한다.
- 문서작성/문서추적 및 경향분석 : 각 부서 및 QA 책임자는 관련된 문서를 검토하고 필요한 경우 지정된 절차에 따라 SOP를 보완하며 해당 일탈의 트래킹 로그를 관리하고 경향을 분석한다.

40 기능성화장품 기준 및 시험방법에서 규정한 기능성화장품 성분들의 성상에 대한 설명으로 틀린 것은?

① 닥나무추출물 : 엷은 황색~황갈색의 점성이 있는 액 또는 황갈색~암갈색의 결정성 가루로 약간의 특이한 냄새가 있다.

② 엘-멘톨 : 무색의 결정으로 특이하고 상쾌한 냄새가 있고 맛은 처음에는 쏘는 듯하고 나중에는 시원하다.

③ 디갈로일트리올리에이트 : 엷은 황백색의 가루로 냄새는 거의 없다.

④ 치오글리콜산 80% : 특이한 냄새가 있는 무색 투명한 유동성 액제이다.

⑤ 과붕산나트륨일수화물 : 흰색의 결정성입자 또는 가루로서 냄새는 없다.

> **해설**
> ③ 드로메트리졸에 대한 설명이다. 디갈로일트리올리에이트는 짙은 갈색의 점성이 있는 맑은 액으로 특이한 냄새가 있다.

41 우수화장품 제조 및 품질관리기준에서 규정하는 작업소 시설 기준으로 적합한 것은?

① 일부만 환기가 잘 되고 청결해야 한다.

② 각 제조구역별 청소 및 위생관리 절차와 무관하게 동일한 세척제 및 소독제를 사용해야 한다.

③ 작업소 내의 외관 표면은 가능한 매끄럽게 설계하고, 청소, 소독제의 부식성에 저항력이 있어야 한다.

④ 수세실과 화장실은 멀리 설치하고 생산구역과 분리되어 있어야 한다.

⑤ 외부와 연결된 창문은 잘 열리도록 해야 한다.

> **해설**
> ① 환기가 잘 되고 청결할 것
> ② 각 제조구역별 청소 및 위생관리 절차에 따라 효능이 입증된 세척제 및 소독제를 사용할 것
> ④ 수세실과 화장실은 접근이 쉬워야 하나 생산구역과 분리되어 있을 것
> ⑤ 외부와 연결된 창문은 가능한 열리지 않도록 할 것

42 우수화장품 제조 및 품질관리기준에서 직원의 위생에 관한 설명으로 옳은 것은?

① 작업소 내의 모든 직원은 화장품의 오염을 방지하기 위해 규정된 작업복을 착용해야 하되, 보관소 내의 직원은 포함되지 않는다.

② 적절한 위생관리 기준 및 절차를 마련하고 제조소 내 관리부서만 이를 준수하면 된다.

③ 제조구역별 접근권한이 없는 방문객은 사전에 직원 위생에 대한 교육 및 복장 규정에 따르도록 하고 감독하여야 한다.

④ 피부에 외상이 있는 직원의 경우, 상태가 심각하지 않은 때에는 화장품에 접촉할 수 있다.

⑤ 제조구역별 접근권한이 없는 작업원은 제조, 관리 및 보관구역 내에 절대 들어가지 않도록 한다.

> **해설**
> ① 작업소 및 보관소 내의 모든 직원은 화장품의 오염을 방지하기 위해 규정된 작업복을 착용해야 하고 음식물 등을 반입해서는 아니 된다.
> ② 적절한 위생관리 기준 및 절차를 마련하고 제조소 내의 모든 직원은 이를 준수해야 한다.
> ④ 피부에 외상이 있거나 질병에 걸린 직원은 건강이 양호해지거나 화장품의 품질에 영향을 주지 않는다는 의사의 소견이 있기 전까지는 화장품과 직접적으로 접촉되지 않도록 격리되어야 한다.
> ⑤ 제조구역별 접근권한이 없는 작업원 및 방문객은 가급적 제조, 관리 및 보관구역 내에 들어가지 않도록 하고, 불가피한 경우 사전에 직원 위생에 대한 교육 및 복장 규정에 따르도록 하고 감독하여야 한다.

43 소용량 및 견본품 맞춤형화장품의 1차 포장 또는 2차 포장에 표시·기재해야 하는 사항으로 올바르지 않은 것은?

① 화장품의 명칭

② 맞춤형화장품 판매업자의 상호

③ 제조번호와 사용기한

④ 화장품 책임판매업자의 상호

⑤ 가 격

> **해설**
> 화장품의 1차 포장 또는 2차 포장에서 소용량 및 견본품(비매품) 맞춤형화장품의 기재 사항(화장품법 10조 제1항)
> 내용량이 소량인 화장품의 포장 등 총리령으로 정하는 포장(견본품, 비매품)에는 화장품의 명칭, 화장품책임판매업자 및 맞춤형화장품판매업자의 상호, 가격, 제조번호와 사용기한 또는 개봉 후 사용기간(개봉 후 사용기간을 기재할 경우에는 제조연월일을 병행 표기하여야 한다)만을 기재·표시할 수 있다.

44 다음 중 천연화장품 및 유기농화장품의 기준에 관한 규정에 따라 천연화장품 및 유기농화장품의 용기와 포장에 사용할 수 없는 재질은?

① 폴리염화비닐(Polyvinyl chloride ; PVC)
② 폴리프로필렌(PP)
③ 폴리에틸렌테레프탈레이트(PET)
④ 고밀도폴리에틸렌(HDPE)
⑤ 저밀도폴리에틸렌(LDPE)

> **해설**
>
> 천연화장품 및 유기농화장품의 용기와 포장에 폴리염화비닐[Polyvinyl chloride (PVC)], 폴리스티렌폼(Polystyrene foam)을 사용할 수 없다(천연화장품 및 유기농화장품의 기준에 관한 규정 제6조).

45 우수화장품 제조 및 품질관리기준 해설서의 설비 세척 후 실시하는 세척 확인 방법으로 옳은 것은?

① 세척된 설비 표면에 잔유물이 남아 있는지 손으로 직접 만져 확인한다.
② 세척된 설비 표면에 잔유물이 남아 있는지 육안으로 확인한다.
③ 반드시 하얀색 수건으로 문질러 잔유물이 묻어 나오는지 확인한다.
④ 린스액으로 탱크 세척 후 탱크의 최종 헹굼액에 대한 화학분석을 실시해야 한다.
⑤ 호스 내부는 손가락을 직접 넣어 문질러서 잔유물을 확인한다.

> **해설**
>
> ① 손을 직접 사용하지 않는다.
> ③ 흰 천이나 검은 천을 모두 사용할 수 있으며 흰 천을 사용할지 검은 천을 사용할지는 전회 제조물 종류로 정하면 된다.
> ④ · ⑤ 린스 정량법은 호스나 틈새기의 세척 판정에 적합하다.

46 품질관리에 사용되는 표준품과 주요시약의 용기에 기재되어야 하는 사항으로 잘못된 것은?

① 명 칭
② 개봉일
③ 보관자의 성명
④ 보관조건
⑤ 역가, 제조자의 성명 또는 서명(직접 제조한 경우에 한함)

해설

시험관리(우수화장품 제조 및 품질관리기준 제20조 제8항)
표준품과 주요시약의 용기에는 다음 사항을 기재하여야 한다.
• 명 칭
• 개봉일
• 보관조건
• 사용기한
• 역가, 제조자의 성명 또는 서명(직접 제조한 경우에 한함)

47 유통화장품 안전관리 기준에 따른 시험결과에서 미생물의 검출 시험 결과가 적합으로 판정되는 경우는?

① 유아용 바디크림 : 총호기성 생균수 600개/g
② 마스카라 : 총호기성 생균수 1,000개/g
③ 에센스 : 총호기성 생균수 1,500개/g
④ 물휴지 : 세균수 100개/g, 진균수 500개/g
⑤ 영양크림 : 총 호기성 생균수 1,000개/g

해설

미생물 한도(화장품 안전기준 등에 관한 규정 제6조 제4항)
• 영·유아용, 눈화장용 제품 : 총 호기성 생균수 500개/g(mL) 이하
• 물휴지 : 세균수, 진균수 각각 100개/g(mL) 이하
• 기타 화장품 : 총 호기성 생균수 1,000개/g(mL) 이하
• 대장균(Escherichia Coli), 녹농균(Pseudomonas Aeruginosa), 황색포도상구균(Staphylococcus Aureus)은 불검출

48 화장품 안정성시험 가이드라인에서 규정하고 있는 안정성 시험 중 아래에서 설명하는 시험은 무엇인가?

> • 3로트 이상에 대해 시험하는 것을 원칙으로 한다.
> • 계절별로 각각의 연평균 온도, 습도 등의 조건을 설정할 수 있다.
> • 6개월 이상 시험하는 것을 원칙으로 한다.

① 장기보존 시험　　　　　　　　② 가속 시험
③ 가혹 시험　　　　　　　　　　④ 개봉 후 안정성 시험
⑤ 개봉 전 안정성 시험

해설

④ 개봉 후 안정성 시험 : 화장품 사용 시에 일어날 수 있는 오염 등을 고려한 사용기한을 설정하기 위하여 장기간에 걸쳐 물리・화학적, 미생물학적 안정성 및 용기 적합성을 확인하는 시험

① 장기보존 시험
- 화장품의 저장조건에서 사용기한을 설정하기 위하여 장기간에 걸쳐 물리・화학적, 미생물학적 안정성 및 용기 적합성을 확인하는 시험
- 3로트 이상에 대하여 시험하는 것을 원칙으로 함
- 실온보관 화장품의 경우 온도 25±2℃/상대습도 60±5% 또는 30±2℃/상대습도 66±5%로, 냉장보관 화장품의 경우 5±3℃로 실험할 수 있음
- 6개월 이상 시험하는 것을 원칙으로 함

② 가속 시험
- 장기보존시험의 저장조건을 벗어난 단기간의 가속조건이 물리・화학적, 미생물학적 안정성 및 용기 적합성에 미치는 영향을 평가하기 위한 시험
- 3로트 이상에 대하여 시험하는 것을 원칙으로 함
- 유통경로나 제형 특성에 따라 적절한 시험조건을 설정해야 함. 일반적으로 장기보존시험의 지정저장온도보다 15℃ 이상 높은 온도에서 시험
- 6개월 이상 시험하는 것을 원칙으로 하며, 시험개시 때를 포함하여 최소 3번 측정

③ 가혹 시험
- 가혹조건에서 화장품의 분해과정 및 분해산물 등을 확인하기 위한 시험
- 로트의 선정 및 시험기간 등은 검체의 특성 및 시험조건에 따라 적절히 정함
- 시험조건은 광선, 온도, 습도 3가지 조건을 검체의 특성을 고려하여 결정하며 예를 들어 온도순환(-15~45℃), 냉동-해동 또는 저온-고온의 가혹 조건을 고려하여 결정

49 다음 중 맞춤형화장품의 내용물 및 원료에 대한 품질검사결과를 확인할 수 있는 서류는?

① 품질성적서　　　　　　　　　② 제조내역서
③ 품질규격서　　　　　　　　　④ 판매내역서
⑤ 포장지시서

해설

맞춤형화장품판매업자는 맞춤형화장품의 혼합・소분 전에 혼합・소분에 사용되는 내용물 또는 원료에 대한 품질성적서를 확인해야 한다(화장품법 시행규칙 제12조의2 참고).

50 다음 (   ) 안에 들어갈 적당한 단어는?

> 화장품 안전기준 등에 관한 규정」에서 화장품에서 불검출되어야 하는 특정 미생물로는 (   ), 녹농균, 황색포도상구균이 있다.

① 살모넬라균
② 대장균
③ 비브리오균
④ 폐렴균
⑤ 칸디다균

해설
미생물 한도(화장품 안전기준 등에 관한 규정 제6조 제4항)
• 총호기성생균수는 영・유아용 제품류 및 눈 화장용 제품류의 경우 500개/g(mL) 이하
• 물휴지의 경우 세균 및 진균수는 각각 100개/g(mL) 이하
• 기타 화장품의 경우 1,000개/g(mL) 이하
• 대장균(Escherichia Coli), 녹농균(Pseudomonas Aeruginosa), 황색포도상구균(Staphylococcus Aureus)은 불검출

51 화장품 안전기준 등에 관한 규정의 별표 4에서 규정하고 있는 유통화장품 안전관리 시험방법 중 원자흡광광도법으로 납 시험을 할 때 검액을 조제하는 순서로 올바른 것은?

> ㄱ. 검체 약 0.5g을 정밀하게 달아 석영 또는 테트라플루오로메탄제의 극초단파분해용 용기의 기벽에 닿지 않도록 조심하여 넣는다.
> ㄴ. 상온으로 식힌 다음 조심하여 뚜껑을 열고 분해물을 25mL 용량플라스크에 옮기고 물을 넣어 전체량을 25mL로 하여 검액으로 한다.
> ㄷ. 검체를 분해하기 위하여 질산 7mL, 염산 2mL 및 황산 1mL을 넣고 뚜껑을 닫은 다음 용기를 극초단파분해 장치에 장착하고 무색~엷은 황색이 될 때까지 분해한다.
> ㄹ. 황산암모늄용액(2→5) 10mL 및 물을 넣어 100mL로 하고 디에칠디치오카르바민산나트륨용액(1 → 20) 10mL를 넣어 섞고 몇 분간 방치한 다음 메칠이소부틸케톤 20.0mL를 넣어 세게 흔들어 섞어 조용히 둔다.
> ㅁ. 검액 및 공시험액 각 25mL를 취하여 각각에 구연산암모늄용액(1 → 4) 10mL 및 브롬치몰블루시액 2방울을 넣어 액의 색이 황색에서 녹색이 될 때까지 암모니아시액을 넣는다.
> ㅂ. 메칠이소부틸케톤층을 여취하고 필요하면 여과하여 검액으로 한다.

① ㄱ → ㄴ → ㄷ → ㄹ → ㅁ → ㅂ
② ㄱ → ㄷ → ㄴ → ㅁ → ㄹ → ㅂ
③ ㄱ → ㄷ → ㄹ → ㅁ → ㄴ → ㅂ
④ ㄱ → ㄷ → ㅁ → ㄴ → ㄹ → ㅂ
⑤ ㄱ → ㄴ → ㄹ → ㅁ → ㄷ → ㅂ

원자흡광광도법 검액의 조제

검체 약 0.5g을 정밀하게 달아 석영 또는 테트라플루오로메탄제의 극초단파분해용 용기의 기벽에 닿지 않도록 조심하여 넣는다. 검체를 분해하기 위하여 질산 7mL, 염산 2mL 및 황산 1mL을 넣고 뚜껑을 닫은 다음 용기를 극초단파분해장치에 장착하고 다음 조작조건에 따라 무색~엷은 황색이 될 때까지 분해한다. 상온으로 식힌 다음 조심하여 뚜껑을 열고 분해물을 25mL 용량플라스크에 옮기고 물 적당량으로 용기 및 뚜껑을 씻어 넣고 물을 넣어 전체량을 25mL로 하여 검액으로 한다. 침전물이 있을 경우 여과하여 사용한다. 따로 질산 7mL, 염산 2mL 및 황산 1mL를 가지고 검액과 동일하게 조작하여 공시험액으로 한다. 다만, 필요에 따라 검체를 분해하기 위하여 사용되는 산의 종류 및 양과 극초단파분해 조건을 바꿀 수 있다.

〈조작조건〉
최대파워 : 1000W
최고온도 : 200℃
분해시간 : 약 35분

위 검액 및 공시험액 또는 디티존법의 검액의 조제와 같은 방법으로 만든 검액 및 공시험액 각 25mL를 취하여 각각에 구연산암모늄용액(1 → 4) 10mL 및 브롬치몰블루시액 2방울을 넣어 액의 색이 황색에서 녹색이 될 때까지 암모니아시액을 넣는다. 여기에 황산암모늄용액(2 → 5) 10mL 및 물을 넣어 100mL로 하고 디에칠디치오카르바민산나트륨용액(1 → 20) 10mL를 넣어 섞고 몇 분간 방치한 다음 메칠이소부틸케톤 20.0mL를 넣어 세게 흔들어 섞어 조용히 둔다. 메칠이소부틸케톤층을 여취하고 필요하면 여과하여 검액으로 한다.

52 화장품 사용 시의 주의사항 및 알레르기 유발성분 표시에 관한 규정에서 정한 '착향제의 구성 성분 중 알레르기 유발물질'에서 모노테르펜 계열의 알레르기 유발물질이 아닌 것은?

① 신남알
② 시트로넬올
③ 리모넨
④ 제라니올
⑤ 리날룰

에센셜 오일의 가장 기본적인 단위인 이소프렌 단위가 2개인 것을 모노테르펜이라고 한다. 주로 꽃과 허브에서 생성되는 휘발성 물질로, 대표적인 모노테르펜 계열로는 시트랄, 시트로넬올, 멘톨, 리모넨, 장뇌, 피넨, 제라니올, 리날룰, 시네올 등이 대표적이다. 이 중 화장품 사용 시의 주의사항 및 알레르기 유발성분 표시에 관한 규정에서 정한 착향제의 구성 성분 중 알레르기 유발물질로는 리날룰, 시트랄, 시트로넬올, 리모넨, 제라니올 등이 있다.

53 알파–하이드록시 애씨드에 대한 설명 중 잘못된 것은?

① 시트릭애씨드는 감귤류에서 발견되는 AHA이다.
② 말릭애씨드는 포도류에서 발견되는 AHA이다.
③ 락틱애씨드는 쉰우유에서 생성되는 AHA이다.
④ 글라이콜릭애씨드는 사탕수수에서 발견되는 AHA이다.
⑤ 시트릭애씨드는 3개의 카르복실기(–COOH)를 가지고 있는 유기산이다.

말릭애씨드는 사과에서 발견되는 AHA이다.

54 다음 중 자외선A 영역의 파장은?

① 200~290nm

② 290~320nm

③ 320~400nm

④ 400~510nm

⑤ 510~600nm

[해설]

자외선의 분류 및 파장범위

• 자외선A(UVA) : 320~400nm
• 자외선B(UVB) : 290~320nm
• 자외선C(UVC) : 200~290nm

55 다음 중 체질안료만으로 바르게 짝지은 것은?

> 탤크, 카올린, 실리카, 칼슘카보네이트, 적색 산화철, 징크옥사이드, 울트라마린블루

① 탤크, 카올린, 적색 산화철, 울트라마린블루
② 탤크, 실리카, 적색 산화철, 징크옥사이드
③ 탤크, 실리카, 칼슘카보네이드, 적색 산화철
④ 탤크, 카올린, 실리카, 칼슘카보네이트
⑤ 탤크, 카올린, 실리카, 울트라마린블루

[해설]

체질안료와 착색안료의 원료

분 류	원 료
체질안료	탤크, 카올린, 보론나이트라이드, 실리카, 나일론 6, 폴리메틸메타크릴레이트, 마이카, 세리사이트, 칼슘카보네이트, 마그네슘카보네이트, 마그네슘스테아레이트, 알루미늄스테아레이트, 하이드록시아파타이트

착색안료	• 무기계 : 산화철(iron oxide black/red/yellow), 울트라마린블루(ultramarine blue), 크롬옥사이드 그린(chromium oxide green), 망가네즈바이올렛(manganese violet)
	• 유기계
	  – 합성 : 레이크
	  – 천연 : 베타카로틴, 카민, 카라멜, 커큐민

백색안료	티타늄디옥사이드, 징크옥사이드
펄안료	비스머스옥시클로라이드, 티타네이티드마이카, 구아닌, 하이포산틴, 진주파우더

56 다음 ( ) 안에 들어갈 단어로 올바른 것은?

( ) 증상은 많은 사람들에게 특별한 문제가 되지 않는 물질이지만 일부 사람들의 면역계에는 과민반응을 일으켜 발생하는 여러 증상을 말한다. 꽃가루, 털, 음식, 약물 알레르기 등이 대표적으로, 안구 충혈·피부 발진·콧물·호흡곤란·부종 등의 증세를 나타낸다. 일부 화장품 착향제의 구성 성분 때문에 이 증상이 발생되기도 한다.

① 염 증
② 알레르기
③ 홍 반
④ 발 적
⑤ 광감성

해설

제시문은 알레르기에 대한 설명이다. 일부 착향제의 성분은 알레르기를 유발할 수 있으므로 알레르기 유발성분으로 고시되어 있는 경우 해당 성분의 명칭을 반드시 표시·기재해야 한다.

57 ㉠, ㉡에 들어갈 올바른 단어는?

• (㉠) 계면활성제 : 대전방지 효과와 모발에 대한 유연 효과가 있으며 살균·소독 작용이 있다.
• (㉡) 계면활성제 : 피부자극이 적어서 기초 및 색조 화장품에서 유화제, 가용화제, 분산제 등으로 이용된다.

① ㉠ : 양이온, ㉡ : 비이온
② ㉠ : 양이온, ㉡ : 음이온
③ ㉠ : 음이온, ㉡ : 양쪽성
④ ㉠ : 음이온, ㉡ : 비이온
⑤ ㉠ : 양쪽성, ㉡ : 양이온

해설

계면활성제의 대전성에 따른 분류
• 이온성
 − 음이온 : 세정력이 높고 기포 형성 작용이 우수하여 세정제품에 사용(샴푸, 바디워시, 클렌저 등)
 − 양이온 : 살균·소독작용이 있고 정전기 방지 효과와 모발에 대한 유연 효과(컨디셔닝 효과)가 있음(린스, 헤어 컨디셔너 등)
 − 양쪽성 : 세정작용이 있으며, 피부 자극이 적어 비교적 안전성이 높음(베이비 샴푸, 저자극 샴푸)
• 비이온성 : 피부자극이 적고 물속에서 친수부가 대전되지 않음(기초 및 색조 화장품에서 유화제, 가용화제, 분산제 등으로 이용)

58 다음 중 여드름을 유발하는 화장품 원료는?

① 파라핀
② 글리세린
③ 페트롤라툼(바세린)
④ 에탄올
⑤ 정제수

> **해설**
>
> 페트롤라툼(바셀린)은 석유 등의 광물질에서 추출하는 광물성 오일로, 무색, 투명하며 특이취가 없고 산패되지 않는다. 피부 표면에 수분차단막을 형성해 수분손실을 막아주고 피부를 보호해 주지만, 피부 호흡을 방해하고 지성피부의 경우 모공을 막아 여드름을 유발할 수 있다.

59 다음 중 맞춤형화장품으로 립스틱을 만들 때 립스틱 내용물에 혼합해 사용할 수 있는 색소는?

① 적색 201호
② 적색 205호
③ 녹색 204호
④ 등색 206호
⑤ 등색 207호

> **해설**
>
> • 주요 화장품용 타르색소
>   적색 3호, 황색 4호, 녹색 3호, 청색 1호, 적색 201호, 등색 205호, 황색 203호 등
> • 눈 주위 및 입술에 사용할 수 없는 색소(화장품의 색소 종류와 기준 및 시험방법 별표 1)
>   녹색 204호, 녹색 401호, 등색 206호, 등색 207호, 자색 401호, 적색 205호, 적색 206호, 적색 207호, 적색 208호, 적색 219호, 적색 225호, 적색 405호, 적색 504호, 청색 404호, 황색 204호, 황색 401호, 황색 403호

60 다음의 전성분 중 녹차추출물의 함량으로 올바른 것은?(단, 페녹시에탄올은 사용한도까지 사용함)

> 미백기능성 화장품의 전성분
> 정제수, 글리세린, 호호바오일, 해바라기오일, 에탄올, 헥산디올, 닥나무추출물, 녹차추출물, 페녹시에탄올, 향료, 프로필갈레이트, 디소듐이디티에이

① 3.0~4.0%
② 2.0~3.0%
③ 1.0~2.0%
④ 0.5~1.0%
⑤ 0.3~0.5%

> **해설**
>
> 화장품 재료의 기재 순서는 화장품 제조에 사용된 함량이 많은 것부터 순서대로 표시한다. 피부 미백 기능성화장품에 들어가는 닥나무추출물의 함량은 2%이고 페녹시에탄올의 사용한도는 1%이므로, 녹차추출물은 1~2% 사이로 사용하였을 것이라고 추측할 수 있다.
>
> 화장품 포장의 표시기준 및 표시방법 중 화장품 제조에 사용된 성분(화장품법 시행규칙 별표 4)
> 화장품 제조에 사용된 함량이 많은 것부터 기재・표시한다. 다만, 1퍼센트 이하로 사용된 성분, 착향제 또는 착색제는 순서에 상관없이 기재・표시할 수 있다.

61 다음 중 맞춤형화장품판매업 변경신고에 대한 사항으로 올바른 것은?

① 맞춤형화장품책임판매업자는 변경사유가 발생한 날부터 10일 이내에 변경신고를 해야 한다.

② 변경신고 시 맞춤형화장품책임판매업 등록필증 및 해당 서류(전자문서 제외)를 첨부하여 지방식품의약품안전청장에게 제출하여야 한다.

③ 상속에 의해 판매업자가 변경된 경우에는 신고서와 함께 주민등록초본을 제출한다.

④ 양도양수에 의한 변경신고 시에는 양도인의 행정처분 내용고지 확인서를 작성한다.

⑤ 책임판매 관리자 변경의 경우에는 변경신고를 하지 않는다.

> **해설**
> ① · ② 화장품제조업자 또는 화장품책임판매업자는 변경등록을 하는 경우에는 변경 사유가 발생한 날부터 30일(행정구역 개편에 따른 소재지 변경의 경우에는 90일) 이내에 변경등록 신청서(전자문서로 된 신청서를 포함)에 등록필증과 해당 서류를 첨부하여 지방식품의약품안전청장에게 제출하여야 한다(화장품법 시행규칙 제5조, 화장품제조업 등의 변경등록).
> ③ 상속의 경우에는 가족관계증명서를 제출한다.
> ⑤ 화장품책임판매업자는 다음의 어느 하나에 해당하는 경우 변경신고를 한다.
> • 화장품책임판매업자의 변경(법인인 경우에는 대표자의 변경)
> • 화장품책임판매업자의 상호 변경(법인인 경우에는 법인의 명칭 변경)
> • 화장품책임판매업소의 소재지 변경
> • 책임판매관리자의 변경
> • 책임판매 유형 변경

62 다음의 설명 중 잘못된 것은?

① 염료 : 천연물에서 추출된 색소로서 베타카로틴, 리보플라빈, 치자, 카민, 진주가루 등이 있다.

② 카올린 : 백색~미백색의 분말로 차이나 클레이라고도 하며, 친수성으로 피부 부착력이 우수하다.

③ 탤크 : 백색의 분말로 활석이라고도 하며, 매끄러운 사용감과 흡수력이 우수하며 피부 투명감을 향상시킨다.

④ 안료 : 물이나 기름, 알코올 등에 녹지 않는 불용성 색소로, 메이크업 제품에 주로 사용된다.

⑤ 마이카 : 백색의 분말로 운모라고도 하며, 탄성이 풍부하여 사용감이 좋고 뭉침 현상을 일으키지 않는다.

> **해설**
> ① 염료(dye) : 물이나 기름, 알코올 등에 용해되는 유기화합물의 색소로, 화장수 · 로션샴푸, 향수와 같은 기초용 및 방향용 화장품 제형에 색상을 나타내려고 할 때 사용한다.

63 다음 중 우수화장품 제조 및 품질관리기준상 물의 품질에 대한 설명으로 옳지 않은 것은?

① 물의 품질 적합 기준은 사용 목적에 맞게 규정하여야 한다.
② 물 공급 설비는 물의 품질에 영향이 없어야 한다.
③ 물의 품질은 필요 시 검사하며, 검사 시 미생물학적 검사도 같이 실시한다.
④ 물 공급 설비는 살균처리가 가능하여야 한다.
⑤ 물 공급 설비는 물의 정체와 오염을 피할 수 있도록 설치되어야 한다.

> **해설**
> ③ 물의 품질은 정기적으로 검사해야 하고 필요 시 미생물학적 검사를 실시하여야 한다.

64 화장품에 사용할 때 사용상의 제한이 필요한 보존제 중에서 소듐벤조에이트를 사용 후 씻어내지 않는 제품에 사용할 때의 사용한도와 동일한 사용한도인 보존제는?

① 글루타랄
② 소르빅애씨드
③ 클로로부탄올
④ 벤질알코올
⑤ 페녹시에탄올

> **해설**
> 소듐벤조에이트(벤조익애씨드, 그 염류 및 에스텔류) : 산으로서 0.5%(다만, 벤조익애씨드 및 그 소듐염은 사용 후 씻어내는 제품에는 산으로서 2.5%)
> ③ 클로로부탄올 0.5%
> ① 글루타랄 0.1%
> ② 소르빅애씨드 0.6%
> ④ 벤질알코올 1.0%(다만, 두발 염색용 제품류에 용제로 사용할 경우에는 10%)
> ⑤ 페녹시에탄올 1.0%

65 다음 중 '영·유아용 제품류 또는 만 13세 이하 어린이가 사용할 수 있음을 특정하여 표시하는 제품에 사용 금지인 보존제'와 '착향제 구성성분 중 알레르기 유발성분'을 바르게 짝지은 것은?

① 벤제토늄클로라이드 – 시트랄
② 살리실릭애씨드 – 나무이끼추출물
③ 소르빅애씨드 – 아이소유제놀
④ 벤질알코올 – 신남알
⑤ 페녹시에탄올 – 유제놀

해설

• 영·유아용 제품류 또는 만 13세 이하 어린이가 사용할 수 있음을 특정하여 표시하는 제품에는 사용 금지인 보존제

원료명	사용한도	비 고
살리실릭애씨드 및 그 염류	살리실릭애씨드로써 0.5%	영·유아용 제품류 또는 만 13세 이하 어린이가 사용할 수 있음을 특정하여 표시하는 제품에는 사용 금지(다만, 샴푸는 제외)
아이오도프로피닐부틸카바메이트	• 사용 후 씻어내는 제품에 0.02% • 사용 후 씻어내지 않는 제품에 0.01% • 다만, 데오도런트에 배합할 경우에는 0.0075%	• 영·유아용 제품류 또는 만 13세 이하 어린이가 사용할 수 있음을 특정하여 표시하는 제품에는 사용금지(목욕용 제품, 샤워젤류 및 샴푸류는 제외) • 입술에 사용되는 제품, 에어로졸(스프레이에 한함) 제품, 바디로션 및 바디크림에는 사용금지

• 착향제 구성성분 중 알레르기 유발성분(25가지)
아밀신남알, 벤질알코올, 신나밀알코올, 시트랄, 유제놀, 하이드록시시트로넬알, 아이소유제놀, 아밀신나밀알코올, 벤질살리실레이트, 신남알, 쿠마린, 제라니올, 아니스알코올, 벤질신나메이트, 파네솔, 부틸페닐메칠프로피오날, 리날룰, 벤질벤조에이트, 시트로넬올, 헥실신남알, 리모넨, 메칠 2-옥티노에이트, 알파-아이소메칠아이오논, 참나무이끼추출물, 나무이끼추출물

66 유통화장품 안전관리 기준에 따른 내용량 기준에 대한 설명이다. ㉠과 ㉡에 들어갈 올바른 단어는?

• 제품 (㉠)개를 가지고 시험할 때 그 평균 내용량이 표기량에 대하여 97% 이상이어야 한다.
• 위의 기준치를 벗어날 경우 : 6개를 더 취하여 시험할 때 9개의 평균 내용량이 ( )% 이상이어야 한다.

① ㉠ : 3　　㉡ : 97
② ㉠ : 3　　㉡ : 95
③ ㉠ : 4　　㉡ : 97
④ ㉠ : 4　　㉡ : 95
⑤ ㉠ : 5　　㉡ : 95

해설

내용량 기준(화장품 안전기준 등에 관한 규정 제6조 제5항)
• 제품 3개를 가지고 시험할 때 그 평균 내용량이 표기량에 대하여 97% 이상
• 위의 기준치를 벗어날 경우 : 6개를 더 취하여 시험할 때 9개의 평균 내용량이 위의 기준치 이상
• 그 밖의 특수한 제품 : 대한민국약전을 따를 것

67 다음 중 맞춤형화장품판매업자가 필수적으로 작성해야 하는 판매내역서에 반드시 기재되어야 하는 내용이 아닌 것은?

① 제조·식별번호　　　　　　　② 사용기한
③ 판매가격　　　　　　　　　　④ 판매일자
⑤ 판매량

> **해설**
> 맞춤형화장품판매내역서(전자문서로 된 판매내역을 포함)에 기재되어야 하는 내용(화장품법 시행규칙 제12조의2)
> • 제조번호(맞춤형화장품의 경우 식별번호를 제조번호로 함)
> • 사용기한 또는 개봉 후 사용기간
> • 판매일자 및 판매량

68 다음은 사용 시 주의사항 표시 문구이다. (　　　) 안에 적당한 단어는?

> • 카민 성분에 과민하거나 (　　　)이/가 있는 사람은 신중히 사용할 것
> • 이 제품에 첨가제로 함유된 프로필렌글리콜에 의하여 (　　　)을/를 일으킬 수 있으므로 이 성분에 과민한 사람은 사용 전 의사 또는 약사와 상의할 것(프로필렌글리콜 함유 제제에만 표시한다)

① 피부염　　　　　　　　　　② 알레르기
③ 불쾌감　　　　　　　　　　④ 감작성
⑤ 발열감

> **해설**
> 식품의약품안전처장이 정하여 고시한 알레르기 유발성분이 포함되어 있을 시 해당 성분의 명칭을 기재·표시하여야 한다.

69 다음은 영유아용 크림과 미백크림의 시험결과이다. 이에 대한 설명으로 올바른 것은?

제품명	영유아용 크림	미백크림
성 상	유백색의 크림상	유백색의 크림상
점도(cP)	30,280	23,500
pH	5.03	6.11
총호기성생균수(개/g(ml))	504	650
납(μg/g)	15	10
비소(μg/g)	7	11
수은(μg/g)	1	2

① 영유아용 크림과 미백크림의 pH는 모두 부적합이다.
② 영유아용 크림과 미백크림의 총호기성생균수 시험결과는 모두 적합이다.
③ 영유아용 크림과 미백크림의 납 시험 결과는 모두 적합이다.
④ 영유아용 크림과 미백크림의 수은 시험결과는 모두 적합이다.
⑤ 크림용기 입구가 좁으면 영유아용 크림보다 미백크림을 충진하는 것이 더 어렵다.

③ 납 검출허용한도는 20µg/g 이하이므로 모두 적합이다.

① pH 기준은 3.0~9.0이므로 영유아용 크림과 미백크림의 pH는 모두 적합이다.

② 영유아용 제품의 총호기성생균수 검출허용한도는 500개/g(mL) 이하이므로 부적합이다.

④ 수은의 검출허용한도는 1µg/g 이하이므로 미백크림의 경우 부적합이다.

⑤ 영유아용 크림이 미백크림보다 점도가 더 높으므로 충진하는 것이 더 어렵다.

안전관리 기준 시험 항목과 합격 기준

시험 항목		판정기준	비 고
비의도적으로 유래된 물질의 검출 허용 한도	수 은	1µg/g 이하	
	카드뮴	5µg/g 이하	
	안티몬	10µg/g 이하	
	비 소	10µg/g 이하	
	니 켈	10µg/g 이하	• 눈화장용 제품은 35µg/g 이하 • 색조화장용 제품은 30µg/g 이하
	납	20µg/g 이하	점토분말제품은 50µg/g 이하
	디옥산	100µg/g 이하	
	프탈레이트류	총 합으로써 100µg/g 이하	디부틸프탈레이트, 부틸벤질프탈레이트 및 디에칠헥실프탈레이트에 한함
	포름알데하이드	2,000µg/g 이하	물휴지는 20µg/g 이하
	메탄올	0.2(v/v)% 이하	물휴지는 0.002(v/v)% 이하
미생물한도 기준	총호기성 생균수	500개/g(mL) 이하	영·유아용, 눈화장용 제품
		세균수, 진균수 각각 100개/g(mL) 이하	물휴지
		1,000개/g(mL) 이하	기타 화장품
	대장균, 녹농균, 황색포도상구균	불검출	
내용량		표기량의 97% 이상	
pH 기준		pH 3.0~9.0	물 포함하지 않는 제품, 사용 후 바로 씻어내는 제품 제외

70 다음 중 사람의 피부에 대한 설명으로 올바르지 않은 것은?

① 피부의 주요 작용으로는 분비작용, 체온조절작용, 호흡작용, 면역작용 등이 있다.

② 표피 각질층에 있는 세포간 지질 성분으로는 세라마이드, 지방산, 콜레스테롤 등이 있다.

③ 피부 표면의 피지막은 피부 표면을 약산성 상태로 유지한다.

④ 피부는 제일 안쪽으로부터 표피, 진피, 피하지방 순으로 구성되어 있다.

⑤ 피부 표피는 20세를 기준으로 28일 주기로 재생되며, 나이가 들면서 점차 재생 속도가 느려진다.

④ 피부는 제일 바깥쪽을 표피가 덮고 있고, 그 안이 진피, 가장 안쪽은 피하지방층이다.

71 맞춤형화장품조제관리사 지현은 매장을 방문한 고객과 다음과 같은 〈대화〉를 나누었다. 지현이가 고객의 요청에 따라 맞춤형화장품을 조제할 때 ㉠과 ㉡에 들어갈 단어로 가장 올바른 것은?

> 〈대화〉
> 고객 : 요즘 야외 활동이 많다 보니 햇빛 때문에 피부가 검고 거칠어졌어요.
> 지현 : 기미도 많이 올라오신 것 같은데 피부를 하얗고 촉촉하게 가꿀 수 있는 제품으로 조제해 드릴까요?
> 고객 : 네, 좋아요. 그리고 바른 후 끈적거리지 않았으면 좋겠네요.
> 지현 : 알겠습니다. (㉠)에 보습성분을 가진 (㉡)을 혼합해 조제하겠습니다.

① ㉠ : 미백 기능성화장품 크림   ㉡ : 소듐하이알루로네이트
② ㉠ : 미백 기능성화장품 크림   ㉡ : 카보머
③ ㉠ : 주름개선 기능성화장품 크림   ㉡ : 아르간커넬 오일
④ ㉠ : 자외선 차단 크림   ㉡ : 토코페릴 아세테이트
⑤ ㉠ : 자외선 차단 크림   ㉡ : 레티놀

해설

피부를 하얗게 만드는 미백 기능성화장품에 보습성분을 가진 소듐하이알루로네이트를 혼합하여 조제한다.

- 소듐하이알루로네이트 : '히알루론산'이라고도 불리는 천연보습인자로 피부에도 일정량이 존재하며, 강력한 보습 성분으로 피부를 촉촉하게 가꾸는 데 도움을 준다.
- 카보머 : 점도를 높여 에멀전의 안정성을 높이는 점증제의 한 종류로 석유화학 유래 추출물이다.
- 아르간커넬 오일 : 피부를 유연하게 가꾸고 피부 속 수분 증발을 차단하여 촉촉한 피부를 유지하는 데 도움을 준다.
- 토코페릴 아세테이트 : 지용성 비타민으로 식물성 기름에서 분리되는 천연 산화방지제이다.
- 레티놀 : 지용성 비타민 중 하나인 비타민 A로 콜라겐을 형성하고 주름을 개선하는 주름 개선 기능성화장품의 성분이다.

72 다음의 화장품(스킨로션 200mL, 기능성화장품) 시험기록에 대한 설명으로 잘못된 것은?

시험항목	시험 결과
성 상	무색, 무취의 투명 액
이 물	이물 없음
내용량(%)	100.0
납(μg/g)	17.0
비소(μg/g)	10.0
메탄올(v/v%)	0.2
pH	5.8
나이아신아마이드(%)	99.5
아데노신(%)	98.8
총호기성생균수(개/g(ml))	605
대장균	불검출
녹농균	불검출
황색포도상구균	불검출

① 내용량 시험결과는 적합이다.

② 납 시험 결과는 적합이다.

③ 메탄올 시험결과는 부적합이다.

④ pH 시험결과는 적합이다.

⑤ 총호기성생균수 시험결과는 적합이다.

해설

③ 메탄올 검출허용한도는 0.2(v/v)% 이하이므로 적합이다.

① 내용량 기준은 표기량의 97% 이상이므로 적합이다.

② 납 검출허용한도는 20μg/g 이하이므로 적합이다.

④ pH 기준은 pH 3.0~9.0이므로 적합이다.

⑤ 기타 화장품의 총 호기성 생균수 검출허용한도는 1,000개/g(mL) 이하이므로 적합이다.

73 맞춤형화장품 내용물에 대한 전성분과 내용물 시험결과가 아래 표와 같을 때 이에 대한 해석으로 올바른 것은?

항 목	결 과	
제품명	시대화장품 차밍 크림, 내용량 50g	
전성분	정제수, 디프로필렌글라이콜, 호호바오일, 아르간커넬오일, 카프릴릭/카프릭 트라이글리세라이드, 아스코빌글루코사이드, 1,2헥산디올, 스테아릭애씨드, 카보머, 카프릴릴글라이콜, 향료, 다이소듐이디티에이, 토코페릴아세테이트, 트로메타민, 녹차추출물, 잔탄검, 아데노신, 세라마이드엔피	
내용물 시험결과	납	20μg/g 이하
	비 소	12μg/g 이하
	수 은	1μg/g 이하
	총호기성생균수	650개/g

① 이 제품의 납 시험결과는 화장품 안전관리기준의 납 검출허용한도를 초과하였다.

② 이 제품의 비소 시험결과는 화장품 안전관리기준의 비소 검출허용한도를 초과하지 않았다.

③ 이 제품의 수은 시험결과는 화장품 안전관리기준의 수은 검출허용한도를 초과하지 않았다.

④ 이 제품의 총호기성생균수 시험결과는 화장품 안전관리기준의 총호기성 생균수 한도를 초과하였다.

⑤ 이 제품은 미백기능성 화장품으로 미백 주성분 함량 시험결과를 확인해야 한다.

해설

③ 수은 검출허용한도는 1μg/g 이하로 이 제품은 한도를 초과하지 않았다.

① 납 검출허용한도는 20μg/g 이하로 이 제품은 한도를 초과하지 않았다.

② 비소 검출허용한도는 10μg/g으로 이 제품은 한도를 초과하였다.

④ 기타 화장품의 총호기성 생균수 검출허용한도는 1,000개/g(mL) 이하이므로 이 제품은 한도를 초과하지 않았다.

⑤ 이 제품은 미백에 도움이 되는 아스코빌글루코사이드와 주름 개선에 효과적인 아데노신이 들어간 미백과 주름개선 기능성 화장품이다.

74 맞춤형화장품조제관리사인 수진은 매장을 방문한 고객과 다음과 같은 〈대화〉를 나누었다. ㉠과 ㉡에 들어갈 단어로 올바른 것은?

〈대화〉
고객 : 최근 외부 활동을 하며 선크림을 자주 안 발랐더니 얼굴이 많이 타고 피부도 건조해졌어요.
수진 : 확실히 전보다 피부가 검어지고 건조해 보이는데 피부 상태를 측정해 보도록 할까요? 이 피부 측정기로 피부색과 피부수분량을 측정해 보겠습니다.

피부 측정 후
수진 : 고객님이 한 달 전 측정했을 때보다 얼굴 피부의 색소침착도가 60% 가량 증가했네요. 피부 수분량도 많이 감소했어요.
고객 : 음, 걱정이네요. 어떻게 해결할 수 있을까요?
수진 : 우선 (㉠)이/가 포함된 미백 기능성 화장품에 보습력을 높이는 (㉡)을/를 추가한 크림을 조제해 드리겠습니다.

① ㉠ 나이아신아마이드　　　　㉡ 펩타이드
② ㉠ 폴리페놀　　　　　　　　㉡ 콜라겐
③ ㉠ 아데노신　　　　　　　　㉡ 폴리페놀
④ ㉠ 레티놀　　　　　　　　　㉡ 티트리
⑤ ㉠ 알부틴　　　　　　　　　㉡ 베타인

해설

원료별 유효 효과

유효 효과	원 료
미백 효과 (기능성 원료)	알부틴, 나이아신아마이드, 닥나무추출물, 유용성감초추출물, α-비사볼롤, 에칠아스코빌에텔, 아스코빌글루코사이드, 마그네슘아스코빌포스페이트, 아스코빌 테트라이소팔미테이트
보습·유연 효과	베타인, 하이알루로닉애씨드, 아미노산, 콜라겐, 세라마이드, 트레할로스, 솔비톨, 허니
항산화 효과	α-토코페롤, β-카로틴, SOD, 안토시아닌, 루틴, 폴리페놀
수렴 효과	탄닉애씨드, 페퍼민트, 위치하젤, 구연산
항염·진정 효과	알로에, 캐모마일, 아줄렌, α-비사볼롤, 비타민 P, 판테놀, 알란토인, 글리시리진산, 폴리페놀
여드름 개선 효과	비타민 B_6, 유황, 글리콜산, 살리실산, 티트리
피부재생 효과	로얄젤리, 피부세포성장인자(EGF), 펩타이드, 유산균
주름 개선 효과 (기능성 원료)	레티놀, 레티닐 팔미테이트, 아데노신, 폴리에톡실레이티드레틴아마이드

75 다음은 맞춤형화장품조제관리사와 고객의 대화이다. 대화 내용이 올바른 것은?

① 고객 : 여드름이 심해지는 것 같은데 개선 효과가 있는 화장품이 있을까요?

　　맞춤형화장품조제관리사 : 페퍼민트 성분이 포함된 화장품을 추천드립니다.

② 고객 : 요즘 등산을 자주해서 그런지 피부가 많이 탔어요. 어떤 화장품을 사용하면 좋을까요?

　　맞춤형화장품조제관리사 : 아데노신이 주성분인 기능성 화장품을 추천드릴게요.

③ 고객 : 세안 후에 로션을 발라도 피부가 건조한데 어떤 화장품이 좋을까요?

　　맞춤형화장품조제관리사 : 피부 수분량을 측정해보니 수분량이 부족하시네요. 히알루론산과 글리세린을 추가한 건성피부용 로션을 조제해 드리겠습니다.

④ 고객 : 민감성 피부라서 화학성분이 안 들어간 자외선 차단제를 찾고 있어요. 무기 자외선 차단제 선크림이 있을까요?

　　맞춤형화장품조제관리사 : 에칠헥실메톡시신나메트가 들어간 선크림을 추천해 드릴게요.

⑤ 고객 : 요즘 잔주름이 많아진 것 같은데 추천해주실 화장품이 있나요?

　　맞춤형화장품조제관리사 : 알부틴이 주성분인 기능성 화장품을 추천 드릴게요.

해설

③ 히알루론산(하이알루로닉애씨드)은 보습에 도움을 주는 성분이며, 글리세린은 습윤제로 사용할 수 있는 다가알코올에 속한다.

① 페퍼민트는 수렴 효과가 있으며 여드름을 개선 효과 원료로는 비타민 B6, 유황, 글리콜산, 살리실산, 티트리 등이 있다.

② 아데노신은 주름 개선 효과가 있는 기능성 화장품이다. 얼굴이 타서 검어지면 미백효과가 있는 알부틴, 나이아신아마이드, 닥나무추출물, 유용성감초추출물, α-비사볼롤, 에칠아스코빌에텔, 아스코빌글루코사이드, 마그네슘아스코빌포스페이트, 아스코빌 테트라이소팔미테이트 등을 사용한다.

④ 에칠헥실메톡시신나메이트는 유기 자외선 차단제의 원료로 화학성분이 주요 성분이며, 무기 자외선 차단제는 티타늄디옥사이드, 징크옥사이드 등의 무기화합물을 사용한다.

⑤ 알부틴은 미백효과가 있는 성분이다. 주름 개선 효과가 있는 기능성화장품 원료로는 레티놀, 레티닐 팔미테이트, 아데노신, 폴리에톡실레이티드레틴아마이드 등이 있다.

76 맞춤형화장품조제관리사인 유리는 매장을 방문한 고객과 다음과 같은 〈대화〉를 나누었다. 유리가 고객에게 혼합하여 추천할 제품으로 다음 〈보기〉 중 적절한 제품을 모두 고른 것은?

〈대화〉

고객 : 최근 들어 야외활동을 많이 하다 보니 얼굴이 타서 까매지고 건조해졌어요.

유리 : 아, 그러신가요? 그럼 고객님 피부 상태를 측정해 보겠습니다.

고객 : 혹시 지난 번 방문 시와 비교해 주실 수 있으세요?

유리 : 네. 이쪽에 앉으시면 저희 측정기로 측정해 드리겠습니다.

피부 측정 후

유리 : 고객님은 지난 번 측정 시보다 얼굴의 색소침착도가 30% 가량 증가했고, 피부보습은 35% 정도 감소했네요.

고객 : 아, 그럼 어떤 제품을 쓰는 게 좋을지 추천 부탁드릴게요.

● 보기 ●

㉠ 나이아신아마이드(Niacinamide) 함유 제품

㉡ 벤토나이트(Bentonite) 함유 제품

㉢ 판테놀(Panthenol) 함유 제품

㉣ 히알루론산(Sodium Hyaluronic) 함유 제품

㉤ 레티놀(Retinol) 함유 제품

① ㉠, ㉣   ② ㉠, ㉤

③ ㉡, ㉣   ④ ㉡, ㉤

⑤ ㉢, ㉤

해설

고객에게 추천할 제품은 피부 미백과 보습 효과가 있는 제품이다.

㉠ 미백 제품

㉣ 보 습

㉡ 노폐물 흡착

㉢ 피부재생

㉤ 주름 개선

77 다음 화장품 원료 중에서 식물성 원료는?

① 캐스터 오일
② 에스테르 오일
③ 에뮤 오일
④ 비즈 왁스
⑤ 난황 오일

> **해설**
>
> 유성 원료의 추출원에 따른 분류
> • 천연유
>   – 식물성 오일 : 주로 식물의 잎·열매에서 추출[코코넛 오일(야자유), 아몬드 오일, 아르간 오일, 마카다미아넛 오일, 올리브 오일, 맥아 오일, 캐스터 오일(피마자유), 아보카도 오일, 월견초 오일(달맞이꽃 종자유), 로즈힙 오일 등]
>   – 동물성 오일 : 동물의 피하조직이나 장기에서 추출[상어간유(squalene), 밍크 오일(mink oil), 터틀 오일(turtle oil), 난황 오일(egg oil), 에뮤 오일(emu oil), 마유(horse fat) 등]
>   – 지방(왁스) : 식물성(시어버터, 망고버터, 카카오버터 등)과 동물성[우지(beef tallow), 돈지(pork lard) 등]으로 구분
>   – 광물성 오일 : 석유 등의 광물질에서 추출[미네랄오일(유동파라핀), 페트롤라툼(바셀린)]
> • 합성유 : 화학적으로 합성한 오일로 에스테르오일(아이소프로필 미리스테이트, 아이소프로필 팔미테이트)과 실리콘 오일(다이메티콘)로 구분

78 다음의 설명에서 ㉠, ㉡에 들어갈 단어로 올바른 것은?

> 모발단백질의 주성분은 케라틴으로, 케라틴에는 (　㉠　) 결합을 가지고 있는 시스틴이 있다. 모발의 웨이브는 바로 이 결합의 산화–환원 반응을 이용하여 모발단백질의 결합을 깼다가 원하는 머리모양으로 만든 후에 재결합시키는 것이다. 시스틴은 2분자의 (　㉡　)이/가 (　㉠　) 결합으로 연결되어 있다.

① ㉠ : 이황화,   ㉡ : 엘라스틴
② ㉠ : 이황화,   ㉡ : 시스테인
③ ㉠ : 이산화,   ㉡ : 엘라스틴
④ ㉠ : 이산화,   ㉡ : 시스테인
⑤ ㉠ : 펩티드,   ㉡ : 시스테인

> **해설**
>
> 케라틴에는 이황화결합을 가지고 있는 시스틴이 있다. 시스틴은 2분자의 이황화가 시스테인 결합으로 연결되어 있는데, 파마는 이황화원자 2개가 이루고 있는 시스테인 결합을 끊었다 다시 붙여주는 화학반응을 통해 모발을 원하는 형태로 변신시키는 것이다.

79 자외선차단지수와 관련된 다음 설명에서 (   ) 안에 들어갈 숫자로 올바른 것은?

> 기능성화장품 심사에 관한 규정에 따라 자외선차단지수(SPF)는 측정결과에 근거하여 평균값이 63
> 일 경우 SPF는 SPF(   )+라고 표시한다.

① 40

② 50

③ 60

④ 63

⑤ 70

해설

기능성화장품의 효능·효과(기능성화장품 심사에 관한 규정 제13조 제2항)

자외선차단지수(SPF)는 측정결과에 근거하여 평균값(소수점이하 절사)으로부터 −20% 이하 범위 내 정수(예 SPF평균
값이 '23'일 경우 19~23 범위정수)로 표시하되, SPF 50 이상은 "SPF50+"로 표시한다.

80 (   ) 안에 들어갈 단어로 적합한 것은?

> 물속에 계면활성제를 투입하여 계면활성제의 농도가 증가하면 표면의 계면활성제는 포화상태가 되
> 고, 표면이 포화되어 더 이상 계면활성제가 표면에 있을 수 없게 되면 물속에서 친유부(꼬리)가 물
> 에 접촉하지 않도록 자체적으로 회합체를 형성하게 되는데, 이 회합체를 (   )라 한다.

① 베시클

② 미 셀

③ 리포좀

④ 케라틴변성

⑤ 나노에멀전

해설

미셀의 형성

계면활성제의 농도가 매우 낮으면 하나의 분자 형태로 물속에 분산되거나 공기와 물의 표면에 높은 농도로 붙어 배열된
다. 계면활성제 농도가 증가하면 물 표면의 계면활성제는 포화상태가 되며, 더 이상 표면에 있을 수 없게 된 계면활성제
의 분자 또는 이온은 미셀(micelle)이라는 회합체를 형성하게 된다.

01 다음은 화장품법 시행규칙에서 구분한 화장품의 유형 중 만 3세 이하의 영유아용 제품류이다. ( ) 안에 들어갈 알맞은 단어는?

> • 영유아용 샴푸, 린스
> • 영유아용 로션, 크림
> • 영유아용 오일
> • 영유아 ( ) 제품
> • 영유아 목욕용 제품

만 3세 이하의 영유아용 화장품의 유형(의약외품은 제외)(화장품법 시행규칙 별표 3)
• 영유아용 샴푸, 린스
• 영유아용 로션, 크림
• 영유아용 오일
• 영유아 인체 세정용 제품
• 영유아 목욕용 제품

정답 > 인체 세정용

02 화장품법에서는 병원미생물에 오염된 화장품을 판매하거나 판매할 목적으로 제조 · 수입 · 보관 · 진열하면 안 된다고 규정하고 있다. 이와 관련하여 화장품 안전기준 등에 관한 규정에서 정한 미생물한도에서 불검출되어야 할 미생물을 2개 이상 쓰시오.

미생물한도(화장품 안전기준 등에 관한 규정 제6조 제4항)
• 총호기성생균수는 영 · 유아용 제품류 및 눈화장용 제품류의 경우 500개/g(mL)이하
• 물휴지의 경우 세균 및 진균수는 각각 100개/g(mL)이하
• 기타 화장품의 경우 1,000개/g(mL)이하
• 대장균(Escherichia Coli), 녹농균(Pseudomonas aeruginosa), 황색포도상구균(Staphylococcus aureus)은 불검출

정답 > 대장균, 녹농균, 황색포도상구균

03 다음의 어느 하나에 해당하는 성분을 0.5퍼센트 이상 함유하는 제품의 경우에는 해당 품목의 안정성시험 자료를 최종 제조된 제품의 사용기한이 만료되는 날부터 1년간 보존해야 한다. 〈보기〉 중 보존하지 않아도 되는 성분 하나를 찾아 보존해야 할 성분으로 고쳐 쓰시오.

┌─● 보 기 ●────────────────────────────────┐
│ • 레티놀(비타민A) 및 그 유도체   • 아스코빅애시드(비타민C) 및 그 유도체 │
│ • 토코페롤(비타민E)   • 알파−비사보롤   │
│ • 효 소   │
└──┘

> **해설** 다음의 어느 하나에 해당하는 성분을 0.5퍼센트 이상 함유하는 제품의 경우에는 해당 품목의 안정성시험 자료를 최종 제조된 제품의 사용기한이 만료되는 날부터 1년간 보존할 것(화장품법 시행규칙 제12조 제11호)
> • 레티놀(비타민A) 및 그 유도체
> • 아스코빅애시드(비타민C) 및 그 유도체
> • 토코페롤(비타민E)
> • 과산화화합물
> • 효 소
>
> **정답** ▶ 알파−비사보롤 → 과산화화합물

04 화장품법 시행규칙에서는 내용량이 10밀리리터 초과 50밀리리터 이하 또는 중량이 10그램 초과 50그램 이하 화장품의 포장인 경우에는 성분의 기재·표시를 생략할 수 있다고 규정하였다. 아래 〈보기〉는 여기서 제외되어 반드시 기재·표시해야 하는 성분인데, 두 가지가 빠져 있다. 빠진 두 가지 성분을 쓰시오.

┌─● 보 기 ●────────────────────────────────┐
│ 금박, 샴푸와 린스에 들어 있는 인산염의 종류, 기능성화장품의 경우 그 효능·효과가 나타나게 하 │
│ 는 원료, 식품의약품안전처장이 사용 한도를 고시한 화장품의 원료   │
└──┘

> **해설** 기재·표시를 생략할 수 있는 성분(화장품법 시행규칙 제19조 제2항)
> • 제조과정 중에 제거되어 최종 제품에는 남아 있지 않은 성분
> • 안정화제, 보존제 등 원료 자체에 들어 있는 부수 성분으로서 그 효과가 나타나게 하는 양보다 적은 양이 들어 있는 성분
> • 내용량이 10밀리리터 초과 50밀리리터 이하 또는 중량이 10그램 초과 50그램 이하 화장품의 포장인 경우에는 다음의 성분을 제외한 성분
>   − 타르색소
>   − 금 박
>   − 샴푸와 린스에 들어 있는 인산염의 종류
>   − 과일산(AHA)
>   − 기능성화장품의 경우 그 효능·효과가 나타나게 하는 원료
>   − 식품의약품안전처장이 사용 한도를 고시한 화장품의 원료
>
> **정답** ▶ 타르색소, 과일산(AHA),

05 (　　　)은 표피층의 가장 아래층에 위치하며, 한 개의 층으로 이루어진 단일층의 유핵세포로 가장 세포활성이 높다.

 기저층(Stratum Basale)은 피부 중 가장 얇은 층인 표피의 5개 층 중 가장 아래층에 위치한다. 원추형 모양의 유핵세포로 존재하며 단층으로 구성되어 있다. 기저세포막은 표피와 진피를 결합하는 작용을 하며, 유해물질의 침투를 막아주는 역할을 한다.

정답 〉 기저층

06 화장품 표시량이 50g인 크림을 제작할 때 비중이 0.9라면 중량은 얼마인가? (단 100% 채웠다고 단정)

 비중 × 부피 = 중량
0.9 × 50 = 45g

정답 〉 45g

07 계면활성제에 대한 설명이다. ㉠과 ㉡에 들어갈 적절한 단어는?

계면활성제는 대전성에 따라 음이온, 양이온, 양쪽성, 비이온으로 구분된다.
• 음이온은 기포형성력이 가장 뛰어나고 세정력이 높아 샴푸, 클렌저, 치약 등 세정 제품에 널리 사용된다.
• (　㉠　)은 피부자극이 적으므로 기초 및 색조 화장품에서 유화제, 분산제, 가용화제로 쓰인다.
• (　㉡　)은 살균·소독 작용을 하고, 정전기 방지효과와 모발에 대한 컨디셔닝 효과가 있어 린스, 헤어 컨디셔너 등에 사용된다.

 계면활성제의 대전성에 따른 분류
• 이온성
 – 음이온 : 세정력이 높고 기포 형성 작용이 가장 뛰어나 샴푸, 바디워시, 클렌저 등 각종 세정 제품에 이용
 – 양이온 : 살균·소독작용이 있고 정전기 방지 효과와 모발에 대한 유연 효과(컨디셔닝 효과)가 있어 린스, 헤어 컨디셔너 등에 사용
 – 양쪽성 : 세정작용이 있으며, 피부 자극이 적어 비교적 안전성이 높아서 베이비 샴푸, 저자극 샴푸 등에 사용
• 비이온 : 피부자극이 적어 기초화장품에 가장 많이 사용

정답 〉 ㉠ 비이온, ㉡ 양이온

08 맞춤형화장품판매업을 신고한 자(맞춤형화장품판매업자)는 총리령으로 정하는 바에 따라 맞춤형화장품의 (㉠)·(㉡) 업무에 종사하는 자인 (㉢)을/를 두어야 한다. ㉠, ㉡, ㉢에 들어갈 말을 쓰시오.

맞춤형화장품판매업의 신고(화장품법 제3조의2)
- 맞춤형화장품판매업을 하려는 자는 총리령으로 정하는 바에 따라 식품의약품안전처장에게 신고하여야 한다. 신고한 사항 중 총리령으로 정하는 사항을 변경할 때에도 또한 같다.
- 위에 따라 맞춤형화장품판매업을 신고한 자(맞춤형화장품판매업자)는 총리령으로 정하는 바에 따라 맞춤형화장품의 혼합·소분 업무에 종사하는 자(맞춤형화장품조제관리사)를 두어야 한다.

정답〉 ㉠ 혼합, ㉡ 소분, ㉢ 맞춤형화장품조제관리사

09 다음 〈보기〉의 괄호에 들어갈 말을 순서대로 쓰시오.

─● 보 기 ●─
- 화장품제조업자는 화장품의 제조와 관련된 기록·시설·기구 등 관리 방법, 원료·자재·완제품 등에 대한 시험·검사·검정 실시 방법 및 의무 등에 관하여 ( )으로 정하는 사항을 준수하여야 한다.
- 화장품제조업자는 ( )·제품표준서·제조관리기록서 및 품질관리기록서(전자문서 형식 포함)를 작성·보관해야 한다.

화장품 시행규칙 제11조 제1항 참조

정답〉 총리령, 제조관리기준서

10 모발은 피부 속에 있는 모근부와 피부 밖의 모간부로 분리된다. 모두유를 덮고 있는 (㉠)세포는 모두유에서 영양을 받아 끊임없는 세포분열로 모발을 만든다. 모발의 주성분은 경단백질인 (㉡)이다.

- 모모세포 : 모발 생장에 매우 중요한 역할을 하는 세포층으로, 모두유에서 영양을 받아 분열된 모모세포는 각화하면서 위로 모발을 만들어 두피 밖으로 밀려나오게 한다.
- 모발의 주성분은 모발의 80~90%를 차지하는 케라틴으로, 손톱과 발톱의 주성분이기도 하다.

정답〉 ㉠ 모모, ㉡ 케라틴

11 다음은 모발의 성장주기에 대한 설명이다. (　　　) 안에 들어갈 단어로 올바른 것은?

> 모발은 약 3∼6년 정도 자라는 성장기를 거쳐 세포분열과 모발 성장이 서서히 느려져 정지되는 퇴행기를 가진다. 이후 모구의 활동이 완전히 멈추는 (　　　)를 가지는데 이때의 모발은 전체 모발의 10∼20%를 차지하며 이 시기 모발이 20% 이상을 차지하면 병적 탈모로 간주한다. 이후 모구와 모유두에서 새로운 모발을 형성하면서 기존의 모발을 밀어 올려 털이 빠져나가도록 하는 발생기를 가진다.

 모발은 성장기 → 퇴행기 → 휴지기 → 발생기의 4단계 성장주기를 가진다.

정답 〉 휴지기

12 다음에서 설명하는 원료는?(한글로 적을 것)

> 화학식 : $C_{10}H_{20}O$
> 분자량 : 156.27g/mol
> 상태 : 백색/무색의 결정성 고체
> 비중 : 0.890(15℃)
> 성상 : 독특한 상쾌감이 느껴지는 냄새가 있으며 맛은 처음에는 쏘는 듯하고 나중에는 시원하다. 물에는 잘 녹기 어려우나 에탄올, 에테르에서는 잘 녹는다.
> 기능 : 탈모 증상의 완화에 도움을 준다.

 탈모 증상 완화 기능성 화장품 성분으로는 덱스판테놀, 비오틴, 엘-멘톨(L-멘톨), 징크피리치온, 징크피리치온 액(50%) 등이 있다.

정답 〉 엘-멘톨

13 아래는 피부색에 영향을 주는 3가지 요인에 관한 설명이다. ㉠과 ㉡에 들어갈 단어로 적당한 것은?

> - 자외선 : 사람의 피부에는 멜라닌 색소가 있으며, 피부색은 멜라닌 색소에 의해 결정된다. 멜라닌 합성에 가장 큰 영향을 주는 것이 자외선이다.
> - (㉠) : 오렌지 빛깔을 띠는 채소에 많이 들어 있으며, 이 색소가 많으면 황색의 피부색을 띤다. 각질층에 침착하기 쉬워서 각질층의 두꺼운 부위나 피하 조직이 황색을 띤다.
> - (㉡) : 산소분자와 결합하면 산화헤모글로빈이 되어 혈액 속에서 조직에 산소를 운반한다. 산화헤모글로빈은 모세혈관을 지나가며 산화헤모글로빈이 많은 혈액은 선홍색을 띠는데 피부 세포에도 모세혈관이 뻗어 있어 안색을 붉게 하는 등 영향을 끼친다.

 피부색을 결정하는 요인 세 가지로는 자외선, 카로틴, 헤모글로빈이 있다.

정답 〉 ㉠ 카로틴, ㉡ 헤모글로빈

14 다음 〈보기〉에서 모발용 샴푸 사용 시 주의사항에 해당하지 않는 것을 골라 그 기호를 쓰시오.

> ─●보기●─
> ㉠ 상처가 있는 부위 등에는 사용을 자제할 것
> ㉡ 색이 변하거나 침전된 경우에는 사용하지 말 것
> ㉢ 어린이의 손이 닿지 않는 곳에 보관할 것
> ㉣ 머리카락의 손상 등을 피하기 위하여 용법·용량을 지킬 것
> ㉤ 눈에 들어갔을 때에는 즉시 씻어낼 것
> ㉥ 직사광선을 피해서 보관할 것

 ㉡·㉣은 퍼머넌트 웨이브 제품 및 헤어스트레이트너 제품의 주의사항에 해당한다.
㉠·㉢·㉥은 사용 시의 주의사항 중 공통사항이다.
모발용 샴푸 사용 시 주의사항(화장품법 시행규칙 별표 3)
• 눈에 들어갔을 때에는 즉시 씻어낼 것
• 사용 후 물로 씻어내지 않으면 탈모 또는 탈색의 원인이 될 수 있으므로 주의할 것

정답 〉 ㉡, ㉣

15 다음은 화장품법에서 정한 영업의 등록 및 품질관리기준 관련 내용이다. ㉠에 공통으로 들어갈 말과 ㉡에 들어갈 말을 쓰시오.

> • 화장품책임판매업을 등록하려는 자는 총리령으로 정하는 화장품의 품질관리 및 책임판매 후 안전관리에 관한 기준을 갖추어야 하며 이를 관리할 수 있는 (㉠)을/를 두어야 한다.
> • 화장품책임판매업자는 (㉠)을/를 두어야 하며, 품질관리 업무를 적정하고 원활하게 수행할 능력이 있는 인력을 충분히 갖추어야 한다.
> • (㉡)란/이란 화장품책임판매업자가 그 제조 등을 하거나 수입한 화장품의 판매를 위해 출하하는 것을 말한다.

화장품법 제3조 제3항, 화장품법 시행규칙 별표 1 참조

정답》 ㉠ 책임판매관리자, ㉡ 시장출하

16 다음은 기능성화장품의 심사를 위하여 제출하여야 하는 자료 중 안전성에 관한 자료(과학적 타당성이 인정되면 구체적인 근거자료를 첨부하여 일부 자료 생략 가능)이다. 빈칸에 들어갈 자료를 쓰시오.

> • 단회투여독성시험자료
> • 1차피부자극시험자료
> • 안점막자극 또는 기타점막자극시험자료
> • 피부감작성시험자료
> • ( )
> • 인체첩포시험자료
> • 인체누적첩포시험자료

기능성화장품의 심사를 위하여 제출하여야 하는 자료의 종류로는 안전성, 유효성 또는 기능을 입증하는 자료와 기준 및 시험방법에 관한 자료(검체 포함)가 있다(기능성화장품 심사에 관한 규정 제4조).

정답》 광독성 및 광감작성 시험자료

17 (　　　)은/는 멜라닌 색소의 분포가 불균형하게 한 곳에 집중적으로 분포하여 갈색이나 검은색의 색소반이 생기는 것을 말한다. 악화의 요인으로는 과도한 자외선 노출이나 여성호르몬의 변동, 화장품의 염증반응 등으로 인해 멜라닌형성세포 자극 호르몬(MSH) 분비가 증가하는 것 등이 있다.

해설 기미는 다양한 크기와 불규칙한 모양을 가진 갈색점이 얼굴 등 노출된 피부에 발생하는 색소성 질환이다. 여성에게 더 흔한 질환으로, 태양 광선에 대한 노출, 임신, 경구 피임약 복용 등으로 인한 여성 호르몬 변동, 유전인자, 약제(항경련제), 간기능 이상 등으로 인해 악화될 수 있다고 한다. 정확한 발생 매커니즘은 아직 밝혀지지 않았다.

정답 ▶ 기미(간반)

18 다음 괄호에 들어갈 단어를 쓰시오.

> 화장품 포장의 표시기준 및 표시방법에 따라 영업자의 상호 및 주소를 기재·표시할 때 영업자의 주소는 등록필증 또는 신고필증에 적힌 소재지 또는 (　　　)을/를 대표하는 소재지를 기재·표시해야 하고 공정별로 2개 이상의 제조소에서 생산된 화장품의 경우에는 일부 공정을 수탁한 화장품 제조업자의 상호 및 주소의 기재·표시를 생략할 수 있다.

해설 화장품법 시행규칙 별표 4 참조

정답 ▶ 반품·교환 업무

19 액체가 일정 방향으로 흐를 때 흐르는 방향과 평행한 평면의 양측에 내부 마찰력이 일어나는데, 이 성질을 (　　　)라고 한다. 스트레스에 얼마나 적응할 수 있는지 그 정도를 가늠하는 척도로, 단위는 센티포아즈이다.

해설 점도는 액체(유체)의 점성의 정도, 즉 끈적거림의 정도를 표시하는 것으로 유체가 다른 부분에 대해 운동할 때 받는 저항력을 말한다.

정답 ▶ 점 도

20 다음은 화장품 표시ㆍ광고 실증에 관한 규정에서 정한 시험 결과의 요건 중 공통사항에 대한 설명 중 일부이다. ㉠, ㉡, ㉢에 들어갈 말을 각각 쓰시오.

- 광고 내용과 관련이 있고 과학적이고 객관적인 방법에 의한 자료로서 (   )과 (   )이 확보되어야 한다.
- 국내외 대학 또는 화장품 관련 전문 연구기관에서 시험한 것으로서 (   )이 발급한 자료이어야 한다.

시험 결과의 요건 중 공통사항(화장품 표시ㆍ광고 실증에 관한 규정 제4조)
- 광고 내용과 관련이 있고 과학적이고 객관적인 방법에 의한 자료로서 신뢰성과 재현성이 확보되어야 한다.
- 국내외 대학 또는 화장품 관련 전문 연구기관(제조 및 영업부서 등 다른 부서와 독립적인 업무를 수행하는 기업 부설 연구소 포함)에서 시험한 것으로서 기관의 장이 발급한 자료이어야 한다.
  예 대학병원 피부과, OO대학교 부설 화장품 연구소, 인체시험 전문기관 등
- 기기와 설비에 대한 문서화된 유지관리 절차를 포함하여 표준화된 시험절차에 따라 시험한 자료이어야 한다.
- 시험기관에서 마련한 절차에 따라 시험을 실시했다는 것을 증명하기 위해 문서화된 신뢰성보증업무를 수행한 자료이어야 한다.
- 외국의 자료는 한글요약문(주요사항 발췌) 및 원문을 제출할 수 있어야 한다.

정답 ㉠ 신뢰성, ㉡ 재현성, ㉢ 기관의 장

좋은 책을 만드는 길
독자님과 함께하겠습니다.

도서나 동영상에 궁금한 점, 아쉬운 점, 만족스러운 점이
있으시다면 어떤 의견이라도 말씀해 주세요.
시대고시기획은 독자님의 의견을 모아 더 좋은 책으로 보답하겠습니다.

www.sidaegosi.com

맞춤형화장품 조제관리사 핵심요약&기출예상문제

개정2판1쇄	2021년 03월 05일 (인쇄 2021년 01월 28일)
초 판 발 행	2020년 01월 15일 (인쇄 2020년 01월 08일)
발 행 인	박영일
책 임 편 집	이해욱
저 자	SD문제출제연구소
편 집 진 행	박종옥 · 이경화
표지디자인	안병용
편집디자인	하한우 · 이은미
발 행 처	(주)시대고시기획
출 판 등 록	제 10-1521호
주 소	서울시 마포구 큰우물로 75 [도화동 538 성지 B/D] 9F
전 화	1600-3600
팩 스	02-701-8823
홈 페 이 지	www.sidaegosi.com
I S B N	979-11-254-8947-4 (13590)
정 가	23,000원
